生物遗传资源价值评估及案例研究

丁　晖　吴　健　濮励杰　编著

科　学　出　版　社

北　京

内 容 简 介

生物遗传资源作为生物多样性的重要组成部分，是实现可持续发展的重要战略资源，是维持人类生存、维护国家生态安全的物质基础。本书介绍了典型珍稀濒危动植物遗传资源定价体系研究、遗传资源保护成本效益监测研究、遗传资源对区域社会经济发展的作用与地位研究、基于遗传资源价值的管理工具研究，以及构建遗传资源价值评估方法体系等成果。

本书适合从事生物多样性保护研究和管理者、自然保护区工作人员、相关专业高校教师和研究生阅读。

图书在版编目（CIP）数据

生物遗传资源价值评估及案例研究/丁晖，吴健，濮励杰编著. —北京：科学出版社，2016.6

ISBN 978-7-03-048562-5

Ⅰ.①生… Ⅱ.①丁… ②吴… ③濮… Ⅲ. ①生物资源–种质资源–资源价值–评估–研究–中国 Ⅳ.①Q311

中国版本图书馆 CIP 数据核字(2016)第 123096 号

责任编辑：马 俊 / 责任校对：王 瑞

责任印制：徐晓晨 / 封面设计：北京铭轩堂广告设计有限公司

科 学 出 版 社 出版

北京东黄城根北街 16 号

邮政编码：100717

http://www.sciencep.com

北京京华虎彩印刷有限公司 印刷

科学出版社发行 各地新华书店经销

*

2016 年 6 月第 一 版 开本：787×1092 1/16

2017 年 1 月第二次印刷 印张：22 1/8

字数：446 000

定价：138.00 元

(如有印装质量问题，我社负责调换)

《生物遗传资源价值评估及案例研究》编辑委员会

主　编：丁　晖　吴　健　濮励杰

副主编：刘　立　欧维新　陈　晓

编写人员：（按拼音排序）

陈　晓　福建省武夷山生物研究所

陈新建　南京大学

戴小清　南京大学

丁　晖　环境保护部南京环境科学研究所

龚亚珍　中国人民大学

乐志芳　环境保护部南京环境科学研究所

刘　立　环境保护部南京环境科学研究所

刘晶晶　国家海洋局第二海洋研究所

欧维新　南京农业大学

濮励杰　南京大学

王晓霞　中国人民大学

吴　健　中国人民大学

徐　辉　福建省武夷山生物研究所

徐海根　环境保护部南京环境科学研究所

徐鲜钧　福建省武夷山生物研究所

杨　光　中国中医科学院中药研究所

杨　青　福建省武夷山生物研究所

曾江宁　国家海洋局第二海洋研究所

周景博　中国人民大学

朱　明　南京大学

前　言

生物遗传资源（以下简称“遗传资源”）作为生物多样性的重要组成部分，是农业起源和发展的前提条件，也是实现可持续发展的重要战略资源。遗传资源是以物种为单元的遗传多样性资源，是维持人类生存、维护国家生态安全的物质基础。但是，长期以来，遗传资源保护意识淡薄、定价方法缺乏、投资渠道单一，是遗传资源保护的主要障碍。为此，在“十二五”国家科技支撑计划“遗传资源经济监测评估方法与工具研究”（项目编号：2012BAC01B01）和环保公益性行业科研专项“生物多样性保护优先区域绿色发展机制和模式研究”（项目编号：201309039）的资助下，我们开展了典型珍稀濒危动植物遗传资源定价体系研究、遗传资源保护成本效益监测研究、遗传资源对区域社会经济发展的作用与地位研究，以及基于遗传资源价值的管理工具研究，构建了遗传资源价值评估方法体系，并通过大量实证研究完善了该方法体系，主要包括下列内容。

（1）遗传资源价值理论和价值评估基本方法研究：对遗传资源的定义进行了辨析，进一步明确了研究对象的内涵和范畴，阐述了遗传资源的类型、特点、保护与利用现状，分析了遗传资源的价值与保护的意义、自然资源经济价值的类型，对遗传资源的价值内涵进行了深入思考，讨论了实现遗传资源价值的进展、条件、途径和作用，对各类评估方法的应用对象及核心内容进行了概述，并对其数据需求、适用性及局限性进行了比较分析。

（2）典型珍稀濒危动植物遗传资源定价体系研究：提出了典型珍稀濒危动植物遗传资源定价的原则和工作程序要求，对典型珍稀濒危动植物遗传资源基准价格进行了界定，将典型动植物遗传资源分成 4 种类型，并提出相应的影响因子，进而提出了相应的基准价格定价方法。针对 4 类物种资源，采用条件价值法，通过在南京市预调查（557 份问卷）、安徽安庆调查（486 份问卷）、江苏无锡调查（441 份问卷）估计了各类资源基准价格的影响因子及参数，确定了 30 种典型物种相应的价格影响因子的参数值、区间值等，并据此对选取的典型物种进行了基准价格核算。

（3）遗传资源保护的成本效益研究：构建了成本效益分析的方法框架，确定了遗传资源保护成本评估的方法工具，从确定条件下的价值和不确定条件下的价值、直接价值和间接价值等不同角度对于自然保护区的遗传资源价值构成进行解析，并针对不同价值类型，确定了基于自然保护区的遗传资源保护价值评估方法。以武夷山国家级自然保护区为研究对象，开展了不同保护方案的成本有效性分析（CEA）；以江苏盐城国家级珍禽自然保护区为研究对象，开展了保护的成本效益分析（CBA）。

（4）遗传资源对区域社会经济发展的作用与地位研究：从城市、产业园区和特色遗传资源产业三个尺度进行综合分析，提出了指标体系构建原则，分别构建了不同区域尺度的遗传资源社会经济发展贡献评价指标体系。以泰州市为例，评估了遗传资源，特别是银杏资源及其产业对区域经济发展、社会发展、可持续发展的贡献；以南京市为例，评估了遗传资源对区域社会和经济各领域、典型园区的贡献。

（5）基于遗传资源价值的管理工具研究：分析了生态系统服务和生物多样性对经济发展及人类福祉的重要作用、遗传资源丧失的现状，阐述了资源价值被系统性低估的问题，明确了生态系统服务和生物多样性的价值可做出更合适的决定，实现更好的资源管理，制定更有效的保护政策和激励机制，提出更具成本效益、更公平的解决方案，针对不同管理对象提出了政策建议。

在本书编写过程中，得到了环境保护部南京环境科学研究所高吉喜研究员、周可新研究员的指导和大力支持，许多专家对本研究提出了极为宝贵的意见和建议，在此谨表衷心感谢！诚然，遗传资源价值评估方法体系还处于摸索阶段，很多工作仍是探索性的，一些观点是一家之言，还值得深入探讨。限于学术水平，书中的问题和错误在所难免，欢迎国内外同行批评指正。

作　者

2016年1月16日

目　录

1 遗传资源的界定以及保护利用的概况

1.1 遗传资源的界定

1.1.1 国际条约对遗传资源的定义

联合国《生物多样性公约》于1992年6月1日通过，1993年12月29日正式生效。根据《生物多样性公约》的定义，“遗传资源”是指“具有实际或潜在价格的遗传材料”，“遗传材料”是指“来自植物、动物、微生物或其他来源的任何含有遗传功能单位的材料”，而“遗传功能单位”也就是基因（CBD，1992）。因此，遗传资源实际上就是具有实际或潜在价值的来自植物、动物、微生物或者其他来源的任何含有遗传功能单位的材料。《生物多样性公约》对遗传资源的定义具有权威性，许多国家和国际组织在界定遗传资源的范围时均受到了它的影响。

2010年10月，《生物多样性公约》第10次会议上通过了《关于获取遗传资源和公平及公正分享其利用所产生惠益的名古屋议定书》（以下简称《名古屋议定书》）。《名古屋议定书》认为，《生物多样性公约》定义的遗传资源仅限于具有遗传功能的材料，没有明确包括衍生物[①]，而衍生物是利用生物遗传资源的最主要形式之一，对衍生物的开发和利用也是生物遗传资源能够产生经济效益的最主要原因之一（CBD，2010）。以医药为例，许多药品的研发正是利用了遗传基因表达和自然代谢产生的衍生物，而不是生物遗传资源本身（汤跃，2011）。因此，《名古屋议定书》将DNA的提取物、以研究和开发为目的的生物材料及其包含的所有生物化学组成都纳入了“遗传资源”的范畴。

2001年，联合国粮食和农业组织大会第31次会议通过了《有关粮食和农业的植物遗传资源国际条约》。该条约中将“粮食和农业植物遗传资源”定义为“对粮食和农业具有实际或潜在价值的任何植物遗传材料”，而将“遗传材料”定义为“任何植物源材料，包括含有遗传功能单位的有性和无性繁殖的材料”（FAO，2005）。

1.1.2 有关国家对遗传资源的定义

巴西于2001年8月23日颁布的《保护生物多样性和遗传资源暂行条例》中指出，除了《生物多样性公约》规定的概念和标准定义外，遗传资源也认为是在全部或部分植物、真菌、细菌或动物，以及衍生于上述生物活体的新陈代谢和上述生物体的以分子和物质形式存在的活体或死体萃取物标本中的遗传起源信息，无论是国内的，还是在我国领土、大陆架和专属经济区上收集后移地保存的（巴西，2001）。这一定义在《生物多样

---

① 衍生物是指由生物遗传资源自然发生的基因表达或代谢过程产生的生物化学化合物，即使其中不含有遗传功能单位。

性公约》的基础上对遗传资源进行了扩大解释，把在国家领土、大陆架和专属经济区上发现、收集后移地保存的遗传资源也纳入了巴西遗传资源的保护范围，加大了对遗传资源的保护力度（李恒，2005）。

哥斯达黎加拥有较成熟的生物遗传资源保护和利用体系，在 1998 年颁布的《生物多样性法》中将“遗传资源”界定为植物、动物、真菌或者微生物等中包含遗传功能单元的一切材料（GRAIN，1999）。

秘鲁于 2002 年 8 月 10 日颁布的《生物资源本土居民集体知识保护制度法》中将“生物资源”界定为遗传资源、生物有机体或其部分、人口资源或生态系统中任何其他对人类具有实际或潜在价值的生物组成部分（秘鲁，2002）。

1.1.3　我国对遗传资源的定义

我国尚未对一般意义上的遗传资源进行定义。

1998 年 6 月 10 日，科学技术部、卫生部发布的《人类遗传资源管理暂行办法》中指出，人类遗传资源是指含有人体基因组、基因及其产物的器官、组织、细胞、血液、制备物、重组脱氧核糖核酸（DNA）构建体等遗传材料及相关的信息资料，并同时强调，人类遗传资源及有关信息、资料，属于国家科学技术秘密的，必须遵守《科学技术保密规定》（科技部，2005）。

2007 年，原国家环境保护总局发布的《全国生物物种资源保护与利用规划纲要》中将“生物物种资源”定义为“具有实际或潜在价值的植物、动物和微生物物种以及种以下的分类单位及其遗传材料”，不仅包括物种层次的多样性，还包含种内的遗传资源和农业育种意义上的种质资源，而“遗传资源”是指任何含有遗传功能单位（基因和 DNA 水平）的材料；“种质资源”是指农作物、畜、禽、鱼、草、花卉等栽培植物和驯化动物的人工培育品种资源及其野生近缘种（国家环境保护总局，2007）。

2011 年 9 月 9 日，环境保护部发布的《生物遗传资源经济价值评价技术导则》将“生物遗传资源”定义为“具有实际或潜在价值（包括经济、社会、文化、环境等方面价值）的，来自植物、动物、微生物或其他来源的任何含有遗传功能单位的材料，包含物种和物种以下的分类单元（亚种、变种、变型、品种、品系、类型），包括个体、器官、组织、细胞、染色体、DNA 片段和基因等多种形态”（环境保护部，2014）。此定义与薛达元（2004）在《中国生物遗传资源现状与保护》一书中对“生物遗传资源”的定义相同。

可以看出，我国在对遗传资源的界定时，通常将遗传资源分为遗传材料和相关的信息资源两部分。遗传资源价值的核心在于它所包含的遗传信息，而不是遗传材料本身。以中国野生大豆为例，野生大豆所负载的能够用于治疗人类多种疾病的遗传信息的价值要比大豆的可食用价值高得多（李恒，2005）。

近年来，国内学者也从不同角度对“遗传资源”进行了界定。徐海根等（2004）、徐晋麟等（2005）在进行遗传资源经济价值评价时，强调以“遗传信息”为核心，突出遗传资源具有信息、无形、实物相结合的特殊资源特点，将遗传资源界定为具有实际或潜在价值的含有遗传信息物质（材料）及其多级载体的生命体（染色体、细胞、血液、骨髓、组织、器官、种质）、生物个体、生物类群（病毒、细菌、植物、动物、人）及其特殊生境。崔卜东（2008）认为，从广义上看，生物遗传资源是指动物、植物、微生物种和种以下分类单位（亚种、变种、品种、品系、类型）及遗传材料（器官、组织、细胞、染色体、基因、DNA 片段等）的所有生物遗传功能单位，包括物种和种以下两个层次；而从狭义上看，栽培作物品种和家养畜、禽、鱼品种的“种质资源”主要是指种以下的分类单位。

1.1.4　几个相关概念的关系

在遗传资源相关研究中，经常涉及生物资源、基因资源、遗传材料和遗传资源等几种概念，但用法并不完全一致，一般具有以下特点。

（1）“生物”比“遗传”的含义广，因为其不要求含有遗传功能单位。

（2）“资源”比“材料”的含义广，因为其要求具有实际或潜在的价值。

（3）遗传资源与生物资源的区别不是很明确，但生物资源的概念范围比遗传资源更广，是遗传材料和遗传资源两个概念的融合，遗传资源更强调生物的经济属性。

（4）在很多场合，遗传资源和生物资源的概念都是等同的，这在《生物多样性公约》中也能看出。《物种多样性公约》中第 1 条和第 15 条使用的是“遗传资源”，而在第 10 条中使用“生物资源”。

本书认为，无论哪种界定，只要反映出了遗传资源的本质特征，有利于国际组织和各国政府对遗传资源的保护，就可以采用。

本书参考《生物遗传资源经济价值评价技术导则》，将生物遗传资源界定为广义遗传资源，即“具有实际或潜在价值（包括经济、社会、文化、环境等方面价值）的，来自植物、动物、微生物或其他来源的任何含有遗传功能单位的材料，包含物种及种以下的分类单元（亚种、变种、变型、品种、品系、类型），包括个体、器官、组织、细胞、染色体、DNA 片段和基因等多种形态”，并简称为“遗传资源”。此定义以遗传功能单位为核心，并包含了遗传信息的各级载体，在实际研究和应用中更具有操作性，也有利于资源的开发利用、保护以及管理。

1.2　遗传资源的类型

遗传资源可分为植物遗传资源、动物遗传资源和微生物遗传资源三大类（薛达元，2004），其中，植物遗传资源包括野生经济植物资源、栽培农作物种质资源、野生和栽培经济林木遗传资源、野生和栽培药材与花卉植物遗传资源；动物遗传资源包括野生经济动物资源、家养动物遗传资源和渔业生物遗传资源；微生物遗传资源包括农业微生物菌种资源、林业微生物菌种资源、工业微生物菌种资源、医学和药用微生物菌种资源、兽医微生物菌种资源、普通微生物菌种资源，以及大量栽培食用菌种资源等。

1.3　遗传资源的特点

从经济学的角度来看，没有设定产权的遗传资源被认为是属于自然资源的一部分，是由自然界提供的一种生产要素。自然资源所具有的可开发性、系统性、地域差异性等特点，遗传资源也有。除此之外，遗传资源还有一些其他自然资源所没有的特点，在人类生活中有着极为重要的作用。综合而言，遗传资源的特点主要包括以下几点。

（1）复合性。与其他自然资源相比，遗传资源不仅仅表现为可见的、有形的物，如动、植物体，或显微镜下可见的细胞、细菌或受精卵等，遗传资源更具价值的部分是其中包含的遗传信息，遗传材料存在的意义是携带和传递遗传信息，而遗传信息的传递和表达又必须以遗传材料为物质载体（王可利，2013）。

（2）再生性。遗传资源属于生物资源，与非生物资源相比，生物资源可以通过自然更新或人工繁殖来使其数量和质量得到恢复。

（3）有限性。遗传资源虽属于可再生资源，但其再生能力是有一定限度的。有些动植物自然繁殖率低，加上人类活动干扰和自然灾害，当种群个体减少到一定数量时，就会威胁到该种群的生存和繁衍，其遗传基因就有丧失的危险。

（4）有用性。该特征是遗传资源使用价值的体现。遗传资源的应用非常广泛，无论是在生物科学的研究领域，还是在农业、林业、医药等关系国计民生的领域内，遗传资源都已经发挥了重大作用。

（5）地域性。生物和非生物不同，生物的生存离不开特定的生态环境，而生态环境又是在特定的空间范围内形成和发展起来的，生物资源在区域分布上就形成了明显的地域性。就目前遗传资源的分布而言，发展中国家分布的遗传资源较为丰富，而发达国家的遗传资源相对缺乏。因而，在遗传资源的供给方面，发展中国家成为遗传资源的输出者，而发达国家则因为较高的科技水平和领先的开发利用意识成为遗传资源的开发者。

（6）未知性。对于很多遗传基因，人们还不知或不完全知道其价值；即使现在已经发现、开发的生物资源，也不是完全清楚其所有的价值，如银杏、红豆杉等。生物科技水平是决定遗传资源开发利用的关键因素。

1.4 遗传资源保护与利用现状

生物遗传资源作为国家重要的战略资源，不仅在商业上具有重大的潜在价值，在解决粮食、能源、环境等问题时也发挥着越来越重要的作用，已经成为各国抢滩的目标。

众多发达国家已将遗传资源作为实现生命科学原始创新、抢占世界生物经济战略制高点的重要物质保证（卢新雄和陈晓玲，2003）。发达国家除了清查本国生物遗传资源外，还派人深入资源丰富的国家收集各种生物遗传资源。早在 20 世纪初，俄罗斯和美国就先后派出专业队伍进行了 200 多次全球遗传资源考察收集。美国为了收集棉花遗传资源，仅在 20 世纪 80 年代就进行了 9 次国际性考察收集（张煜，2012）。俄罗斯现保存的植物资源来自 130 多个国家，美国保存的资源 80%以上来自其他国家，日本保存的 3000 多份野生稻资源全部来自中国和东南亚国家（中国林学会，2004）。荷兰瓦赫宁根种子中心保存有 3 万余份蔬菜、谷类作物遗传材料，其中大部分是从世界各地收集的农家品种和具有重要经济价值的野生材料（卢新雄和曹永生，2001）。

由于国际社会对遗传资源保护的重视度不断提高，现代化制冷技术、自控技术等离体保存技术的不断发展，使种质资源的保存时间大大延长。许多国家已制定了植物遗传资源保护国家战略，建立了国家植物遗传资源委员会等国家层面的遗传资源保护机制和机构，例如，美国建立了国家植物种质体系，印度设立了国家植物遗传资源局（张煜，2012）。遗传资源的信息共享机制也日益得到各国重视，美国、加拿大、日本、澳大利亚、德国、韩国等许多国家相继建立了面向国内外的遗传资源信息共享平台。《生物多样性公约》将促进公正和公平地分享由遗传资源所产生的惠益纳为其三大目标之一，其缔约方大会通过了《名古屋议定书》，这为在国际层面上推动和促进遗传资源的保护及可持续利用起到了非常重要的作用。越来越多的国家制定了关于遗传资源保护的法律法规，逐步实现了遗传资源管理、保护、研究、共享、利用的法制化。

我国是世界上生物多样性最为丰富的国家之一，是北半球的生物基因库，拥有所有陆地生态系统类型，以及黄海、东海、南海和黑潮流域大海洋生态系，有高等植物35 000多种，居世界第三位，脊椎动物6445种，占世界总数的13.7%，已记录的海洋生物物种达28 000余种。我国遗传资源物种繁多、数量巨大，是水稻、大豆等重要农作物起源地，家养动物品种丰富，果树种类世界第一（环境保护部，2014）。

目前，我国政府已初步建立了以自然保护区为主体，风景名胜区、森林公园、自然保护小区、农业野生植物保护点、湿地公园、地质公园、海洋特别保护区、种质资源保护区为补充的就地保护体系，有效保护了中国 90%的陆地生态系统类型、85%的野生动物种群和65%的高等植物群落，涵盖了25%的原始天然林、50%以上的自然湿地和30%的典型荒漠地区（环境保护部，2014）。

遗传资源的调查和迁地保护也已取得积极进展。近几十年来，在国家有关专项支持下，相关部门组织了一系列遗传资源的科学考察和系统调查，初步掌握了部分遗传资源的种类、分布等基本情况，收集、抢救了一批珍稀、特有、濒危的遗传资源，建设了一批保存遗传资源的库、圃、场，设立了一批专业机构，培养了一批专业人才，并开始将各种现代技术应用于资源的收集、整理、保存和利用中（张煜，2012）。

根据2014年发布的《中国履行＜生物多样性公约＞第五次国家报告》，据不完全统计，目前已建有各级各类植物园200个，野生植物种质资源保育基地400多处，动物园（含动物展区）240多个，野生动物拯救繁育基地250处；加强了农作物遗传资源的收集和保存设施建设，农作物收集品总量已达42.3万份，扩建和改造了原有的1座国家长期库、1座国家复份库、10座国家中期库、32个国家种质圃（含2个试管苗库），新建了7个国家级种质圃，并对保存的重要作物遗传资源进行了核心种质库的构建工作；同时建立了牧草中期库2座、短期库（工作库）8～10个，种质资源圃5处，保存草种质材料24万多份，完成鉴定材料18 783份，为异地保存牧草种质资源及其遗传多样性提供了基本条件；初步建立了以保种场为主、保护区和基因库为辅的畜禽遗传资源保种体系，对138个珍贵、稀有、濒危的畜禽品种实施重点保护，共建成国家级畜禽遗传资源基因库、保护区和保种场150个（环境保护部，2014）。

为加强遗传资源数字化管理和实现信息共享，我国已建立三个主要的遗传资源数据库系统和共享平台。一是国家植物种质资源共享平台（http：//icgr.caas.net.cn/pt/），涵盖了农作物、多年生和无性繁殖作物、林木（含竹藤花卉）、药用植物、热带作物、重要野生植物及牧草植物种质资源；二是家养动物种质资源平台（http：//www.cdad-is.org.cn/），涵盖了猪、牛、羊、家禽等遗传资源；三是微生物菌种平台（http：//www.cdcm.net/indexAction.action），拥有16.2万株菌种的信息，菌种资源约占中国微生物资源量的40%～45%（环境保护部，2014）。将现代生物技术、信息技术与遗传资源的收集、保存、鉴定、评价以及利用相结合，利用生物技术和信息技术，提升了对遗传资源的管理水平，提高了资源保存和利用效率（张煜，2012）。

近年来，中国遗传资源保护和管理工作取得了一定成效，但由于种种原因，遗传资源丧失和流失的问题还很突出，遗传资源的保护、利用和惠益分享等方面还存在着薄弱环节甚至管理空白。中国遗传资源保护和利用存在的问题主要包括：遗传资源野生生境遭到破坏，生存受到威胁；品种单一化造成大量地方传统优良品种的丧失；对遗传资源管理不善，导致大量资源流失；遗传资源编目、收集和保存力度不足；遗传资源研究开发水平偏低；法规与管理体制不健全（薛达元，2004）。

为了全面加强生物物种资源保护和管理，2003年8月，经国务院批准，成立了由原国家环境保护总局牵头、16个部门参加的生物物种资源保护部际联席会议制度。2004年3月，国务院办公厅发布了《关于加强生物物种资源保护和管理的通知》，提出要"充分认识生物物种资源保护和管理的重要性"，"研究制定生物物种资源评价指标和等级标准"（国务院办公厅，2004）。2007年10月24日，经国务院同意，原国家环境保护总局发布了《全国生物物种资源保护与利用规划纲要》，标志着中国生物物种资源的保护进入了新的历史阶段。

1.5 遗传资源的价值与保护的意义

遗传资源作为生物多样性的重要组成部分，是农业起源和发展的前提条件，也是实现可持续发展的重要战略资源（董玉琛，1999）。遗传资源是以物种为单元的遗传多样性资源，是维持人类生存、维护国家生态安全的物质基础。国际社会已将对遗传资源的占有情况作为衡量一个国家国力的重要指标之一。

遗传资源获取与惠益分享是《生物多样性公约》的三大目标之一。《生物多样性公约》的签署使人们对遗传资源的观念发生巨大改变。人们逐渐认识到遗传资源不仅为人类提供了物质基础和生活环境，还为高产、抗病、节水等优质品种选育提供了丰富的遗传材料，为新药物与疫苗开发提供丰富的基因资源，为认识和研究生物物种提供最基本的原始材料，是实现可持续发展的重要战略资源（董玉琛，1999；朱彩梅，2006；丁晖和徐海根，2010）。从某种意义上说，遗传资源是人类赖以生存和发展的基础，是一个国家、一个民族重要的战略资源，关系到国家主权和安全（马月辉等，2002）。遗传资源是自然资源的一个重要组成部分，也是生物多样性的核心部分。

国内对遗传资源缺乏价值观念，尚未形成市场机制下合理健全的价格体系，造成"资源无价、原料低价、产品高价"的不合理现象的长期存在，而"资源无价"现象将严重影响资源的保护和持续利用。遗传资源的保护和利用是一项涉及经济社会可持续发展的基础性、长期性的工作。正确评价遗传资源的价值，将有助于人们进一步认识遗传资源并重视其价值，有助于遗传资源的收集、保存和利用，促进遗传资源研究及其产权保护工作，为政府决策和制定有关法律法规提供科学技术支撑。

（刘 立，丁 晖，吴 健，欧维新，濮励杰）

参 考 文 献

巴西. 2001. 保护生物多样性和遗传资源暂行条例. http: //www.sipo.gov.cn/ztzl/ywzt/yczyhctzsbh/zlk/gglf/200804/t20080411_374309.html [2013-9-17].

秘鲁. 2002. 生物资源本土居民集体知识保护制度法. http: //www.sipo.gov.cn/ztzl/ywzt/yczyhctzsbh/zlk/gglf/200804/t20080411_374306.html [2013-9-17].

崔卜东. 2008. 论我国生物遗传资源的法律保护. 贵州大学硕士学位论文.

丁晖, 徐海根. 2010. 生物物种资源的保护和利用价值评估——以江苏省为例. 生态与农村环境学报, 26(5): 454-460.

董玉琛. 1999. 我国作物种质资源研究的现状与展望. 中国农业科技导报, 2: 36-40.

国家环境保护总局. 2007. 全国生物物种资源保护与利用规划纲要. http: //www.zhb.gov.cn/gkml/zj/wj/200910/t20091022_172479.htm [2013-10-12].

国务院办公厅. 2004. 关于加强生物物种资源保护和管理的通知. http: //www.gov.cn/gongbao/content/2004/content_62739.htm [2013-10-40].

环境保护部. 2012. 生物遗传资源经济价值评价技术导则. http: //kjs.mep.gov.cn/hjbhbz/bzwb/stzl/201109/t20110919_217417.htm [2013-9-21].

环境保护部. 2014. 中国履行《生物多样性公约》第五次国家报告. 北京: 中国环境科学出版社: 12-16.

科技部. 2005. 人类遗传资源管理暂行办法. http: //www.most.gov.cn/bszn/new/rlyc/wjxz/200512/t20051226_55327.htm [2013-10-17].

李恒. 2005. 论我国遗传资源的法律保护. 华中科技大学硕士学位论文.

卢新雄, 曹永生. 2001. 作物种质资源保存现状与展望. 中国农业科技导报, 3(3): 43-47.

卢新雄, 陈晓玲. 2003. 我国作物种质资源保存与研究进展. 中国农业科学, 36(10): 1125-1132.

马月辉, 陈幼春, 冯维祺, 等. 2002. 中国家养动物种质资源及其保护. 中国农业科技导报, 4(3): 37-42.

汤跃. 2011.《名古屋议定书》框架下的生物遗传资源保护. 贵州师范大学学报(社会科学版), 6: 64-70.

王峰. 2006. 论完善我国遗传资源保护法律制度. 中国政法大学硕士学位论文.

王可利. 2013. 加强野生植物遗传资源的法律保护. 农民日报, 2013-9-3(003).

徐海根, 王健民, 强胜. 2004.《生物多样性公约》热点研究：外来物种入侵·生物安全·遗传资源. 北京：科学出版社: 313-397.

徐晋麟, 徐沁, 陈淳. 2005. 现代遗传学原理(第2版). 北京: 科学出版社.

薛达元. 2004. 中国生物遗传资源现状与保护. 北京: 中国环境科学出版社: 1-3.

张煜. 2012. 山东省野生大豆种质资源的保护利用与经济价值评估. 中国海洋大学硕士学位论文.

中国林学会. 2004. 中国种质资源的危机与抢救. http: //www.forestry.gov.cn/portal/lxh/s/1405/content-128740.html [2015-3-11].

朱彩梅, 张宗文. 2005. 作物种植资源的价值及其评估. 植物遗传资源学报, 6(2): 236-239.

朱彩梅. 2006. 作物种质资源价值评估研究. 中国农业科学院硕士研究生学位论文.

CBD. 1992. 生物多样性公约. http: //www.cbd.int/doc/legal/cbd-zh.pdf [2013-9-20].

CBD. 2010. 生物多样性公约关于获取遗传资源和公正和公平分享其利用所产生惠益的名古屋议定书. http: //www.cbd.int/abs/doc/protocol/nagoya-protocol-zh2.pdf [2013-9-20].

FAO. 2003. 粮食和农业植物遗传资源国际条约. ftp: //ftp.fao.org/ag/agp/planttreaty/texts/ITPGRc.pdf [2013-6-11].

GRAIN. 1999. Biodiversity Law The legislative assembly of the republic of Costa Rica decree. http: //www.sipo.gov.cn/ztzl/ywzt/yczyhctzsbh/zlk/gglf/200804/P020080411465544282068.pdf [2013-10-20].

2 遗传资源的经济价值理论

2.1 自然资源经济价值的理论基础

国际上有关自然资源价值的理论较多，一些有代表性的价值理论在引导人们认识和探讨自然资源价值的源泉、本质以及内涵等方面起到了很大的作用。

2.1.1 劳动价值论

威廉·配第是近代最早提出劳动决定价值原理的人。配第认为劳动是价值的源泉，并进一步指出价值量与劳动时间成正比，与劳动生产率成反比（安晓明，2004）。1776年，亚当·斯密在《国富论》中提出劳动是衡量所有商品交换价值的真实尺度，并认为土地、阳光、空气和水等自然要素虽然使用价值极大，但是交换价值极少（晏智杰，2004）。他还认为商品的价值由购买或支配的劳动决定（安晓明，2004）。李嘉图批评了斯密的商品价值由购买或支配的劳动所决定的观点，认为商品价值并非决定于劳动报酬的多寡。李嘉图坚持了商品价值由生产中所耗费的劳动来决定的原理，并进一步指出决定价值的劳动是社会必要劳动，决定商品价值的不仅有活劳动，还有投入生产资料中的劳动（陈石，2009）。他还指出，太阳、空气等自然要素“由于使产品数量增加、使人类更为富裕，并增加使用价值，所以对我们是有用处的；但由于它们所做的工作无需支付任何代价，所以它们提供给我们的助力就不会使交换价值有任何增加”（晏智杰，2004）。

马克思在以上价值理论的基础上发展了劳动价值论。根据《资本论》（马克思，1972），商品被定义为用来交换的劳动产品，具有价值和使用价值两种属性。马克思认为，使用价值是指物品的有用性，反映人与自然的关系，是自然属性；价值是凝结在商品中的无差别的人类劳动，反映人与人之间的社会关系，是社会属性。商品是使用价值和价值的统一体，同时，生产商品的劳动也具有二重性，即具体劳动和抽象劳动。其中，具体劳动创造使用价值，抽象劳动创造商品的价值。商品的价值量的大小由生产商品所耗费的社会必要劳动时间[①]决定，商品的价值的表现形式为商品的交换价值。总之，马克思认为人类的活劳动创造价值，资本、土地、生产资料等其他要素都无法创造价值。这是马克思主义政治经济学与西方经济学的主要区别。

基于马克思的劳动价值论，没有人类劳动投入的自然资源没有价值，但是有使用价值。马克思指出：“如果它本身不是人类劳动的产品，那么它就不会把任何价值转给产品。它的作用只是形成使用价值，而不形成交换价值，一切未经人的协助就天然存在的生产资料，如土地、风、水、矿产中的铁、原始森林的树木等，都是这样”（马克思，1972）。马克思并不

① 社会必要劳动时间是“在现有社会的正常生产条件下，在社会平均劳动熟练程度和劳动强度下制造某种使用价值所需要的时间”（马克思，1972）。

否定没有人类劳动的产品不可以有价格，比如良心、名誉、自然资源。这些非人类劳动的产品“也可以被它们的所有者拿去交换货币，并通过它们的价格，取得商品的形态”（马克思，1972）。因而，没有人类投入的自然资源是有价格无价值的。此种情况下，自然资源的价格表现的主要理论依据是地租论，即自然资源作为资产的收益或者价格（何承耕，2001）。

马克思提出的劳动价值论是对18世纪末到19世纪中叶的历史环境的反映：经济尚不发达，环境问题不突出，自然资源相对于人类的需求而言也似乎“取之不尽，用之不竭”（晏智杰，2004）。在这种历史环境下，劳动价值论无疑是正确的，而且自然资源无价值的结论不仅是可以理解的，也是不可避免的。在如今社会中，资源和环境问题已成为世界共同面临的大问题，资源的供给也难以满足日益增长的社会需求。为了实现可持续发展，人类不可避免地投入了大量的劳动如森林维护、水土保持等，以维持自然资源的更新与良性循环，使得自然再生产尽量与社会经济发展相协调（王俊，2007）。现存的自然资源几乎全部直接或间接地得到了人类的管理和保护[①]，因而自然资源是具有价值的，且价值量为人类投入的社会必要劳动时间（程晓玲等，2006；薛达元，1997；钱阔和陈绍志，1996）。此种环境下，自然资源有价值这一结论也符合马克思的劳动价值论中的观点。这也说明对劳动价值论的认识也应在新时代有所发展。

然而，立足于马克思的劳动价值论，自然资源被浪费性使用的问题仍旧无法解决[②]（何承耕，2001；罗丽艳，2003；程晓玲等，2006）。在市场经济中，价格是最敏感的市场信号。只有当自然资源的价格合理时，资源才能得到保护和可持续利用。认为自然资源没有价值的观点会导致“产品高价、原料低价、资源无价”的不合理现象，进而引起人类对自然资源的无偿占有、掠夺性开发和浪费性使用，最终导致生态环境的恶化。若认为自然资源的价值只是人类在其生产过程中所耗费的社会必要劳动时间，忽略了自然资源本身的价值，也会导致对自然资源价值度量的不完全，引发资源的浪费性使用。当自然资源的价值无法得到补偿时，其恢复和更新的资金也就无法落实，长此以往必然会加重资源的空心化现象（罗丽艳，2003）。因而，对于劳动价值论是否适用于现代的自然资源价值的研究，如何在当今时代创新发展以适应现代的自然资源价值的研究，学术界尚未达成共识。

2.1.2 要素价值论

从供给视角研究价值决定的理论除了有劳动价值论以外，还有要素价值论。要素价值论也叫生产费用价值论，或边际成本价值论。

劳动价值论认为劳动投入是价值的唯一源泉。要素价值论认为，人类的劳动通过生产要素作用于劳动对象，使得劳动对象发生形态变化，从而生产出产品并创造收入（安晓明，2004）。如果缺少要素，人的劳动无法生产出产品。既然人类的劳动和生产要素都参与了产品的生产过程，都应该是价值产生的源泉。

---

① 这个观点受到了一些学者的批判，如罗丽艳（2003）、张婧（2011）等。批判者认为并非地球上所有的自然资源都有人类劳动的投入，比如尚未发现的自然资源，又比如深海中的渔业资源等。这些资源是否具有经济价值、人类对这些资源的劳动付出是否能真实地反映资源的价值，都是值得商榷的问题。

② 据洪丽君（2007）和安晓明（2004），劳动价值论的泛化能够解释自然资源的价值形成。劳动价值泛化论认为，人类劳动的本质是一种生物生产力。既然人的生产力能够创造价值，那么，生态系统中的其他生物的生产力同样能够创造价值。自然资源的形成必然会耗费生态系统中某些生物的物化劳动，由此，自然资源也就具有价值。

劳动价值论和要素价值论的分歧在配第的价值理论中已经有所表现。配第的《赋税论》一方面认为劳动是价值的源泉，另一方面又表示“土地为财富之母，劳动为财富之父”，即土地和劳动两个因素同时影响价值的决定（杨万铭，2002；许成安和杨青，2008）。配第的劳动、土地的二元价值论是导致其继承者出现矛盾观点的重要原因：一方面认为价值取决于商品生产中所耗费的劳动，即劳动价值论；另一方面，土地也对财富的供给做出了贡献，即要素价值论（许成安和杨青，2008）。斯密在《国富论》中肯定了劳动是衡量所有商品交换价值的真实尺度，却又将配第的二元价值论发展成为劳动、资本和土地的三元价值论。斯密认为商品价值由购买或支配的劳动所决定，进而得出劳动、资本和土地三个要素共同创造价值的结论，即价值由工资、利润、地租三项共同决定（安晓明，2004）。斯密的劳动决定商品价值的观点被李嘉图继承，并最终由马克思发展和完善；商品价值由购买或支配的劳动所决定的观点由萨伊、马尔萨斯和西尼尔等人加以继承并发展（安晓明，2004；许成安和杨青，2008）。

萨伊直接将劳动、资本和土地三个要素并列起来，称为生产三要素，并得出了资本主义社会分配的“三位一体公式”。萨伊利用三要素来分析价值，认为三要素共同参与了价值的创造。由于投入劳动耗费工资，投入资本耗费利息，投入土地耗费地租，这三者相当于三要素在创造价值过程中各自所耗费的代价，也就是价值的生产费用（裴小革，2004；安晓明，2004）。简言之，萨伊认为，价值的大小由生产费用，即工资、利息和地租三者所决定。近年来，有学者将企业家才能、技术、知识等要素纳入生产要素中，认为这些要素也对价值的生产做出了贡献，从而也创造了价值（裴小革，2004）。因此，要素价值论本质上为多元价值论，有别于劳动价值论这一一元价值论。

要素价值论受到了李嘉图、马克思的批判，属于马克思所说的“资产阶级庸俗经济学”。要素价值论也受到了后来的一些坚持劳动价值论的学者的批判，认为多元价值论本质上是没有区分交换价值和使用价值的缘故。此外，要素价值论无法解决价值的加累加比较的问题（裴小革，2004）。不同要素间没有统一的衡量单位，无法进行比较和累加。例如，劳动、土地、资本、技术、企业家才能等要素的贡献的大小无法进行区分，也无法汇总。另外，要素价值论抹杀了不同要素在价值生产中的不同作用（裴小革，2004）。要素价值论只表明了价值的生产需要劳动以及其他的生产要素，但是忽略了劳动的投入是主动的，其他生产要素的投入是被动的。将人的劳动对生产的贡献等同于其他生产要素的贡献，事实上是夸大了其他生产要素的作用。

将要素价值论运用到自然资源价值的评价中时，自然资源的价值便由资源自身形成的价值和人类投入的劳动的价值两部分构成。一方面，自然资源本身可视作生产要素，如水、土地、木材等。这些生产要素在商品价值的生产中做出了贡献，因而具有价值。这些生产要素所耗费的代价便是价值的生产费用，如地租、木材价格、水费等。另一方面，人类在自然资源的管理、保护和再生产中投入了劳动，这部分劳动也产生了实际的价值。因而，自然资源的价值为资源自身的价值与人类劳动的价值之和。

2.1.3 效用价值论

19 世纪 50 年代前，效用价值论主要表现为一般效用论；19 世纪 70 年代后，效用价值论主要表现为边际效用价值论（何承耕，2001）。

17 世纪尼古拉·巴尔本在其著作《贸易概论》中提出了商品的价值不是由劳动决定的，而是由效用决定的观点，为最早明确表述效用价值观点的人（梅林海和邱晓伟，2012）。萨伊坚持了效用价值论，驳斥了劳动价值论，认为商品的价值并非来自于生产过程，而是源自消费者对商品的主观评价；强调劳动并非为了创造物品而是为了创造效用，物品价值的来源是其效用（陈石，2009）。

效用价值论从物品满足人的欲望能力，或者人对物品效用的主观心理评价的角度来解释价值及其形成过程（程晓玲等，2006）。该理论认为，物品效用来源于自然赋予该物品的属性和人的主观感受，只要人的欲望或者需要得到了满足，人们就获得了某种效用（梅林海和邱晓伟，2012）。物品对人的效用是决定其价值的基础，而物品的价值体现的是人的主观心理因素和客观物品效用之间的关系。萨伊认为，物品的效用由土地、劳动和资本这生产三要素决定，而且价值由创造效用的生产费用决定，也就是由地租、工资和利息决定（洪丽君，2007）。

自经济学发生了边际革命，边际效用学派也逐渐形成。边际效用价值论于 19 世纪 30 年代萌芽，19 世纪 70 年代完成。边际效用价值论是由英国的杰文斯、奥地利的门格尔和法国的瓦尔拉斯相继独立提出，后由奥地利的庞巴维克和维塞尔加以发展（方大春，2009）。边际效用是指某种物品的消费量每增加（减少）一单位所增加（减少）的满足程度。边际效用价值论认为，边际效用随着人们消费某种物品的量的增加而逐步减少。当物品的需求不变时，供给越大则边际效用越小，反之亦然；当物品的供给不变时，需求越大则边际效用越大，反之亦然（薛达元，1997）。物品要有价值，则该物品必须既有效用，又有稀缺性[①]（何承耕，2001；安晓明，2004）。有用性是商品价值的基础，而稀缺性是价值的必要条件。物品的效用引发人们对物品的需求，而稀缺性形成了对人们需求的限制，这种限制通过人们所支付的价格来实现。人们在购买一个单位的物品时愿意支付的价格取决于人们从该物品中获得的边际效用（梅林海和邱晓伟，2012）。维塞尔和庞巴维克同样认为，资本、劳动和土地等生产要素的价值来源于所生产的物品的边际效用，每一生产要素在生产过程中的边际贡献决定了它的价值（安晓明，2004）。也就是说，物品使人产生的满足程度越高，边际效用就越大，因而用于生产这种物品的生产资料的价值也就越大。

自然资源不仅具有效用，而且具有稀缺性。自然资源是人类生活必不可少的，也是社会生产不可或缺的，无疑对人类具有巨大的效用。在社会发展的进程中，资源和环境问题日益突出，资源的再生产已难以满足人类社会扩张性发展的需求，并已成为世界共同面临的大问题。因而，根据边际效用价值论，自然资源的效用以及稀缺性构成了赋予自然资源价值的充分必要条件，也形成了对自然资源进行定价的理论依据。这样可以避免因劳动价值论对自然资源价值的低估而造成的对自然资源的无偿占有、掠夺性开发和浪费性使用。

效用价值论虽然有助于对自然资源价值的认识，但仍旧有其弊端。①效用本身很难量度。效用是主观心理现象，很难精确地测度，无法精确地测算出物品的价值（何承耕，

① 并非绝对的稀缺性，而是相对于对其需求而言的稀缺性。

2001)。效用价值论之后出现基数效用论和序数效用论的分歧也证明了这一点[①]。序数论者企图避开效用的计量，但是实际操作时，效用程度的高低排序仍应以效用计量为前提。②效用价值受当代人的认知和主观评价的影响（程晓玲等，2006)。物品对人的效用会随人们认知能力的改变而改变，因而当代人的主观评价无法延伸到后代。人类的短视或受制于目前的科学、技术、文化水平，可能导致对未来社会发展的预期不足，进而导致对自然资源的估价过低而使自然资源遭到较大的破坏。③稀缺性在于供不应求，是物品进入市场交换的前提，而并非价值客观存在的原因（张婧，2011)。一些自然资源虽目前并不稀缺，但是对人类意义重大，比如阳光。不能因为资源目前不稀缺就说其没有价值。④将商品的价值等同于物品的效用，只考虑了消费者主观的个人心理，抹杀了物品的社会历史性质，也完全隔断了商品价值同劳动之间的联系（何承耕，2001)。

2.1.4 均衡价值论

瓦尔拉建立了一般均衡理论，并认为商品的价值就是它的实际市场价格，而市场价格决定于市场的供需关系。一般均衡理论指出，商品的价格是互相联系、相互影响的。一种商品的供求关系的变化不仅会导致该商品市场价格的变化，还会影响其他商品的价格。当所有的商品供给与需求相等时，市场处于均衡状态，此时的商品价格为其均衡价格，也就是该商品的价值（安晓明，2004)。

马歇尔说:“一个东西的价值，也就是它的交换价值，在任何地点和时间用另一物来表现的，就是在那时那地能够得到的、并能与第一样东西交换的第二样东西的数量。因此，价值这个名词是相对的，表示在某一地点和时间的两样东西之间的关系”(马歇尔，1964)。也就是说，马歇尔将商品的交换价值视为商品的价值。他融合了供求论、边际效用论和生产成本论，在前人研究的基础上创立了均衡价值（价格）论。需求价格是消费者对一定量的商品所愿意支付的价格，由商品对消费者的边际效用决定，根据边际效用递减的规律可引申出商品的需求价格；供给价格是生产者提供一定量的商品所愿意接受的价格，由生产商品的边际成本决定，根据生产费用递增的规律可引申出商品的供给价格（安晓明，2004)。当供求双方达到均衡状态时，商品的价格为均衡价格，即商品的价值。均衡价值论是马歇尔经济理论的核心和基础，因此均衡价值论也称马歇尔价值论。

基于均衡价值论，自然资源作为商品时的价格取决于它本身在市场上的供给和需求情况。当自然资源的供给固定时，没有生产成本或供给价格，资源的价值只受其需求的影响（薛达元，1997)。

均衡价值论用物品的市场价格替代了物品的价值，用对市场价格的分析替代了价值决定问题的分析，将影响价格水平的供求因素视为价值的决定因素，提出的只是“无价值实体的价值论”(方大春，2009)。

---

① 基数效用论假设消费者消费商品时所获得的效用是可以度量的，因而效用可以用基数（1，2，3…）表示并可以累加求和。序数效用论表示效用作为一种主观的感受是无法用基数来衡量其大小的，认为消费所获得的效用只可以进行排序，仅可以用序数（第一，第二，第三，……）表示满足程度的高低。基数效用论使用边际效用分析法作为分析工具，而序数效用论则利用无差异曲线来进行分析。

2.1.5 自然价值论

罗尔斯顿的自然价值论是环境伦理学中的一个颇具重要性的理论。自然价值论坚持生态中心主义的整体论，立足于内在价值的合理性，实现了由主观价值论向客观价值论的转换，提供了一个新的思维角度和分析方法（郭辉和王国聘，2010；陈希坡和段黎，2010）。

传统的价值理论中，价值为主客体之间的关系，涉及主体对客体的评价，而评价则需从主体的意识系统出发（陈也奔，2012）。罗尔斯顿的自然价值论打破了这种思维方式，认为自然资源的价值是客观存在的，是自然的固有属性，先于人类的发现而存在，并非完全是人类的赋予（田新元，2012；郭辉和王国聘，2010）。罗尔斯顿指出，"自然的内在价值是指某些自然情境中固有的价值，不需要以人类作为参照。潜鸟不管有没有人听它，都应该继续啼叫下去。潜鸟虽然不是人，但它自己也是自然的一种主体"（罗尔斯顿，1986）。荒野自然中物种是客观存在的，是生命维持系统的重要组成成分，而这种客观性是由它们的性质决定，不管人类是否发现它们以及如何评价它们（郭辉和王国聘，2010）。罗尔斯顿取消了对资源的价值进行设定的主体，认为价值的设定并不需要人类对其的评价（陈也奔，2012），并认为"我们应扩大价值的意义，将其定义为任何能对一个生态系有利的事物，任何能使生态系更丰富、更美、更多样化、更和谐、更复杂的事物"（罗尔斯顿，1986）。也就是说，自然价值论摈弃了传统人类中心主义的自然价值观，反对价值是客体对作为主体的人类的有用性的观点（郭辉和王国聘，2010）。

罗尔斯顿认为，自然价值来源于自然物所具有的创造性属性，这个属性使得自然物能够主动适应环境以保证自身的生存和发展，同时，个体之间的竞争与依赖关系也增加了生态系统的复杂性和创造性，使得自然系统中的生命日益多样化和精致化，进而使地球上的生态系统能不断发展并长期保持稳定（郭辉和王国聘，2010）。罗尔斯顿在《哲学走向荒野》中肯定了自然系统本身就是有价值的，意识到了自然资源价值的丰富性和多样性，并进一步将自然的价值分类为"经济价值、生命支撑价值、消遣价值、科学价值、审美价值、生命价值、多样性与统一性价值、稳定性与发展性价值、辩证的（矛盾斗争的）价值、宗教象征价值等"（罗尔斯顿，1986）。在《环境伦理学：大自然的价值以及人对大自然的义务》（罗尔斯顿，1988）中，罗尔斯顿系统地论述了自然价值论，认为价值为自然事物的属性，并进一步指出自然价值是工具价值、内在价值和系统价值的有机统一体①。他认识到生态系统是生命的发源地，也是一个具有包容力的重要的生存单元，并表示"人们不可能对生命大加赞赏而对生命的创造母体却不屑一顾，大自然是生命的源泉，这整个源泉——而非只有诞生于其中的生命——都是有价值的，大自然是万物的真正创造者"（罗尔斯顿，1988）。

罗尔斯顿的自然价值论对自然内在价值的认识超越了传统价值论，在理论上也实现了很多革命性的突破，但是它本身也面临着一些难以克服的理论困境。第一，罗尔斯顿抛弃人类中心主义而推崇自然中心主义，在实践上来说带有过分理想化的"乌托邦"色

---

① 工具价值是指"被用来当作实现某一目的和手段"的价值，内在价值是"能在自身中发现价值而无须借助其他参照物的事物"（罗尔斯顿，1988）。系统价值是最根本的。超越工具价值和内在价值的整个生态系统所具有的价值，是内在价值和工具价值的源泉（罗尔斯顿，1988）。

彩，容易导致“环境法西斯主义”的严重后果，即为了生态系统的价值而牺牲个体，尤其是人类的利益（李建珊和胡军，2003）。对于第三世界国家，实施以自然中心主义的环境政策是不公平的。第二，从根本上来说，对自然的内在价值进行衡量很难脱离人类的主体性，进而导致了自然价值论的不可行性（李建珊和胡军，2003）。第三，罗尔斯顿混同了主观性和主体性两个概念，把人和生物放在平等的地位，抹杀了人与其他生物的区别，可能会引起人在环境和生态问题上的不作为（田新元，2012）。自然价值论本来旨在强调自然价值的客观性和重要性，但由于罗尔斯顿对理论的过分强化，反而忽略了人在环境保护、生态修复中的主体性和重要性，使得自然价值论失去了根基（陈也奔，2012）。第四，人与自然之间矛盾产生和累积的根源应该从人与人、利益集团与利益集团之间去寻找，而自然价值论忽略了这一点，无助于实际问题的解决（李建珊和胡军，2003）。

2.1.6 现代环境经济学家观点

Krutilla 于 1967 年发表《自然资源保护的再思考》，成为自然资源价值评估的奠基之作。Krutilla 开创性地把非使用价值引入主流经济学的文献中，认为资源具有独立于目前人类对它的利用的价值。在此基础上，众多国外学者如 McNeedly（1988）、Pearce 和 Moran（1994），以及联合国环境规划署（UNEP）、英国环境、食品和农村事务部（DEFRA）等组织和机构对自然资源价值进行了进一步研究。自然资源的经济价值被逐渐划分为使用价值和非使用价值两个部分。

2007 年波茨坦 G8+5 环境部长会议上提出，由联合国环境规划署主持的研究计划——生态系统和生物多样性经济学（TEEB）对已有研究进行了梳理，并将生态系统和生物多样性总经济价值分为使用价值和非使用价值，前者包括直接使用价值（细分为消耗性使用价值和非消耗性使用价值）、间接使用价值和选择价值，后者包括存在价值、利他价值和遗产价值（TEEB，2010）。

非使用价值的提出是现代环境经济学家观点中有别于劳动价值论等前人所提出的经典价值理论最重要的一点。所谓非使用价值，顾名思义，是指自然资源所具有的独立于人们对它进行使用的价值，这是相对于使用价值而言的。非使用价值是一种模糊的、难以清楚表达的价值。从总体上看，引发非使用价值主要来自于人们的一些动机，包括遗产动机、利他动机、礼物动机、替代动机以及与伦理相关的同情动机、管理动机、权利动机和责任动机（李继龙等，2013）。

非使用价值摆脱了价值与货币直接挂钩的思维，这在具体评价自然资源价值特别是遗传资源价值时，具有非常重要的意义。由于人类出于替代动机、遗产动机、礼物动机、利他主义，以及与伦理相关的同情动机、管理动机、权利动机和责任动机，自然资源除了可利用的价值以外，往往还存在非使用价值。对非使用价值的认定代表了一种社会理性，内含两个平等的命题，包括代内公平和代际公平，即当代其他人及后代都能够从存在的自然资源中获益。

但是现代环境经济学家有关非使用价值的理论也有它的不足之处，主要为非使用价值价值量的计量问题。比如，Brookshire 等（1986）针对存在价值各种动机后面隐含的道德伦理观念，把其中的一些动机归结为一种反偏好选择，认为基于理论（尤其是环境伦理）的反偏好选择超出了成本-效益分析的效率规范，因而不能在经济效益中得到准确的表述。也就是说，个体对于自然资源保护的最大支付意愿可能大于自然资源的经济价值。因此，根据实际调查的最大支付意愿而制定相关政策时应保持谨慎。

以上是几种有关自然资源价值的有代表性的价值理论。这些价值理论在引导人们认识和探讨自然资源价值的源泉、本质以及内涵等方面起到了很大的作用。但由于研究者所处的时代背景以及研究者的研究方法、思维角度和理论偏好等方面的差异，形成的价值理论也难免带有一定的局限性，应用于解释自然资源价值时也显得不够完善。

我国学者对自然资源的价值也进行了诸多的研究，并形成了数种在理论上较有代表性的资源价值理论，如双重价值论、资源租金论、二元价值论等。双重价值论认为，自然资源的价值由资源本身的价值和人类劳动投入的价值组成（李金昌，1991）。资源租金论认为，自然资源的价值是自然资源所有权经济效益的具体体现（胡昌暖，1992）。二元价值论认为，自然资源的价值是由人类劳动投入产生的实际价值和自然资源在资本运作中产生的社会价值的总和（黄贤金，1994）。虽然关于自然资源价值的研究已经取得一定的进展，但是由于对自然价值来源尚无统一认识导致理论的出发点不同，因而建立的资源体系存在较大的差异，呈现百家争鸣的状态。

2.1.7 对遗传资源价值理论的再思考

无论是劳动价值论、效用价值论还是其他价值理论，前人关于价值的理论已经相当丰富。这些理论用来解释自然资源的价值，尤其是遗传资源的价值时往往有利也有弊。如何结合遗传资源价值评估的要求，对相关的价值理论进行再思考，凝练出适用于遗传资源价值评估的理论是十分必要的。

与其他自然资源相比，遗传资源不仅可表现为可见的、有形的物，如动物、植物、微生物活体，或器官、组织、细胞、受精卵等各种形态，还包括以遗传材料为物质载体的遗传信息。遗传资源不仅可提供粮食、药材、木材、燃料等物品，还可以提供污染物降解、授粉、观赏、营养循环等生态功能服务。除此以外，遗传资源还可为抗病、抗旱、高产等优质新品种选育提供遗传材料，为新药物与疫苗的开发提供基因资源，为认识和研究生物物种提供最基本的原始材料。这些遗传资源提供的产品和服务能被人类直接或间接地利用，其价值也就是遗传资源的使用价值。有些使用价值能直接反映在市场的交易价格中，有些价值可从替代的物品和服务等成本中获取。

由于遗传资源具有未知性，很多遗传基因还不知或不完全知道其功能和用途，也就是它们的使用价值尚不明确；即使现在已经认识、开发的生物资源，也不是完全清楚其所有的功能和效用，如银杏、红豆杉等，现有的市场价格并不能完全反映其价值。许多遗传资源的功能要在科学技术进一步发展之后或者经历重大事件时才能体现出来，但功能暂不为人所知的遗传资源并非不具有价值。相比于有限的使用价值，非使用价值的提出和重视对促进遗传资源的保护而言意义重大。

综合前人关于自然资源价值的经典理论，结合现代环境经济学家的观点，将遗传资源的经济价值分为遗传资源所提供的产品及服务产生的社会经济效益，以及人类得知遗传资源永续存在、当代其他人和后代能从存在的遗传资源中获益而获得的满足感。前者取决于遗传资源的有用性，其价值的大小则决定于它的供求关系和开发利用情况；而后者取决于遗传资源的永续存在以及对其他人的可得性带给人类的效用，其价值的大小则决定于人类的主观心理评价（图 2-1）。

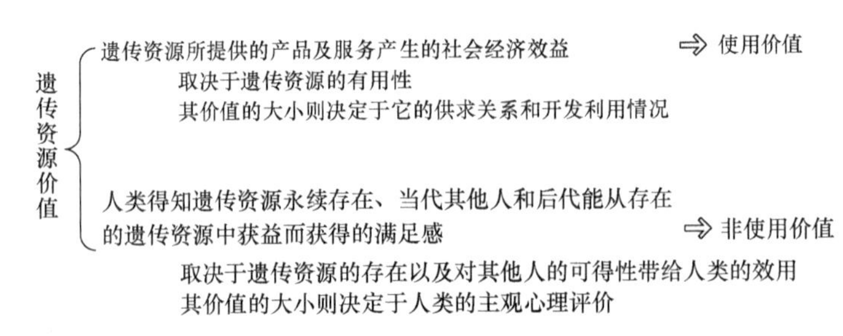

图 2-1 遗传资源价值理论

2.2 自然资源经济价值的概念系统

对于自然资源价值的内涵国际上已有许多讨论，并在对其的逐步认识过程中诞生了诸多的概念系统。

Krutilla 开创性地把非使用价值引入主流经济学的文献中，认为资源具有独立于目前人类对它的利用的价值，原因至少包括可保留选择以备将来使用或让后代使用（Krutilla，1967）。他还指出，遗产价值为保存自然资源的经济合理论证做出了非常重大的贡献，同时还将存在价值的来源归结为同情、期权及未来可用的遗传信息（Krutilla and Fisher，1975）。

McNeedly（1988）将生物资源的价值分为直接价值和间接价值两类：直接价值与生物资源的消费者直接获得的乐趣或满足感相关，包括消耗性使用价值和生产性使用价值；间接价值主要与自然资源的功能有关，包括非消耗使用价值、选择价值和存在价值（表 2-1）。

表 2-1 McNeedly 的经济价值概念系统

价值类型			说明
总经济价值	直接价值	消耗性使用价值	资源不通过市场的直接消费，如捕鱼、砍柴以作家用
		生产性使用价值	木材、象牙、蜂蜡等生物资源的商业性使用，通常是唯一反映在国民收入中的资源价值
	间接价值	非消耗性使用价值	生物资源的功能和服务而非其物品本身的价值，如旅游、科研、防洪等
		选择价值	因未来的不确定性而保留资源以便未来利用的价值
		存在价值	资源的存在而让人产生满足感或可让后代利用

资料来源：McNeedly，1988。

联合国环境规划署编写的《生物多样性国情研究指南》（UNEP，1993） 中将生物多样性的价值分为 5 类：消耗性直接使用价值、非消耗性直接使用价值、间接使用价值、选择价值和存在价值（表 2-2）。此概念系统已被广泛用于各国编制的“生物多样性国情研究报告”中（薛达元，1997）。

表 2-2 UNEP 的经济价值概念系统

价值类型			说明
总经济价值	直接使用价值	消耗性使用价值	人类对实物型生物资源的直接利用，如木材、药材等
		非消耗性使用价值	人类对生物资源提供服务的直接利用，如旅游、科研等
	间接使用价值		生物资源的功能带来的社会福利，如释放 O_2、水土保持等
	选择价值		保留生物资源的将来用途
	存在价值		生物资源持续存在或可留给后代的价值

资料来源：UNEP，1993。

Pearce 出版了若干关于环境价值的评估的专著，包括《自然资源与环境经济学》（Pearce and Turner，1990）、《生物多样性的经济价值》（Pearce and Moran，1994）、《世界无末日：经济学、环境与可持续发展》（Pearce and Warford，1993）等。Pearce 在其 1994 年的专著中将环境资源的总价值分为使用价值和非使用价值两部分，前者包括直接使用价值、间接使用价值和选择价值，后者包括遗产价值和存在价值（表 2-3）。这也是目前世界上使用最为广泛的分类标准。另外，Pearce 在其 1993 年出版的专著中引入了准选择价值——保留对未来使用的选择权以期待未来知识的增长的价值，并将其与选择价值剥离，归入非使用价值。

表 2-3 Pearce 的经济价值概念系统

价值类型			说明
总经济价值	使用价值	直接使用价值	对生物资源的直接利用，如食品、木材等
		间接使用价值	对生物资源的功能效益的利用，如固碳、防洪、固沙等
		选择价值	确保对资源未来使用的选择权的价值
	非使用价值	遗产价值	将资源留给后代的价值
		存在价值	保持生物资源持续存在的价值

来源：Pearce and Moran，1994。

经济合作与发展组织（Organization for Economic Co-operation and Development，OECD）编著的《环境项目和政策的经济评价指南》（1996）基本沿用了 Pearce 在其 1994 年专著中的概念体系，但认为选择价值部分属于使用价值，部分属于非使用价值。

英国环境、食品和农村事务部（Department for Environment，Food and Rural Affairs，DEFRA）在 2007 年发布《评估生态系统服务的入门指南》（DEFRA，2007）。《指南》基本沿用了表 2-3 中的概念系统，但在非使用价值（也作消极价值）中增加了利他价值，与遗产价值并列。遗产价值被定义为把资源遗传给后代的价值，而利他价值被界定为使同代中的其他个体也具有资源可得性的价值，两者同属于为他人考虑的博爱价值，进而区别于存在价值。《指南》中将准选择价值定义为通过延期而有机会获得新信息去降低不确定性的价值，并认为准选择价值不在资源总经济价值的框架体系中。

Balmford 等（2008）采用了 DEFRA（2007）中资源的经济价值概念系统的大致架构，并把准选择价值列入了总经济价值的考量中（图 2-2）。较 DEFRA（2007）而言，Balmford 系统的最大区别是认为选择价值是否应被作为总经济价值中一个独立的成分是有待商榷的，因为直接使用价值和间接使用价值都有潜在的选择价值。只是，基于预防性政策立场，选择价值严格来说应被视为一个独立的概念。

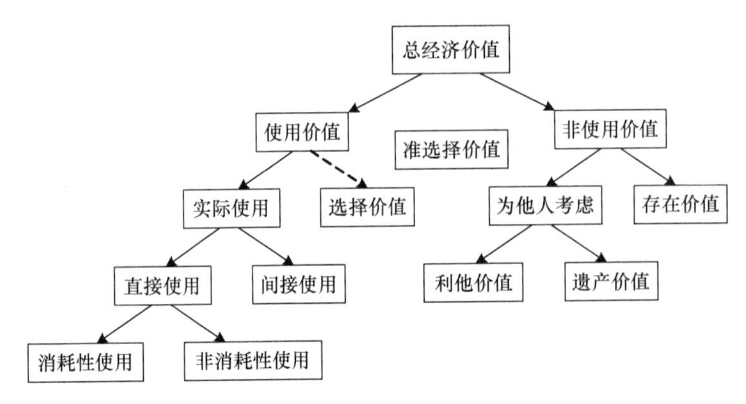

图 2-2　经济价值概念系统　（修改自 Balmford et al.，2008）

生态系统和生物多样性经济学（The Economics of Ecosystem and Biodiversity，TEEB）是 2007 年波茨坦 G8+5 环境部长会议上提出，由联合国环境规划署主持的研究计划。在 2010 年发布的《生态学和经济学基础》中也对现有的经济概念系统进行了梳理，并基本沿用了 Balmford 等（2008）中采用的概念框架。在 TEEB（2010）的框架中，总经济价值分为使用价值和非使用价值两大类，前者包括直接使用价值（细分为消耗性使用价值和非消耗性使用价值）、间接使用价值和选择价值，后者包括遗产价值、利他价值和存在价值。另外，报告也指出，把选择价值视为总经济价值下的一个独立的成分是受争议的。选择价值可以被理解为资源被不确定性赋予的价值——保险溢价或等待解决不确定性的价值，而后者即为准选择价值。从而，在该框架中，准选择价值并未从选择价值中剥离，而是将其界定为广义的选择价值中的一个分支。

2.3　自然资源经济价值的类型及内涵

2.3.1　使用价值

使用价值通常分为直接使用价值和间接使用价值两大类。考虑由不确定性赋予的、对资源未来使用的选择权，使用价值中也包含了选择价值。

2.3.1.1　直接使用价值

直接使用价值从自然资源的直接使用中获得，按使用形式分为消耗性使用和非消耗性使用。

消耗性使用是指直接从生态系统中获取并消耗资源（de Groot et al.，2006；DEFRA，2007；TEEB，2010）。此类使用以生物资源提供给人类的直接产品的形式出现，如木材、药材、粮食、蔬菜、水果、动物毛皮、鱼、象牙等。部分生物资源没有经过市场而被居民直接消耗，这对于生活在偏远地区的居民来说十分普遍，在许多发展中国家的经济中占有一定的比例。因为没有经过市场，此类利用价值很少反映在国家收益账目中。大多数生物资源经过市场交易而被消费，这些产品对国民经济有重要的影响，通常是唯一反映在国民收入中的资源价值（McNeedly，1988）。

非消耗性使用是指人类对自然资源的使用并不会提取或者消耗资源的任何成分，通常是利用自然资源直接为人类提供的服务（Balmford et al.，2008）。其使用的对象并不具有实物形式，但是仍然能为人所感知并得到直接利用。自然资源直接为人类提供的服务包括旅游、摄影、观赏等人类可直接参与的娱乐活动，或者以影视图片、文学作品、教育丛书等为载体的文化享受，或者作为科学家和学者的研究对象，或者作为大众的生物、生态、地理等方面的教育对象。由于人类对自然资源的非消耗性使用涵盖面广、形式多样，因而此类价值也难以货币化。

2.3.1.2 间接使用价值

间接使用价值通常与自然资源的功能价值和服务价值相关，是生物资源的功能带来的社会福利。间接使用价值主要指与生命支持系统相关的生态服务，主要包括：①提供生态系统演替和生物进化所需要的遗传资源；②形成和维持生态系统的结构与功能；③生态系统的服务功能，如碳的固定，营养物质的循环、吸收 CO_2、释放 O_2、保持水土、调节气候、防风固沙、涵养水源、污染物的吸收和降解等（薛达元，1997）。

自然资源的间接使用趋向于公共服务，即对地方、区域甚至全社会提供服务，其价值也不仅仅是对个人或法人实体的价值反映，通常不会出现在市场交易中，也无法反映在国家的收益账目中。因为间接使用为公共服务，其价值估算起来通常会比直接使用价值高（薛达元，1997）。

自然资源的直接使用价值与间接使用价值间有着密不可分的关系，直接价值经常从间接价值中衍生出来。例如，自然资源提供给人类直接消费的物品的形成必须得到其所在生态环境的支持，这些物品的载体在生长过程中也提供了相应的生态功能。又如，某些无消耗性使用价值的物种在生态系统中可能起着支持那些可被消耗性使用的物种的作用。直接使用价值和间接使用价值并非相互独立的成分，两者之间的依赖关系也是值得关注的。

2.3.1.3 选择价值

选择价值是人类和社会为对生物资源的将来使用的选择权而给予的价值（DEFRA，2007；Kontoleon and Pascual，2007）。但是关于选择价值是否是总经济价值的一个真实的且独立的组成成分，经济类文献或著作中的观点是有分歧的（Freeman，1993）。基于这一点，选择价值可以被理解为资源被不确定性赋予的价值-保险溢价或等待解决不确定性的价值（TEEB，2010）：自然资源的保险溢价相当于人们为了确保自然资源或者服务在将来的可得性而预先支付的一笔保险金；解决不确定性的价值，即通过延期而有机会获得新信息去降低不确定性的价值，又被称为准选择价值。选择价值不一定都为正值，但如果对自然资源或者服务的未来需求是确定的，而供应是不确定的，那么可以预期这种资源或者服务的选择价值是正的（Freeman，1985）。新的信息的获得总能使对资源价值的评估更加准确，因而获得新信息去降低不确定性的价值始终是正的，并且这种信息的获得只是时间问题（Freeman，1984；Fisher and Hanemann，1987）。所有的使用价值都含有潜在的选择价值，如油气资源并非都应该今天开采，部分可以立即开采，部分可以留待以后再做选择；风景胜地也并非今天就应该开发为旅游景区，也可以作为未来的旅游储备资源。

所有关于恢复力（resilience）的考量由于关系到资源的未来使用，因而也应归于选择价值，例如，海洋功能团的多样性有助于渔业生产的恢复，因而对这种多样性的保护也是应对未来环境改变的一种保险（Balmford et al.，2008）。社会越是厌恶风险，则越看重保存或者建立生态系统恢复力的政策，恢复力的价值也越高（Armsworth and Roughgarden，2003）。

2.3.2 非使用价值

非使用价值指的是不涉及对自然资源或者其服务的直接或者间接使用的价值（de Groot et al.，2006）。这类价值主要是指从人类得知自然资源留存的或者其他人对资源的可得性的知识中衍生出来的价值（Kolstad，2000；DEFRA，2007）：从自然资源的存在性中获得的满足感而衍生的价值为存在价值；让后代拥有对自然资源的可得性的价值为遗产价值，让同代的其他人对资源可得的价值为利他价值。

存在价值是资源本身具有的一种价值，与人类利用无关，无论是现在利用还是将来利用、自己利用还是他人利用，存在价值似乎与环境、资源保护的责任感和道德和伦理的准则相关。人们乐于知道自然资源的永续存在，如海洋中有鲸、南极洲有企鹅、非洲有猎豹、中国有熊猫，即便他们并不打算将来去观光或者利用这些野生动植物。

遗产价值是指当代人希望他们的子女或后代将来可从仍旧存在的自然资源中获益，利他价值是指人类希望当代的其他人也能获益于当代存在的自然资源。遗产价值强调了代际公平（intergenerational equity）的概念，而利他价值强调了代内公平（intragenerational equity）的概念，是基于资源的时间或空间分布的考量（Balmford et al.，2008）。

非使用价值因为涉及未被市场化的精神、宗教或者美学属性，因此其价值的评估比使用价值的评估更有挑战性。

2.3.3 总经济价值

2005 年联合国环境规划署发布的新千年生态系统评估报告（Millennium Ecosystem Assessment，MEA）中正式确立了生态系统服务的概念，将其划分成供应、调节、文化和支持四大类，并进一步分为 23 小类，以将生态系统和人类福利相联系。但是，MEA 本身并非为了经济价值评估而设计，也不能直接适用于价值评估（Boyd and Banzhaf，2007；Fisher et al.，2008；Balmford et al.，2008）。DEFRA（2007）指出，生态系统服务的总经济价值（total economic value，TEV）的概念体系可被视为互补关系（表 2-4），总经济价值的概念体系可助于对具体服务价值的评估方法的确定。表 2-4 中所有价值的总和为生态系统的总经济价值，即：

总经济价值=使用价值+非使用价值

=（直接使用价值+间接使用价值+选择价值）+（存在价值+利他价值+遗产价值）

表 2-4 总经济价值框架下的生态系统服务评估

分类	服务	直接使用	间接使用	选择价值	非使用价值
供应	食物；纤维和燃料；生化制品；天然药品；药物；淡水供应等	*	NA	*	NA
调节	空气质量调节；气候调节；水调节；自然灾害调节；碳储存；营养循环；小气候功能等	NA	*	*	NA
文化	文化遗产；娱乐旅游；美学价值；精神价值	*	NA	*	*
支持	初级生产；营养循环；土壤形成等	通过其他三项生态系统服务评估			

注：NA，不适用（non applicable）。

资料来源：DEFRA，2007；TEEB，2010。

实际评估中，选择价值、遗产价值、利他价值和存在价值是很难分开的，它们之间存在着一定程度的重叠，通常选择价值和非使用价值作为一个整体进行评估（Pearce and Moran，1994）。资源的产品和服务也有一定的重叠，如若直接相加，将导致对资源价值的双重计算（double counting）（De Groot et al.，2002；Balmford et al.，2008）。因为双重计算的可能性，总经济价值框架在应用于资源的经济价值评估时也应该十分谨慎，尤其是在评估直接使用价值和间接使用价值时（Pearce and Turner，1990；Pearce and Moran，1994）。所以，总经济价值方法在实际应用时还存在许多问题，需要进一步的探索和研究。

2.4 遗传资源的价值

2.4.1 遗传资源价值的认识过程

现代社会对作物遗传资源价值的认识大致经历了三个阶段（朱彩梅和张宗文，2005）。

第一阶段：20 世纪 80 年代之前，人类对遗传资源进行了大量的考察、收集活动，并对其进行了植物学分类研究以及形态特征和生物学特性的评价。但是，遗传资源也只是作为人类基本的生存物资而存在，对遗传资源价值的认识仅仅停留在其本身生物学属性方面的直接价值，如在抗逆性、抗病虫性、品质等方面，因此对遗传资源所做的评价也只限于生物学属性方面。

第二阶段：20 世纪 80 年代之后，联合国大会通过了《世界自然宪章》，《生物多样性公约》也通过并生效，人们对生物多样性及其价值的探讨逐渐有所提高，一些经济学家也开始注意到遗传资源的潜在价值，尝试着用经济学的方法对遗传资源的原生境保护及非原生境保护的价值进行评估，并将许多价值评估方法引入到包括遗传资源在内的自然资源的价值评估当中。

第三阶段：20 世纪 90 年代中期以来，人类对自然资源的需求空前高涨，生物资源的有限性成为了国际社会的普遍认知。随着生物技术的迅猛发展和基因组计划的成功，一场遗传资源争夺战逐渐拉开帷幕。许多发达国家利用先期研究的成果，利用先进的科学技术手段和条件，加上雄厚的资金支持，以各种名义在发展中国家寻觅和收集生物遗传资源，研究取得成果后通过申请专利进行技术和利益垄断。如果对遗传资源有无价值、有什么价值、有多大价值、市场价格如何分割、资源所有权方与技术专利方惠益如何分享等众多问题不解决，就不能为制定相关法规提供科学依据，遗传资源拥有国的利益就得不到保证。因而，人们不得不重新认识生物资源特别是支持人类生命系统的遗传资源的价值，开始从经济、社会、环境及对未来的发展影响等各方面对遗传资源进行综合评价。

2.4.2 遗传资源的价值内涵

从经济学的观点看，遗传资源是具有多种价值的生物资源。遗传资源的价值是由三方面因素决定的（徐嵩龄，1997）：遗传资源的功能、人类对遗传资源功能的感知、遗传资源的存在状况。遗传资源的价值是与它所提供的功能密切相关的，这种功能产生自生物个体及基因（DNA）的品质和特征。遗传资源的价值也与它们对人类可感知的功利性领域的作用有关。人类可感知的功利性领域可概括为三类：经济领域（或称经济相关领域）、非经济领域（或称与经济无关领域）、代际转移领域。遗传资源在经济领域的价值可以直接地或间接地与市场价格挂钩；遗传资源在非经济领域内的价值（如文化、美学、精神等）虽基本上与市场无关，但仍通过当代人的支付意愿来表达；遗传资源在代际转移中的价值，则因进一步丧失客观性（因为不存在“未来人”这一受体）而不得不取决于当代人的代际伦理观。遗传资源的价值还与作物的生存状况有关。物种的灭绝意味着遗传资源的消失，这是不可逆与不可替代的。

基于生物多样性成熟的价值分类体系，遗传资源作为生物多样性的核心组成部分，其价值分类基本与生物多样性价值分类是一脉相承的，对遗传资源价值的分类也基本继承了自然资源价值的分类体系。

遗传资源的直接使用价值，是指直接用于生产、消费及进行育种和遗传改良方面的价值。以作物的种质资源为例，粮食压力随着人口激增不断增加，而提高粮食产量不能仅靠扩大种植面积来实现，因为大量开垦荒地会损害生态环境，危害生物多样性。要使农业可持续发展，粮食持续增产主要得靠提高单位面积产量，其中优良的作物品种是决定性因素。多种多样的品种及其野生亲缘植物为基因的选育提供了可能。

例如，水稻“野败”型资源的发现和利用实现了杂交籼稻三系配套并大面积推广利用，至1995年累计增产粮食2580亿kg，是中国水稻生产史上的一次革命。据专家估计，水稻矮秆基因和雄性不育基因的发掘与利用分别使我国水稻产量增加20%以上。小麦经过4次品种更新，品种植株由高变矮，千粒重由小变大，抗病性不断增强，成熟期越来越早，产量由每公顷630kg增加到3734kg。棉花经过6次品种更新，共育成260多个新品种，使每公顷产量从375kg提高到750kg以上，使我国成为世界主要产棉大国。至1982年，中国选育甘蓝型油菜品种（系）225个，选育的甘蓝型“三系”配套‘秦油2号’油菜，平均每公顷产量1800kg以上，是世界上第一个大面积应用于生产的杂交油菜品种（刘旭，2003）。

遗传资源的间接使用价值是指不需要收获产品、不消耗资源就能体现的价值，主要包括以下两个方面：一是生态服务功能价值；二是人文价值（朱彩梅，2006）。一方面，遗传资源是生物多样性的重要组成部分，遗传资源多样性构成了生物多样性的基础，对于生态系统的种间基因流动和协同进化具有巨大的贡献（Pardeyer et al.，2001）。另一方面，整个人类的农业发展史就是一个文化发展史，尤其是传统知识与作物遗传多样性之间。有许多作物都是传统农耕社区的主要食物来源，这些地区传统农耕社区一直对这些主要粮食作物进行选择和驯化，这些粮食作物也是当今人类粮食生产的主要来源，反映了文化在千万年进化过程中的变化和差异性（李波，1999）。

遗传资源的选择价值是指个人和社会对种质资源及遗传多样性潜在用途的未来利用潜力。如果用货币来计量选择价值，则相当于人们为确保自己或别人将来能利用某种资源或获得某种效益而预先支付的一笔保险金。目前没有人敢确定现在还未被利用的那些物种在将来也不会有利用的价值。栽培植物的野生亲缘种究竟能提供多少对农林业发展有用的遗传材料也很难确定。很大程度上，遗传资源的保护是为了保存基因的多样性，从而为将来的育种提供重要来源和帮助。

过去，农业上的育种和繁殖主要集中在改良少数的畜禽品种上，从而导致了基因多样性的流失。20 世纪初，预计有 16%的物种已经消失，另外 30%的物种正濒临灭绝。一个物种一旦灭绝，其蕴含的基因资源将永远从地球上消失。此外，大规模的人工选择和驯化，使得具有多种用途的品种反而处于不利的位置而被逐步淘汰。然而，对偏远地区和环境恶劣地区而言，多用途性和适应性显得十分重要。遗传资源的保护为我们从可替代的特性中挑选合适的部分培育新特性提供了可能。由于未来市场和自然环境发展存在不确定性，因而物种的培育决策也将受这种不确定因素的影响。在这种情况下，保留选择的可能性的价值是十分巨大的。再者，在不确定性环境中，许多决策制定者都是风险规避的。为了应对市场和政策环境的变化所带来的不确定情形，人们对多样性保护的需求也将得到强化。许多决策制定者都愿意为遗传资源支付一笔为应对风险的保险费。

选择价值存在的动机是人们风险规避的心理，以及相应的风险溢价。准选择价值则是在风险中立时存在的一种价值，是由于品种流失和退化的不可逆性造成的。准选择价值衡量了累积收益，因为了解保护遗传资源的价值后，人们可以做出更加正确而明智的决策，从而避免错误决策可能导致的重大损失。正的准选择价值将一直鼓励人们保存遗传资源，直到未来的不确定性消失以及更多的信息可用来计算其真实价值为止（Roosen et al.，2003）。

存在价值指伦理或道德价值。自然界多种多样的物种及其系统的存在，有利于维持地球生命支持系统功能及其结构的稳定。存在价值常常由保护愿望的大小来决定，反映出人们对自然的同情和责任。一个物种的存在价值有多大、它的消失究竟带来多大的损失，目前人们还难以准确评估，正如人们不能评估一只恐龙的存在价值一样。遗产价值是指当代人希望他们的子女或后代将来可从仍旧存在的遗传资源中获益，而利他价值是指人们希望当代的其他人也能获益于当代存在的遗传资源。

国内学者对遗传资源价值的分类也进行了诸多研究，基本继承了以上分类体系。王健民等（2004）将遗传资源的经济价值按类型分为自然存在价值和社会利用价值两大类，按时间尺度分为历史价值、现代价值和未来价值三大类。徐海根等（2004）将生物遗传资源价值分为直接经济利用价值、研究与开发价值以及保护价值。王智等（2005）将 Bt

转基因棉花遗传资源经济价值分为直接利用价值、间接利用价值、未来价值和存在价值四类。朱彩梅（2006）从经济学的角度出发，沿用了直接使用价值、间接使用价值、选择价值、存在价值和遗赠价值的分类方式。

《生物遗传资源经济价值评价技术导则》中将生物遗传资源经济价值分为直接利用价值、开发价值和保护价值三类，其中，直接利用价值是指生物遗传资源产品及加工品在经济系统中实现的净收益，包括粮食、木材、药材、具有优良性状的种子等；开发价值是指对遗传信息的利用产生的经济价值，包括研究与发展能力的提高、基于遗传信息的知识产权价值等，为非实物形式；保护价值是指生物遗传资源的潜在经济价值，包括对维护国家安全、文化多样性、生态安全所产生的重大作用。

2.4.3 遗传资源价值的量化评估

遗传资源也是一种自然资源，尽管有其本身的特殊性，但对于它的评价总体上也应遵循自然资源评价规律。广义的自然资源评价应包括两个方面的内容。一是针对自然资源自然属性的评价，强调资源本身的功能数量。该评价的意义在于避免出现人类对自然资源开发时造成对自然资源及其所在环境的功能性破坏和数量上的耗竭，故可称为自然资源的生态评价。二是针对自然资源经济属性的评价，强调资源的质量及其利用所产生的价值。质量不仅仅是指资源本身品质的好坏，还应该包括资源品种、数量、品质等在时间和空间的组合配置。此种评价意义在于估算人类对自然资源开发的经济价值有多大，故可称为自然资源的经济评价。完整的自然资源评价应包括上述两个方面。因此，遗传资源全面价值评估也应包括上述两个方面。

通过遗传资源价值的定量评估，不仅可以实现遗传资源价值的定量评价，推动资源评估理论的发展，更有助于遗传资源的收集、保存、利用和创新，促进遗传资源的研究利用和产权保护。

（刘　立，丁　晖，吴　健，徐海根）

参考文献

安晓明. 2004. 自然资源价值及其补偿问题研究. 吉林大学博士研究生学位论文.

陈石. 2009. 资源配置论与传统的价值理论. 鞍山社会科学, (5): 32-35.

陈希坡, 段黎. 2010. 罗尔斯顿的理论对传统自然价值论的超越. 温州大学学报(自然科学版), (5): 50-54.

陈也奔. 2012. 罗尔斯顿环境伦理学的内在矛盾. 环境科学与管理, 37(3): 192-194.

程晓玲, 郭泉水, 牛树奎. 2006. 自然资源价值理论新说. 内蒙古科技与经济, 19: 2-4.

丁晖, 徐海根. 2010. 生物物种资源的保护和利用价值评估——以江苏省为例. 生态与农村环境学报, 26(5): 454-460.

方大春. 2009. 自然资源价值理论与理性利用. 安徽工业大学学报(社会科学版), 26(4): 22-24.

郭辉, 王国聘. 2010. 自然价值论的理论突破及其意义. 河南师范大学学报(哲学社会科学版), 37(6): 20-23.

何承耕. 2001. 自然资源和环境价值理论研究评述. 福建地理, 16(4): 1-5.

洪丽君. 2007. 自然资源的定价理论与方法综述. 华中科技大学硕士研究生学位论文.

胡昌暖. 1992. 资源的价格体系: 价格形成机制和价格形式. 中国经济问题, 4: 1-7.

黄贤金. 1994. 自然资源二元价值论及其稀缺价格研究. 中国人口、资源与环境, 4(4): 40-43.

李波. 1999. 中国农业生物多样性保护及持续利用. 农业环境与发展, 62(4): 9-15.

李继龙, 李绪兴, 沈公铭, 等. 2013. 中国水生生物种质资源价值评估研究. 北京: 海洋出版社: 67-79.

李建珊, 胡军. 2003. 价值的泛化与自然价值的提升. 自然辩证法通讯, 25(148): 13-19.
李金昌. 1991. 自然资源价值理论和定价方法的研究. 中国人口、资源与环境, 1(1) : 29-33.
刘旭. 2003. 中国生物种质资源科学报告. 北京: 科学出版社.
罗尔斯顿. 1986. 哲学走向荒野. 刘耳, 叶平译. 长春: 吉林人民出版社: 148-260.
罗尔斯顿. 1988. 环境伦理学: 大自然的价值以及人对大自然的义务. 杨通进译. 北京: 中国社会科学出版社: 268-269.
罗丽艳. 2003. 自然资源价值的理论思考——论劳动价值论中自然资源价值的缺失. 中国人口、资源与环境, 13(6): 19-22.
马克思. 1972. 资本论. 北京: 人民出版社: 50-53.
马歇尔. 1964. 经济学原理. 北京: 商务印书馆: 80-82.
梅林海, 邱晓伟. 2012. 从效用价值论探讨自然资源的价值. 生产力研究, 2: 18-19.
裴小革. 2004. 论劳动价值论与其他四种价值理论. 云南社会科学, 1: 43-47.
钱阔, 陈绍志. 1996. 自然资源资产化管理. 北京: 经济管理出版社.
田新元. 2012. 罗尔斯顿的自然价值论及其理论困境. 梧州学院学报, 22(5) : 39-42.
王健民, 薛达元, 徐海根, 等. 2004. 遗传资源经济价值评价研究. 农村生态环境, 20(1): 73-77.
王俊. 2007. 全面认识自然资源的价值决定——从劳动价值论、稀缺性理论到可持续发展理论的融合与发展. 中国物价, 4: 40-42.
王智, 蒋明康, 徐海根. 2005. 试论遗传资源经济价值评估——以Bt基因在Bt抗虫棉中的经济价值为例. 中国环境保护优秀论文集 (上册).
徐海根, 王健民, 强胜, 等. 2004. 《生物多样性公约》热点研究: 外来物种入侵·生物安全·遗传资源. 北京: 科学出版社: 313-397.
徐嵩龄. 1997. 生态资源破坏经济损失计量中概念和方法的规范化. 自然资源学报, 12(2): 160-168.
许成安, 杨青. 2008. 劳动价值论、要素价值论和效用价值论中若干问题辨析. 经济评论, 1: 4-8.
薛达元. 1997. 生物多样性经济价值评估: 长白山自然保护区案例研究. 北京: 中国环境出版社: 11-36.
晏智杰. 2004. 自然资源价值刍议. 北京大学学报(哲学社会科学版), 41(6): 70-77.
杨万铭. 2002. 论均衡劳动价值论. 经济评论, 1: 56-57.
张婧. 2011. 关于自然资源价值的探讨. 经济论坛, 9: 222-224.
朱彩梅, 张宗文. 2005. 作物种质资源的价值及其评估. 植物遗传资源学报, 6(2): 236-239.
朱彩梅. 2006. 作物种质资源价值评估研究. 中国农业科学院硕士研究生学位论文.
Armsworth P R, Roughgarden J E. 2003. The economic value of ecological stability. Proceedings of the National Academy of Science, 100: 7147-7151.
Balmford A, Rodrigues A, Matt W, et al. 2008. Review on the economics of biodiversity loss: scoping the science. Final Report to the European Commission.
Boyd J, Banzhaf S. 2007. What are ecosystem services? The need for standardized environmental accounting units. Ecological Economics, 63: 616-626.
Brookshire D S, Eubanks L S, Sorg C F. 1986. Existence Values and Normative Economics: Implications for Valuing Water Resources. Water Resources Research, 22(11): 1509-1518.
De Groot R S, Stuip M, Finlayson M, et al. 2006. Valuing wetlands: guidance for valuing the benefits derived from wetland ecosystem services. Ramsar Technical Report No. 3, CBD Technical Series No. 27.
De Groot R S, Wilson M A, Boumans R M J. 2002. A typology for the classification, description and valuation of ecosystem functions, goods and services. Ecological Economics, 41: 393-408.
DEFRA. 2007. An introductory guide to valuing ecosystem services . http: //ec.europa.eu/environment/nature/biodiversity/economics/pdf/valuing_ecosystems.pdf [2013-8-15].
Fisher A C, Hanemann W M. 1987. Quasi option value: some misconceptions dispelled. Journal of Environmental Economics Management, 14: 183-190.
Fisher B, Turner R K, Balmford A, et al. 2008. Valuing the Arc: an ecosystem services approach for integrating natural systems and human welfare in the Eastern Arc Mountains of Tanzania. Norwich, UK: University of East Anglia.
Freeman A M. 1984. The quasi-option value of irreversible development. Journal of Environmental Economics, 11: 292-295.
Freeman A M. 1985. Supply uncertainty option price and option value in project evaluation. Land Economics, 61: 176-181.
Freeman A M. 1993. The measurement of environmental and resource values. Baltimore: Resources for the Future Press.
Kolstad C D, Solar C Z D, Kometter R. 2000. Environmental economics. IICA. Lima (Perú).
Kontoleon A, Pascual U. 2007. Incorporating biodiversity into integrated assessments of trade policy in the agricultural sector. United nations environment programme. http: //www.unep.ch/etb/pdf/UNEP%20T+B%20Manual.Vol%20I.Draft.June07.pdf [2013-6-3].
Krutilla J V, Fisher A C. 1975. The economics of the natural environment. studies in the valuation of commodity and amenity resurces. Baltimore: John Hopkins Press for Resources for the Future.

Krutilla J V. 1967. Conservation reconsidered. American Economic Review, 57: 777-786.

McNeedly A J. 1988. Economics and biological diversity: developing and using economic incentives to conserve biological resource. IUCN: 14-24.

OECD. 1995. The Economic appraisal of environmental projects and policies: a practical guide.

Pardey P G, Koo B, Wright B D, et al. 2001. Costing the conservation of genetic resources. Crop Science, 41(4): 1286-1299.

Pearce D W, Moran D. 1994. The economic value of biodiversity. London: Earthscan.

Pearce D W, Turner R K. 1990. Economics of natural resources and the environment. Baltimore, USA: John Hopkins University Press.

Pearce D W, Warford J J. 1993. World without end: economics, environment, and sustainable development. Oxford: Oxford University Press, Inc.

Roosen J, Fadlaoui A, Bertaglia M. 2003. Economic Evaluation and Biodiversity Conservation of Animal Genetic Resources, FE Workingpaper/Universität Kiel, Department of Food Economics and Consumption Studies, No.0304, http: // hdl.handle.net/10419/23596 [2012-12-30].

TEEB. 2010. Ecological and economic foundations. Earthscan, London and Washington. http: //www.teebweb.org/publications/teeb-study-reports/foundations/[2013-5-20].

UNEP. 1993. Guidelines for country studies on biological diversity, Nairobi, Kenya. Oxford, Oxford University Press. https: // www.cbd.int/doc/meetings/sbstta/sbstta-01/information/sbstta-01-inf-03-en.pdf. [2013-6-11].

3　遗传资源经济价值的评估方法

3.1　自然经济价值评估方法

总经济价值的框架下，如果可能，资源的价值应通过与资源和其服务直接相关的市场交易中的价格信息进行评估。在此种交易缺乏的情况下，价格信息可以通过与资源和其服务间接相关的平行市场交易中获得。当直接市场价格和间接市场价格都无法获得的情况下，可以创造假想市场对资源和服务进行评价。因而，资源价值评估的方法根据市场信息完全与否可分为三类：直接市场法、替代市场法、假想市场法。直接市场法通过市场价值进行评估，替代市场法通过显示性偏好进行评估，假想市场法通过陈述性偏好进行评估（Chee，2004）。由于资源经济评估耗时长，费用高，在时间、经费不允许的情况下，效益转移法可被用来克服相关信息缺失的问题。

3.1.1　市场评估法

按数据的来源划分，市场评估法主要分为三种：基于市场价格的评估法、基于成本的评估法和基于生产函数的评估法。这三种方法都可以利用真实市场上的数据，以充当自然资源的物品和服务的货币价值的一种近似指示值。

3.1.1.1　基于市场价格的评估法

生态系统供应功能的产物通常是在市场上销售的，如森林每年提供的木材和林副产品。在运转良好的市场中，消费者偏好和生产的边际成本都很好地反映在市场价格中，而且价格信息是易于采集的，物品的边际数量乘以价格即可被作为资源价格的指标（TEEB，2010）。因此，基于市场价格的评估方法是对生态系统的供应功能的评估中最基本、最直接、最普遍的一种应用方法。这种方法比较直观，市场价值也可以直接反映在国家的收益账户中，也是大多数人概念上的生物资源的价值。

3.1.1.2　基于成本的评估法

当生态系统的效益和服务缺失时，或者需要通过人工方式重建时，就会产生损失或者成本，基于成本的评估法便是对由此衍生的费用进行评估。

1）避免成本法

避免成本是指当某种生态系统的效益或者服务的存在使得社会避免了当其缺失时所应花费的成本（de Groot et al.，2006）。例如，湿地的防洪作用减少了洪水对社会造成的损失，若该功能缺失，洪灾会对环境、财产、人身安全等造成极大的损害；湿地的自净能力减少了污染物对环境造成的影响，若该功能缺失，环境中生物的健康会遭到损害，由此产生的健康相关的花费也会增加。

2）替代成本法

某些自然资源的效益和服务虽然没有可直接交易的市场，但是若这种效益和服务的替代品已被市场化，便可以通过对替代品的花费进行估算来代替相应的效益或服务的价值，由此产生的评估方法为替代成本法。用人工的手段获得与自然资源相同的功能或服务时产生的费用可被看成是该功能或服务的价值（Garrod and Willlis，1999）。例如，为获得与森林产生的等量的氧气而建立氧气制造厂的费用，为获得因水土流失而丧失的N、P、K等养分而生产等量化肥的费用。

3）缓解/修复成本法

对生态系统服务的估价可以从缓解服务的损耗而产生的成本，或修复服务产生的成本中获得，其中前者为缓解成本法，后者为修复成本法（Garrod and Willlis，1999）。评价生态系统的总价值在很多情况下是很困难的，而评估资源被破坏后采取的缓解措施或者恢复措施的成本相对容易很多，因而资源被破坏后的经济损失可以被视作该资源的价值。例如，森林具有保持水土的功能，当森林被破坏后造成水土流失，防治水土流失的费用为缓解成本，重新造林的费用即为恢复成本。

影子工程法是恢复成本法的一种特殊形式，是在生态系统被破坏以后，人工建造一个工程来代替原来生态系统的功能（薛达元，1997）。用于建造该影子工程的费用可用来估算原来的生态资源的价值。例如，某个海湾被污染使得其文化价值受损，可以建造另外一个具有同样文化价值的海湾公园来代替它；某个湖泊被破坏使得其涵养水源的功能丧失，就要建设一个具有同样的涵养水源功能的水库来代替。

3.1.1.3 基于生产函数的评估法

生产函数评估法是评估自然资源的产品和服务的改变对市场化的商品或者服务有怎样的影响，即自然资源的产品和服务的改变对国民收入和社会生产力的作用（Pattanayak and Kramer，2001；de Groot et al.，2002）。此方法建立在自然资源的产品和服务与市场的产出水平间的因果关系之上，与生物物理参数的客观测量相关（TEEB，2010）。自然资源的产品和服务的增强引起资源总量或者环境质量的提高，可导致生产成本的下降、产量的提高和产品价格的下降，进一步使得消费者和生产者剩余增加（Freeman，1993）。例如，湖泊水体质量的改善能够提高商业捕鱼的捕获量，进而提高渔民的收入。

3.1.1.4 局限性

市场评估法主要依赖于市场的价格、成本或者生产数据。此方法应用到自然资源价值的评估时会有一定的局限性，原因主要是因为自然资源并不存在交易市场或者存在市场扭曲（de Groot et al.，2006）。若与自然资源直接或间接相关的市场不存在，那么所需的数据无法获得，评估便无法进行；即便市场存在但是被扭曲（如政府补贴或市场并非完全竞争），市场价格并不能完全反映消费者偏好和边际成本，评估的结果会存在偏差（TEEB，2010）。

基于市场价格的评估法的对象主要是生态供应功能的产品的直接经济效益（TEEB，2010），只考虑了有形实物的商品的交换价值，而没有考虑无形的服务的价值、自然资源其他功能和服务的价值，以及资源的非使用价值。同时，很多自然资源的产品价格并不能准确地反映其价值，不仅受到财政补贴、垄断等市场因素的影响，而且也受到人类认知、技术和环境意识的影响。

基于成本的评估法必须在满足下列基本条件时才能得到可靠的评估结果（DEFRA，2007）：①人工替代、缓解或者修复手段必须能够提供和自然资源等量、等质的产品或者服务；②评估中使用的人工手段必须为人工手段中能提供等量、等质的服务中花费最小的一种；③消费者愿意为获得此种自然资源的替代产品或者服务而付费。但是，自然资源的许多功能是无法用人工手段代替的，如湿地的文化功能、植物和微生物对土壤结构的作用、土壤中的痕量元素等。另外，自然资源提供的服务很难进行准确的计算，例如，森林究竟能释放多少氧气，湿地究竟能降解多少污染物。

基于生产函数的评估法的关键是对自然资源服务和市场化的产品间因果联系有充分的数据，而在实际应用中这一点往往是无法满足的：很难对自然资源提供的服务进行量化，或者很难确定自然资源现状或功能的改变如何导致自然资源服务的变化（Daily et al.，2000）。在某些生境中，若对自然资源服务对经济活动的影响有充分的科学研究，便可以用生产函数法评估资源服务的价值（Barbier，2007）。

另外，生态系统服务的连通性（interconnectivity）和依存性（interdependency）提高了在生态系统服务估价时双重计算的可能性，在进行评估时尤其要警惕（Costanza and Folke，1997；de Groot et al.，2006；TEEB，2010）。

3.1.2 揭示偏好法

由于人们一般不会直接购买生态系统服务，生态系统服务的价值无法直接用市场交易中的价格和数量来显示。但是有一些市场行为是与环境有关的，如购置房屋和房屋周边的绿化面积、噪声指数、空气质量等环境属性，因而可以通过人们与环境相关的市场行为来推断人们对环境的偏好。在这种情况下，经济学家通过人们的选择来揭示偏好，因而被称为揭示偏好法。旅行费用法和享乐价值法为此类评估方法中两种最主要的方法。

3.1.2.1 旅行费用法

旅行费用法是评估生态系统服务的娱乐价值时最常用的方法，如观光、划船、狩猎、钓鱼等。该方法主要适用于评价旅游景点的经济价值。人们对生态系统的文化服务的利用通常需要人们去往该生态系统并付出一定的费用，如交通费用、门票、时间成本等。利用这些费用资料以及游客人数、旅游次数和游客的社会经济属性（文化程度、收入等）等测算出旅游者对景点的需求函数（谢花林，2011）。由需求函数可以进一步获得消费者剩余，景点的旅游价值便是消费者的费用和消费者剩余之和，这两者实际上反映了消费者对该景点的支付意愿（Barbier et al.，1997）。另外，利用消费者对景点的需求函数可以获得自然资源质量的改变引起的景点价值的变化，从而估算出自然资源的变化造成的经济损失或者带来的收益（Kontoleon and Pascual，2007；TEEB，2010）。

3.1.2.2 享乐价值法

商品具有不同的属性，人们对商品付费实际上是为了商品所含有的属性付费

（Kontoleon and Pascual，2007）。例如，房价的差别本质上是由房屋属性的差别引起的，包括房子的面积、材料、质量、外观、所处地段，以及周边的绿化面积、空气质量、噪声指数、公共设施等。享乐价值法的原理是，人们赋予环境属性的隐性价值（implicit value或shadow price）可以通过他们对于拥有不同水平的环境属性的相似的物品所支付的价格差来推断（Kontoleon and Pascual，2007）。例如，某一房屋的价格高于另一地方相同房屋的价格，除去非环境因素差别后，剩余的价格差可以被认为是由环境属性的不同引起的。由此，通过商品的需求函数可以得到自然环境的差异引起的商品价值的变化。

3.1.2.3　局限性

揭示偏好法的本质是通过人们与环境相关的市场行为来推断人们对环境的偏好。若存在市场缺陷（market imperfection）或者政策失灵（policy failure），揭示偏好法便会引起评估结果的偏差（Kontoleon and Pascual，2007）。例如，人们在买房时不一定能获得房屋所有的信息，包括各种环境因素的水平；买房时不一定能找到具有房价、噪声水平以及其他一些因素最优组合的房屋，只能退而求其次；当居住环境的噪声水平上升时，居民并不能很方便地更换到满意的房屋，只能选择忍耐。

揭示偏好法需要收集大量高质量的数据，也需要专业的数据处理和分析，这导致了该方法在应用时费用高而耗时长（Barbier et al.，1997；MEA，2005；Kontoleon and Pascual，2007）。另外，揭示偏好法无法估算资源的非使用价值，因此低估了资源的总经济价值；评估过程也是建立在环境物品和替代市场的商品的假设关系之上（TEEB，2010）。

旅行费用法主要应用于对自然保护区、风景名胜、公园等具有娱乐价值的场所的评估，因而使用范围受限（Kontoleon and Pascual，2007）。旅行费用法对消费者的行为有很严格的假设，如假设消费者只去一个景点旅游，当旅行有多个目的地时，评估过程会很复杂（Barbier et al.，1997；MEA，2005；Barbier et al.，2009）。另外，评估的结果受统计方法的影响很大（Barbier et al.，2009）。

享乐价值法的应用是建立在信息透明且运作良好的市场的基础之上的，当存在信息缺失、市场缺陷或政策失灵时，该方法的应用受到很大的限制（Kontoleon and Pascual，2007）。同时，应用享乐价值法时需要大量的、精确的数据资料，然而充分、详尽的市场资料通常很难获得（MEA，2005）。此外，在利用此方法进行回归分析时，尤其应该警惕各因素间的多重共线性。

3.1.3　陈述偏好法

当直接市场价格和间接市场价格都无法获得的情况下，可以创造假想市场来对自然资源和服务进行评价。陈述偏好法假设生态系统服务的改变并对此做出调查（向被调查者提出合适的问题或者提供科学设计的问卷）以获得被调查者的偏好，评价人们对生态系统服务的需求，从而估算生态系统服务的价值（TEEB，2010）。陈述偏好法可以用来对资源的使用和非使用价值进行评价，且通常被认为是用来评价自然资源的非使用价值的唯一方法（de Groot et al.，2006；DEFRA，2007；Kontoleon and Pascual，2007；Balmford et al.，2008；TEEB，2010）。

陈述偏好法在应用时可以获得传统价值评估法很难获得的数据，如被调查者陈述的认知、态度、原有的知识水平等，这些信息有助于对被调查者的选择和偏好的理解。陈述性偏好评估的结果也可以被认为近似于股东对生态系统服务赋予的价值，有时也可以用来揭示股东间、管理选择间存在的冲突（TEEB，2010）。陈述偏好法主要有三种：条件价值评估法、选择模型法和小组评估法。

3.1.3.1 条件价值评估法

条件价值评估法是通过在调查时假设一种特定的情景来获得人们对自然资源的偏好，并得出人们愿意对改善环境资源的支付意愿（willingness to pay，WTP）或者对资源破坏的受偿意愿（willingness to accept，WTA）（de Groot et al.，2006；Kontoleon and Pascual，2007；TEEB，2010）。例如，可以设计问卷来问询人们愿意支付多少钱来提高某湖泊的水体质量，或者他们愿意接受多少金额来弥补某工厂建造后引起的水体质量的下降。

条件价值评估法可以被用来评价任何环境资源的价值，同时，由于该方法不受限于现有的数据，也可以被用来考察任何由自然资源改变引起的价值的改变（Kontoleon and Pascual，2007）。该方法可以有两种不同的实施方式：问询被采访者一个具体的支付意愿或受偿意愿的数额，或者问询被采访者是否愿意支付或接受某个设定的数额。

3.1.3.2 选择模型法

选择模型法也叫条件选择法（contingent choice）或联合分析法（conjoint analysis）。选择模型法是让被调查者从一系列备选选项中选取一个偏好的选项，而备选选项是经过设计的并有环境属性上的差异。通过对人们选择的分析可以揭示环境属性和支付/受偿意愿间的边际替换率（Kontoleon and Pascual，2007）。选择模型法旨在模拟人们对于一些具有同种但不同水平的生态系统服务的选择时的决策过程（TEEB，2010）。

选择模型法与条件价值评估法最大的差别是，条件价值评估法通常指给被调查者一个选择，而选择模型法是给被调查者一组设计好的选项。选择模型法的优点在于（Kontoleon and Pascual，2007）：①真实的市场数据会限制研究者某些工作的开展，而使用选择模型法时，研究者能够自己拥有控制权；②研究者对问卷中选项设计的把握可以提高统计的有效性；③环境属性价值的区间可设计的比市场数据中获得的区间更大；④使用选择模型法时，对物品、服务和环境属性的引入或消除更容易实现；⑤相对于条件价值评估法而言，选择模型法可以将有些技术性问题最小化，比如被调查者的策略行为。

3.1.3.3 小组评估法

小组评估因为引入了集体审议（group deliberation），近些年获得了很多学者的关注。此方法参考政治协商过程来进行小组的陈述性偏好评估，以获得在个体调查中遗失的影响元素，如价值多元化、不可通约性、社会公正性等（Spash，2008）。小组评估法假设生态系统服务的估价是公开的社会协商的结果，而并非分开评估的个体偏好的汇总（de Groot et al.，2006）。在进行小组评估时，人们因讨论会而集中，通过小组讨论和建立共识而得到生态系统服务的经济价值（de Groot et al.，2006）。小组评估的主要方法有协商货币评估法（deliberative monetary valuation）和调停模型法（mediated modeling）（TEEB，

2010）。小组评估可以克服其他陈述偏好法的缺陷，比如被调查者在调查时才建立偏好，或者对被评估对象的知识的缺乏（Spash，2008）。

3.1.3.4 局限性

陈述偏好法假设生态系统服务的改变以获得消费者的偏好，此方法最大的问题便是，当消费者真正面对生态系统服务的改变时是否能做出跟被调查时一样的选择（de Groot et al.，2006；Kontoleon and Pascual，2007；TEEB，2010）。《千年生态系统评估报告》（MEA，2005）也指出，直接评估手段优于间接评估手段，基于观察到的行为的评估优于基于假想行为的评估。不过，评估方法的选择取决于具体案例的特点，也受制于数据的可得性。通常，陈述偏好法是评估资源的非使用价值的唯一方法。

调查中支付意愿和受偿意愿的差异也是陈述偏好法的一个问题，从理论上讲，在完全竞争的私人市场上，WTP 应该与 WTA 相近（Diamond，1996）。实际评估时，WTP 和 WTA 往往有较大差异，且 WTA 系统性地高于 WTP，其原因主要包括：问卷设计或者采访过程的错误、应答者的行为策略、心理学上的禀赋效应[①]等（TEEB，2010）。

对复杂的、公众不熟悉的生态系统服务进行陈述性偏好评估很难带来准确的结果，原因是应答者在接受调查前对该服务知之甚少，尚未建立对该服务的偏好（Kontoleon and Pascual，2007）。不过，由于小组评估时可以进行充分的讨论，诸如被调查者在调查时才建立偏好，或者对被评估对象的知识的缺乏的问题可以被解法（Spash，2008）。de Groot 等（2006）也指出，小组评估的偏差会小于个人调查的偏差。TEEB（2010）表示，小组评估可以提高评估过程中的回复率，也能够提高应答者的参与度。

此外，应答者对范畴的不敏感也是应用中会出现的问题。Kahneman 早在 1986 年就发现，在陈述性偏好评估中，应答者对范畴是不敏感的，例如，人们对控制安大略湖的某一部分的鱼类种群数量的支付意愿与控制整个安大略湖相同（TEEB，2010）。

另外，陈述性偏好评估花费高、耗时长，对问卷设计、问卷执行和数据分析的结果要求也很高（Barbier et al.，2009）。在进行调查时，确保被调查群体的代表性也是非常重要的。

除了陈述偏好法共有的缺陷以外，选择模型法因其复杂性使得实际应用过程中对调查设计人员和数据分析人员的要求更高，尤其是存在多种选择和多种属性的时候（Kontoleon and Pascual，2007）。

3.1.4 效益转移法

效益转移法是一种将现有的对类似生态系统的评估结果用于待评估的生态系统服务的方法。例如，评估一个湿地公园的旅游价值时可以参考另一个相似的湿地公园的旅游价值。开展自然资源价值评估是费用高且耗时的，效益转移法因费用较低、时间较短，是一种越来越受到关注的、用来克服评估过程中信息缺乏的方法。在效益转移法中，已

① 禀赋效应（endowment effect）又称现状偏见（status quo bias），最初由 Thaler 于 1980 年发现。禀赋效应是指当一个人拥有某个物品后，他对该物品价值的评价会高于拥有之前对其的评价。Kahneman 等（1991）将这个现象归结于行为金融学中的损失厌恶（loss aversion），即一定量的损失给人们带来的效用的降低要高于相同的收益给人带来的效用的增加。由于对损失的厌恶，人们在出售商品时的报价会高于购买同一商品时的报价。

有评估结果并被“借用”的生态系统称为研究点（study site），待评估的生态系统称为政策点（policy site）。

效益转移法可分为以下 4 种，应用时的复杂程度依次增加（TEEB，2010）。

1）单位效益转移（unit benefit transfer）

利用研究点的生态系统服务的平均单位价值，乘以政策点的同种生态系统服务的数量，便得到政策点的该生态系统服务价值。单位价值通常用人均价值或者单位面积的价值表示。使用人均价值时，利用拥有该生态系统服务的人口数进行估算；使用单位面积价值时，利用生态系统的总面积进行估算。实际应用时，因很难确定利用生态系统服务的人口数，一般不选用人均价值转移，而选用操作性更强的单位面积价值转移。

2）校正单位效益转移（adjusted benefit transfer）

在进行单位效益转移之前，将研究点生态系统服务的平均单位价格进行校正以反映研究点和政策点的差异。被校正的因素主要包括两点间的国民收入的差异和物价水平的差异。经过校正后，再将校正后的平均单位价值应用到政策点的生态系统服务评估中。

3）价值函数转移（value function transfer）

在研究点的生态系统服务的价值评估中若获得了价值评估函数或者需求函数，可以将获得的函数转移到政策点的评估中，再代入政策点的相关参数值就能得到政策点的生态系统服务的价值。例如，应用旅行费用法、享乐价值法、条件价值评估法和选择模型法时会得到价值评估函数或者需求函数。利用这些函数，代入政策点的参数值进行价值评估能够更好地反映政策点的特性。

4）荟萃分析函数转移（meta-analytic function transfer）

在函数转移中引入了荟萃分析，又叫元分析、变位分析。该方法通过多个独立的原始评估结果得到一个评估函数，再代入政策点的相关参数以得到政策点的生态系统服务的价值。荟萃分析法具有回顾性和观察性，在系统地收集信息的基础上进行分析和概括，最后进行回归分析以得到一个评估函数。荟萃分析的引入使得评估函数包含更多的点特征和研究特征，比如研究点和政策点的社会经济属性以及研究中使用的评估方法，而这些特征通常不能从某一个原始评估中获得。

效益转移法的复杂性并不一定能导致转移结果的低误差，即荟萃分析函数转移法得到的结果并非一定比单位效益转移法更可靠。当研究点和政策点的相似度很高，且原始评估的过程和结果非常可靠时，单位效益转移法可能是最精确有效的评估方法（TEEB，2010）。

实际应用时，效益转移法很难得到恰当且正确的使用。MEA（2005）指出，效益转移法能得到有效且可靠的评估结果的前提是原始研究本身是有效和可靠的；政策点和研究点的生态系统的产品或者服务应该十分相似；生态系统影响的人群应有相似的特征，如收入水平、教育水平、人口数量等[①]。但是，找到一个和政策点相似度很高的且已有可靠评估结果的研究点是十分困难的，转移误差也就在所难免。转移误差的来源主要有三（TEEB，2010）：①研究点的原始评估中的误差；②泛化误差，原因可能是转移过程中没有充分地考虑到政策点和研究点间的差异，或者人们对生态系统服务的偏好会随时间改

① 人群特征的差别若在一定的范围内，可以选用价值转移函数法进行效益转移评估。代入政策点的参数值，能够更好地反映出政策点的特征，得到更可靠的评估结果。

变；③出版物的选择偏倚，可能导致对生态系统服务价值相关的信息了解不全面和不具代表性。

对转移价值进行汇总时，应小心处理，因为对大量的生态系统服务价值进行叠加时可能造成结果过大（Brown and Shogren，1998）。对生态系统服务价值进行转移时，确定供应方和需求方的空间尺度也很重要（Hein et al.，2006），GIS已被多次运用以解决效益转移法中的空间尺度问题（如Eade and Moran，1996；Bateman et al.，2005；Troy and Wilson，2006；Brander et al.，2012）。生态系统服务的价值随生态系统的特点（如面积、完整性、类型等）、受惠者的特点（如数量、偏好、文化、距离等）以及所处环境的特点（如有无互补性的或者替代性的服务）的改变而变化，识别并矫正研究点和政策点的特点对效益转移的准确度而言有很大的影响（TEEB，2010）。其中，距离衰减（distance decay）现象导致生态系统服务的价值随着受惠者与生态系统距离的增加而减小，可用空间贴现率（spatial discounting）进行矫正（Bateman et al.，2005）；受惠者收入水平的不同导致对环境质量改善的WTP与收入水平的正相关关系，可用WTP对收入的弹性进行矫正（Jacobsen and Hanley，2008）。

由于效益转移法花费较低、耗时较短，只要能达到最低质量标准，决策者更乐意用精确度的少量损失换取时间和金钱的便利（Kontoleon and Pascual，2007）。当决策者需要从管理者获取快速但非最终的评估结果时，效益转移法的优势更为明显。

3.1.5 其他评估法

对自然资源和服务进行价值评估的方法有很多，除了以上提到的，尚有其他几种应用较多的价值评估法。

3.1.5.1 能值分析法

能值是形成一种产品或服务中直接和间接消耗的有效能量之和。能值分析理论将太阳能值作为能量的统一度量标准，解决了不同能量间不可加和的问题，也将生态系统和人类经济系统统一起来，形成了对环境和价值的统一度量（Odum，1996；Brown and Ulgiati，1999）。

自然资源价值的能值分析法是指用生态系统的产品或服务在形成过程中直接或间接消耗的太阳能值来计量，再用能值货币比将其折算成宏观经济价值（macroeconomic dollar value，EM$），其中，太阳能值用单位太阳焦耳能（solar emjoules，sej）表示，能值货币比为总应用能值与当年的货币循环量的比例[①]（Odum，1996；Odum，1994）。此方法使得环境资源价值和经济发展带来的利益的比较成为可能，为经济发展和环境保护的抉择提供了新的途径（Odum，1996；Brown and Herendeen，1996）。

能值分析法的难点之一是解决能值转换率的问题。能值转换率的计算复杂，而且难度很大，主要涉及产品形成的时间尺度（很多产品难以确定其形成所需的确切时间）以及与太阳能关系弱的物质的能值转化率（Odum，1996）。能值分析时是遵循最大功率原

---

① 国民生产总值GNP，实际计算中常用国内生产总值GDP代替。

则[①]，而实际操作中，复杂系统的行为难以用一维最优原则进行处理（Mansson and McGlade，1993）。同时，能值分析不能体现人类对自然资源的需求以及自然资源的稀缺性。

3.1.5.2 人力成本法

环境污染水平的上升导致发病率上升，进而引发经济成本，如因生病引起的工作收入的减少和医疗费用的增加。利用环境污染与发病率的关系，再联系由此引发的人力成本的损失，便可以获得环境污染对人力成本的影响。

因为此方法忽略了人们对健康的偏好以及发病率上升对非工作活动的影响，用此方法评估得到的结果会小于实际人力成本损失（Kontoleon and Pascual，2007）。环境污染导致的呼吸困难、易疲劳、注意力不集中等可影响工作和学习的效率，也可能对出生率和生长发育造成影响，但此方法并没有将这些损害进行经济损失评估（Zivin and Neidell，2013）。另外，此方法假设健康对人体而言是外源性的，并未意识到人们可能会花钱购买一定的防御措施以减小健康风险，比如自来水过滤系统和空气净化系统（Kontoleon and Pascual，2007）。

当此方法被用来评估由污染相关的死亡率引发的成本损失时，通常会建立一个污染水平和终生收入间的损害函数。但由于该方法用所有未来收入的净现值来衡量生命的价值，用来评估死亡率引起的损失也是很受争议的（Kontoleon and Pascual，2007）。很多经济学家偏好用非货币价值的指标来评价环境污染的影响，如死亡数、死亡概率、失能调整生命年（disability- adjusted life years，DALY）、品质调整生命年（quality-adjusted life years，QALY）等。

3.1.5.3 剂量反应关系法

剂量反应关系法的目的是在环境质量水平和物理/生物变化之间建立联系，如材料的腐蚀速率、农作物产量、人体健康等，然后在市场中对该物理/生物变化的改变做价值评估。例如，空气污染引起的酸雨会加快材料的腐蚀速率，使农作物减产等。用空气中污染物的浓度与酸雨的发生建立剂量反应关系，然后通过市场价格法、缓解（修复）成本法等对引起的物理（生物）变化的改变进行经济价值评估，便可得到经济损失。用以评估环境质量水平对社会收入和生产力影响的生产函数法，以及环境质量水平对人体健康影响的人力成本法都是剂量反应关系法的具体运用。

这种方法主要用于评估环境质量水平的变化对市场化的商品产生的影响，并不适用于对非使用价值的评估。剂量反应关系法的应用关键是对环境质量水平和物理（生物）变化间的因果联系有充分的数据，而在实际应用中这一点往往是无法满足的（Daily et al.，2000）。

3.2 遗传资源的价值评估方法

3.2.1 评估方法的适用性评价

遗传资源作为生物多样性的核心组成成分，其价值内涵与生物多样性是一脉相承的。遗传资源的价值简单来说可分为使用价值和非使用价值，而使用价值又可分为直接使用

① 最大功率原则是指系统的自组织过程会朝引入更多能量和更有效地利用能量的方向发展。

价值、间接使用价值和选择价值。并非所有的价值评估方法都能对资源的全价值进行评估，有些方法更适合评估某些特定的价值种类。表 3-1 对价值评估方法的分类、应用对象以及核心内容进行了总结。

表 3-1　遗传资源经济价值评估方法

类型	方法		对象	简介
市场价值	基于价格	市场价格法	使用价值	使用遗传资源产品及服务的市场价值进行评估
	基于成本	避免成本法	使用价值	无遗传资源产品及服务时引发的成本
		替代成本法	使用价值	人工技术替代遗传资源产品及服务产生的成本
		缓解/修复成本法	使用价值	缓解遗传资源的损耗而产生的成本，或修复遗传资源产生的成本
	基于生产	生产函数/要素收益法	非直接使用价值	遗传资源所提供服务的增强或减弱对社会收入或生产力的影响
显示偏好	旅行费用法		使用价值	通过对游人的直接花费和时间成本来估算游憩价值
	享乐价值法		使用价值	通过人们为市场交易的产品中包含的某些环境属性支付的价值来估算遗传资源提供服务的价值
陈述偏好	条件价值评估法（CVM）		全价值	调查人们对于提升某项遗传资源服务的支付意愿或者对于减弱服务的受偿意愿
	选择模型法（CM）		全价值	模拟人们对于一些具有同种但不同水平的遗传资源服务的选择时的决策过程
	小组评估法		全价值	参考政治协商过程来进行小组的陈述性偏好评估，以获得个体调查中遗失的影响元素
效益转移	效益转移（BF）			将现有的对类似遗传资源的评估结果用于待评估的遗传资源服务

资料来源：修改自 de Groot et al.，2006；TEEB，2010。

遗传资源价值评估方法基本源于自然资源和生物多样性的价值评估方法。应用于遗传资源经济价值评估的方法很多且各有利弊。实际应用时应结合待评估案例的具体特点来选择评估方法。表 3-2 总结了本章中主要介绍的一些评估方法，包括应用时需求的数据类型、评估方法的优点以及局限性。

3.2.2　遗传资源价值评估方法的选择

不同的遗传资源，对人类社会的价值构成和实现途径是不一样的。因而，对不同的遗传资源，需要采用不同的方法进行价值评估。在选择价值评估方法时，需要考虑以下几个方面。①遗传资源价值的主要体现方式。在对某种遗传资源的价值进行评估时，需要考虑该资源的价值主要体现在哪一方面，是体现在市场经济价值上，还是体现在生态价值上，或者是体现在文化价值上。②相关信息的可获得性。不同的评估方法所需求的资料和数据类型是不一样的。选择价值评估方法时必须要考虑该方法所需要的信息以及获得相应信息的可行性。③时间和经费限制。在进行评估方法的选择时，经费的多少以及时间的长短也是十分重要的因素，应在经费和时间许可的情况下，挑选最合适的方案。

表 3-2 遗传资源经济价值评估法需求数据、优点及局限性

评估方法	需求数据	优点	局限性
直接市场法			
市场价格法	产品的数量、市场价格、生产销售成本	直接、直观；可反映在收益账户中；价格数据相对易获得	只考虑有形产品的交换价值；许多资源不存在交易市场；市场缺陷和政策失灵；工艺技术、人类认知、环境意识、季节性波动等价格变动因素
避免成本法、替代成本法、缓解成本法、修复成本法等	产品或服务缺失引发的成本；替代品的价格或人工替代手段的花费；缓解或修复服务损耗的成本	相比衡量服务本身的价值，成本的估算更容易；可评估非直接使用价值；非数据密集型；数据相对易获得	人工手段需与遗传资源的产品或服务等质、等量；评估用的人工手段需为花费最小的；遗传资源的功能和服务很难准确计量，价值难量化；一些服务无法用人工手段替代；双重计算的可能性；无法评估非使用价值
生产函数（要素收益法）	产品和服务的改变对国民收入和社会生产力的影响	广泛用来评价环境破坏和污染对生产力的影响	双重计算的可能性；遗传资源的功能和服务很难准确计量；很难获得遗传资源服务对经济活动影响的因果联系的充分数据；无法评估非使用价值
替代市场法（揭示偏好法）			
旅行费用法	含旅游支出、时间、频率、距离及社会经济属性等要素的问卷	评估娱乐价值时广泛使用的方法；可获得消费者剩余、支付意愿	市场缺陷和政策失灵；数据密集型；应用范围受限，娱乐价值评估；假设旅行只有一个目的地；数据处理和分析要求高；无法评估非使用价值
享乐价值法	商品的属性、交易价格	获得人们赋予遗传资源相关属性的隐性价格	信息缺失、市场缺陷和政策失灵；数据密集型；精确、详尽的数据获得难度大；属性的多重共线性；专业数据分析；无法评估非使用价值
假想市场法（陈述偏好法）			
条件价值评估法	描述一个假想情形并揭示 WTP/WTA 的问卷，包括应答者的社会经济属性	可评估非使用价值；可评价任何环境资源的价值；不受数据可得性的限制；不受真实市场数据的限制	基于假想行为的评估；花费大、耗时长；样本的代表性；策略行为；禀赋效应；对复杂的、不熟悉的对象进行评估有困难；应答者对尺度不敏感；问卷设计、执行和分析的要求高
选择模型法	从一系列备选选项选出一个的问卷，并包括应答者的社会经济属性	类似条件价值评估法，但可将策略行为等影响最小化；可模拟人们的决策过程；可提高统计的有效性	与条件价值评估法类似，但更复杂，对问卷设计和数据分析要求更高
小组评估法	小组集体审议结果	类似条件价值评估法，但可获得个体调查中遗失的影响因素；相对偏差小，可克服知识缺乏、问卷回复率低及策略行为等问题	基于假想行为的评估；需保证样本的代表性；需被调查者同时到场；花费大
其他评估法			
效益转移	对相似点高质量的价值评估数据	费用低，时间短，尤其适用于前期评估和快速评估	很难得到恰当且正确的使用，需警惕的影响因素多；很难找到相似度高且可靠的评估；泛化误差；原始评估选择偏倚；原始评估数据难获得

资料来源：MEA，2005；de Groot et al.，2006；Kontoleon and Pascual，2007；Barbier et al.，2009；TEEB，2010。

不同遗传资源的价值体现方式不尽相同，不同的价值类型所需要的评估方法往往也不一样。例如，药用动植物资源的价值主要体现在其药效上，开发利用后的产物会被市场化，可在市场上交易且具有价格。在不存在市场扭曲的情况下便可以选用市场价格法对这类资

源的价值进行评估。观赏性动植物资源不仅具有消耗性使用价值，也具有美学、娱乐休闲、科学研究等非消耗性使用价值，可通过其直接市场价格或者间接市场价格来评估该资源的经济价值，可能会用到的评估方法有市场价格法、旅行成本法、享乐价值法等。对于野生珍稀濒危动植物而言，因受到保护，很少能被开发利用，因而通常不具有市场价格，无法通过市场价格法对其价值进行评估。但是，野生珍稀濒危动植物具有科学研究价值、教育价值、文化传播价值等使用价值，其价值更体现在存在价值、利他价值和遗产价值这些非使用价值上。非使用价值只能通过条件价值评估法、选择模型法、小组评估法等陈述偏好法来进行估算。此外，由于对珍稀濒危动植物会采取很多保护措施，如各种类型的保护区的建设和野生动植物救治中心的建设等，这样便可以通过政府投资法、机会成本法等对其价值进行估算。因此，在对特定的遗传资源的价值进行评估时，首先应对其价值体现方式进行分析，之后，再针对其价值类型选择评估方法（图 3-1 和图 3-2）。

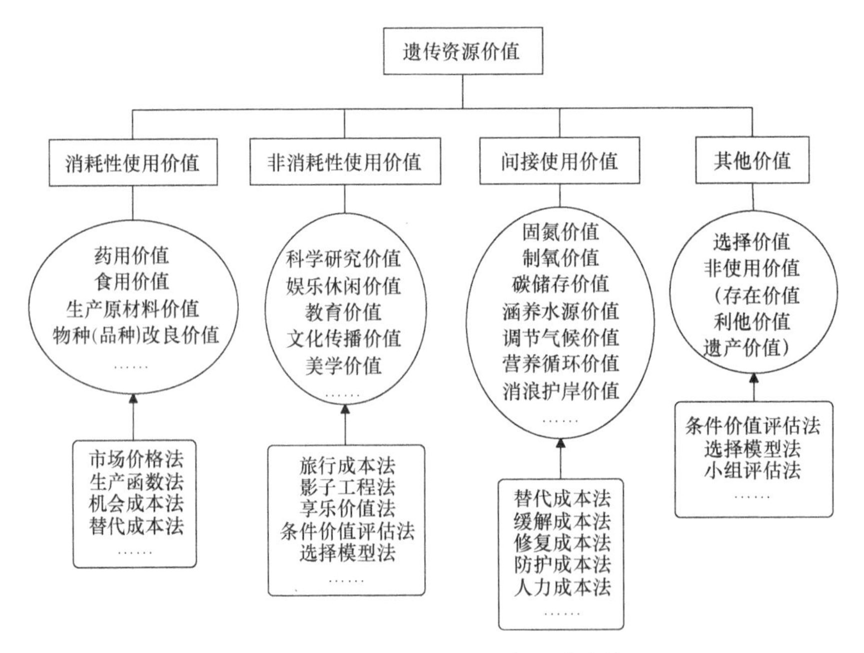

图 3-1　遗传资源价值内涵与评估方法

Pearce 和 Moran（1994）指出，选择价值和几类非使用价值存在一定程度的重叠，很难区分开来。考虑到这几类价值主要靠假想市场法评估，薛达元（1997）提出，实际操作时可以把选择价值和非使用价值作为一个整体进行评估。同时，许多学者（Balmford et al.，2008；De Groot et al.，2006）认为，遗传资源所提供的产品和服务本身也有一定的重叠，很容易导致对价值的双重计算。双重计算已被认为是资源经济价值评估中的一大难点问题，实际评估时应格外谨慎，尤其是直接使用价值和间接使用价值的评估（薛达元，1997）。

在信息的可获得性方面，若遗传资源可直接进行市场交易，数据则相对容易获得。不存在市场扭曲的情况下，可以采用市场价格法和生产函数法对资源价值进行评估。对于不直接交易的或者市场发育不完善的资源来说，当存在与其功能或服务直接相关的市场时，也可以通过市场价格来对资源价值进行评估，如替代成本法、影子工程法、缓解成本法等。在直接信息非常缺失的情况下，若该资源存在与其间接相关的市场，可以通

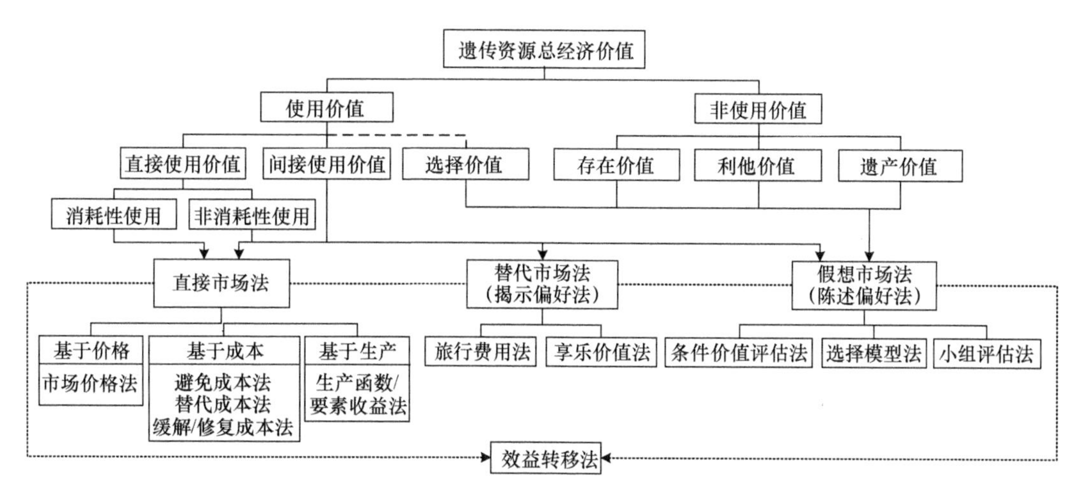

图 3-2 遗传资源经济价值类型与评估方法

过间接市场价格来评估资源的经济价值，如旅行费用法、享乐价值法等。当直接市场价格和间接市场价格都无法获得的情况下，可以创造假想市场对资源进行估价，评估方法包括条件价值评估法、选择模型法、小组评估法等。在实际评估中，直接评估手段优于间接评估手段，基于观察到的行为的评估优于基于假想的行为的评估（MEA，2005）。但是，具体操作时，评估方法的选择不仅取决于案例本身的特点，也受制于相关信息的可得性。相关信息是否可得对评估方法的选择有着很大的影响（图 3-3）。通常，基于假想市场行为的陈述偏好法是评估资源非使用价值的唯一方法。

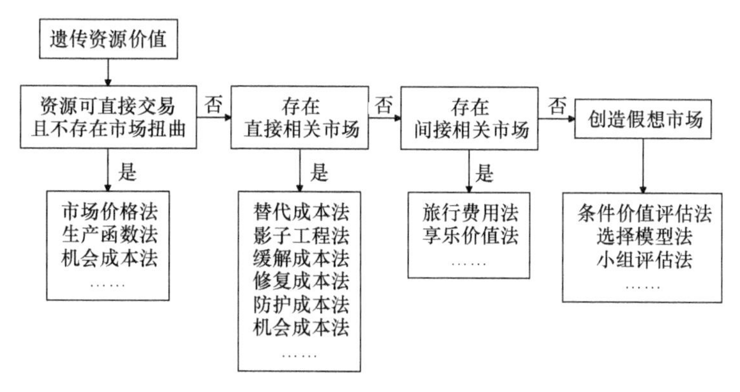

图 3-3 信息可获得性与评估方法

研究经费和时间也是影响评估方法选择的重要因素。不同的评估方法需要的时间和经费也大不一样。当涉及大规模的数据采集时，尤其是需开展大范围的实地调查、野外调查或者问卷调查来采集数据时，往往会耗费较长的时间和较多的资金。若项目的时间比较宽裕、资金比较充足，可以采用一些复杂的方法对遗传资源的价值进行评估，如享乐价值法、旅行费用法、条件价值评估法、选择模型法等。若时间和/或经费不允许，可以采用一些耗时短和/或费用低的评估方法对遗传资源的价值进行评估。在这种情况下，已有研究的数据和成果、对类似的遗传资源的调研数据和评估结果可以经过校正后被借用到当前的遗传资源价值评估中。效益转移法因费用较低、耗时较短而越来越受到关注。

只要能达到最低质量标准，决策者更乐意用精确度的少量损失换取时间和金钱上的便利（Kontolenon and Pascual，2007）。针对前期评估和快速评估，效益转移法的优势则更为明显。

在实际评估中，应首先对待评估的遗传资源价值的主要体现方式进行分析。只有明确了资源的价值内涵，才能针对不同的价值类型对评估方法进行选择。之后，应综合考虑相关信息的可获得性以及项目时间和经费的限制，在条件允许的范围内，在所有可行的评估方法中挑选出最优方法，进而确定具体的研究方案。

3.3　价值评估方法的应用

每一种评估方法都有它特别适合的应用情境，并没有哪一种方法在所有情境中都是最佳选择。因此，资源价值可以在分类的基础上，分别从不同的功能角度进行评估。生态系统的供应功能主要通过市场价值法和生产函数法进行评估；调节功能主要通过避免成本法、替代成本法进行评估；文化功能主要通过旅行费用法（娱乐、旅游或科教价值）、享乐价值法（美学价值）、条件价值评估法和选择模型法（精神价值）进行评估；支持功能主要通过条件价值评估法、选择模型法和替代成本法进行评估（de Groot et al.，2002；de Groot et al.，2006；Martín-López，2009；TEEB，2010）。

TEEB（2010）报告中对现有的森林以及湿地价值评估的文献进行了梳理，并总结了对不同种类价值的评估方法的使用情况。本书基于 TEEB（2010），将各类价值评估中最常使用的方法进行了总结，如表 3-3 所示，可作为评估方法选择时的参考。

表 3-3　评估方法在生态系统功能的价值评估中的应用

方法	森林				湿地			
	供应	调节	文化	支持	供应	调节	文化	支持
市场评估法								
市场价值法	+++	+++			++			
避免成本法						++		
替代成本法		++		+		+++		+++
缓解/修复成本法								
生产函数/要素收益法	++	+			+++			
揭示偏好法								
旅行费用法			+++					
享乐价值法								
政府投资法				+++				
陈述偏好法								
条件价值评估法			++	+++	+	+	+++	+++
选择模型法			+	++		++	++	+++
小组评估法								
其他评估法								
效益转移法							+	+++

注：最常使用的方法用+++标注，次常用的方法用++标注，较常使用的方法用+标注。

资料来源：修改自 TEEB，2010。

3.3.1 在生态系统和生物多样性价值评估中的应用

3.3.1.1 国外概况

Costanza 和 Folke（1997）提出了生态系统服务功能评价指标，率先开展了对全球生态系统服务价值的货币化研究，估算了全球 16 种主要生态系统服务的 17 大类生态系统功能的效益总价值。虽然该研究并未对深海、沙漠、农田等生态系统的服务价值进行核算，Opschoor 等（1998）也认为该评估结果难以令人信服，但仍旧在国际上引起了广泛关注。

Daliy 在 1997 年主编的《生态系统服务：人类社会对自然生态系统的依赖性》中介绍了生态系统功能的概念，并对生态系统服务价值的评估进行了专题研究。这本书的出版引起了大量学者的关注，生态系统服务的价值评估研究自此也逐渐成为生态学和生态经济学研究的热点。

Ecological Economics 杂志分别在 1998 年、1999 年和 2002 年以论坛或专题的形式汇集了有关生态系统服务功能及其价值评估的研究成果，其中包括对生态系统服务概念的分析、价值评估的理论探讨，以及对珊瑚礁、红树林等服务功能价值的分析与评估（黄立，2007）。*Ecological Economics* 专刊的发表掀起了对生态系统服务价值研究的热潮。

对生态系统与生物多样性价值评估的货币化研究在国外已有 30 余年的历史，评估案例已经不胜枚举。从研究方法来看，近年来，国际上越来越重视生态系统及生物多样性非使用价值的货币化评估，基于全价值评估概念框架的揭示偏好法和陈述偏好法得到了大量的应用，选择模型法、效益转移法等最新的研究方法也得到了较多的运用。Peters 等利用市场价值法对秘鲁地区亚马孙热带雨林的非木材林产品的价值进行了评估（Peters et al.，1989）；Hanley 等利用支付意愿法对英国森林生态系统的休闲、景观和美学价值进行了评估（Hanley and Ruffell，1993）；Gunawardeda 等利用成本效益分析法对斯里兰卡红树林的生态服务的全价值进行了评估（Gunawardeda and Rowan，2005）；Loomis 等采用条件价值评估法评估了美国 Platter River 的生态系统服务的全价值（Loomis et al.，2000）；Morrison 等用选择模型法评估了澳大利亚一片湿地的非使用价值，并在失业和环境质量这两者间进行了权衡（Morrison et al.，1999）；Barbier 等利用生产函数法评估了尼日利亚东北两河交汇处的泛滥平原的价值，并对上下游改道和河水利用的收益成本进行了分析（Barbier et al.，1991）；Poor 等利用区域旅行费用法对马里兰南部的一个文化遗址的消费者剩余进行了评估（Poor and Smith，2004）；Garrod 等利用二级享乐价值法研究了英国的森林类型对房价的影响，并估算了阔叶林周边房子的需求函数（Garrod and Willis，1992）；Ammour 等利用替代成本法对危地马拉的圣米格尔亚热带森林的调节作用进行了经济价值评估（Ammour et al.，2000）；Jakbosson 等采用条件价值评估法评估了澳大利亚维多利亚州所有濒危物种的非市场价值（Jakbosson and Eglar，1996）；Poudel 等对尼泊尔卡斯基县的农民对种作物基因资源的支付意愿进行了调查（Poudel and Johnsen，2009）；Zandersen 等利用效益转移法，对覆盖了欧洲 9 个国家、共计 26 个旅行费用法的研究结果进行了荟萃分析，以此来评估欧洲森林的娱乐价值（Zandersen and Tol，2009）。

3.3.1.2 国内概况

在国内方面，薛达元（1997）采用费用支出法、旅行费用法和条件价值评估法对长白山自然保护区生态系统生物多样性的经济价值进行了研究，评估了长白山自然保护区生态系统的直接实物产品、直接服务、间接服务及非使用类价值（存在价值、遗产价值和选择价值）。

《中国生物多样性国情研究报告》（1998）评估了中国生物多样性的直接使用价值（实物价值和非实物价值）、间接使用价值（陆地生态系统的功能价值）、潜在使用价值（潜在选择价值和保留价值）。

20 世纪末到 21 世纪初，欧阳志云、谢高地等对中国生态系统服务价值的分类，以及森林、草地、湿地、地表水、农田的价值开展了一系列的研究（欧阳志云等，1999；欧阳志云，2004；谢高地等，2001；谢高地等，2003；赵同谦等，2004a；赵同谦等，2004b；孙新章等，2007），为我国社会经济环境的综合决策提供了科学参考，较好地促进了国内生态系统服务价值评估的研究。

张颖（2002）采用机会成本法评估了 1998 年我国的森林生物多样性价值，结果显示热带区价值最高，青藏高原区最低。张志强等（2002）利用条件价值评估法对黑河流域张掖地区生态系统服务价值进行了评估。余新晓等（2005）根据全国第五次资源清查资料及 Contanza 等的计算方法估算了我国森林生态系统八项服务的总价值。卜跃先等（2006）采用市场价值法、机会成本法、影子价格法、生产成本法、影子工程法和旅行费用法等粗略评估了湖南省生物多样性的经济价值。丁晖和徐海根（2010）将生物物种资源的价值分为直接经济利用价值、研究与开发价值和生物物种资源保护价值，评估了江苏省保护和利用生物物种资源的价值。宗雪等（2008）通过条件价值法，研究了我国居民对大熊猫的保护意识和支付意愿，对大熊猫的存在价值进行了评估。吕磊和刘春学（2010）运用机会成本法、影子工程法、替代市场法等方法评估了滇池湿地的生态服务价值。刘兴元等（2011）应用生态经济学原理，综合考虑草地生态系统的 12 项功能指标，对藏北高寒草地进行了评估。任晓旭（2012）对荒漠生态系统服务功能的监测和评估进行了研究，构建了包含 6 项生态系统服务功能类型、12 个具体检测和评估指标的体系框架，并对额济纳旗荒漠生态系统进行了价值评估。国常宁等（2013）在对边际定价成本机理深入分析的基础上，以森林生物多样性价值评估为例给出了评估方法，为开展森林环境资源价值核算提供了理论支持。赖敏等（2013）利用替代成本法、机会成本法和影子工程法对三江源区生态系统提供的间接实用价值进行了评估。

综上，从内容上看，国内学者多集中于对森林、草地、湿地等生态系统服务进行货币化评估，基因和物种中资源价值涉及的相对较少。从方法来看，有关选择模型法、效益转移法等最新的研究方法的运用还不是很常见，应用到我国生态系统和生物多样性价值评估的货币化研究中的更是少见。

3.3.2 在遗传资源价值评估中的应用

国内外有关自然资源价值的评估方法已有很多，并探索和建立了一些基本的方法和模型。遗传资源价值评估在评价方法上可以借鉴自然资源的价值核算方法或者生物多样性的价值评估方法。现有的遗传资源价值评估方法基本继承了生物多样性的三类评估方法：市场评估法、揭示偏好法和陈述偏好法。大多数遗传资源的直接使用价值、间接使用价值使用市场价值评估发和揭示偏好法进行评估，非使用价值即部分不存在市场的使用价值主要运用陈述偏好法进行评估。

3.3.2.1 国外概况

国外遗传资源价值研究典型案例中，评估对象主要为植物遗传资源（Evenson et al.，1998），尤其是作物遗传资源，随后动物和家养禽畜遗传资源的研究也逐渐增多（例如Rege and Gibson，2003；Gollin and Evenson，2003；Scarpa et al.，2003；Omondi et al.，2008）。国外案例主要评估优良种质资源的经济价值及物种、品种改良（优良性状）产生的效益，且以经济价值的评估研究居多。研究典型案例中涉及的多是种质或基因层次的遗传资源，主要集中于作物遗传资源及禽畜动物遗传资源的各种优良性状的经济价值评价，以及为了保护土著遗传资源传统特性而进行的保护价值评价（Brush and Meng，1998；Poudel and Johnsen，2009）。物种层次的遗传资源价值评估研究较少。

Brown 和 Goldstein（1984）提出了产量损失转移法，通过对具备抗病虫害特性的农作物遗传资源的保存成本以及由此对将来农业生产中所避免的损失进行对比，粗略估计了非原生境保存的作物种质资源价值。Evenson 等（1998）建议用享乐价格法评估遗传资源的价值，将印度水稻种质资源和种质资源的特殊类型与产量水平联系起来，使用享乐价值法估算了利用遗传资源而带来的水稻品种更替对水稻生产力提高的贡献。Smale 等用支付意愿法对巴基斯坦的小麦种质资源价值进行评估，结果得出当地农民为保护小麦遗传多样性每年大约损失 2800 万～4000 万美元（Gollin and Evenson，1998）。然而，Evenson 也指出，支付意愿法并不适合遗传资源的价值评估，因为被调查者对国际水稻遗传资源的收集了解很少，很少有基础来判断它的价值，也很难将其价值与国际玉米小麦改良中心收集的小麦价值及其他机构收集的品种进行比较，因此调查所反馈的信息可能是矛盾的，甚至是无意义的（Evenson et al.，1998；Gollin and Smale，1999；Gollin and Evenson，2003）。

Menderlsohn 和 Balick（1995）观测到热带地区存在大量未被人类使用的药材，并利用新药物销售额、研发成本和生产成本估算了药材价值。Cicia 等（2003）分别使用条件价值评估法和生物经济模型对意大利土著马的遗传资源保护项目进行了成本效益分析。Scarpa 等利用享乐价值法分别分析了实际市场交易中肯尼亚土著牛（Scarpa et al.，2003a）和墨西哥土著猪（Scarpa et al.，2003b）不同特性的隐性价值，并与选择模型法评估的结果进行对比，检验了选择实验法用于评估无市场交易的动物遗传资源经济价值的可靠性。Zander 和 Drucker（2008）使用选择模型法评估了畜牧人对博洛南牛的不同特性的偏好，并使用获得的隐性价值评估了博洛南牛不同品种的经济价值。Poudel 和 Johnsen（2009）通过调查尼泊尔居民对保护地方稻的支付意愿评估了该作物遗传资源的经济价值。Erwin 等（2010）注意到海洋生物遗传资源对新型抗癌药物研发的重要性，并利用行业统计数据估算了尚未发现的肿瘤药物的数量、来源和市场价值。

TEEB（2010）对生态系统价值评估的文献进行了梳理。对森林以及湿地中遗传资源、基因库保护/濒危物种保护的价值而言，使用较多的评估方法有揭示偏好法中的政府投资法（例如 Siikamaki and Layton，2007；Strange et al.，2006）以及陈述偏好法中的条件价值评估法（例如 Moisseinen，1993；Lehtonen et al.，2003）。除此之外，Hammack 和 Brown（1974）从生产角度出发，利用生物经济模型对遗传资源的直接使用价值进行了评估。Gren 等（1994）从成本的角度出发，利用替代成本法对基因库保护的选择价值进行了评估，Chomitz 等（2005）使用机会成本法评估了濒危物种保护的价值。

3.3.2.2 国内概况

国内学者对遗传资源的价值评估也有一定的研究。徐海根等（2004）在评估生物遗传资源的直接经济利用价值、研究与开发价值和保护价值时提出，对于直接经济利用价值，存在生物物种资源产品公开市场交易的情况下，一般采用直接市场价值法；不存在市场交易的情况下，可以采用功能替代法、费用支出法等；研发价值可由使用知识产权产生的未来净收益现值决定；保护价值指在发挥服务功能方面，先计算生物多样性的价值，然后采用一定的方法将生物物种资源贡献剥离出来。王健民等（2004）提出：存在价值应采用多种确定影子价值的方法测算；社会功能服务（间接）价值需先明确科学研究成果所确定的服务功能的社会效用，再将社会效用转换为效益评估价值进行测算；社会直接利用价值采用市场价格测算其净效益，并剥离技术等其他方面的贡献；历史及未来利用价值是社会功能服务（间接）价值与社会直接利用价值的时间函数，采用回顾净收益现值法或预期净收益现值法。

张丽荣等（2013）对西藏原有的，具有强适应性、耐旱、抗病、长寿等优良特性的光核桃（又称西藏桃）进行了价值评估，综合了国际和国内目前对生物遗传资源经济价值的分类方法，对包括直接经济价值、间接经济价值和潜在价值的利用价值，以及包括遗产价值和存在价值的非使用价值进行了评估，得到光核桃遗传资源的总经济价值为每年 48 000 亿元。

王健民等（2004）采用国际、国家科学研究投入金额近似测算基因的基准价，得到一个人体功能基因价值约 285.7 万～714.3 万美元，同时对野生大豆遗传资源的存在价值、功能价值、直接价值和未来价值进行了评估，得到总价值为至少 2.14×10^{14} 元。

王智等（2005）将 *Bt* 基因在转基因抗虫棉中的价值划分为直接利用价值、间接利用价值、未来价值和存在价值四类，并认为直接利用价值包括提高棉花产量、增加抗虫性和减少农药用量三个方面，间接利用价值包括减少农民农药中毒、减轻环境污染和降低农药残留的健康风险三个方面，主要运用了市场分析法、生产函数法、损失成本法、支付意愿法和影子工程法等评估方法，得到 *Bt* 基因在转基因抗虫棉中的经济价值为 899.25 亿元。

陈琳等（2006）使用条件价值评估法对北京市居民保护濒危野生动物的支付意愿进行了研究。韩嵩（2008）对我国大熊猫和野猪的价值构成进行了研究，并使用旅行费用法、意愿调查法、专家评估法等分别评估了两者的总经济价值。丁晖和徐海根（2010）评估了三次产业中所有生物物种资源行业的总产值，也对植物新品种保护以及生物物种资源相关的医药专利技术的经济效益进行了研究。

（刘　立，丁　晖，徐海根）

参 考 文 献

卜跃先, 曾光明, 赵卫华, 等. 2006 . 湖南省生物多样性经济价值评估分析. 生态科学, 25(1): 82-86.
陈琳, 欧阳志云, 段晓男, 等. 2006. 中国野生动物资源保护的经济价值评估. 资源科学, 28(4): 131-137.
丁晖, 徐海根. 2010. 生物物种资源的保护和利用价值评估——以江苏省为例. 生态与农村环境学报, 26(5): 454-460.
国常宁, 杨建州, 冯祥锦. 2013. 基于边际机会成本的森林环境资源价值评估研究——以森林生物多样性为例. 生态经济, (5): 61-65, 70.
韩嵩. 2008. 我国野生动物资源价值计量与应用研究. 北京林业大学博士学位论文.
胡昌暖. 1992. 资源的价格体系、价格形成机制和价格形式. 中国经济问题, (4): 1-7.
环境保护部. 2012. 生物遗传资源经济价值评价技术导则. http: //kjs.mep.gov.cn/hjbhbz/bzwb/stzl/201109/t20110919_217417.htm [2013-9-21].
黄立. 2007. 城市绿地系统生态调节服务功能价值评估研究. 湖南农业大学硕士学位论文.
黄贤金. 1994. 自然资源二元价值论及其稀缺价格研究. 中国人口、资源与环境, 4(4): 40-43.
赖敏, 吴绍洪, 戴尔阜, 等. 2013. 三江源区生态系统服务间接使用价值评估. 自然资源学报, (1): 38-50.
李继龙, 李绪兴, 沈公铭, 等. 2013. 中国水生生物种质资源价值评估研究. 北京: 海洋出版社: 67-79.
李金昌. 1991. 自然资源价值理论和定价方法的研究. 中国人口、资源与环境, 1(1) : 29-33.
联合国. 1992. 生物多样性公约. http: //www.cbd.int/doc/legal/cbd-zh.pdf [2013-9-20].
联合国. 2010. 生物多样性公约关于获取遗传资源和公正和公平分享其利用所产生惠益的名古屋议定书. http: //www.cbd.int/abs/doc/protocol/nagoya-protocol-zh2.pdf [2013-9-20].
刘兴元, 龙瑞军, 尚占环. 2011. 草地生态系统服务功能及其价值评估方法研究. 草业学报, (1): 167-174.
吕磊, 刘春学. 2010. 滇池湿地生态系统服务功能价值评估. 环境科学导刊, (1): 76-80.
欧阳志云, 王如松, 赵景柱. 1999. 生态系统服务功能及其生态经济价值评价. 应用生态学报, 10(5) : 635-640.
欧阳志云, 王效科, 苗鸿. 1999a. 中国陆地生态系统服务功能及其生态经济价值的初步研究. 生态学报, 5: 19-25.
欧阳志云, 王效科, 苗鸿. 1999b. 中国陆地生态系统服务功能及其生态经济价值的初步研究. 生态学报, 19(5): 607-613.
任晓旭. 2012. 荒漠生态系统服务功能监测与评估方法学研究. 中国林业科学研究院博士学位论文.
孙新章, 周海林, 谢高地. 2007. 中国农田生态系统的服务功能及其经济价值. 中国人口资源与环境, 17(4): 55-60.
王健民, 薛达元, 徐海根, 等. 2004. 遗传资源经济价值评价研究. 农村生态环境, 20(1): 73-77.
王智, 蒋明康, 徐海根. 2005. 试论遗传资源经济价值评估——以 Bt 基因在 Bt 抗虫棉中的经济价值为例. 中国环境保护优秀论文集 (上册).
谢高地, 鲁春霞, 冷允法, 等. 2003. 青藏高原生态资产的价值评估. 自然资源学报, 18(2): 189-196.
谢高地, 张钇锂, 鲁春霞, 等. 2001. 中国自然草地生态系统服务价值. 自然资源学报, 16(1): 47-53.
谢花林. 2011. 区域土地利用变化的生态效应研究. 北京: 中国环境出版社.
徐嵩龄. 1997. 生态资源破坏经济损失计量的概念和方法的规范化. 自然资源学报, 12(2): 160-168.
徐海根, 肖平, 王健民. 2004. 生物遗传资源经济价值评价技术规程的研究. 环境保护部南京环境科学研究所研究报告.
薛达元. 1997. 生物多样性经济价值评估: 长白山自然保护区案例研究. 北京: 中国环境出版社: 11-36.
薛达元. 2004.中国生物遗传资源现状与保护. 北京: 中国环境科学出版社.
张丽荣, 孟锐, 路国彬. 2013. 光核桃遗传资源的经济价值评估与保护. 生态学报, 33(22): 7277-7287.
张颖. 2002. 中国森林生物多样性评价. 北京: 中国林业出版社.
张煜. 2012.山东省野生大豆种质资源的保护利用与经济价值评估. 中国海洋大学硕士学位论文.
张志强, 徐中民, 程国栋, 等. 2002. 黑河流域张掖地区生态系统服务恢复的条件价值评估. 生态学报, (6): 885-893.
赵同谦, 欧阳志云, 贾良清, 等. 2004a. 中国草地生态系统服务功能间接价值评价. 生态学报, 24(6): 1101-1110.
赵同谦, 欧阳志云, 郑华, 等. 2004b. 中国森林生态系统服务功能及其价值评价. 自然资源学报, 19(4): 480-491.
朱彩梅, 张宗文. 2005. 作物种植资源的价值及其评估. 植物遗传资源学报, 6(2): 236-239.
朱彩梅. 2006. 作物种质资源价值评估研究. 中国农业科学院硕士学位论文.
宗雪, 崔国发, 袁婧. 2008. 基于条件价值法的大熊猫(*Ailuropoda melanoleuca*)存在价值评估. 生态学报, (5): 2090-2098.
Ammour T, Windevoxhel N, Sencion G. 2000. Economic valuation of mangrove ecosystems and subtropical forests in Central America //Dore M H I, Guevara R. Sustainable Forest Management and Global Climate Change, Cheltenham: Edward Elgar: 166-197.
Armsworth P R, Roughgarden J E. 2003. The economic value of ecological stability. Proceedings of the National Academy of Science, 100: 7147-7151.

Arrow K, Solow R, Portney P R, et al. 1993. Report of the NOAA Panel on Contingent Valuation. US Federal Register, 10(58): 4602-4614.
Balmford A, Rodrigues A, Matt W, et al. 2008. Review on the economics of biodiversity loss: scoping the science. Final report to the European Commission.
Barbier E B, Acreman M C, Knowler D. 1997. Economic valuation of wetlands: a guide for policy makers and planners. Ramsar Convention Bureau, Gland, Switzerland.
Barbier E B, Adams W M, Kimmage K. 1991. Economic valuation of wetland benefits: the Hadejia-Jama'are floodplain, Nigeria. LEEC Paper-IIED/UCL London Environmental Economics Centre.
Barbier E B, Baumgärtner S, Chopra K, et al. 2009. The valuation of ecosystem services. Oxford, UK: Oxford University Press, 248-262.
Barbier E B. 2007. Valuing ecosystem services as productive inputs. Economic Policy, 22(49): 177-229.
Bartkowski B, Lienhoop N, Hansjürgens B. 2015. Capturing the Complexity of Biodiversity: A Critical Review of Economic Valuation Studies of Biological Diversity. Ecological Economics, 113: 1-14.
Bateman J, Brainard A, Jones A, et al. 2005. Geographical Information Systems (GIS) as the last/best hope for benefit function transfer, Benefit Transfer and Valuation Databases: are we heading in the right direction. Washington, D.C: United States Environmental Protection Agency.
Boyd J, Banzhaf S. 2007. What are ecosystem services? The need for standardized environmental accounting units. Ecological Economics, 63: 616-626.
Brander L M, Bräuer I, Gerdes H, et al. 2012. Using Meta-Analysis and GIS for Value Transfer and Scaling Up: Valuing Climate Change Induced Losses of European Wetlands. Environmental and Resource Economics, 52: 395-413.
Brookshire D S, Eubanks L S, Sorg C F. 1986. Existence Values and Normative Economics: Implications for Valuing Water Resources. Water Resources Research, 22(11): 1509-1518.
Brown G M, Shogren J F. 1998. Economics of the endangered species act. Journal of Economic Perspectives, 12: 3-20.
Brown G, Goldstein J H. 1984. A model for valuing endangered species. Journal of Environmental Economics and Management, 11(4): 303-309.
Brown M T, Herendeen R A. 1996. Embodied energy analysis and emergy analysis: a comparative view. Ecological Economics, 19: 219-235.
Brown M T, Ulgiati S. 1999. Energy evaluation of the biosphere and natural capital. Ambio, 28: 486-493.
Brush S B, Meng E. 1998. Farmers' valuation and conservation of crop genetic resources. Genetic Resources and Crop Evolution, 45(2): 139-150.
Chee Y E. 2004. An ecological perspective on the valuation of ecosystem services. Biological conservation, 120: 459-565.
Chomitz K M, Alger K, Thomas T S, et al. 2005. Opportunity costs of conservation in a biodiversity hotspot: the case of southern Bahia. Environment and Development Economics, 10(03): 293-312.
Cicia G, D'Ercole E, Marino D. 2003. Costs and benefits of preserving farm animal genetic resources from extinction: CVM and bio-economic model for valuing a conservation program for the Italian Pentro horse. Ecological Economics, 45(3): 445-459.
Costanza R, Folke C. 1997. Valuing ecosystem services with efficiency, fairness and sustainability as goals. In: Daily G ed. Nature's Services: Societal Dependence on Natural Ecosystems. Washington, D C: Island Press: 49-68.
Daily G C, Soderqvist T, Aniyar S, et al. 2000. The value of nature and the nature of value. Science, 289: 395-396.
De Groot R S, Stuip M, Finlayson M, et al. 2006. Valuing wetlands: guidance for valuing the benefits derived from wetland ecosystem services. Ramsar Technical Report No. 3, CBD Technical Series No. 27.
De Groot R S, Wilson M A, Boumans R M J. 2002. A typology for the classification, description and valuation of ecosystem functions, goods and services. Ecological Economics, 41: 393-408.
DEFRA. 2007. An introductory guide to valuing ecosystem services . http: //ec.europa.eu/environment/nature/biodiversity/economics/pdf/valuing_ecosystems.pdf [2013-8-15].
Diamond P. 1996. Testing the internal consistency of contingent valuation surveys. Journal of Environmental Economics and Management, 30: 265-281.
Eade J D O, Moran D. 1996. Spatial economic valuation: benefits transfer using geographical information systems. Journal of Environmental Economics and Management, 48: 97-110.
Erwin P K, López-Legentil S, Schuhmann P W. 2010. The pharmaceutical value of marine biodiversity for anti-cancer drug discovery. Ecological Economics, 70: 445-451.
Evenson R E, Gollin D, Santaniello V. 1998. Introduction and overview: Agricultural values of plant genetic resources. Agricultural values of plant genetic resources. Wallingford: CABI Publishing: 1-25.
Fisher A C, Hanemann W M. 1987. Quasi option value: some misconceptions dispelled. Journal of Environmental Economics Management, 14: 183-190.
Fisher B, Turner R K, Balmford A, et al. 2008. Valuing the Arc: an ecosystem services approach for integrating natural systems and human welfare in the Eastern Arc Mountains of Tanzania. Norwich, UK: University of East Anglia.
Freeman A M. 1984. The quasi-option value of irreversible development. Journal of Environmental Economics, 11, 292-

295.
Freeman A M. 1985. Supply uncertainty option price and option value in project evaluation. Land Economics, 61: 176-181.
Freeman A M. 1993. The measurement of environmental and resource values. Baltimore: Resources for the Future Press.
Garrod G, Willis K G. 1999. Economic valuation of the environment. Cheltenham: Edward Elgar.
Garrod G, Willis K. 1992. The Environmental economic impact of woodland: A two-stage hedonic price model of the amenity value of forestry in Britain. Applied Economics, 24(7): 715-728.
Gollin D, Evenson R. 2003. Valuing animal genetic resources: lessons from plant genetic resources. Ecological Economics, 45(3): 353-363.
Gollin D, Smale M. 1999. Valuing genetic diversity: Crop plants and agroecosystems// Collins W, Qualset, C. Biodiversity in Agroecosystems. Boca Raton: CRC Press: 237-265.
Gren M, Folke C, Turner K, et al. 1994. Primary and secondary values of wetland ecosystems. Environmental and Resource Economics, 4(1): 55-74.
Gunawardena M, Rowan J S. 2005. Economic valuation of a mangrove ecosystem threatened by shrimp aquaculture in Sri Lanka. Environmental Management, 36(4): 535-550.
Hammack J, Brown G M. 1974. Waterfowl and Wetlands: Toward Bioeconomic Analysis. Baltimore: Johns Hopkins University Press.
Hanley N D, Ruffell R J. 1993. The contingent valuation of forest characteristics: two experiments. Journal of Agricultural Economics, 44(2): 218-229.
Haynes R W, Horne A L. 1997. An Assessment of Ecosystem Components in the Interior Columbia Basin and Portions of the Klamath and Great Basins. Pacific Northwest Research Station: Department of Agriculture and Forestry, USA. http: //www.gbv.de/dms/goettingen/25450521X.pdf [2013-11-5].
Hein L, Van Koppen K, De Groot R S, et al. 2006. Spatial scales, stakeholders and the valuation of ecosystem services. Ecological Economics, 57: 209-228.
Jacobsen J B, Hanley N. 2007. A global study of income effects in contingent valuation studies of environmental protection. European Association of Environmental and Resource Economists (EAERE) Annual Conference.
Kahneman D, Knetsch J L, Thaler R H. 1991. Anomalies: the endowment effect, loss aversion, and status quo bia. The Journal of Economic Perspectives, 5: 193-206.
Kontoleon A, Pascual U. 2007. Incorporating biodiversity into integrated assessments of trade policy in the agricultural sector. United nations environment programme. http: //www.unep.ch/etb/pdf/UNEP%20T+B%20Manual.Vol%20I.Draft.June07.pdf [2013-6-3].
Krutilla J V, Fisher A C. 1975. The economics of the natural environment. studies in the valuation of commodity and amenity resurces. Baltimore: John Hopkins Press for Resources for the Future.
Krutilla, J V. 1967. Conservation reconsidered. American Economic Review, 57: 777-786.
Lehtonen E, Kuuluvainen J, Pouta E, et al. 2003. Non-market benefits of forest conservation in southern Finland. Environmental Science & Policy, 6(3): 195-204.
Loomis J B, Walsh R G. 1997. Recreation economic decisions; comparing benefits and costs. Venture Publishing Inc.
Loomis R S. 2000. The development of Arthurian romance. Courier Corporation.
Mansson B A, Mcglade J M. 1993. Ecology, thermodynamics and H.T. Odum's conjectures. Oecologia, 93: 582-596.
Martín-López B, Gómez-Baggethun E, González J A, et al. 2009. The assessment of ecosystem services provided by biodiversity: re-thinking concepts and research needs. Handbook of Nature Conservation, Nova Publisher: 1-16.
Mcneedly A J. 1988. Economics and biological diversity: developing and using economic incentives to conserve biological resource. IUCN: 14-24.
MEA. 2005. Ecosystems and Human Well-being: Synthesis Report. Island Press: 5-8.
Mendelson R, Balick M J. 1995. The value of undiscovered pharmaceuticals in tropical forests. Economic Botany, 49: 223-228.
Moisseinen E. 1993. Protection of the Saimaa Seal //Valuing Biodiversity: On the Social Costs of and Benefits from Preserving Endangered Species and Biodiversity of the Boreal Forests, Espoo, Finland, October 1992: Proceeding of the Workshop. Scandinavian Society of Forest Economics, (34): 98.
Morrison M, Bennett J, Blamey R. 1999. Valuing improved wetland quality using choice modeling. Water Resources Research,35(9): 2805-2814.
Odum H T. 1996. Environmental accounting: emergy and decision making. New York: Wiley.
OECD. 1995. The Economic appraisal of environmental projects and policies: a practical guide.
Ojea E, Ruiz-Benito P, Markandya A, et al. 2012. Wood provisioning in mediterranean forests: A bottom-up spatial valuation approach. Forest Policy and Economics, 20: 78-88.
Omondi I, Baltenweck I, Drucker A G, et al. 2008. Economic valuation of sheep genetic resources: implications for sustainable utilization in the Kenyan semi-arid tropics. Tropical Animal Health and Production, 40(8): 615-626.
Opschoor J B. 1998. The value of ecosystem services: whose values?. Ecological Economics, 25(1): 41-43.
Pattanayak S K, Kramer R A. 2001. Pricing ecological services: Willingness to pay for drought mitigation from watershed

protection in eastern Indonesia. Water Resour Res, 37(3): 771-778.
Pearce D W, Moran D. 1994. The economic value of biodiversity. London: Earthscan.
Pearce D W, Turner R K. 1990. Economics of natural resources and the environment. Baltimore, USA: John Hopkins University Press.
Pearce D W, Warford J J. 1993. World without end: economics, environment, and sustainable development. Oxford: Oxford University Press, Inc.
Peters C M, Gentry A H, Mendelsohn R O. 1989. Valuation of an amazonian rainforest. Nature, 339, 655-656.
Poor P J, Smith J M. 2004. Travel cost analysis of a cultural heritage site: The case of historic St. Mary's City of Maryland. Journal of Cultural Economics, 28(3): 217-229.
Poudel D, Johnsen F H. 2009. Valuation of crop genetic resources in Kaski, Nepal: Farmers' willingness to pay for rice landraces conservation. Journal of Environmental Management, 90(1): 483- 491.
Rege J, Gibson J P. 2003. Animal genetic resources and economic development: issues in relation to economic valuation. Ecological Economics, 45(3): 319-330.
Reid W V, Laird S A, Meyer C A, et al. 1997. Medicinal Resources of the Tropical Forest: Biodiversity and its Importance to Human Health. New York: Colombia University Press: 142-173.
Richardson L, Loomis J, Kroeger T, et al. 2015. The role of benefit transfer in ecosystem service valuation. Ecological Economics, 115: 51-58.
Roosen J, Fadlaoui A, Bertaglia M. 2003. Economic Evaluation and Biodiversity Conservation of Animal Genetic Resources, FE Workingpaper/Universität Kiel, Department of Food Economics and Consumption Studies, No.0304, http: // hdl.handle.net/10419/23596 [2012-12-30].
Rosenberger R S, Needham M D, Morzillo A T, et al. 2012. Attitudes, Willingness to Pay, and Stated Values for Recreation Use Fees at an Urban Proximate Forest. Journal of Forest Economics, 18(4): 271-281.
Scarpa R, Drucker A G, Anderson S, et al. 2003b. Valuing genetic resources in peasant economies: the case of 'hairless' creole pigs in Yucatan. Ecological Economics, 45(3): 427-443.
Scarpa R, Ruto E S K, Kristjanson P, et al. 2003a. Valuing indigenous cattle breeds in Kenya: an empirical comparison of stated and revealed preference value estimates. Ecological Economics, 45(3): 409-426.
Siikamäki J, Layton D F. 2007. Discrete choice survey experiments: A comparison using flexible methods. Journal of Environmental Economics and Management, 53(1): 122-139.
Spash C. 2008. Deliberative monetary valuation and the evidence for a new value theory. Land economics, 83(3): 469-488.
Strange N, Rahbek C, Jepsen J K. et al. 2006. Using farmland prices to evaluate cost-efficiency of national versus regional reserve selection in Denmark. Biological Conservation, 128(4): 455-466.
TEEB. 2010. Ecological and economic foundations. Earthscan, London and Washington. http: //www.teebweb.org/publications/teeb-study-reports/foundations/ [2013-5-20].
Troy A, Wilson M A. 2006. Mapping ecosystem services: practical challenges and opportunities in linking GIS and value transfer. Ecological Economics, 60: 852-852.
UNEP. 1993. Guidelines for country studies on biological diversity, Nairobi, Kenya. Oxford, Oxford University Press. https: // www.cbd.int/doc/meetings/sbstta/sbstta-01/information/sbstta-01-inf-03-en.pdf. [2013-6-11].
White P C, Bennett A Cn Hayse E J. 2001. The use of willingness-to-pay approaches in mammal conservation. Mammal Review, 31(2): 151-167.
Yao R T, Scarpa R, Turner J A, et al. 2014. Valuing biodiversity enhancement in new zealand's planted forests: socioeconomic and spatial determinants of willingness-to-pay. Ecological Economics, 98: 90-101.
Zander K K, Drucker A G. 2008. Conserving what's important: using choice model scenarios to value local cattle breeds in east africa. Ecological Economics, 68: 34-45.
Zandersen M, Tol R S J. 2009. A meta-analysis of forest recreation values in Europe. Journal of Forest Economics, 15(1): 109-130.
Zivin J G, Neidell M. 2013. Environment, health, and human capital. NBER working paper No. 18935. http: //www. nber.org/papers/w18935.pdf [2014-11-4].

4 典型珍稀濒危动植物遗传资源的定价方法

典型珍稀濒危动植物遗传资源的定价方法不能简单地依据其所有价值进行简单的换算，需要考虑动植物遗传资源价格的主要影响因素，进而研制并形成系统的定价方法。本研究从定价的基本原则、基本程序、价格的主要影响因素、基准价格的影响因子开展分析讨论，进而形成典型珍稀濒危动植物遗传资源定价方法。

4.1 典型珍稀濒危动植物遗传资源定价的基本原则

4.1.1 价值决定价格原则

动植物遗传资源作为自然资源的一种，具有公共物品的性质，在过去很多年间，公共物品在市场中是没有价格或者以低价的形式进入到生产、交易环节，从而导致了资源的过度使用和浪费，因而为了保护自然资源，需要对自然资源也包括珍稀濒危动植物遗传资源进行合理定价。在市场经济条件下，根据等价原则，首先应该考虑自然资源的自然属性、经济属性、社会属性等综合作用所形成的资源价值与资源价格相一致的原则。至于遗传资源因市场的供求关系等其他社会因素所引起的遗传资源价格变动，则是另外一个层面所需考虑的事情。因此，本书在对典型珍稀濒危物种进行定价时，首先要遵循价值决定价格的原则。

4.1.2 核心价值主导性原则

从物种多样性或遗传资源多样性等角度来看，动植物遗传资源具有众多的价值构成，不同物种（包括动物和植物的差别）因其物种特征及其服务人类社会的功效差异，其价值构成也是多种多样的。在本研究中，针对不同典型珍稀濒危物种的类型的主导差异性，主要对其核心价值进行评估，因而遗传资源的价格也仅是体现其核心价值，是一种保守价格或基准价格。

4.1.3 价格与物种珍稀濒危程度相适应的原则

物以稀为贵，这是价值或价格的稀缺性原理的通俗表述。在对遗传资源物种进行价值评估和价格核算的时候，该原理依然适用，亦即遗传资源物种的价格也要体现物种的珍稀濒危程度，不同的珍稀濒危程度的物种应体现价格的差别化，以体现其稀缺性价值。

4.1.4 野生与驯养物种的价格差别化原则

人类科学技术在不同程度上可以实现对遗传基因和物种功能的复制与传承，但通过人工栽培和繁育技术而获得的物种，在遗传资源保存以及原生物种的功能和应用价值上存在不同程度的差距，其培育和栽培后代作为一种替代，实现了该类物种的部分或全部价值的应用与推广。从价值视角来看，因为人工的栽培和繁育技术的存在，弱化了物种的稀缺性价值，因此，遗传资源价格的制定应体现野生与驯养物种的价格差别化特征。

4.2 典型珍稀濒危动植物遗传资源定价的基本程序

依据动植物遗传资源定价的基本原则，其定价程序应在通过遴选物种的数据收集、问卷调查、参考相关文献等方法，计算得出物种价值后，在物种价值评估的基础上展开基准价格研究。其价格不仅要体现物种的核心价值、濒危程度、进化特征方面的信息，还要符合物种优先保护的内涵。具体程序如图 4-1 所示，各程序步骤需包括以下工作内容。

（1）物种选择。根据动植物遗传资源类型划分，遴选典型的动植物遗传资源代表。遴选需考虑区分不同物种的濒危等级、动植物类型、野生和人工、物种进化特征、地区独特性、服务人类社会程度等，依据国家重点保护野生动物名录、国家重点保护野生植物名录、家养动物目录、地方种名录等，选取典型的动植物遗传资源类型和代表物种。

（2）物种价值特征分析。针对各典型动植物遗传资源物种，通过资料收集、专家访谈、实地调查、文献调研等途径，广泛深入地了解各典型物种的资源特征，包括稀缺濒危程度、人工驯养与栽培的难易程度、物种的演化进化历史、现有分布及保护现状、社会群体对物种的认知和伦理价值观等，按照一定的自然资源价值分类标准，科学界定各资源物种所具有的价值类型，识别其核心价值或主要价值类型，进而辨明其核心价值或主要价值类型的现实实现途径及其影响因素。

（3）价值评估方法选择。遗传资源价格是建立在其价值基础之上的，因而价值评估是首先必须解决的问题。因不同物种的价值构成和价值实现途径各异，需要考虑不同的评估方法，进而选择合适的方法来引导出其价值量。因而，可根据物种的价值组成、价值实现有无市场或替代市场，从直接市场价值评估方法、揭示偏好法、陈述偏好法等方面来遴选合适的评估方法或方法体系；之后，根据项目的经费、时间等客观因素，进一步确定合适的具有可操作性的价值评估方法。

（4）评估前的信息数据收集。根据项目的要求、经费资助情况和任务时间，以及所选择的方法体系，制订详细的调查和调研计划方案，全面开展数据收集与整理工作，主要包括物种所在地的规划、基础调查资料、市场交易情况等；没有市场交易的物种，根据价值引导技术方法的要求，制定详细的调查问卷开展实地调查；对时间紧、任务重、经费有限的项目可以考虑成果参照方法，进行资料的替代收集。

（5）价值评估。在调查、调研和数据整理完成以后，可根据所选评估方法对典型物种的主要价值类型进行评估。

（6）定价方法与定价。依据动植物遗传资源价值构成及其基准价格定价的原则，结合对价格影响因素的分析，构建物种定价模型与方法，并以此进行基价评估。

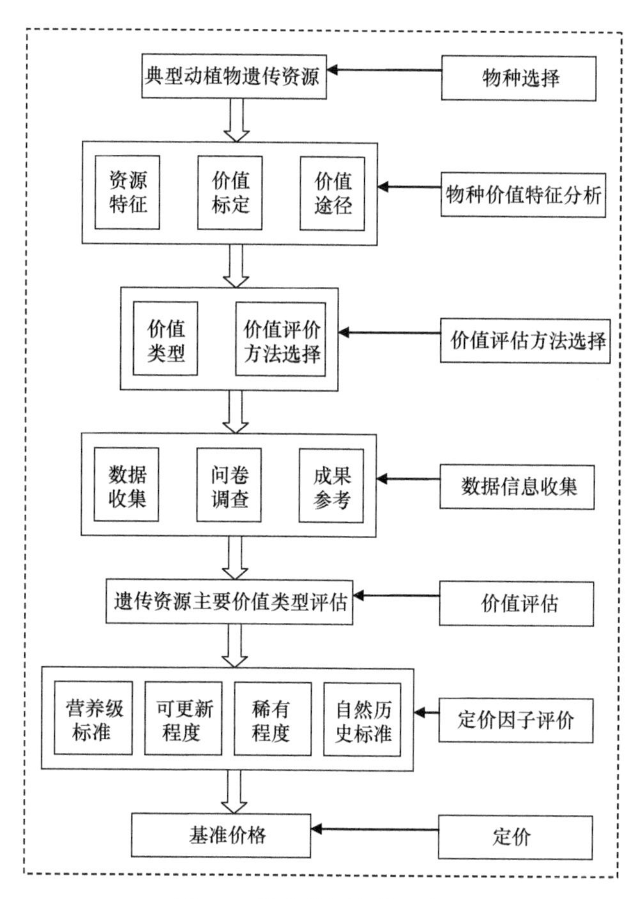

图 4-1 遗传资源定价程序图

4.3 动植物遗传资源价格的主要影响因素

在商品经济条件下，自然资源作为可交易的商品，对其价格的形成中的决定与影响因素中，既有主客间（人与自然）的作用关系、形成的成本费用，也有不同主体间（人与人）的交换关系、形成的费用，还有因为技术进步、管理形式的变换、自然资源的公共性特征引起的在自然资源成为商品时，必须作为价格的构成部分而进入到自然资源商品的价格中的因素。从经济学的观点来看，影响自然资源实际价格变动的主要因素之一，是该资源的供给与需求力量的对比关系。当供给量大于需求量时，商品的价格下降；当需求量大于供给量时，价格上涨；当供给量与需求量严重失衡时，其价格就会出现大幅度波动的情况。从理论上来讲，供给与需求是影响其价格波动的主要因素，影响需求的因素同时也可能会影响到供给，因为自然资源供给与需求是一种动态的均衡趋势。

遗传资源作为自然资源的一部分，不仅受到自身因素的影响，也受到社会经济等方面的因素的制约。影响动植物遗传资源价格的因素大致可以分为生物因素、社会因素、经济因素、技术因素四个方面。

1）生物因素

动植物资源价格的高低必然决定于其生物因子，诸如种群数量、增长率、适应性等。

资源的数量是首要的因子，“物以稀为贵”通俗地表明了资源的稀缺程度与其价格之间的关系，越是濒危的野生动植物，其价格就越高。随着人类对自然干预的强度越来越大，增长率高和适应性强的物种显示出越来越大的优势，而栖息地的状况更是与物种的发展密切相关，因此，它们必然成为生物因子的指标。如果种群的增长能力强，适应能力强，受环境变化的影响不大，则种群数量就相对较高，其价格就较低，另外，它自身及其产品的效用也决定了资源的价格。

2）社会因素

影响动植物遗传资源价格的社会因素有很多方面，包括政策、法律、国际环境等方面。

政策因素是指国家的政策和措施。国家从全社会利益和宏观经济角度出发，制定动植物资源的有关政策，根据野生动植物的总体和地区的资源状况，或保护某些野生动植物资源，或加强某些野生动植物的管理，或利用某些野生动植物资源，从而达到永续利用的目的，包括野生动植物资源经济利用管理办法、野生动植物资源规划、动植物资源的产业政策、税收政策等。

法律因素指的是关于动植物资源的相关法律法规条例。过去由于人们的滥捕滥杀，滥采滥伐，导致一些珍稀物种数量急剧减少，对生态环境造成了严重破坏。国家因此出台了《中华人民共和国野生动物保护法》《野生植物保护条例》《野生药材资源保护管理条例》等一系列法律法规，严禁一些濒危野生动植物的捕猎、采挖，并禁止生产和销售以濒危物种为原料的产品，以堵塞应用市场。因此，有些野生动植物并无市场交易价格。随着物种资源的不断减少和因生物技术迅猛发展对遗传资源需求的不断增加，遗传资源逐步由公共物品转变为稀缺物品。遗传资源获取和利益分享中的知识产权问题也日益受到国际社会的广泛关注。为了加强对遗传资源的保护与管理，维护国家、企事业单位以及科技人员的合法权益，促进农业、林业和医药生产，保护遗传资源的安全，我国政府相继颁布了《种畜禽管理条例》《中华人民共和国进出境动植物检疫法》《进出口农作物种子（苗）管理暂行办法》《中华人民共和国种子法》等一系列涉及遗传资源产权保护和利用的政策法规。当然，在遗传资源获取和利益分享机制及其相关的知识产权保护制度方面还需进一步完善法律法规建设。

国际环境方面的因素主要是国际市场、国际公约等影响野生动植物资源的需求和供给。例如，藏羚羊，中国从来没有利用藏羚羊绒的传统习俗，至今也没有藏羚羊绒及其产品的消费市场，但由于国际市场对藏羚羊绒的需求，导致大量藏羚羊被猎杀，即使藏羚羊属于《濒危野生动植物种国际贸易公约》中严禁贸易的濒危动物，但巨大的利润仍旧使许多偷猎者铤而走险。

3）经济因素

经济因素包括动植物资源的市场供求状况、社会的经济发展水平、收入状况、物价变动、利率水平等，这些因素都会对动植物资源的价格产生影响。动植物资源的市场供求状况直接决定动植物的价格，另外，经济发展的程度低，人民的生活水平低，对动植物资源的依赖性大，对资源的破坏性相应也加大，但未见得对价格产生明显影响，只有资源的破坏达到一定的程度，并在稀缺上得以显现，才会明显影响价格；反之，如果可替代性资源供给增加，则会缓解对资源的压力，而导致价格稳定。这些因素对动植物资源的影响表现在两个方面，一方面是直接的经济利用对动植物产生影响，另一方面是间接通过占有动植物的栖息地而产生的影响。

4）技术因素

技术因素是指对动植物资源利用的技术手段。生物科技水平是决定遗传资源开发利用的关键因素。一方面，当科技水平提高从而发现某一物种遗传基因的新价值时，很有可能造成该物种价格的上涨，目前还有许多不知道或不完全知道其价值的物种；即使现在已经认识、开发的生物资源，也不是完全清楚其所有的价值，如银杏、红豆杉等。另一方面，当某个物种人工繁育技术提高使得人工繁育物种数量增多时，也会使该物种价格降低。

4.4　典型珍稀濒危动植物遗传资源基准价格及其影响因子

4.4.1　典型珍稀濒危动植物遗传资源价格体系分类

由于动植物遗传资源的分类利用和资源价格的特殊性，必须对评价所包含的内容不同和评价层次不同加以区分，建立科学的动植物遗传资源价格体系，以便进一步科学地认识动植物遗传资源价格和方便遗传资源价格的确定，满足遗传资源保护与管理的需要。从这一思路出发，本研究需对典型珍稀濒危动植物遗传资源的价格体系进行理顺，并阐明其关系。

动植物遗传资源价格方面的研究比较少，相对于其他的资源类型如矿产资源、土地资源、林地资源等，价格体系方面的工作则更是缺乏梳理。但对于这一特定的资源类型还是有诸多税、费、价格等方面的讨论，如野生动物的交易价格、保护动物价格、野生动物狩猎价格、管理价格等，这些研究主要服务于动物管理或非法狩猎买卖处罚等用途，缺乏统一的定制标准，且分类上也存在模糊不清的问题。

本研究在已有遗传资源税费、价格研究的基础上，借用其他资源的价格体系分类的方法，探索动植物遗传资源价格体系分类。

同其他国有资源一样，动植物遗传资源也应属于国家所有，因此国家对动植物遗传资源应享有所有权及其相应的权属收益，故动植物遗传资源价格是该资源权利让渡的经济补偿，因此，动植物遗传资源产权制度就决定了动植物遗传资源价格的存在形式，作为资源权利让渡的补偿，动植物遗传资源价格基本形式是具有遗传资源所有权价格和使用权价格，其他价格形式如使用权出让价格、转让价格、出租价格、转租价格等，或是派生，或是所有权或使用权价格在具体经济关系中的具体表现。在此意义上，遗传资源所有权价格和使用权价格是动植物遗传资源价格的核心。

由于动植物遗传资源是国家所有，同其他资源类型一样，是禁止遗传资源所有权自由让渡的，动植物遗传资源所有权价格只在特定的范围内存在。适应市场经济体制要求动植物遗传资源保护管理的核心内容就是动植物遗传资源使用权的合理使用，而使用权的合理使用必然衍生出一系列特定使用权的价格形式，如转让权价格、出租价格等。

由于动植物遗传资源本身的特殊性，不可能形成统一的市场价格，其市场价格具有个别性。即使假定可以形成相对统一的动植物遗传资源价格，也会因市场价格的形成受诸多因素的影响，而导致市场价格的不稳定，不便于遗传资源的保护与管理。目前，不少国家和地区有类似由政府制定的土地价格，如日本的“公示地价”以及中国台湾的“公告地价”等。这种价格除为市场上土地交易双方提供可参考的依据外，同时也是政府对土地市场价格，进而对土地利用控制与管理的重要手段，如日本政府实行的劝告制度，当土地买卖双方的交易价格超过政府颁布的公示地价一定程度时，政府可对土地交易双方实行劝告，要求双方重新修订交易价格，如果买卖双方不服从政府劝告，政府则视交易为不许可。中国台湾实行的地价税其标准也以公告地价为准。此外，公告地价还作为计算土地增殖量的标准，据此确定增值税额。当政府对私有土地进行征用时，公示地价、公告地价等又成为对被征者进行补偿的依据。因此，从方便和强化我国动植物遗传资源保护管理需要出发，国家必须确立动植物遗传资源管理价格体系，设定多层面的遗传资源价格，既满足遗传资源保护与管理统一性和规范性的要求，又满足市场灵活性的要求。

适应上述要求的遗传资源产权价格和管理价格体系内涵，本研究认为遗传资源价格分类至少应包括：动植物遗传资源的基准价格、动植物遗传资源的市场交易价格。

4.4.2　典型珍稀濒危动植物遗传资源基准价格

动植物遗传资源基准价格是指具有实际或潜在价值的含有遗传信息物质（材料）及其多级载体的动植物个体、群体及其特殊生境的不同保护等级动植物的基本标准价格，它是根据不同等级动植物的濒危程度、稀有程度、特有性、受关注程度、开发利用程度等特征所反映的实际或潜在价值，按照一定方法折算出来的价格，即市场价格运用的基准线。动植物遗传资源基准价格的最大特点是：计算时只考虑动植物遗传资源禀赋和特有性，或者说只考虑影响其实际或潜在价值的几个主要因子，而排除其他次要因子的干扰，这样它既能基本上反映该遗传资源应有的价格水平，又便于操作。

动植物遗传资源基准价格在动植物遗传资源尤其是珍稀濒危动植物资源的保护管理和遗传资源资产评估中具有重要作用。

（1）显示作用。显示不同动植物资源的濒危程度、稀有程度、特有性、受关注程度、开发利用程度等特征，同时也显示不同动植物遗传资源的实际或潜在价值的大小。

（2）指导作用。这一作用主要指为动植物遗传资源交易提供指导价格，促进动植物遗传资源的合理开发与利用。

（3）便于其他动植物遗传资源价格形式的价格水平的确定。动植物遗传资源基准价格是根据不同等级动植物的濒危程度、稀有程度、特有性、受关注程度、开发利用程度等特征所反映的实际或潜在价值，按照一定方法折算出来的价格，是其他动植物遗传资源价格形式水平的基础，计算时撇开其他一些非主要因素的干扰，计算较简便，自然便于确定其他层面的动植物遗传资源价格。

（4）为动植物遗传资源有偿使用和处罚税费等提供了客观依据。动植物遗传资源有偿使用费和非法偷猎盗猎等处罚金等，只能以在一定时间内相对固定和统一的基准价格为基本依据。

动植物遗传资源交易价格是指动植物遗传资源产权交易双方，针对某一遗传资源所有权让渡或使用权转让的内涵，以该遗传资源基准价格、资源保护与管理成本为基础，通过市场价格博弈所形成的最终价格。

在本研究中，主要考虑珍稀濒危的动植物遗传资源的基准价格的探讨。对那些地方特色物种，包括农作物、经济林木、药用植物、地方家禽等的遗传资源基准价格的制定，除了珍稀濒危物种遗传资源基准价格研究方法外，还要综合市场、经济效益方面的因素加以考虑。

4.4.3 典型珍稀濒危动植物遗传资源基准价格的影响因子

马建章概括提出动物物种自身的价值评价指标有五项：营养级标准、自然生产力标准、稀有程度、进化程度和自然历史标准（马建章和晁连成，1995）。根据本研究对珍稀濒危动植物遗传资源基准价格内涵的界定，认为其基准价格至少受濒危程度、稀有程度、特有性、受关注程度、开发利用程度等特征的影响，通过对这些特征因子可以进一步凝练，本书将其归纳为营养级标准、可更新程度、稀有程度、自然历史标准等四个主要的基准价格影响因子。

因为本书考虑了不同珍稀濒危程度的物种，即除了珍稀濒危的野生动植物资源，还考虑了部分极具代表性的地方物种资源。依据本研究所选择的典型物种资源的特点，从物种的受保护程度、驯养或栽培可实现程度以及应用推广情况等方面，将典型动植物遗传资源分成四种类型，即完全保护且没有市场交易的物种、有保护也有市场交易的物种、驯养和栽培应用不多的地方特有物种、广泛开发应用并取得明显经济效益的动植物遗传资源，并就各类型遗传资源基准价格的影响因子进行总结分析。

4.4.3.1 完全保护且没有市场交易的物种

主要受营养级标准、可更新程度、稀有程度、自然历史标准的影响。

1）营养级标准

营养级是物种定价的首要标准，因为它标志着物种在食物链中所处的地位的等级，标志着物种单位生物量的生产所消耗的物质和能量的大小与多少。在特定的生态系统中，物种作为一种自然生产物，它的营养级越高，其单位生产量生产所消耗的物质和能量越大，因此其价格就越高。这类似于社会产品的生产，在不考虑其他因素影响的条件下，产品的价格随着生产成本的提高而提高。所以，营养级与物种价格呈正相关关系。

在生物界中，作为生产者的大部分绿色植物和所有的自养生物都处于食物链起点，共同构成第一营养级，所有以生产者（主要是绿色植物）为食的动物都处于第二营养级，即食草动物营养级。第三营养级包括所有以植食动物为食的食肉动物。由于能量通过各营养级流动时会大幅度减少，下一营养级所能接收的能量只有上一营养级同化量的10%～20%，所以食物链不可能太长，生态系统中的营养级也不会太长，一般只有四、五级，很少有超过六级的。

2）可更新程度

可更新程度标志着物种繁殖和保存自己的能力。制约物种可更新程度的因素很多，包括物种个体数量、种群数量和种群规模、繁育能力和适应环境的能力等。在生态环境容纳量一定的情况下，物种个体和种群数量越多，种群规模越大，其相应的价格就会降低。这种情况也类似于社会产品生产与价格的关系，如果在市场容量一定的情况下，某一产品供给的增加，需求就会相应的减少，而价格则会相应降低。所以，可更新程度和物种的价值呈负相关关系。

影响物种更新程度的因素很多，本书主要考虑物种的繁育能力和适应环境能力。将物种的繁育能力和适应能力分成三个等级：高、中、低。物种可更新程度也划分成三个等级，从高到低分别为一、二、三级。当物种的繁育能力和适应能力都很高时，物种可更新程度是一级；当物种的繁育能力很高但适应能力低时，物种可更新程度是二级；当物种的繁育能力和适应能力差一个级别时，以较低的级别作为可更新程度的级别。例如，当物种的繁育能力高而适应能力中等时，物种可更新程度为二级。

3）稀有程度

稀有程度是衡量物种价值的核心数量标准。可更新程度也与稀有程度相关，在生态环境容纳量一定的条件下，可更新程度越高，物种个体和种群数量越多，则稀有程度降低。但稀有程度不仅仅受可更新程度的影响，还会受到地理环境和人为因素的影响。因此，可更新程度为反映稀有程度的绝对指标，而地理环境和人为因素的影响反映的是稀有程度的相对指标。这里的稀有程度主要考虑后者的影响。

对于珍稀濒危物种受威胁和保护级别的划分方法，在国际上普遍以 IUCN 物种濒危等级最为成熟，应用也最为广泛，它根据在一定时间内物种的灭绝概率来确定物种濒危等级的思想，确定了定量标准的框架，将濒危等级划分为灭绝、野外灭绝等 9 个等级，并对每个标准设定了定量化的阈值，突出强调了评价指标的数量化和具体化，易于掌握。采用或类似 IUCN 标准的有 CITES 附录等级、加拿大物种濒危等级、《湿地公约》物种濒危标准等。

本文在构建稀有程度分级标准时，参考 IUCN 物种濒危标准，依据生物遗传资源的特点及我国的现实情况，考虑种群数量减少情况、地理范围、种群大小及衰退情况、种群的成熟个体数、野生种群灭绝的可能性 5 个指标进行濒危评价，并加上境外贸易指标予以调整。

4）自然历史标准

自然历史标准是按照物种存在的时间来确定物种价值的，它也是一个物种价格核算的质量标准，因为它标志着一个物种在自然历史发展中对环境变迁的抗争能力和保持物种存在的能力。物种存在的历史年代越久远，就表明它对环境变迁的抗争能力越强，保持物种存在的能力越大，在生物进化谱系研究以及相关科学研究方面的价值也就越大，其价格也就越高。

4.4.3.2　有保护也有市场交易的物种

这类遗传物种资源的基准价格除了受到营养级标准、可更新程度、稀有程度、自然历史标准的影响外，人类科学技术对物种遗传资源维持与保护的可实现程度或难易程度也会对遗传资源物种的价格造成明显的影响，虽然通过人工栽培和繁育技术而获得的物种，在对遗传资源保存以及原生物种的功能和应用价值上存在不同程度的差距，但其培育和栽培后代作为一种替代，实现了该类物种的部分或全部价值的应用与推广。从价值视角来看，因为人工的栽培和繁育技术的存在，弱化了物种的稀缺性价值。该因子的描述如下：物种人工繁育难度系数是按照物种依靠人类科学技术实现其遗传资源信息复制与传承情况的指标，主要反映人类科学技术对遗传资源价值与价格的影响。若该物种人工繁育难度小，说明该遗传资源物种可以通过人工栽培和驯养的科技手段较易实现其遗传资源信息复制与传承，其原生物种的稀缺性价值容易被弱化，其物种的基准价值或价格将会变小。反之，若该物种人工繁育难度大，说明该遗传资源物种通过人工栽培和驯养的科技手段较易实现，其遗传资源信息复制与传承的难度较大，其原生物种的稀缺性价值不易被弱化，其物种的基准价值或价格将会仍然处于高位。

4.4.3.3 地方特有且驯养和栽培推广应用不多的物种

这类遗传物种资源主要是为了要保存其特有的遗传资源信息，其基准价格除了受到营养级标准、可更新程度、稀有程度、自然历史标准的影响外，还主要受到物种的特有性因子的影响。

物种特有性，这里是指物种资源的区域独特性，一般而言，不同的地方特有种均具有其独特性，与一般的物种相比，往往因为外界环境条件差异、自我繁殖生产力、市场推广价值、服务社会能力等限制条件而不能得到广泛应用与推广。因而，其价值或基准价格主要体现在物种或遗传基因多样性保护方面，市场或经济价值难以显化。因此，物种资源越独特，对其物种基准价格的贡献就越大。

4.4.3.4 开发应用广泛已取得经济效益的物种

这类遗传物种资源基准价格除了受到物种的特有性因子的影响外，其驯养或栽培的难易程度也是影响其基准价格的主要因子。

这类遗传资源物种因已获得广泛应用和推广，其独特性已经不是影响其基准价格的主要因子，而且营养级标准、可更新程度、稀有程度、自然历史标准对其价格的影响也不显著。该物种或其产品已有明确的市场价格，因此其基准价格可以通过市场价格及其人工繁育难度系数加以修正来获取。

4.5 典型珍稀濒危动植物遗传资源定价方法

本书将典型动植物遗传资源分成四种类型，即完全保护且没有市场交易的物种、有保护也有市场交易的物种、驯养和栽培应用不多的地方特有物种、广泛开发应用并取得明显经济效益的物种。类型不一样，价值实现途径也不一样，价格影响因子与价格构成也不相同，因而需要不同的定价模型和方法对其进行基准价格的合理核算。

4.5.1 完全保护且没有市场交易的物种基准价格定价方法

4.5.1.1 完全保护且没有市场交易的物种基准价格定价模型

根据典型动植物遗传资源物种定价的基本原则以及该类动植物遗传资源基准价格的影响因素，本研究以评估的遗传资源价值为基础，综合考虑物种资源的自然属性和自然赋存状态对遗传资源价格的影响，主要包括物种的营养级标准、可更新程度、稀有程度、自然历史标准 4 个方面的影响。

据此，本书构建动植物遗传资源定价模型如下：

$$P = V\left(\sum_{i=1}^{n} A_i K_{ij}\right) \tag{4-1}$$

式中，P 为物种基准价格；V 为物种总价值（通过价值评估方法来获取）；A_i 为第 i 个指标权重（A_i 赋值 0～1，之和等于 1）；K_{ij} 为该物种第 i 个指标第 j 级的标准化分值。

事实上，在遗传资源价值核算过程中，无论是采取直接市场评估方法、替代市场评估方法和模拟市场的评估方法，遗传资源的市场价格或支付者的意愿价格，不仅在不同程度上体现了物种的营养级标准、可更新程度、稀有程度、自然历史标准等特征部分或全部的属性，而且对其可利用的经济价值、科研价值、文化教育价值、观赏娱乐价值等也均有考虑。在本书中，主要从物种资源本身来考察其价格起点，即基准价格，对物种因市场运作、全社会公益用途等所带来的附加经济价值暂不考虑。因而在该模型中，采用物种的营养级标准、可更新程度、稀有程度、自然历史标准 4 项指标来进一步显化物种自然属性因子对物种价格的贡献。

物种的营养级标准、可更新程度、稀有程度、自然历史标准 4 项指标的量化标准又有动物和植物的区分，具体设定如下。

4.5.1.2 典型珍稀濒危动物遗传资源定价指标体系构建

动物遗传资源定价指标体系包含营养级标准、可更新程度、稀有程度、自然历史标准四项指标，其中稀有程度指标仅针对野生动物。

1）营养级标准

动物营养级标准划分为五级，一级为大型食肉动物，二级为小型食肉动物，三级为杂食类动物，四级为大型食草动物，五级为小型食草动物。由于能量通过各营养级流动时会大幅度减少，高等级营养级所能接收的能量只有下一营养级同化量的 10%～20%，因此设五级小型食草动物营养级评分为 0.1，四级为 0.3，三级为 0.5，二级为 0.8，一级评分为 1。其指标权重为 0.125（表 4-1）。

表 4-1 动物营养级标准与遗传资源价值对应表

遗传资源价值	高	较高	一般	较低	低
营养级标准	一级	二级	三级	四级	五级
评分	1	0.8	0.5	0.3	0.1

2）可更新程度

动物资源可更新程度要考虑动物繁殖能力和适应环境能力，当动物的繁殖能力和适应能力都很高时，物种可更新程度就很高；当物种的繁育能力较高且适应能力较高时，物种可更新程度是较高；当物种的繁育能力很高，但适应能力低时，物种可更新程度是一般；当物种的繁育能力很低但适应能力高时，物种可更新程度是较高；当物种的繁育能力很低但适应能力低时，物种可更新程度是低。繁育能力可以以自然增长率、每年幼崽出生率等指标来衡量，适应环境能力则可以用种群死亡率、幼崽死亡率等指标来衡量，其指标权重为 0.25（表 4-2）。

表 4-2 动物可更新程度与遗传资源价值对应表

遗传资源价值	高	较高	一般	较低	低
可更新程度	低	较低	一般	较高	高
评分	1	0.8	0.5	0.3	0.1

3）稀有程度

《中国动物红皮书》的物种等级划分参照“1996 年版 IUCN 濒危物种红色名录”，根据中国的国情，使用了野生灭绝（Ex）、绝迹（Et）、濒危（E）、易危（V）、稀有（R）和未定（I）等级。本书根据所选物种特点将动物物种稀有程度划分为五级，一级为极危重点保护，二级为濒危重点保护，三级为易危重点保护，四级为稀有重点保护，五级为非稀有物种。综合考虑种群数量减少情况、地理范围、种群大小及衰退情况、种群的成熟个体数、野生种群灭绝的可能性 5 个方面，加上境外贸易指标予以调整，当境外贸易对以物种为原材料的商品需求量大时，物种稀有等级调高一级。动物稀有程度越高，其遗传资源价值也就越高，其指标权重为 0.5（表 4-3）。

表 4-3 动物稀有程度分级表

遗传资源价值	稀有程度	评分	评价标准
高	一级（极危）	1	种群数量在过去 10 年或者 3 个世代内高速减少，占有面积、分布区急剧缩小或栖息地质量严重衰退，种群持续高速衰退，预计今后 3 年成熟个体将持续减少，在今后 10 年或者 3 个世代内野生种群灭绝可能性至少达到 50%
较高	二级（濒危）	0.8	种群数量在过去 10 年或者 3 个世代内持续减少，占有面积、分布区大范围缩小或栖息地质量大范围衰退，种群持续高速衰退，预计今后 5 年成熟个体将持续减少，在今后 20 年或者 5 个世代内野生种群灭绝可能性至少达到 20%
一般	三级（易危）	0.6	种群数量在过去 10 年或者 3 个世代内减少至少 20%，占有面积、分布区缩小或栖息地质量区域性衰退，预计今后 10 年成熟个体将持续减少
较低	四级（稀有）	0.4	种群数量较少，占有面积、分布区范围小，对栖息地变化敏感，成熟个体少，依赖保护，接近受危
低	五级（非稀有）	0.1	常见物种

4）自然历史标准

人类与其他动物进化的分界点出现大约是在 500 万～800 万年前。本书将动物自然历史标准划分为五级：一级为人类出现前已存在的物种，如大熊猫、扬子鳄；二级为与人类同一时间段出现的物种；三级为 500 万～200 万年前出现的物种；四级为 200 万~1 万年前出现的物种；五级为近 1 万年前才慢慢进化出的新物种。其指标权重为 0.125（表 4-4）。

表 4-4 动物自然历史标准与遗传资源价值对应表

遗传资源价值	高	较高	一般	较低	低
自然历史标准	一级	二级	三级	四级	五级
标准（进化历史/万年）	＞800	800～500	500～200	200～1	＜1
评分	1	0.8	0.6	0.4	0.2

4.5.1.3 典型珍稀濒危植物遗传资源定价指标体系构建

作为生产者的绿色植物普遍处于食物链起点，因此植物遗传资源定价指标不包含营养级标准，共有可更新程度、稀有程度及自然历史标准三个指标。

1）可更新程度

人类活动对植物生长繁殖有较大的影响，植物的可更新程度指标要考虑植物自身繁育能力、适应环境能力和人为干扰三个评价因子。适应环境能力指植物对气候、土壤、水文等自然条件方面的适应能力，而人为干扰则是指人类活动对物种环境变化影响的程度，如伐木、采摘、改变景观格局等，其指标权重为 0.28（表 4-5）。

表 4-5 植物可更新程度与遗传资源价值对应表

遗传资源价值	高	较高	一般	较低	低
可更新程度	低	较低	一般	较高	高
评分	1	0.8	0.5	0.3	0.1

2）稀有程度

《中国植物红皮书》参考 IUCN 红色名录等级制定，采用“濒危”、“稀有”和“渐危”三个等级。本文将植物的稀有程度划分为五级，一级为极危重点保护，二级为濒危重点保护，三级为易危重点保护，四级为稀有重点保护，五级为常见非稀有物种。综合考虑种群数量减少情况、地理范围、种群大小及衰退情况、种群的成熟个体数、野生种群灭绝的可能性 5 个方面，加上境外贸易指标予以调整，当境外贸易对以物种为原材料的商品需求量大时，物种稀有等级调高一级，其指标权重为 0.57（表 4-6）。

表 4-6 植物稀有程度分级表

遗传资源价值	稀有程度	评分	评价标准
高	一级（极危）	1	种群数量在过去 10 年或者 3 个世代内高速减少，占有面积、分布区急剧缩小或栖息地质量严重衰退，种群持续高速衰退，预计今后 3 年成熟个体将持续减少，在今后 10 年或者 3 个世代内野生种群灭绝可能性至少达到 50%
较高	二级（濒危）	0.8	种群数量在过去 10 年或者 3 个世代内持续减少，占有面积、分布区大范围缩小或栖息地质量大范围衰退，种群持续高速衰退，预计今后 5 年成熟个体将持续减少，在今后 20 年或者 5 个世代内野生种群灭绝可能性至少达到 20%
一般	三级（易危）	0.6	种群数量在过去 10 年或者 3 个世代内减少至少 20%，占有面积、分布区缩小或栖息地质量区域性衰退，预计今后 10 年成熟个体将持续减少
较低	四级（稀有）	0.4	种群数量较少，占有面积、分布区范围小，对栖息地变化敏感，成熟个体少，依赖保护，接近受危胁
低	五级（非稀有）	0.1	常见物种

3）自然历史标准

植物进化历史比动物进化历史更为久远。本文植物自然历史标准参考前述动物自然历史标准划分为 5 级，其指标权重为 0.15（表 4-7）。

表 4-7 植物自然历史标准与遗传资源价值对应表

遗传资源价值	高	较高	一般	较低	低
自然历史标准	一级	二级	三级	四级	五级
标准（进化历史/万年）	＞800	800～500	500～200	200～1	＜1
评分	1	0.8	0.6	0.4	0.2

4.5.2 有保护也有市场交易的物种基准价格定价方法

较前一类遗传资源物种类型而言，有保护也有市场交易的物种资源的基准价格除了受到物种的营养级标准、可更新程度、稀有程度、自然历史标准等因子的影响外，还受到人工繁育难易程度的影响。而在价值和价格体系中，该类物种既有完全野生的物种的价值存在，也有通过人类科学技术培育出来的人工繁育物种的市场价值存在。两种价值或价格往往以极为悬殊的形式并存，因此，对该类物种的基准价格的核定需要以原位物种的价值为终点、以市场价值为起点，并结合各物种基准价格的影响因子加以综合来考察。

动植物遗传资源价格系统是一个复杂而模糊的系统，它是生态系统与社会经济系统相互影响、相互作用的复合系统。就每个系统本身而言，又是复杂因素共同作用的复合体，包括野生动植物资源的动态性、科学技术进步，以及决策中的政治、经济等因素。对于这样的复杂系统，运用常规的数学模型来评价动植物遗传资源价格是难以如意的，因为在复杂系统中存在着“不相容原理”，即当一个系统复杂性增大时，人们对该系统描述精确化能力减小，在超过一定限度时，复杂性和精确性将相互排斥，野生动物资源价值系统又是一个模糊系统，多种情况都不能用一个简单的“是”或“否”、“非此即彼”来回答，同样，动植物遗传资源价值高低往往并无严格的明确界限；而对这种界限不分明的事物，需要有一种能对事物渐变过程中的不分明性加以描述的数学形式，运用常规的数学模型难以达到预期结果。模糊数学的方法就是面对此情况的最佳选择之一。

因此在本书中，主要考虑采用模糊定价模型来对该类遗传资源类型进行基准价格定价。

该类动植物遗传资源价格模型可以用以下函数来表示：

$$P = F(f_1, f_2, f_3, \cdots, f_n)$$

式中，P 为动植物遗传资源的价格；$f_1, f_2, f_3, \cdots, f_n$ 为影响动植物遗传资源价格的各种因子。根据前文对影响动植物遗传资源基准价格的因素分析，利用层次分析法，确定动植物遗传资源基准价格的影响因子。

对于不同的动植物遗传资源，其基准价格的影响因子会有所差别，因此在确定某种动植物遗传资源基准价格影响评价因子时应遵循以下原则：

（1）全面性原则，即要考虑到影响资源基准价格大小的各种要素；

（2）选择性原则，由于各种因子对资源的影响是不等同的，只选择那些重要的、影响度大的因子；

（3）针对性原则，动植物遗传资源各有其自身的生物学特点，不同的影响因子并不完全相同，因此，在对某种资源进行研究时，应根据具体情况确定具体的因子。

以上原则，在基准价格影响因子分析中已有体现。

1）多层次模糊综合评价模型

因子模糊综合评价模型分单层次模糊综合评价模式和多层次模糊综合评价模式。如果是在复杂系统中，需要考虑的因素通常很多，因子间还有若干层次，运算时，微小的权属会“淹没”所有的单因子评价，将会使问题的解决失去实际意义，这时可选择后者。

设论域 U 为动植物遗传资源价值因子集，$U=\{U_1, U_2, \cdots, U_n\}$；$U_1, U_2, \cdots, U_n$ 为影响动植物遗传资源物种价值状况的各因素。K 为动植物遗传资源基准价格评价等级构成的评价集，令 K = {高，偏高，一般，偏低，低}。R 为单因子评价矩阵，表示因子集 U 与评价集 K 之间的模糊关系，它是以各单因子模糊评价结果为行向量构建而成；A 为因子权重分配矩阵；动植物遗传资源物种基准价格可按照下式进行综合评价：

$$B = A \cdot R \tag{4-2}$$

式中，B 为因子综合评价结果矩阵；“·”为模糊矩阵的复合运算，即矩阵 B 中的元素应按照模糊矩阵复合运算法则确定。

2）单因子评价矩阵

单因子评价矩阵 R 是以动植物遗传资源物种的生物学、科技进步等因子所构成的评价向量 R_{ij} 为基础构造的，定义如下：

$$R_{ij} = a_{ij}\mu_i(x) \tag{4-3}$$

式中，R_{ij} 为单因子评价向量；a_{ij} 为单因子集中各评价因子的权重；$\mu_i(x)$为各评价因子的隶属度矩阵，对不同的数据确定隶属度函数的方法也有所不同。

用μ表示评价因子，用连续的实数区间[0，1]表示指标分值的变化范围，根据专家对每个评价因子进行评价的结果，可以采用算数平均值计算隶属度：

$$\mu_j = \frac{1}{n}\sum_{i=1}^{n} u_i \tag{4-4}$$

对于统计值，可采用多种方式建立隶属度函数，本研究选用降半梯形分布来建立一元线形隶属函数：

$$\mu_{i1}(x) = \begin{cases} 1 & X \leqslant X_{i1} \\ (X_{i2} - X)/(X_{i2} - X_{i1}) & X_{i1} < X < X_{i2} \\ 0 & X \geqslant X_{i2} \end{cases} \tag{4-5}$$

$$\mu_{ij}(x) = \begin{cases} (X - X_{i,j-1})/(X_{ij} - X_{i,j-1}) & X_{ij} \leqslant X < X_{i,j+1} \\ (X_{i,j+1} - X)/(X_{i,j+1} - X_{ij}) & X_{i,j-1} < X < X_{ij} \\ 0 & X \leqslant X_{i,j-1} \geqslant X_{i,j+1} \end{cases} \tag{4-6}$$

$$\mu_{in}(x) = \begin{cases} 1 & X \leqslant X_{in} \\ (X - X_{i,n-1})/X_{i,n-1} & X_{i,n-1} < X < X_{i,n} \\ 0 & X \leqslant X_{i,n-1} \end{cases} \tag{4-7}$$

式中，X 为评价因子的实际值；$X_{i,j-1}$，X_{ij} 为评价因子相邻两等级的设定标准值，i 为评价因子标号，i=1，2，3，……，n，将评价结果分为 j 个等级，j=1，2，3，……，n，$\mu_{ij}(x)$

为 i 评价因子的隶属度。

在利用上式计算时，对于设定标准值越大等级越高的情况，需要将标准值和实际值变成负值再代入计算。根据各单因子集中所有评价因子的隶属度函数计算结果，可以构造相应的隶属度矩阵。

3）因子权重分配矩阵

在动植物遗传资源物种价格综合评价中，权重反映动植物遗传资源各影响因素对其价格综合评价结果的贡献；在单因子评价中，权重反映的是各单因子集中不同评价因子的影响。

确定权重的步骤如下：

首先，确定目标 G 和评价因子集 U。G 表示对动植物遗传资源价格的综合评价；U 表示各因子集中所有评价因子的集合，确定影响动植物遗传资源状况的因子构成因子集：

$$U=\{U_1, U_2, \cdots, U_n\}$$

其次，采用特尔非法、主观经验法等方法来判断各因子的权重，获得

$$A_j=\{a_{1j}, a_{2j}, \cdots, a_{nj}\}$$

$$\sum_{i=1}^{n} a_{ij}=1(j=1,2,K,m)$$

再次，进行单因子统计分析，即找出权重 a_{ij} 中的最大值 M_i 和最小值 m_i，利用（M_i–m_i）/k 计算出把权数分成 k 组的组距，并将加权数由小到大分成 k 组，计算落在每组内的权数的频数和频率，进而确定 U_i 的权数 a_i，得到 $A_i=\{a_1, a_2, a_3, \cdots, a_n\}$

最后，在以上基础上，分别对各因子集中所有评价因子分配合适的权重，构成评价因子模糊权重 a_{ij}；再对 a_{ij}，μ_{ij} 施以模糊矩阵复合运算，求得各单因子评价向量 R_{ij}；再以动植物遗传资源物种各单因子评价向量作为行向量，即构成动植物遗传资源物种基准价格综合评价的单因子评价矩阵 R，表示为

$$R=\begin{bmatrix} R_1 \\ R_2 \\ M \\ R_n \end{bmatrix}=\begin{bmatrix} R_{11} & R_{12} & R_{13} & \cdots & R_{1m} \\ R_{21} & R_{22} & R_{23} & \cdots & R_{2m} \\ M & M & M & \cdots & M \\ R_{n1} & R_{n2} & R_{n3} & \cdots & R_{nm} \end{bmatrix}$$

R_{nm}（$n=1$，2，…，i；$m=n=1$，2，…，j）代表 n 个因子 m 级评价值。

4）动植物遗传资源基准价格综合评价

将单因子评价矩阵及各因子相应的权重代入综合评价模式，即可求得动植物遗传资源基准价格综合评价结果 B，矩阵 B 中的元素按照模糊矩阵复合运算法则确定。模糊矩阵复合运算法主要有两种，一种是“主因素突出型”，另一种是“加权平均型”，前者忽略了一些次要的因素，后者则充分考虑了各种因素，由于影响动植物遗传资源基准价格的因素繁多，所以在运算时，建议采用加权平均型。其计算方法为

$$b_j=\sum_{i=1}^{n} a_i r_{ij}(j=1,2,\cdots m) \tag{4-8}$$

运用上述模型所得结果为野生动物资源价格综合评价，它是一个无量纲的向量，在野生动物资源价值（价格）的基础上才能表达。

5）动植物遗传资源基准价格模糊定价

为了使动植物遗传资源基准价格在经济上得以实现，需引进合适的价格向量，将动植物遗传资源基准价格模糊综合评价的无量纲的隶属度“向量结果”转换为相应的动植物遗传资源“标量值”。本书按以下计算模型确定动植物遗传资源基准价格：

$$P = B \cdot V \tag{4-9}$$

式中，P 为动植物遗传资源基准价格；B 为动植物遗传资源模糊综合评价结果；V 为动植物遗传资源价格向量。

一般而言，价格是价值的货币表现形式，价值高的商品或资源，其价格亦高。因此，价格向量的确定，必须与动植物遗传资源综合评价的“向量结果”相协调。

确定价格向量的关键是动植物遗传资源价格的上限和下限。设定动植物遗传资源价格上限为 PU，下限为 PD，则实际动植物遗传资源基准价格应在（PU，PD）之间。由于动植物遗传资源生物特征、人工繁育难度等方面存在差异，因此其价格也不尽相同，可以根据实际情况，按照一定的间隔关系，如采用线性或非线性关系，将动植物遗传资源价格区间进行划分，得到价格向量，代入公式 $P = B \cdot V$，按照一般矩阵运算规则进行计算，即可求出与动植物遗传资源价格模糊综合评价结果相应的动植物遗传资源基准价格。

在这里，价格向量中价格的上限采用通过意愿调查法或其他方法所获得的动植物遗传资源的平均价格，下限采用养殖或栽培动植物的市场价格。

4.5.3　驯养和栽培应用不多的地方特有物种基准价格评估方法

该类动植物资源也是采用模糊定价法，但不同的是，价格向量中价格的上限采用通过意愿调查法或其他方法所获得的动植物遗传资源的平均价格，下限根据与其生物学特征相似物种的养殖或栽培动植物的成本。

4.5.4　开发应用广泛并取得经济效益的物种基准价格评估方法

这类遗传物种资源基准价格除了受到物种特有性因子的影响外，其驯养或栽培的难易程度也是影响其基准价格的主要因子。

这类遗传资源物种因已获得广泛应用和推广，其独特性已经不是影响其基准价格的主要因子，而且营养级标准、可更新程度、稀有程度、自然历史标准对其价格的影响也不显著。该物种或其产品已有明确的市场价格，因此其基准价格可以通过市场价格及其人工繁育难度系数加以修正来获取，即

$$P = P_m D_i \tag{4-10}$$

式中，P 为该类遗传资源物种的基准价格；P_m 为该类物种资源的现实市场价格；D_i 为该类第 i 种物种的人工繁育难度系数。该系数在 0～1 之间，若该物种人工繁育难度小，系数则越靠近 1；反之，若该物种人工繁育难度大，则系数接近 0。在此模型中，人工繁育难度系数主要体现科学技术创新对遗传资源价格的影响。

（欧维新，袁薇锦，甘玉婷婷）

参 考 文 献

马建章, 晁连成. 1995. 动物物种价值评价标准的研究. 野生动物, 2: 3-8.

5 典型珍稀濒危动植物遗传资源价值核算

本研究对于完全保护且没有市场交易的物种，由于其缺乏市场，因此不能采用市场估价法估算其价值，比较适宜采用陈述偏好法调查人们对于该类物种的保护意愿；而对于有保护也有市场交易的物种，既可以采用陈述偏好法估算人们对于该类物种的支付价格，也可以采用市场价格评估其价值。对于驯养和栽培应用不多的地方种，主要采用农户受偿意愿估算其价值；而对于开发应用广泛并取得经济效益的物种，由于其市场较完善，可以采用市场价格评估其价值。

5.1 典型珍稀濒危动植物遗传资源价值评估方法选择

5.1.1 价值评估方法选择

由于本书所涉及的物种大多是珍稀濒危性保护动植物，因此主要采用的价值评估方法为条件价值法。封闭式两分式选择（dichotomous choice，DC）问题格式目前是 CVM 研究中最流行的方法，而双边界和三边界两分式选择则是两分式选择问题格式中较新的两个变种，动植物遗传资源价值评估将重点基于这两种问卷格式开展。

5.1.2 条件价值法简述

5.1.2.1 条件价值法的优缺点

条件价值法作为陈述偏好法的一种，适用于缺乏实际市场和替代市场交换商品的价值评估，它的核心是直接调查咨询人们对生态服务的支付意愿，这是条件价值法的优点，因为其理论前提比较简明，方法应用直接，而且其依据的随机效用函数理论也比较简单。此外，其估计的价值类型全面，可以用于估计总经济价值（利用价值和非利用价值），在目前，条件价值法是少数能评估非利用价值的方法之一，在公共物品价值评估方面也是应用最为广泛的方法。但是 CVM 应用中暗含一个假设，即被调查者知道自己的个人偏好，因而有能力对环境物品或服务估价，并且愿意诚实地说出自己的支付意愿。因而采用 CVM 方法时，需要花时间对被调查者普及问卷有关的内容与知识，帮助被调查者做出更为理性的判断。即使如此，与 CVM 方法有关的一系列可能偏差仍会影响 CVM 价值评估结果的有效性和可靠性，在问卷设计和调查的实施过程中需要采用相应的方法减少和降低绝大多数偏差的可能性影响。徐中民等根据国际上 CVM 研究中提出的各种偏差及其处理方法，总结了 CVM 研究中可能出现的 14 种偏差及其相对应的处理方法（徐中民等，2003）。同时，随着 CVM 方法的进一步发展，对其数据分析的统计技术会提出更高的要求，数据分析方法会更复杂。

5.1.2.2 条件价值法的分类

根据调查及询问过程中不同的侧重点，可以将条件价值评估法分为三大类：直接询问支付意愿、询问选择的数量、征求专家意见，详见表 5-1。

表 5-1 条件价值评估方法分类表（陈琳等，2006a, b）

方法分类	名称	具体内容
直接询问支付意愿	投标博弈法（包括单次投标博弈、收敛投标博弈）	被调查者根据假设的情况，说出对不同水平服务的支付或接受意愿，广泛应用于公共物品的价值评估
	比较博弈法	即权衡博弈法，要求被调查者在不同的物品与相应数量的货币间进行选择，通过分析被调查者的选择，估算出支付或接受意愿
询问选择的数量	无费用选择法	通过询问个人对不同服务的选择估算服务价值，但每种方案均不用被调查者付钱，对被调查者来说是无费用的
	优先评价法	给被调查者两种不同的选择，一种是一定数量的钱（或值一定数量钱的物），另一种是一定假设条件下的“被估商品”，然后要求被调查者做出选择
征求专家意见	专家调查法	通过匿名或不匿名方式得到该领域有关专家的评价，通过分析得到某项服务功能的价值

按照 CVM 中最大支付意愿的引导技术或者问卷格式来划分，则可以分为连续型条件价值评估（continous CV）和离散型条件价值评估（discrete CV）两大类（表 5-2）。

连续性条件价值评估多为开放式问题，包括重复投标博弈（iterative bidding game，IB）、开放式问题格式（open-ended question format，OE）（即投标博弈）以及支付卡问题格式（payment card，PC）三大类。连续型条件价值评估的优点是最大 WTP 可以直接引导出来。

离散型条件价值评估采用的是封闭式问题格式（closed-ended question format，CE），在这种问题格式中，参与者仅被要求说出是否愿意从一个事先确定的价格范围中支付某一价格。这种方法最接近于人们所熟悉的是否愿意以一种特定的价格购买某种商品的实际市场交易行为。因此，这种方法已经成为 CVM 调查中最流行的引导技术。封闭式问题格式通过在不同的子样本中变化价格，愿意支付某种价格的参与者的比例可以计算出来，然后将参与者的比例与参与者的数量相乘，就可以得到某种商品的需求曲线。然而封闭式问题格式也有缺陷，无法直接引导出最大的 WTP，只能得到不连续的指标。

离散型条件价值评估主要包括两分式选择（dichotomous choices，DC）问题格式和不协调性最小化（dissonance-minimizing，DM）问题格式。目前两分式选择问题格式已发展出单边界（single-bound）两分式选择、双边界（double-bound）两分式选择、三边界（triple-bound）两分式选择等多种问题格式。

5.1.2.3 条件价值法的基本原理

CVM 的基本原理是（徐中民等，2002；张志强等，2002）：假设消费者的间接效用函数取决于市场商品 x 所衡量的环境物品或服务 q、消费者的收入状况 y、消费者的其他社会经济特征 s，以及个人偏好误差和测量误差等一些随机成分 ε，则消费者的间接效用

表 5-2　条件价值评估研究的 WTP 引导技术分类

WTP 引导技术		特点	优点	缺点
连续型CV	重复投标博弈	根据参与者的回答，调查者不断提高或降低报价水平，直到辨明参与者的最大WTP为止	①类似市场，有较大概率获取受访者的 WTP 或 WTA 的最大值，衡量较为准确；②调查员提供较多关于假设性市场的信息，可以避免信息偏差和策略性偏差；③受访居民有较大的选择余地	①调查成本过高，调查时间过长；②容易产生起始点偏差，起点值影响最终的 WTP 和 WTA；③调查员必须要经过较严格的训练，以确保出价的合理；④不能采用电话或信函的调查形式
	开放式问题格式	直接询问参与者的最大 WTP	①调查过程简单，易于提问和回答，节省调查时间；②按受访者的基本知识提供愿意付费的实际价格；③不存在起点偏差	①受访者可能会因缺乏评价标准拒绝回答或出现抗议性样本（即易产生“零”支付现象）；②容易产生策略性偏差或信息偏差
	支付卡式问题格式	提供参与者一组有序的投标数量供其选择	①改善开放式出价无反应及抗议性样本过多的缺点；②解决逐步竞价法的起始偏差；③可以使受访居民有参考的依据，便于事后的统计工作	①价格排序以及水准点的位置不同可能造成偏差；②受访居民将容易受限于支付卡，无法反映出准确的愿付价格，仅是近似值
离散型CV	两分式问题格式	被调查者被问及是否愿意为获得一定的非市场物品支出某事先指定的投标值。	①减轻受访者回答问题的压力，具有易答、省时的特性；②出价方式接近消费者一般的交易方式，提供人们讲真话的激励因素（Hoehn and Randall，1987）；③避免起始点偏差，并且把策略性偏差降至最低；④不需要通过“价值函数”估算非市场价值	①需要使用复杂的统计模型分析，并且实证模型不具有理性行为的理论根据；②会产生策略性偏差，且估算结果的准确性受到二分选择模型的影响；③估算的 WTP 或 WTA 只能反映出 WTP 或 WTA 的下限值；④需要适度修正衡量效益的指标
	不协调性最小化问题格式	每一位参与者从事先确定的选择范围中选定一个答案，并且不必承诺支付金钱	可以减少可能的肯定性回答偏差，可以检验参与者那些反对支付工具但却支持所评估的计划	不能提供最大 WTP 的直接估计

函数可表示为 $V(x, q, y, s, \varepsilon)$。如果消费者个人面对一种环境状态 q_0 改进为另一种环境状态 q_1，则 $V_1(x, q_1, y, s, \varepsilon) > V_0(x, q_0, y, s, \varepsilon)$，而要使这种状态改进得以实现，往往需要消费者支付一定的资金。CVM 就是通过问卷调查的方式，揭示消费者的偏好，以推导不同环境状态下消费者的等效用点 $V_1(x, q_0, y, s, \varepsilon)$，通过定量测定 WTP 的分布规律，得到环境物品或环境服务的经济价值。

5.2　典型珍稀濒危动植物遗传资源价值核算

根据价值决定价格的定价基本原则，在开展珍稀濒危动植物遗传资源基准价格定价研究之前，首先要对珍稀濒危动植遗传资源的价值进行核算。而在核算之前，有必要对物种的主导价值进行说明。Bennett 利用 Probit 模型，研究得出：当濒危物种数量逐渐增加且并未到达安全生存数量时，物种的非使用价值占主导地位；一旦物种数量超过“生存线”时，使用价值则起主导作用。使用价值随物种数量的增加而增加，但当该物种变得不再濒危时，边际效用呈递减趋势，而非使用价值随物种数量增加的边际效用几乎为零（Bennett and Blaney，2003）。

中国是世界上生物多样性最为丰富的国家之一，据统计，中国拥有高等植物 30 000

余种，居世界第三位。中国脊椎动物共有 6347 种，占全世界的 13.97%。包括昆虫在内的无脊椎动物、低等植物和真菌、细菌、放线菌，其种类更为繁多，但由于大部分种类迄今尚未被认识和描述，目前难以作出确切的估计。因此，我国是世界上生物遗传资源最为丰富的国家，同时，生物遗传资源的拥有量也是衡量一个国家基础国力的重要指标之一。为了更好地评估和核算我国生物遗传资源的价值与价格，更好地保护好生物遗传资源尤其是珍稀濒危的生物遗传资源，需要在生物遗传资源各种分类体系研究基础上，针对不同遗传资源的濒危程度、稀有程度、特有性、利用价值、受关注程度、开发利用程度等因素遴选典型的动植物遗传资源物种。

本书根据《国家重点保护野生动物名录》、《国家重点保护野生植物名录》、《国家禽畜遗传资源保护名录》相关政策列出的需要重点保护的生物物种资源，按照其珍稀程度、经济价值、科研价值、评估可操作性分别遴选出重点保护野生植物各 9 种、野生动物 12 种，并选出 2 种地方重点保护禽畜资源、1 种经济林木；根据《国家重点保护野生药材物种名录》遴选出药用植物 4 种，根据国家水稻中心数据以及相关文献（于萍等，2009；杨杰等，2011）遴选出 2 个稻种，具体如表 5-3 所示。

表 5-3　典型珍稀濒危动植物遗传资源表

类群	类型	种类	
植物	野生植物	一级保护野生植物	发菜，银杏，红豆杉，珙桐，鹅掌楸，野生大豆
		二级保护野生植物	普通野生稻，宝华玉兰，浙江楠
	农作物	香禾糯、胭脂稻	
	经济林木	杜仲	
	药用植物	人参，铁皮石斛，冬虫夏草，甘草	
动物	野生动物	一级保护野生动物	藏羚羊，东北虎，丹顶鹤，麋鹿，野牦牛，朱鹮，大熊猫，扬子鳄
		二级保护野生动物	文昌鱼，猕猴，大壁虎，穿山甲
	家养动物		太湖猪（二花脸猪）、莱芜猪

本书所遴选的物种多为珍稀濒危保护野生动植物，因此问卷调查主要是调查物种的保护价值（非利用价值）。国外运用 CVM 方法评估物种保护价值的相关研究较多，而国内此类研究较少，陈琳等（2006）采用支付卡式和二分式两种问卷形式对北京市居民保护濒危野生动物的支付意愿进行研究，周学红等（2009）采用相同的方式对哈尔滨市区居民保护东北虎的支付意愿进行了研究。

5.2.1　条件价值评估法的开放式问卷研究——以南京市居民对濒危野生动植物保护的支付意愿为例

5.2.1.1　问卷设计

在进行 CVM 问卷调查之前，首先将被调查物种的资料汇总成图文并茂的小册子，方便对被调查者普及物种的相关知识以及保护现状，同时构思了问卷调查的主要内容和调查方式，在此基础上设计出了问卷初稿，并在南京市中心地段对来往行人进行了预调查，发现并修正了问卷初稿中的一些问题。问卷主要由两部分组成，第一部分为被调查物种的资料介绍，第二部分则是野生动植物支付意愿问卷调查部分（见附录1）。

正式问卷由四个步骤形成。

第一步是调查预热。首先调查者对问卷所研究问题的背景作相关介绍，让被调查者能较好地了解问卷所要调查的主题，随后调查者询问被调查者对于野生动（植）物重要性的认知程度，通过对野生动（植）物的重要程度进行打分，引导被调查者进入第二步。

第二步是价值引导，即被调查者对野生动（植）物保护的评估，是问卷调查的核心所在。询问被调查者对野生动（植）物保护的支付意愿，采取重复投标博弈的问法，根据被调查者的回答，适当提高或降低不断报价水平，直到问出被调查者的最大支付意愿。

第三步是支付方式调查，即询问愿意为野生动（植）物保护出资的被调查者所青睐的支付方式。

第四步是被调查者基本资料，主要收集被调查者个人信息，以便于分析社会经济特征对其家庭支付意愿的影响。

本书采用CVM方法评估遗传资源价值的物种数目超过了20种，如果每一个物种都单独设计 CVM 问卷调查，则需要耗费大量人手和时间，为此，特地设计了野生动植物重要程度认知打分表（见附录1），让被调查者在被介绍了野生动植物的相关知识后按照自己的认知程度对野生动植物的重要程度打分，最低1分，最高10分。然后询问被调查者认为最重要和最不重要物种的支付意愿，得到动植物支付意愿的上限和下限，对应分数，按照公式（5-1）可计算出所有物种的支付意愿。

$$P_i=(x_i-x_{\min})\times\frac{P_{\max}-P_{\min}}{x_{\max}-x_{\min}}+P_{\min} \tag{5-1}$$

式中，P_i表示第i种动（植）物支付意愿；x_i表示第i种动（植）物重要程度打分；$P_{\max}$和$P_{\min}$分别表示被调查者认为最重要和最不重要动（植）物的支付意愿；$x_{\max}$和$x_{\min}$分别表示被调查者对动（植）物的最高打分和最低打分。

CVM 问卷设计可以选择个人或者家庭作为支付主体，询问支付意愿。本项研究选择个人作为支付主体。对于支付时间，前期预调查的被调查者大多愿意接受逐月支付，故选择逐月支付方式。

5.2.1.2 问卷调查

为了获得较高质量的统计结果，样本量必须足够大。20世纪70～80年代，国外CVM调查的样本一般在100～5000份，反馈率为30%～70%；90年代至今，国内的一些CVM调查的样本一般在100～1500份，反馈率为30%～90%。依据 Scheaffer（1979）的抽样公式，抽样样本总数应为：

$$n=\frac{N}{(N-1)\times g^2}+1 \tag{5-2}$$

式中，n为抽样样本大小；N为总体数；g为抽样误差。

2013年南京市户籍人口为643.09万人，抽样误差取5%，则根据公式至少需要有效样本402个。

本次调查采用面对面交谈的方式，利用随机抽样的方法，在南京玄武区、鼓楼区、建邺区、白下区、秦淮区、下关区、雨花台区、栖霞区共 8 个区发放问卷 557 份，其中有效问卷 419 份，抗议性问卷 29，无效问卷 109 份，问卷有效率 75.22%，满足样本数量要求。

影响条件价值评估结果有效性的因素很多，表 5-4 列举了在本次调查中遇到的几种主要可能因素与相应的对策。

表 5-4 CVM 法的影响因素及相应处理办法

影响因素	问卷设计和调查中的处理办法
假想偏差	图文并茂的调查问卷；给每位被调查者发放小礼物作为问卷回答的报酬；提醒被调查者野生保护动植物的珍稀性与价值；调查问题中利用克拉克原理诱导被调查者；匿名的问卷调查方式
调查方式的影响	面对面调查，图文并茂的问卷，采用随机抽样的选择方式
支付方式偏差	提供各种支付方式选择答案，由被调查者自己选择
投标起点偏差	开放式问卷，起点值由被调查者自己回答，根据预调查，调查者可适当提示
策略性偏差	对调查结果进行分析前，剔除边缘投标（超过收入的 5%～10%）
抗议放映的偏差	精心设计调查问卷；进行预调查修正问卷中的不妥之处

5.2.1.3 样本社会经济特征统计

本次调查受访者基本信息特征见表 5-5。男女比例分布较均衡；已婚和未婚的比例差别也不是很大；年龄段分布以 15～44 岁居多，主要是社会青壮年劳力；职业方面，主要是企事业单位工作人员和学生，由于这部分人群一般受教育程度较高，因此教育方面本科学历最多，占将近一半；收入方面 1000 元以下是最多的，其次是 3000～4000 元这个层次，不排除有人虚报月收入的可能。

表 5-5 被调查者社会经济特征统计表

描述指标		频数	百分比/%	描述指标		频数	百分比/%
年龄	15～24 岁	115	27.4	婚姻	已婚	219	52.3
	25～34 岁	149	35.6		未婚	200	47.7
	35～44 岁	85	20.3	教育	初中及以下	41	9.8
	45～54 岁	38	9.1		高中及中专	68	16.2
	55～64 岁	19	4.5		大专	90	21.5
	>65 岁	13	3.1		本科	183	43.7
性别	男	212	50.6		研究生及以上	37	8.8
	女	207	49.4	月收入	<1 000 元	92	22
职业	工人/农民	62	14.8		1 000～2 000 元	53	12.6
	公务员	20	4.8		2 000～3 000 元	75	17.9
	企事业单位人员	94	22.4		3 000～4 000 元	89	21.2
	离退休人员	17	4.1		4 000～5 000 元	38	9.1
	服务销售商贸人员	27	6.4		5 000～6 000 元	25	6
	自由职业	66	15.8		6 000～7 000 元	11	2.6
	学生	94	22.4		7 000～8 000 元	10	2.4
	专业/文教技术人员	19	4.5		8 000～9 000 元	7	1.7
	军人	2	0.5		9 000～10 000 元	3	0.7
	其他职业	18	4.3		>10 000 元	16	3.8

5.2.1.4　野生动植物重要程度分析

根据被调查者对 12 种野生保护动物、12 种野生植物的重要程度打分情况，可以发现大部分被调查者对所调查的动植物均有较高的打分（表 5-6）。

表 5-6　野生动植物重要程度认知情况统计表

物种	均值	中值	众数	极小值	极大值
大熊猫	9.47	10	10	3	10
藏羚羊	8.98	10	10	1	10
东北虎	9.33	10	10	3	10
丹顶鹤	8.79	9	10	1	10
麋鹿	8.37	9	10	1	10
野牦牛	8.06	8	10	1	10
朱鹮	8.3	9	10	1	10
扬子鳄	8.15	9	10	1	10
文昌鱼	7.36	8	10	1	10
猕猴	7.65	8	10	1	10
大壁虎	7.13	8	10	1	10
穿山甲	7.56	8	10	1	10
发菜	7.57	8	10	1	10
野生银杏	8.44	9	10	1	10
红豆杉	8.46	9	10	1	10
珙桐	7.95	8	10	1	10
鹅掌楸	7.48	8	10	1	10
野生人参	8.42	9	10	1	10
普通野生稻	7.36	8	10	1	10
野大豆	7.13	8	10	1	10
宝华玉兰	7.52	8	10	1	10
浙江楠	7.34	8	10	1	10
铁皮石斛	7.69	8	10	1	10
冬虫夏草	8.04	9	10	1	10

野生保护动物的打分平均值都超过了 7 分，其中大熊猫和东北虎的平均分值超过了 9 分。大熊猫、藏羚羊、东北虎三类一级保护野生动物打最高分 10 分的均超过样本数的 50%，有 74.5%的被调查者给大熊猫打了 10 分。从总体上看，一级保护野生动物重要性打分均高于二级保护野生动物，比较符合保护等级。一级保护野生动物中，野牦牛打分最低，一方面是因为被调查者对于野牦牛生存保护情况的不了解，另一方面则是因为被调查者认为该物种利用价值不高，重要程度不明显。

野生植物的打分平均值也都超过了 7 分，野生银杏、红豆杉、野生人参、冬虫夏草四类植物的平均分值均超过了 8 分。发菜、珙桐、鹅掌楸作为一级保护野生植物并没有获得极高的分值，平均分甚至没有超过冬虫夏草，一方面是因为大部分被调查者对这些植物没有全面的认知，另一方面也是因为被调查者认为作为观赏类的植物价值不高，相反，许多被调查者对于非保护植物类的铁皮石斛和冬虫夏草的要用保健功能表现了极高的价值认同感。

从野生动植物的总体打分情况来看，给动物重要程度打高分（超过 7 分）的人群百分比要高于植物。在调查中发现被调查人群对野生保护动物的熟知度要普遍高于野生植物，对物种较高的认知度有利于被调查者对物种重要程度给出正确的评价。此外，许多被调查者认为大部分野生植物如银杏、红豆杉、鹅掌楸，以及各类野生药材都可以进行人工栽培，因此其重要程度也随之降低。

5.2.1.5 平均支付意愿统计

根据式（5-1）可计算出每位调查者对每个物种的保护支付意愿，统计分析可知，当WTP＞0（即剔除了0支付意愿的样本）时，每个物种的均值、中值和标准差均大于WTP≥0（包含0WTP的样本）时的统计值，具体见表5-7。

表5-7 WTP的主要统计指标 （单位：元、份）

物种	WTP＞0				WTP≥0			
	均值	中值	标准差	样本	均值	中值	标准差	样本
大熊猫	61.83	40	91.47	290	42.79	10	81.28	419
藏羚羊	59.21	33	87.64	282	39.85	10	77.08	419
东北虎	62.17	37	91.71	282	41.84	10	80.69	419
丹顶鹤	54.40	30	67.86	282	36.61	10	61.24	419
麋鹿	53.05	30	65.68	274	34.69	10	58.81	419
野牦牛	49.11	25	57.97	276	32.35	10	52.50	419
朱鹮	54.37	29	81.55	278	36.07	10	71.22	419
扬子鳄	52.22	28	66.20	280	34.89	10	59.44	419
文昌鱼	44.88	20	56.72	263	28.06	8	49.84	419
猕猴	42.49	20	52.29	268	27.17	9	46.53	419
大壁虎	42.30	20	52.91	266	26.85	8	46.82	419
穿山甲	45.16	20	60.06	270	29.10	10	52.83	419
发菜	36.97	20	43.04	251	22.15	6	37.92	419
野生银杏	43.34	20	61.86	262	27.10	9	53.22	419
红豆杉	42.57	20	50.40	262	26.62	8	44.87	419
珙桐	40.24	20	49.43	255	24.49	7	43.27	419
鹅掌楸	38.26	20	50.63	253	23.10	5	43.56	419
野生人参	35.05	20	36.62	265	28.10	9	56.15	419
普通野生稻	37.83	20	50.21	254	22.93	5	43.24	419
野大豆	35.37	19	43.51	253	21.36	5	37.98	419
宝华玉兰	38.71	20	49.36	257	23.74	6	43.01	419
浙江楠	40.09	20	55.83	257	24.59	5	47.89	419
铁皮石斛	37.30	18	47.66	261	23.24	6	41.74	419
冬虫夏草	38.84	18	54.34	263	24.38	7	46.97	419

在CVM分析中出现大量0WTP是常见的问题，对于0WTP的处理方法一般有三类：0WTP由随机因素引起，在分析中不作考虑；0WTP有效，在回归分析中以相对小WTP代替0WTP；抗议性0WTP无效，采用Heckman方法剔除该类0WTP。在实际研究中较多采用第二类方法，本文认为0WTP有效，但不是以相对小WTP代替0WTP，而是直接统计计算0WTP值。

对调查的419份有效问卷，计算了每个物种的投标值分布，发现大部分物种的投标值主要集中在0、1、5、10、15、20、30、50、100、200这几个数，每个物种投标值频率在前十位的具体数值分布如表 5-8 所示。

表 5-8　物种投标值分布频率　　（单位：元、%）

物种	BID										累计
大熊猫	0	1	5	10	15	20	30	50	100	200	
百分比	30.8	1.7	1.9	14.8	1.2	5.3	1.4	11.7	11.5	3.8	84.0
藏羚羊	0	1	2	5	10	20	30	50	100	200	
百分比	32.7	1.7	0.7	1.0	12.9	5.5	1.7	9.8	11.7	2.9	80.4
东北虎	0	1	2	5	10	20	30	50	100	200	
百分比	32.7	1.7	1.0	2.6	13.4	5.5	1.0	11.0	12.4	4.1	85.2
丹顶鹤	0	1	5	10	20	30	50	75	100	200	
百分比	32.7	1.7	1.7	10.5	4.5	2.1	9.8	1.0	10.3	3.1	77.3
麋鹿	0	1	5	10	20	30	40	50	100	200	
百分比	34.6	1.9	1.9	10.0	4.3	1.4	1.2	9.5	9.5	3.1	77.6
野牦牛	0	1	5	8	10	20	30	50	100	200	
百分比	34.1	1.7	2.4	1.0	10.0	3.8	1.2	7.9	8.4	2.1	72.6
朱鹮	0	1	5	8	10	20	30	50	100	200	
百分比	33.7	1.7	2.4	1.0	10.3	4.3	1.7	9.1	9.3	2.9	76.1
扬子鳄	0	1	5	10	20	30	50	75	100	200	
百分比	33.2	1.9	2.9	11.9	5.0	1.7	9.5	1.9	10.5	2.4	80.9
文昌鱼	0	1	2	5	8	10	20	30	50	100	
百分比	37.5	1.9	1.4	3.6	1.2	11.2	5.0	2.1	7.6	7.4	79.0
猕猴	0	1	2	5	10	20	30	50	100	200	
百分比	36.0	2.4	1.2	2.1	9.3	5.5	1.9	8.1	8.4	1.7	76.6
大壁虎	0	1	5	10	20	30	40	50	100	200	
百分比	36.5	2.4	5.0	9.8	6.2	1.4	1.4	8.1	7.2	1.4	79.5
穿山甲	0	1	2	5	10	20	30	50	100	200	
百分比	35.6	1.9	1.4	4.8	10.7	6.0	1.4	7.6	6.9	2.1	78.5
发菜	0	1	5	8	9	10	20	30	50	100	
百分比	40.1	2.9	3.8	2.4	1.9	8.8	4.5	2.6	9.8	8.1	85.0
银杏	0	1	5	8	10	20	30	50	100	200	
百分比	37.5	2.1	2.9	2.4	11.0	6.4	2.4	7.6	7.6	1.9	81.9
红豆杉	0	1	5	8	10	20	30	50	100	200	
百分比	37.5	2.4	4.1	2.4	10.3	4.5	2.4	9.5	7.6	1.7	82.3
珙桐	0	1	5	7	8	10	20	30	50	100	
百分比	39.1	2.6	2.1	1.7	2.9	8.8	5.0	2.4	8.6	6.2	79.5
鹅掌楸	0	1	3	5	8	10	20	30	50	100	
百分比	39.6	2.1	2.4	3.8	2.1	8.4	4.8	2.9	7.6	6.7	80.4
人参	0	1	5	8	10	15	20	30	50	100	
百分比	36.8	2.4	2.1	2.6	11.5	2.1	5.5	2.1	8.1	9.1	82.3
野生稻	0	1	2	3	5	8	10	20	50	100	
百分比	39.4	3.3	1.4	1.4	4.1	2.9	8.1	5.5	6.9	6.9	80.0

续表

物种	BID										累计
野大豆	0	1	3	5	6	8	10	20	50	100	
百分比	39.6	3.3	2.1	4.8	1.4	1.9	9.1	6.2	7.2	6.7	82.3
宝华玉兰	0	1	2	5	8	9	10	20	50	100	
百分比	38.7	3.1	2.1	3.8	1.9	1.9	8.6	6.0	7.2	7.6	80.9
浙江楠	0	1	2	3	5	7	10	20	50	100	
百分比	38.7	2.9	1.9	2.1	3.8	2.1	9.1	5.0	7.6	7.6	80.9
铁皮石斛	0	1	2	5	7	8	10	20	50	100	
百分比	37.7	2.9	2.9	4.5	1.9	1.9	10.7	5.3	8.1	7.2	83.1
冬虫夏草	0	1	3	5	7	10	20	30	50	100	
百分比	37.2	2.6	2.1	2.6	1.9	11.5	5.5	2.1	8.8	7.4	81.9

本书在计算各物种平均支付意愿时，主要考虑占比例较多的投标数值，对其所占比例进行转换，具体见表 5-8。

根据表 5-8 调整后的支付意愿频率分布，可以计算出野生动植物保护的支付意愿期望值：

$$E(\text{WTP}) = \sum_{i=1}^{10} p_i b_i \tag{5-3}$$

式中，p_i 为物种第 i 个支付意愿；b_i 为该支付意愿对应的样本百分比。

结果如表 5-9 所示。

表 5-9 野生动植物保护支付意愿表 ［单位：元/（人*月）］

动物	E（WTP）	植物	E（WTP）
大熊猫	33.56	发菜	19.03
藏羚羊	31.43	野生银杏	22.88
东北虎	33.92	红豆杉	22.86
丹顶鹤	32.04	珙桐	17.09
麋鹿	30.18	鹅掌楸	16.92
野牦牛	26.08	野生人参	20.26
朱鹮	29.12	普通野生稻	16.04
扬子鳄	30.08	野大豆	15.77
文昌鱼	18.11	宝华玉兰	17.13
猕猴	24.16	浙江楠	17.10
大壁虎	22.12	铁皮石斛	16.78
穿山甲	22.95	冬虫夏草	18.39

5.2.2 条件价值评估法的两分式问卷研究——以无锡、安庆两市居民对东北虎保护的支付意愿为例

5.2.2.1 二分式 CVM 原理

单边界二分式选择问卷给出初始投标值，被调查者对初始投标值存在两种反应结果，

即愿意（yes）与不愿意（no）。模型分析需要在被调查者回答“愿意”或“不愿意”的可能性与所面对的投标值之间建立函数关系，以推导被调查者的平均支付意愿（Hanemann，1989；张志强等，2003；徐中民等，2003a, b）。被调查者回答“愿意”的可能性可用 Logit 函数形式表示：

$$P_i(\text{yes}) = 1 - [1 + \exp(\alpha + \beta A + \textstyle\sum_k \gamma_k X_k)]^{-1} \tag{5-4}$$

式中，P_i（yes）为被调查者 i 回答“愿意”的概率；α、β、γ_k 为估计参数；A 为被调查者 i 面对的投标值；X_k 为被调查者的社会经济特征（如经济收入状况等）。

假设虚变量 I_k 代表回答结果“愿意”（如果被调查者的回答结果为“愿意”，则 I_k=1），式（5-4）的对数似然方程可表示为

$$L = \sum_{k=1}^{N} \{I_k \ln P_i(\text{yes}) + (1 - I_k) \ln[1 - P_i(\text{yes})]\} \tag{5-5}$$

被调查者平均支付意愿可表示为（Hanemann，1989；Hanemann et al.，1991）：

$$E(\text{WTP}) = (1/\beta) \times \ln[1 + \exp(\alpha + \textstyle\sum_k \gamma_k \overline{X}_k)] \tag{5-6}$$

式中，E（WTP）为样本的平均 WTP；β 为投标值影响系数；α 为常数项系数；γ_k 为第 k 项变量的系数；$\overline{X}_k$ 为第 k 项变量的均值。

5.2.2.2　问卷设计

以开放式问卷作为预调查，在开放式问卷统计结果的基础上设计出二分式问卷（具体见附录 2），起点投标值选择 5、10、20、50、100、200，多种起始投标值的问卷数量平均分配，并在调查过程中随机抽取，以减少投标起点偏差。

5.2.2.3　问卷调查

二分式问卷在两地进行，分别在江苏省无锡市和安徽省安庆市发放了 486 份和 441 份问卷，发放地点在各社区、公园，对象主要是在当地居民。由于采取的是面对面、一对一的问卷调查方式，问卷回收率为 100%。

5.2.2.4　样本社会经济特征统计

在无锡市和安庆市调查的样本人群男女比例较均衡，年龄段以 25～54 岁居多，这个年龄段的人群普遍已婚，因此已婚人群远超过未婚人群。

在无锡市调查的样本人群教育程度呈两极分化趋势，以本科与初中文化以下居多，前者稍高于后者，对于东北虎的了解程度以不太了解和一般了解居多；职业分布以企事业单位人员居多，没有调查到军人；月收入分布主要为 1000～6000 元。具体情况见表 5-10。

在安庆市调查的样本人群以高中与大专为主，自由职业与企事业单位人员居多，月收入分布主要为 1000～4000 元。具体情况见表 5-11。

5.2.2.5　平均支付意愿统计

采用 SPSS20.0 对选择的了解程度、初试投标值、性别、年龄、婚姻、职业、月收入

表 5-10　无锡市被调查者社会经济特征统计表

描述指标		频数	百分比/%	描述指标		频数	百分比/%
性别	男	244	50.2	职业	工农	79	16.3
	女	242	49.8		公务员	7	1.4
婚姻状况	已婚	370	76.1		企事业单位	170	35.0
	未婚	116	23.9		离退休	68	14.0
年龄	15～24 岁	53	10.9		服务销售商贸	35	7.2
	25～34 岁	168	34.6		自由职业	39	8.0
	35～44 岁	88	18.1		学生	23	4.7
	45～54 岁	84	17.3		专业（文教技术）	19	3.9
	55～64 岁	54	11.1		军人	0	0
	＞65 岁	39	8.0		其他	46	9.5
教育程度	初中及以下	122	25.1	月收入	＜1 000 元	50	10.3
	高中及中专	97	20.0		1 000～2 000 元	103	21.2
	大专	83	17.1		2 000～3 000 元	98	20.2
	本科	167	34.4		3 000～4 000 元	85	17.5
	研究生以上	17	3.5		4 000～5 000 元	46	9.5
了解程度	完全不了解	47	9.7		5 000～6 000 元	40	8.2
	不太了解	217	44.7		6 000～7 000 元	21	4.3
	一般了解	113	23.3		7 000～8 000 元	18	3.7
					8 000～9 000 元	4	0.8
	比较了解	96	19.8		9 000～10 000 元	4	0.8
	非常了解	13	2.7		＞10 000 元	17	3.5

表 5-11　安庆市被调查者社会经济特征统计表

描述指标		频数	百分比/%	描述指标		频数	百分比/%
性别	男	220	49.9	职业	工农	51	11.6
	女	221	50.1		公务员	27	6.1
婚姻状况	已婚	363	82.3		企事业单位	92	20.9
	未婚	78	17.7		离退休	33	7.5
年龄	15～24 岁	19	4.3		服务销售商贸	51	11.6
	25～34 岁	86	19.5		自由职业	121	27.4
	35～44 岁	155	35.1		学生	5	1.1
	45～54 岁	131	29.7		专业/文教技术	23	5.2
	55～64 岁	38	8.6		军人	5	1.1
	＞65 岁	12	2.7		其他	33	7.5
教育程度	初中及以下	91	20.6	月收入	＜1 000 元	51	11.6
	高中及中专	166	37.6		1 000～2 000 元	112	25.4
	大专	114	25.9		2 000～3 000 元	130	29.5
	本科	65	14.7		3 000～4 000 元	85	19.3
	研究生以上	5	1.1		4 000～5 000 元	36	8.2
了解程度	完全不了解	29	6.6		5 000～6 000 元	15	3.4
	不太了解	227	51.5		6 000～7 000 元	9	2.0
	一般了解	126	28.6		7 000～8 000 元	1	0.2
					8 000～9 000 元	1	0.2
	比较了解	53	12.0		9 000～10 000 元	0	0
	非常了解	6	1.4		＞10 000 元	1	0.2

这些变量参与二元 Logit 分析。变量赋值如表 5-12 所示，描述性统计如表 5-13 所示。

根据公式（5-6）可计算出无锡市与安庆市的野生动植物保护支付意愿平均值，无锡市为 82.56 元/（人·月），安庆市为 25.14 元/（人·月）。平均支付意愿的置信区间计算采用

Park 等提出的方差协方差矩阵的模拟方法（Park et al.，1991），具体结果见表 5-14。

表 5-12　被调查者社会经济特征变量定义与赋值

变量	定义与赋值
投标值	共有 5、10、20、50、100、200 六种初始投标价格
了解程度	1=不了解，2=不太了解，3=一般了解，4=比较了解，5=非常了解
年龄	1=15-24，2=25-34，3=35-44，4=45-54，5=55-64，6=＞65
性别	1=初中及以下，2=高中及中专，3=大专，4=本科，5=研究生以上
婚姻	1=已婚，2=未婚
教育	1=初中及以下，2=高中及中专，3=大专，4=本科，5=研究生以上
职业	1=工农，2=公务员，3=企事业单位，4=离退休，5=服务销售商贸，6=自由职业，7=学生，8=专业（文教技术），9=军人，10=其他
月收入	1=＜1 000，2=1 000～2 000，3=2 000～3 000，4=3 000～4 000，5=4 000～5 000，6=5 000～6 000，7=6 000～7 000，8=7 000～8 000，9=8 000～9 000，10=9 000～10 000，11＞10 000

表 5-13　被调查者社会经济变量描述统计

区域	无锡			安庆		
变量	平均值	均值标准误	标准差	平均值	均值标准误	标准差
投标值	64.167	3.120	68.774	63.798	3.271	68.692
了解程度	2.611	0.045	0.994	2.501	0.040	0.840
年龄	3.072	0.066	1.456	3.270	0.052	1.088
性别	1.498	0.023	0.501	1.501	0.024	0.501
婚姻	1.239	0.019	0.427	1.177	0.018	0.382
教育	2.712	0.058	1.268	2.381	0.048	1.007
职业	4.233	0.117	2.585	4.735	0.118	2.469
月收入	3.938	0.107	2.367	3.098	0.070	1.465

表 5-14　CVM 模型参数估计结果

	无锡				安庆			
	B	Sig.	EXP（B）（95%）		B	Sig.	EXP（B）（95%）	
			下限	上限			下限	上限
投标值	0.009	0.000	1.006	1.013	0.024	0.000	1.018	1.032
了解程度	−0.437	0.000	0.522	0.799	−0.746	0.000	0.344	0.653
年龄	−0.013	0.900	0.811	1.202	0.364	0.013	1.081	1.917
性别	0.009	0.965	0.661	1.542	−0.550	0.032	0.349	0.953
婚姻	−0.455	0.125	0.355	1.135	0.333	0.406	0.637	3.055
教育	−0.074	0.537	0.733	1.175	−0.262	0.066	0.583	1.017
职业	0.008	0.844	0.931	1.091	−0.032	0.547	0.874	1.074
月收入	−0.003	0.950	0.902	1.102	−0.322	0.001	0.598	0.878
常量	2.079	0.020			2.706	0.013		
E（WTP）	82.56				25.14			
置信区间（95%）	60.15～131.58				19.58～35.11			

从表 5-14 的参数估计结果看，无锡市的调查显示，显著影响居民支付意愿的只有投标值、对东北虎的了解程度以及婚姻状况这三个变量，而安庆市的调查显示，除了职业和婚姻，其他变量对居民支付意愿影响均显著。预测结果（表 5-15）也显示，安庆市总体预测正确率为 79.6%，而无锡仅 69.8%，说明构建的安庆市 CVM 模型优于无锡市 CVM 模型。

表 5-15　CVM 模型预测结果

已观测＼已预测	无锡			安庆		
	愿意	不愿意	百分比校正	愿意	不愿意	百分比校正
愿意	50	115	30.3	81	58	58.3
不愿意	32	289	90.0	32	270	89.4
总计百分比			69.8			79.6

5.2.2.6　无锡市和安庆市东北虎保护支付意愿总价值计算

根据问卷调查的计算统计，得到无锡市和安庆市对东北虎的平均支付意愿 $MWTP_1$ 和 $MWTP_2$，分别为 82.56 元/（人·月）和 25.14 元/（人·月）。根据间接效用函数理论可知，一次性支付的费用是经过 10 年的对濒危动植物的保护后给人们带来的总体效用。分年支付采用平均每人每年来分析，即无锡市和安庆市分别为 990.72 元/（人·年）和 301.68 元/（人·年）。

从总效用的角度来看，等额分付年金的总现值（PV_0）与一次性支付资金的现值（PVW_0）应该相等，其计算公式如下：

$$PV_0=A（PVA_{r,n}）=PVW_0=FV_n（PV_{r,n1}）=\frac{A}{r}[1-\frac{1}{(1+r)^n}] \tag{5-7}$$

式中，$PVA_{r,n}$ 表示年金的现值系数；A 为年金值；r 为折现率，即当前的一年期存款利率取 3.00%；n 为支付的时间长度。

无锡市和安庆市共有人口分别为 648.41×10^4 人、531.1×10^4 人（2013 年统计年鉴），估算得到无锡市和安庆市 10 年整个居民的总支付意愿（WTP_1、WTP_2）分别为 547.98×10^8 元和 136.68×10^8 元。

5.2.2.7　全国东北虎保护支付意愿总价值计算

由于地区之间经济发展的差异，为了反映全国范围内人们对东北虎保护的平均支付意愿，在估算东北虎的保护价值时要将其换算为全国水平，2013 年全国、无锡市、安庆市的城镇人均可支配收入分别为 26 955 元、38 999 元、22 683 元，根据公式：

$$MWTP_C=(I-I_2)\times(MWTP_1-MWTP_2)/(I_1-I_2)+MWTP_2 \tag{5-8}$$

式中，$MWTP_C$ 表示全国水平东北虎保护的人均支付意愿；I、I_1、I_2 分别表示全国、无锡和安庆市的城镇人均可支配收入。

得到全国水平东北虎保护的人均支付意愿为 40.17 元/(人·月)，即 482.04 元/(人·年)。根据无锡市和安庆市得到的东北虎保护支付意愿区间，可以推算出全国水平约在 30.20～60.37 元/（人·月）之间，即 362.40～724.44 元/（人·年）。

2012 年年末全国总人口为 135 404 万人，其中 0～14 岁人口为 22 287 万人，15～64 岁人口 100 403 万人，65 岁及以上人口 12 714 万人。其中 20～59 岁人口约占全国比例为 45.3%，大约为 61 338 万人。只考虑 20～59 岁阶段的青壮年人口，根据式（5-7），最后得到全国东北虎保护总价值为 252.22×10^{10} 元，价值范围大约为 189.62×10^{10}～379.05×10^{10} 元。

5.2.3　典型珍稀濒危物种遗传资源总价值核算

全国东北虎保护总价值为 252.22×10^{10} 元，根据开放式问卷得到的各物种保护平均支付意愿值，采用比例计算的方法，最终得到各物种遗传资源总价值，见表 5-16。

表 5-16　野生动植物保护支付意愿表

动物	WTP（10^{10}元）	价值范围	植物	WTP（10^{10}元）	价值范围
大熊猫	249.50	187.58～374.97	发菜	141.48	106.36～212.62
藏羚羊	233.71	175.71～351.24	野生银杏	170.14	127.91～255.70
东北虎	252.22	189.62～379.05	红豆杉	169.93	127.76～255.39
丹顶鹤	238.25	179.12～358.06	珙桐	127.07	95.53～190.97
麋鹿	224.38	168.69～337.22	鹅掌楸	125.78	94.56～189.03
野牦牛	193.93	145.80～291.45	野生人参	150.60	113.22～226.33
朱鹮	216.51	162.77～325.38	野生稻	119.30	89.69～179.29
扬子鳄	223.67	168.16～336.15	野大豆	117.26	88.16～176.23
文昌鱼	134.67	101.24～202.38	宝华玉兰	127.36	95.75～191.41
猕猴	179.63	135.04～269.96	浙江楠	127.17	95.60～191.11
大壁虎	164.45	123.63～247.14	铁皮石斛	124.80	93.82～187.55
穿山甲	170.63	128.28～256.43	冬虫夏草	136.76	102.82～205.53

（欧维新，袁薇锦，甘玉婷婷）

参 考 文 献

陈琳，欧阳志云，段晓男，等. 2006a. 中国野生动物资源保护的经济价值评估. 资源科学, 28(4): 131-137.
陈琳，欧阳志云，王效科，等. 2006b. 条件价值评估法在非市场价值评估中的应用. 生态学报, 26(02): 610-619.
马建章，晁连成. 1995. 动物物种价值评价标准的研究. 野生动物, 2: 3-8.
徐中民，张志强，程国栋，等. 2002. 额济纳旗生态系统恢复的总经济价值评估.地理学报, 57(01): 107-116.
徐中民，张志强，程国栋. 2003a. 生态经济学理论方法与应用. 郑州: 黄河水利出版社: 158.
徐中民，张志强，龙爱华，等. 2003b. 额济纳旗生态系统服务恢复价值评估方法的比较与应用. 生态学报, 23(09): 1841-1850.
杨杰，杨金欢，王军，等. 2011. 稻瘟病抗病基因 Pita 和 Pib 在中国水稻地方品种中的分布. 华北农学报, 26(3): 1-6.
于萍，李丽，吕建珍，等. 2009. 太湖流域粳稻地方品种的微卫星分析. 中国水稻科学, 23(2): 148-152.
张志强，徐中民，程国栋，等. 2002. 黑河流域张掖地区生态系统服务恢复的条件价值评估. 生态学报, 22(06): 885-893.
张志强，徐中民，程国栋. 2003. 条件价值评估法的发展与应用. 地球科学进展, 18(03): 454-463.
周学红，马建章，张伟，等. 2009. 运用 Cvm 评估濒危物种保护的经济价值及其可靠性分析——以哈尔滨市区居民对东北虎保护的支付意愿为例. 自然资源学报, 24(2): 276-285.
Bennett R M, Blaney R J P. 2003. Estimating the benefits of farm animal welfare legislation using the contingent valuation method. Agricultural Economics, 29(1): 85-98.
Hanemann W M. 1989. Welfare evaluations in contingent valuation - experiments with discrete response data-reply. American Journal of Agricultural Economics, 71(4): 1057-1061.
Hanemann W M. Loomis J. Kanninen B. 1991. Statistical efficiency of double-bounded dichotomous choice contingent

valuation. American Journal of Agricultural Economics, 73(4): 1255-1263.
Hoehn J P, Randall A. 1987. A satisfactory benefit cost indicator from contingent valuation. Journal of Environmental Economics and Management, 14(3): 1226-1247.
Park T, Loomis J, Creel M. 1991. Confidence intervals for evaluating benefit estimates from dichotomous choice contingent valuation studies. Land Economy, 61(1): 64-73.
Scheaffer R L, Mendenhall W, Ott L. 1979. Simple random sampling// Scheaffer R L. Elementary Survey Sampling.2ED. Boston: Duxbury: 48-49.

附录1 条件价值法开放式问卷

濒危野生动植物保护支付意愿调查

本项调查用于研究我国野生动物保护的经济价值评估，评估结果仅作为科学研究的需要。请在下面的空格处填上答案或者在选项标号处划“√”。非常感谢您的合作与帮助！

一、请您对下列野生保护动物按照您认知的重要程度进行打分，最低1分，最高10分

野生保护动物	分数
一级野生保护动物	
大熊猫：“中国国宝”“活化石”。野生数量不足1600只，全国圈养大熊猫数量为333只。	
藏羚羊：我国特有物种。由于盗猎活动猖獗，使得藏羚羊种群数量急剧下降，濒临灭绝。	
东北虎：“丛林之王”，野生数量仅十只左右，“全球十大最濒危稀有动物”的物种之一。	
丹顶鹤：对湿地环境变化敏感，全球数量1500只左右，中国已建立自然保护区。	
麋鹿：“四不像”，世界珍稀动物，曾近乎绝种，目前盐城大丰湿地自然保护区有1789头。	
野牦牛：野牛，青藏高原特有牛种，由于无计划乱猎，致使数量和分布区日渐缩小。	
朱鹮：美丽的“吉祥之鸟”，具有极高的保护价值和观赏价值。只有一个野外种群，濒危易灭绝。	
扬子鳄：中国特有的一种鳄鱼，“活化石”，具有重要研究价值。已建立自然保护区和人工养殖场。	
二级野生保护动物	
文昌鱼：珍稀名贵的海洋野生头索动物，在科研上有重要价值。	
猕猴：常被用于各种医学试验，当前中国数量约20万只，为四五十年前的20%～30%，易危种。	
大壁虎：药用动物的一种，由于大量捕捉，产量剧减，环境的破坏使得栖息地逐渐缩小。	
穿山甲：食蚁动物，因鳞片可入药，每年有几万只穿山甲遭捕杀，数量已急剧减少。	

二、野生保护动物支付意愿调查

对于上述您认为最重要（评分最高）的野生保护动物，在未来10年里，如果需要您**每月**出______元钱来支持该动物的保护工作，您是否同意？（保证该资金能合理有效地全部用于该野生动物保护）

□同意　　□不同意——原因是（可多选）：□经济收入较低，无能力支付；
□对动植物资源保护不感兴趣；
□认为保护应由政府部门出资；
□其他原因______________

对于上述您认为最不重要（评分最低）的野生保护动物，在未来20年里，如果需要您**每月**出______元钱来支持该动物的保护工作，您是否同意？（保证该资金能合理有效地全部用于该野生动物保护）

□同意　　□不同意——原因是（可多选）：□经济收入较低，无能力支付；
□对动植物资源保护不感兴趣；
□认为保护应由政府部门出资；
□其他原因______________

三、请您对下列野生保护植物按照您认知的重要程度进行打分，最低1分，最高10分

野生保护植物	分数
一级野生保护植物	
发菜：一种菌，可食用，由于过量采挖，野生资源被严重破坏，导致大片草场退化和土地荒漠化。	
野生银杏：具有欣赏、经济、药用价值，植物界中的“活化石”，现存野生古银杏稀少而分散。	
红豆杉：濒临灭绝的天然珍稀抗癌植物，“植物界大熊猫”、“活化石”，现无法大规模人工栽培。	
珙桐：一种花奇色美的落叶乔木，植物界的“活化石”，被誉为“中国的鸽子树”。	
鹅掌楸：中国特有的珍稀植物，是珍贵的行道树和庭园观赏树种，可入药。	
野生人参：由于过度采挖，生态环境破坏，濒临绝灭的境地，长白山等自然保护区已进行保护。	
二级野生保护植物	
普通野生稻：为水稻育种提供遗传资料，为阐明水稻起源和演化提供理论基础，有重要科学价值。	
野大豆：具有许多优良性状，在农业育种上可利用野大豆进一步培育优良的大豆品种。	
宝华玉兰：产于镇江宝华山，产地仅存18株，已达到绝种的边缘。具有观赏价值和科研价值。	
浙江楠：著名濒危保护树种，以材质优良闻名中外。现存自然资源已接近枯竭。	
野生药材	
铁皮石斛：可入药，三级保护野生药材品种，濒危植物。	
冬虫夏草：本身资源有限，主产地生态环境遭到破坏，大量不合理采挖致使资源日趋减少。	

四、野生保护植物支付意愿调查

对于上述您认为最重要（评分最高）的野生保护植物，在未来10年里，如果需要您**每月**出_____元钱来支持该植物的保护工作，您是否同意？（保证该资金能合理有效地全部用于该野生动物保护）

□同意　　□不同意——原因是（可多选）：

□经济收入较低，无能力支付；

□对动植物资源保护不感兴趣；

□认为保护应由政府部门出资；

□其他原因______________

对于上述您认为最不重要（评分最低）的野生保护植物，在未来20年里，如果需要您**每月**出_____元钱来支持该植物的保护工作，您是否同意？（保证该资金能合理有效地全部用于该野生动物保护）

□同意　　□不同意——原因是（可多选）：

□经济收入较低，无能力支付；

□对动植物资源保护不感兴趣；

□认为保护应由政府部门出资；

□其他原因______________

五、如果您同意出资保护野生植物（若不同意，本题跳过），您愿意以哪种形式支付您自愿支付的费用（可多选）：

□直接以现金的形式捐献某一动植物保护基金组织

□直接以现金的形式捐献动植物管理机构

□以纳税的形式上缴国家统一支配

□以义务劳动的方式参与野生植物保护
□以宣传教育的方式投入野生植物保护
□其他______

六、个人资料

1. 年龄：□15～24 岁　□25～34 岁　□35～44 岁　□45～54 岁　□55～64 岁　□65 岁以上
2. 性别：□男　□女
3. 婚姻：□已婚　□未婚
4. 教育：□初中及以下　□高中及中专　□大专　□本科　□研究生及以上
5. 职业：□工人　□农民　□公务员　□企事业单位人员　□离退休人员　□服务销售商贸人员　□自由职业　□学生　□专业/文教技术人员　□军人　□其他____________
6. 个人月收入：□ 1000 元以下　□ 1000～2000 元　□ 2000～3000 元　□ 3000～4000 元　□ 4000～5000 元　□ 5000～6000 元　□ 6000～7000 元　□ 7000～8000 元　□ 8000～9000 元　□ 9000～10 000 元　□ 10 000 元以上

附录 2　条件价值法两份式问卷

东北虎保护支付意愿调查问卷

尊敬的先生/女士：

您好，这是**环境保护部南京环境科学研究所和南京农业大学**为了进行濒危野生动植物保护研究而进行的公益性问卷调查。

东北虎，又称西伯利亚虎，分布于亚洲东北部，即俄罗斯西伯利亚地区、中国东北地区和朝鲜，是现存体重最大的猫科动物，有“丛林之王”的美称。东北虎属中国Ⅰ级保护动物，并被列入濒危野生动植物种国际贸易公约（CITES）附录。目前野生东北虎在中国的分布已退至松花江南岸，集中在乌苏里江和图们江流域的中俄边境地带，数量仅十只左右，被评为“全球十大最濒危稀有动物”之一，已到了濒临灭绝的地步。

本项调查仅作为科学研究的需要。请在下面的空格处填上答案或者在选项标号处划“√”。非常感谢您的合作与帮助！

一、支付意愿调查

1. 您对东北虎的了解程度：

□听都没听说过　□听说过但不想了解　□听说后会主动询问

□会自主查阅相关资料，看媒体报道　□了解物种习性，做过相关调查

2. 在未来 10 年里，如果需要您**每月**出____元钱来支持野生东北虎的保护工作，您是否愿意？（保证该资金能合理有效地全部用于野生东北虎保护）

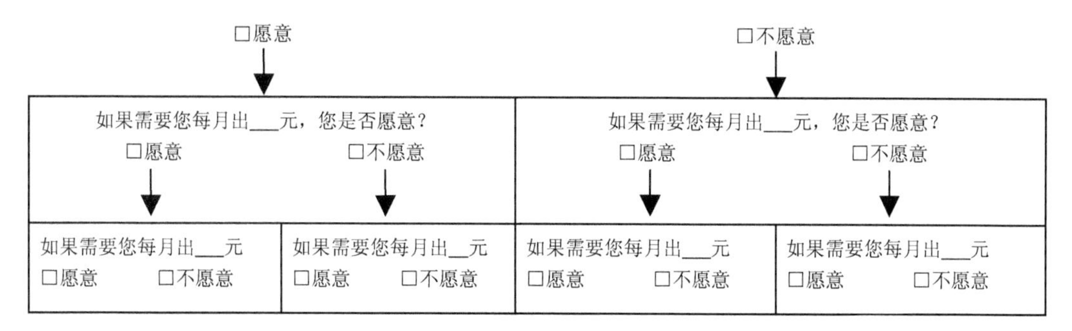

二、个人资料调查

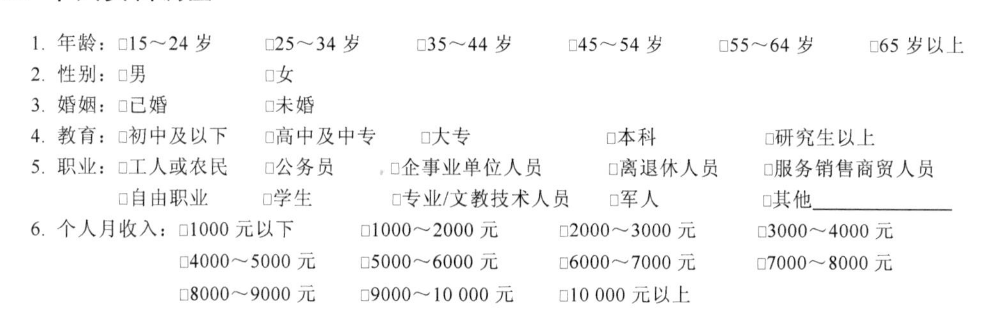
1. 年龄：□15～24 岁　□25～34 岁　□35～44 岁　□45～54 岁　□55～64 岁　□65 岁以上

2. 性别：□男　□女

3. 婚姻：□已婚　□未婚

4. 教育：□初中及以下　□高中及中专　□大专　□本科　□研究生以上

5. 职业：□工人或农民　□公务员　□企事业单位人员　□离退休人员　□服务销售商贸人员

□自由职业　□学生　□专业/文教技术人员　□军人　□其他____________

6. 个人月收入：□1000 元以下　□1000～2000 元　□2000～3000 元　□3000～4000 元

□4000～5000 元　□5000～6000 元　□6000～7000 元　□7000～8000 元

□8000～9000 元　□9000～10 000 元　□10 000 元以上

6 典型珍稀濒危动植物遗传资源基准价格核算

遗传资源基准价格核算是根据遗传资源定价方法以及所选典型物种的核算价值结合来进行测定和核算的。将遴选的典型珍稀濒危动植物遗传资源按照第 4 章中对动植物遗传资源价值分类的方法将其划分为 4 种类别（表 6-1）。

表 6-1 典型珍稀濒危动植物遗传资源分类

完全保护且没有市场交易的物种	植物	发菜、野生大豆、普通野生稻、宝华玉兰、冬虫夏草
	动物	东北虎、藏羚羊、朱鹮、野牦牛、大熊猫、丹顶鹤、麋鹿
有保护且有市场交易的物种	植物	银杏、红豆杉、珙桐、鹅掌楸、浙江楠、野生人参、铁皮石斛
	动物	扬子鳄、文昌鱼、猕猴、大壁虎、穿山甲
驯养和栽培应用不多的地方特有物种		太湖猪（二花脸猪）、莱芜猪
开发应用广泛并取得经济效益的物种		香禾糯、胭脂稻、杜仲、人参、甘草

6.1 完全保护且没有市场交易的物种基准价格定价

6.1.1 完全保护且没有市场交易的动物基准价格定价

6.1.1.1 典型珍稀濒危保护动物定价指标等级划分

东北虎属于大型食肉类动物，其营养级标准应为一级。虽然雌性东北虎一胎可以生 2～4 仔，约两年产一次崽，但考虑到食物、生境、偷猎等其他因素，雌性东北虎的净增值率实际上大约只有 0.8 个幼仔/年（Kerley et al.，2003），因此其可更新程度低。目前野生东北虎在全球数量大约 500 只左右，大部分在俄罗斯境内，在我国境内仅存不足 20 只，朝鲜半岛已无野生东北虎踪迹。随着森林采伐和木材加工业的发展，其栖息环境面临严峻威胁；与此同时，非法偷猎其皮毛和骨骼的猖獗行为让它们的处境更是雪上加霜。东北虎已被列为国家一级保护动物，并被列为濒危野生动植物种；世界自然保护联盟红色名录将其列为极危（CR）等级，因此本书将其稀有程度列为一级。东北虎大约有 300 万年进化史，其自然历史标准列为三级（表 6-2）。

表 6-2 东北虎基准价格指标评分表

物种名称/指标	营养级标准（R_1）	可更新程度（R_2）	稀有程度（R_3）	自然历史标准（R_4）
东北虎	1	1	1	0.6

藏羚羊属于食草性动物，其营养级标准为四级。将 2005 年藏羚羊自然栖息地评价密度值与 1989 年对比，1989～2005 年西藏藏羚羊密度值增长率为 6.25%，平均每年消损率为 3.7%，可持续增长率约为 6.2%（刘务林，2009），虽然藏羚羊自身繁殖能力较高，但

其适应环境能力却并不是很高，在羌塘夏季超高温使得藏羚羊被迫向高处发展，影响了它们的食物条件，同时也易引起传染病菌的发生，严重影响到幼羚的成活率。干旱、雪灾、大风，这些都会危害到藏羚羊的种群数量。因此本书将藏羚羊可更新程度设为一般。虽然近年来，由于保护区建立以及对非法捕猎的禁止使得藏羚羊的种群数量迅速增长，但除了自然灾害的影响外，人类活动的干扰依旧给藏羚羊生存带来威胁。家畜的扩散不仅影响到了藏羚羊的食物来源，还给藏羚羊带来了传染疾病源。盗猎仍是目前藏羚羊种群发展的最大威胁，除此之外，藏羚羊分布区四通八达的公路和矿业的发展无时无刻不影响着藏羚羊的繁殖、迁徙，因此将藏羚羊稀有程度设为二级。藏羚羊是一个很古老的物种，从柴达木盆地发现的动物化石分析，早在远古中新世（2500 万年前），在湿温的土地上，就生活着古藏羚羊，目前已出土了第三纪中新世晚期和更新世时期关于藏羚羊的化石（刘务林，2009），因此其自然历史标准划分为一级（表 6-3）。

表 6-3　藏羚羊基准价格指标评分表

物种名称/指标	营养级标准（R_1）	可更新程度（R_2）	稀有程度（R_3）	自然历史标准（R_4）
藏羚羊	0.3	0.5	0.8	1

朱鹮主要以小鱼、泥鳅、蛙、蟹、虾、蜗牛、蟋蟀、蚯蚓、甲虫、半翅目昆虫、甲壳类，以及其他昆虫和昆虫幼虫等无脊椎动物和小型脊椎动物为食，不属于食草性动物，也不属于大型食肉类动物，其营养级标准为三级。朱鹮自身繁殖能力非常低下，抵御天敌能力也较弱。相关文献统计，1981 年到 1993 年间，朱鹮自然增长率 r=0.0754/（只·年）；1994 年后，由于实行了一系列保护管理措施，自然增长率迅速提高，r=0.1835/（只·年）；1998～2003 年间，种群数量呈稳定增长态势，r=0.2794/（只·年）（卢西荣等，2006），可更新程度低。朱鹮曾经是 IUCN 红色名录中的极危物种之一，20 世纪中期以后，过度开发和栖息地破坏导致俄罗斯、朝鲜半岛和日本朱鹮种群相继灭绝。曾一度被认为已经灭绝的中国朱鹮，1981 年在陕西洋县被重新发现。经过多年的保护机构建立、栖息地保护与改善、人工饲养和野化训练，截止到 2010 年，朱鹮已近 2000 只，野外就有 600 多只（张双虎，2009），因此将其稀有程度定为二级。从油页岩中发现的鹮类化石表明，鹮科鸟类生活在距今 6000 万年前的始新世（张双虎，2009），因此其自然历史标准定位一级（表 6-4）。

表 6-4　朱鹮基准价格指标评分表

物种名称/指标	营养级标准（R_1）	可更新程度（R_2）	稀有程度（R_3）	自然历史标准（R_4）
朱鹮	0.5	1	0.8	1

野牦牛属于食草动物，其营养级标准为四级。雌性野牦牛怀孕期每胎产 1 仔，繁殖成活率好的在 60%左右，差的仅 30%～40%，因此其可更新程度低。虽然我国早在 1962 年就已将野牦牛定为国家一级重点保护动物，但私捕滥猎以及栖息地的丧失使得野牦牛的数量在过去的 100 年中减少了一半有余，现存数量不足 10 000 头，极为罕见，现已名列濒危野生动植物种国际贸易公约（CITES）附录 I，本书将其稀有程度列为三级。牛科动物大概是在 300 万～500 万年前，演化出抗寒的牦牛与美洲野牛（刘务林，2009），因此将野牦牛的自然历史标准设为三级（表 6-5）。

表 6-5 野牦牛基准价格指标评分表

物种名称/指标	营养级标准（R_1）	可更新程度（R_2）	稀有程度（R_3）	自然历史标准（R_4）
野牦牛	0.3	1	0.6	0.6

大熊猫最初是吃肉的，经过进化，99%的食物都是竹子了，但牙齿和消化道还保持原样，仍然划分为食肉目，因此其营养级划分为三级。目前全世界的大熊猫总数不足1600只，而且数量在不断减少。根据科学统计，有78%的雌性大熊猫不孕，有90%的雄性大熊猫不育，这就给大熊猫的繁殖带来了许多困难。由于熊猫生殖能力和育幼行为两方面的高度特化，使熊猫的种群增长十分缓慢，如保护管理跟不上，则数量日趋减少（蔡永胜等，2005），可更新程度低，稀有程度设为二级。大熊猫已在地球上生存了至少800万年，被誉为“活化石”和“中国国宝”，其自然历史标准设为一级（表6-6）。

表 6-6 大熊猫基准价格指标评分表

物种名称/指标	营养级标准（R_1）	可更新程度（R_2）	稀有程度（R_3）	自然历史标准（R_4）
大熊猫	0.5	1	0.8	1

丹顶鹤的食物很杂，主要有鱼、虾、水生昆虫、软体动物、蝌蚪、沙蚕、蛤蜊、钉螺，以及水生植物的茎、叶、块根、球茎和果实等，属于杂食类动物，营养级标准划分为三级。丹顶鹤需要洁净而开阔的湿地环境作为栖息地，是对湿地环境变化最为敏感的指示生物。由于人口的不断增长，使丹顶鹤的栖息地不断变为农田或城市，例如，吉林省西部的月亮泡曾是丹顶鹤的繁殖地，因为人为进行围湖筑堤，使堤内水位上涨，挺水植物带基本消失，堤外湖漫滩干涸，垦为农田，丹顶鹤也从此绝迹；又如江苏北部的邵伯湖与高邮湖之间的沼泽地带，曾是丹顶鹤的越冬地，由于每年到该地渔、牧和狩猎的人不断增多，增加了人为干扰，以及拣卵、偷猎等，使丹顶鹤的数量急剧减少，故丹顶鹤可更新程度低，稀有程度设为二级。丹顶鹤属于鹤亚科鹤属，鹤亚科的化石最早见于中新世，约500万～2400万年前（马逸清和李晓民，2002），因此丹顶鹤的自然历史标准设为二级（表6-7）。

表 6-7 丹顶鹤基准价格指标评分表

物种名称/指标	营养级标准（R_1）	可更新程度（R_2）	稀有程度（R_3）	自然历史标准（R_4）
丹顶鹤	0.5	1	0.8	0.8

麋鹿属于食草动物，其营养级标准为四级。麋鹿体型较大，角枝大而重。较大的身躯给麋鹿生存、繁衍以及避害都带来一定风险，使得它适应环境变化的能力比较差，加之气候变化异常和人类活动的影响，致使历史上麋鹿野生种群灭绝。目前，大丰麋鹿自然保护区内麋鹿出生率保持在20%～30%、死亡率在2%～8%，种群增长稳定（蒋志刚和丁玉华，2011）。但随着种群数量的增长，伴随而来的还有食物资源不足的压力。疾病也是抑制麋鹿种群增长的一个重要因子。生境变化、气候异常、近亲繁殖也给麋鹿健康发展带来了极大威胁（蒋志刚和丁玉华，2011）。因此麋鹿的可更新程度为一般，稀有程度设为三级。麋鹿几乎与人类同时起源，距今约有200万～300万年的历史，其自然历史标准设为三级，但评分为0.5（表6-8）。

表 6-8 麋鹿基准价格指标评分表

物种名称/指标	营养级标准（R_1）	可更新程度（R_2）	稀有程度（R_3）	自然历史标准（R_4）
麋鹿	0.3	0.5	0.6	0.5

6.1.1.2 典型珍稀濒危保护动物基准价格定价

按照前文设定的完全保护且没有市场交易的动物定价指标各等级评分，通过定价模型［式（4-1）］，计算得出典型珍稀濒危保护野生动物的基准总价格（表 6-9）。

表 6-9 野生动物基准价格及范围 （单位：10^{10} 元/种群）

物种名称	基准价	基准价范围
东北虎	239.60	180.14～360.09
藏羚羊	160.68	120.80～241.48
朱鹮	181.33	136.32～272.51
野牦牛	128.48	96.59～193.08
大熊猫	208.96	157.10～314.04
丹顶鹤	193.58	145.53～290.92
麋鹿	126.22	94.89～189.69

6.1.2 完全保护且没有市场交易的植物基准价格定价

6.1.2.1 典型珍稀濒危保护植物定价指标等级划分

发菜又称发状念珠藻，是蓝菌门念珠藻目的细菌，广泛分布于世界各地（如中国、俄罗斯、美国等）的沙漠和贫瘠土壤中。在中国，发菜广泛分布于北方各个省份，主产地有甘肃、内蒙古、青海、宁夏、河北等。发菜耐高温、寒冷及干旱能力很强，生长于海拔 1000～2800m 的干旱贫瘠土地中。在环境不适应时可脱水休眠，而在清晨可利用其所含胶质吸收露水膨胀，并通过光合作用吸收二氧化碳生长，但生长缓慢，在野外，一年仅能够增长 6%，因此其可更新程度一般。稀有程度设为二级。自然历史标准设为一级（表 6-10）。

表 6-10 发菜基准价格指标评分表

物种名称/指标	可更新程度（R_2）	稀有程度（R_3）	自然历史标准（R_4）
发菜	0.5	0.8	1

野大豆在中国极为普遍，而且适应能力强，又有较强的抗逆性和繁殖能力，只有当植被遭到严重破坏时，才难以生存。所以在开荒、放牧和基本建设中应对野大豆资源加以保护。其可更新程度高，稀有程度为四级，自然历史标准为五级（表 6-11）。

表 6-11 野大豆基准价格指标评分表

物种名称/指标	可更新程度（R_2）	稀有程度（R_3）	自然历史标准（R_4）
野大豆	0.1	0.4	0.2

普通野生稻喜欢生长于海拔600m以下的江河流域，平原地区的池塘、沟渠、水涧、藕塘、稻田、沼泽等各种地势较低的潮湿地带，同时也喜欢较充足的阳光。它的生长期也正值温度较高和雨量充沛的季节。普通野生稻对土壤的要求不太严格，在较为低洼、有积水的浅水层的黏土、壤土、沙壤土中均能较好地生长。但是由于长期忽略了对它的保护工作，在野外很多地方，野生稻的生存已到了岌岌可危的境地。其可更新程度较低，稀有程度设为四级，自然历史标准为五级（表6-12）。

表6-12　普通野生稻基准价格指标评分表

物种名称/指标	可更新程度（R_2）	稀有程度（R_3）	自然历史标准（R_4）
普通野生稻	0.8	0.4	0.2

宝华玉兰本种产于江苏省镇江市句容宝华山，产地仅存18株，濒危之极，已达到绝种的边缘。加上本种花美，是园林观赏树种之上品，对植物系统分类之研究也具有一定的科学意义，因此被定为国家一级保护植物。处在自然繁殖情况下的宝华玉兰，在生长早期会成长得很快，但当树龄到了成年之后，生长速度便开始放缓，要等10年左右才能开花结果。其可更新程度低，稀有程度设为一级，自然历史标准为五级（表6-13）。

表6-13　宝华玉兰基准价格指标评分表

物种名称/指标	可更新程度（R_2）	稀有程度（R_3）	自然历史标准（R_4）
宝华玉兰	1	1	0.2

冬虫夏草是虫和草结合在一起长的一种复合体，冬天是虫子，夏天从虫子里长出草来。虫是虫草蝙蝠蛾的幼虫，草是一种虫草真菌。冬虫夏草草中主要活性成分是虫草素，其有调节免疫系统功能、抗肿瘤、抗疲劳等多种功效。冬虫夏草主要产于中国青海、西藏、四川、云南、甘肃和贵州等省（自治区）的高寒地带和雪山草原。目前尚未有人工栽培。其可更新程度一般，稀有程度三级，自然历史标准为三级（250万年）（表6-14）。

表6-14　冬虫夏草基准价格指标评分表

物种名称/指标	可更新程度（R_2）	稀有程度（R_3）	自然历史标准（R_4）
冬虫夏草	0.5	0.6	0.6

6.1.2.2　典型珍稀濒危保护植物基准价格定价

按照前文设定的完全保护且没有市场交易的植物定价指标各等级评分，通过定价模型［式（4-1）］，计算得出典型珍稀濒危保护野生植物的基准价格（表6-15）。

表6-15　野生植物基准价格及范围　　（单位：10^{10}元/种群）

物种名称	基准价	基准价范围
发菜	105.54	79.35～158.62
野大豆	33.54	25.21～50.40
普通野生稻	57.50	43.23～86.42
宝华玉兰	112.08	84.26～168.44
冬虫夏草	78.23	58.81～117.56

6.2 有保护且有市场交易的物种基准价格定价

6.2.1 人工繁育难度系数

根据野生与驯养物种价格差别化的定价基本原则，有保护也有市场交易的动植物，不仅要考虑营养级标准、可更新程度、稀有等级、自然历史标准这几个指标，还要考虑人工繁育难度系数。

人工繁育难度系数高的动植物，因为不能大规模人工养殖，其遗传资源价值要高，反之其基准价较低。人工繁育难度系数划分为5个等级（表6-16）。

表6-16 动植物人工繁育系数与遗传资源价值对应表

遗传资源价值	高	较高	一般	较低	低
人工繁育系数	难	较难	一般	较易	易
评分	1	0.8	0.5	0.3	0.1

动物定价指标及权重划分如表6-17所示，植物定价指标及权重划分如表6-18所示。

表6-17 有保护也有市场交易的动物定价指标权重划分表

动物定价指标	营养级标准	可更新程度	稀有程度	自然历史标准	人工繁育系数
权重	0.1	0.2	0.4	0.1	0.2

表6-18 有保护也有市场交易的植物定价指标权重划分表

植物定价指标	可更新程度	稀有程度	自然历史标准	人工繁育系数
权重	0.22	0.45	0.11	0.22

6.2.2 有保护且有市场交易的动物基准价格定价

6.2.2.1 动物定价指标等级划分

扬子鳄是中国特有的一种鳄鱼，是世界上体型最细小的鳄鱼品种之一。扬子鳄为小型食肉动物，其营养级标准为二级。扬子鳄在1988年12月被列为国家一级保护动物，严禁捕杀。根据夏同胜（2009）的研究，天气状况直接影响母鳄产卵时间、卵的孵化质量与雏鳄的出壳数量。除自然因素外，野生扬子鳄的生存环境受人为因素影响较大，特别是在繁殖期，人类活动直接对扬子鳄的产蛋造成影响。估计现今野生扬子鳄总共只有130～150只，而且正以每年4%～6%的速度下降，其可更新程度低。扬子鳄已被列入CITES附录Ⅰ，IUCN则列为极危，其稀有程度为一级。扬子鳄在地球上生活了2亿年，因而被称为活化石，其自然历史标准为一级。扬子鳄是中国特有的物种，在人工饲养条件下较难繁殖。在配种良好的环境中和精心饲养的条件下，1980年产下了中国第一批幼鳄，成为人工饲养条件下繁殖成功的先例。扬子鳄族群安静舒适地生活在保护区中，繁殖后代。在受到保护的情况下，其种群数量日益壮大。设人工繁育难度为难。

文昌鱼属脊索动物门头索动物亚门，营养级标准为五级。根据黄良敏（2013）等的研究，在年平均水温取22.5℃得到文昌鱼种群自然死亡系数M=1.01，研究区域文昌鱼捕捞死亡系数F=2.27，自然死亡系数M和捕捞死亡系数F值之和为Z=3.28，残存率S=0.038，就是说 1000条鱼一年之后只剩38条，死亡率相当高。文昌鱼具有丰富的营养价值，为东南亚一带的传统食物，商业性的捕捞也加速了文昌鱼资源的枯竭。文昌鱼现为中国的国家二级保护动物。其稀有程度指标设为三级。5 亿年前，地球上最早的由无脊椎动物到脊椎动物的过渡动物——脊索动物在海洋里出现，这就是文昌鱼。其自然历史标准为一级。文昌鱼人工繁殖的研究工作始于20世纪30年代，1937年我国著名的遗传学家童第周教授就进行了文昌鱼的室内胚胎发育研究，七八十年代也有不少学者开展了文昌鱼的人工繁殖研究，但是直到90年代初，福建省水产研究所与厦门大学合作，才首次人工培育出数百条文昌鱼。其人工繁育难度系数为难。

猕猴属杂食类动物，营养级标准为三级。根据江海声和练健生（1998）等对海南南湾猕猴的研究得出，该种群年均增长率为9.7%，1987年后种群增长率和繁殖率有所下降，猴群中非成年猴比例已不足50%。婴猴死亡率较低、成年猴死亡率较高。其可更新程度等级为一般。从一些地区的调查结果分析，目前猕猴资源最多仅及四五十年前的20%～30%。以广东、广西、湖南、福建、河南等地的猴源下降最甚，许多地区甚至连猴迹都断绝多年了，列为国家二级保护动物，在《中国濒危动物红皮书兽类》中被列为易危种。其稀有程度设为三级。相关研究表明猕猴属起源于非洲，是狒狒族中最早的分支，大约于700万年前开始分化，600万～550万年前经北非进入欧亚大陆。在中国河南和周口店分别发现有早更世时代和更新世时代的猕猴化石（季维智等，2013）。关于猕猴的饲养与繁殖目前已有较为系统的科学研究，其人工繁育难度系数为易。

大壁虎又名蛤蚧，食物以各种活动的昆虫为主，包括蝼蛄、蚱蜢、飞蛾、螳螂、黄粉虫和蚕蛾等，不食死的昆虫和食物，但经过人工驯养，也可放养。其营养等级为三级。大壁虎生长缓慢，从孵化到性成熟约需3～4年，其繁殖能力也较低，每年产1次卵，每次仅产2枚，即便完全孵化出来，还需经过3～4年的生长期。在众多天敌的环境中，幸存者较少。这样的繁殖力根本无法与每年的大量捕获相适应，因而种群遭破坏，平衡失调，数量大幅度下降。其次是大壁虎分布的地域随着生态环境的破坏而不断缩小，蕴藏量也不断减少。还有就是乱捕滥杀使得野生资源濒临枯竭。因此大壁虎可更新程度低，稀有程度为三级。美国俄勒冈州立大学和英国伦敦国家历史博物馆的科学家宣称，现已发现世界上最古老的壁虎化石，其部分身体永远完好地保存着，十分逼真地被包裹在1亿年前的琥珀之中，因此设大壁虎的自然历史标准为一级。早在20世纪50年代后期，我国大壁虎的主要产地广西就对大壁虎人工养殖技术进行了探索，极大地推动了大壁虎养殖技术的发展，目前已有许多产区开展养殖试验，其人工繁育系数为较易。

穿山甲以蚂蚁和白蚁为食，也食昆虫的幼虫等，属于小型食肉动物，其营养等级为二级。因为穿山甲的鳞片可以作为中药成分，所以被大肆捕杀，再加上栖息地被破坏，使得它们的数量在20世纪中期至末期急速锐减，30年来至少下降了80%（汪松，1998），不少地方已难见其踪迹，栖息地内种群密度已低至0.001 134～0.056头/km^2，雌雄难有交配机会（吴诗宝等，2005）。穿山甲繁殖力低下，一般一年一胎一仔，对食物和隐蔽场所有着特殊的需要，需要生活在较为稳定的特定环境中，对新环境适应能力差，对环境变化敏感，其可更新程度列为低。穿山甲属所有种均被列入 CITES 附录Ⅱ，需管制其国际贸易。在我国，穿山甲被列为国家二级保护动物，禁止私人捕杀和食用。其稀有程度列为三级。根据相关研究推测穿山甲起源在欧洲，时间是始新世中期之前，距今大约 5000 万年（吴诗宝等，2005），其自然历史标准为一级。穿山甲人工繁殖始于 20 世纪 80 年代，目前已取得阶段性成果，但还是有许多难点未攻克。将穿山甲人工繁育系数设为难。以上内容总结见表 6-19。

表 6-19 有保护也有市场交易的动物定价指标等级划分

物种名称	营养级标准	可更新程度	稀有程度	自然历史标准	人工繁育系数
扬子鳄	二级	低	一级	一级（2 亿年）	难
文昌鱼	五级	低	三级	一级（5 亿年）	难
猕猴	三级	一般	三级	二级（700 万年）	易
大壁虎	三级	低	三级	一级（1 亿年）	较易
穿山甲	二级	低	三级	一级（5000 万年）	难

6.2.2.2 典型珍稀保护动物基准价格定价

根据式（4-2）～式（4-9），建立典型珍稀保护动物的定价指标隶属度矩阵，由各指标权重和隶属度矩阵得到遗传资源模糊综合评价矩阵（表 6-20）。

表 6-20 有保护也有市场交易的动物模糊综合评价矩阵

物种名称	评价矩阵				
扬子鳄	0.87	0.13	0	0	0
文昌鱼	0.48	0.02	0.36	0.04	0.1
猕猴	0.067	0.033	0.54	0.18	0.18
大壁虎	0.28	0.02	0.41	0.23	0.06
穿山甲	0.48	0.08	0.36	0.08	0

扬子鳄的市场价格 8 万元（成年扬子鳄），野生扬子鳄数量目前约 200 条，则一条扬子鳄的保护价值约为 111.84×10^8 元/条。

文昌鱼的市场价格 1000 元/kg（4000 尾/kg），当前捕捞量保持在 100t/a 左右，最高年份的 1933 年，曾达 282t，则文昌鱼的保护价值约为 134.67×10^5 元/kg。

猕猴的市场价格 5000 元/只，当前中国的猕猴数量约 20 万只左右，则猕猴的保护价值约为 898.14×10^4 元/只。

大壁虎的市场价格 35 元/只，当前大壁虎数量为 13.45 对/$km^2\times100km^2$=1345 对（广西弄岗国家级自然保护区），考虑到大壁虎的分布范围比较广但分布数量有限，假设保护区外的大壁虎是保护区内的 2 倍，即当前野生大壁虎的数量为 1345×3=4035 对，则大壁虎的保护价值约为 203.78×10^4 元/只。

穿山甲的市场价格是 700～800 元/条，当前穿山甲约 35 000 只左右，则穿山甲的保护价值约为 487.51×10^5 元/只。

以动物的市场价为下限，保护价值为上限，可建立价格向量，如表 6-21 所示。

表 6-21　有保护也有市场交易的动物价格向量表

物种名称	价格向量 V				
扬子鳄	11 183 595 069	8 387 716 302	5 591 837 534	2 795 958 767	80 000
文昌鱼	13 466 580	10 100 185	6 733 790	3 367 395	1 000
猕猴	8 981 376	6 737 282	4 493 188	2 249 094	5 000
大壁虎	2 037 751	1 528 322	1 018 893	509 464	35
穿山甲	48 750 506	36 563 067	24 375 628	12 188 189	750

根据式（4-9）得到有保护也有市场交易的动物基准价格表，以物种保护价值范围构建价格向量，最后可得到基准价格范围，见表 6-22。

表 6-22　有保护也有市场交易的动物遗传资源价格及范围

物种名称	基准价格	基准价范围
扬子鳄	108.20×10^8 元/条	81.35×10^8～162.61×10^8 元/条
文昌鱼	922.49×10^4 元/千克	693.54×10^4～1386.36×10^4 元/千克
猕猴	365.61×10^4 元/只	274.94×10^4～549.32×10^4 元/只
大壁虎	113.61×10^4 元/只	85.41×10^4～170.73×10^4 元/只
穿山甲	360.76×10^5 元/只	271.22×10^5～542.17×10^5 元/只

6.2.3　有保护且有市场交易的植物基准价格定价

6.2.3.1　植物定价指标等级划分

银杏类植物的起源可以追溯到晚古生代。目前，公认的、可靠的银杏类植物化石出现于距今约 2.7 亿年前的早二叠世，至侏罗纪和早白垩世一直是银杏类植物的鼎盛时期，其自然历史标准为一级。从银杏分布范围看，从海拔 4～5m 的冲积平原到海拔 2700m 的山地，除重盐碱地外，不论酸性、中性或微碱性的各类土壤，银杏不仅生长良好，而且结实旺盛。然而在此范围内，由于地形、土壤、小气候及水热等条件的差异，并非处处为其适生区，往往在一个省（自治区）内的几个市（县），或一个市（县）内的几个乡（镇）分布集中，形成我国银杏生产区呈点状、块状或片状分布的格局。对于银杏的苗木栽培，现在已有较多研究，主要方法有播种苗培育、扦插苗培育、嫁接苗培育、根蘖育苗、压条繁殖育苗以及组织培养。因此其可更新程度高，稀有程度四级，人工繁育难度为易。

红豆杉是第四纪冰川遗留下来的古老树种，在地球上已有 250 万年的历史，其自然历史标准为三级。我国红豆杉天然资源的分布区中，云南省占有十分重要的位置，该属植物分布具有局限性。红豆杉属植物是典型的阴性植物，对光和空间的争夺是该属植物的主要竞争，天然更新缓慢，对生境变化的适应性低，再加上粗放经营的掠夺性，使得红豆杉的可更新程度低，稀有程度为二级。目前关于红豆杉的人工栽培研究才刚刚起步，栽培基地相对落后，其人工繁育难度系数为难。

珙桐是 1000 万年前新生代第三纪留下的孑遗植物，在第四纪冰川时期，大部分地区的珙桐相继灭绝，只有在中国南方的一些地区幸存下来，自然历史标准为一级。野生种只生长在中国西南四川省、中部湖北省和周边地区。由于森林的砍伐破坏及挖掘野生苗栽植，目前珙桐数量较少，分布范围也日益缩小，若不采取保护措施，有被其他阔叶树种更替的危险。其可更新程度较低，稀有程度为二级。目前已规模化繁育及种植成功，人工繁育较易。

鹅掌楸在自然条件下，种子饱满率一般不到15%，而种子发芽率仅在5%以下，造成这种低结实率的原因是多方面的。鹅掌楸为虫媒花植物，但花色单调，花瓣为绿色，缺乏对多数昆虫的招引力，花期又一般多在4～5月份，正值长江流域多雨季节，气温变化较大，偶遇低温，妨碍了昆虫正常活动，因而也常影响花粉的传播和受精，降低了天然的结实率。鹅掌楸属雌雄同株同花，通常雌蕊早熟于花瓣展开之前，而这时雄蕊尚未成熟，存在自花授粉隔离机制；花瓣展开后，柱头又很快变褐，可受期极短，雌雄配子败育现象普遍存在，且存在花粉管生长受阻、胚和胚乳发育不协调等现象。故生殖生物学障碍是导致鹅掌楸结实率低而濒危的主要原因。除上述由于花部构造特化和受精过程的遗传障碍而大大降低天然结实率外，现存种群达到规模极小，资源配置不合理，长期异交繁殖在基因库中必然积累大量隐性有害基因，居群内个体间近交系数增大而发生自交，遗传漂变等也影响种群生存能力。又根据 Parkws 和 Wendel 对来自安徽、江西鹅掌楸种子同工酶分析，中国鹅掌楸遗传多样性水平低于北美鹅掌楸（Parks and Wendel，1990）。这些也在一定程度上影响了自然结实率。从生态角度分析，贺善安等认为原有适生环境已遭严重破坏，鹅掌楸长期处于非适宜生境中，也是导致该物种趋向濒危的原因之一（郝日明和贺善安，1995）。其可更新程度低，稀有程度为二级。鹅掌楸为木兰科，木兰科为古老被子植物，本属在中生代侏罗纪晚期分布于北半球纬度较高的北欧、格陵兰和阿拉斯加等地。到了新生代第三纪，广泛分布在欧亚大陆和北美洲，第四纪冰川以后仅在我国的南方和美国的东南部有分布（同属的两个种），成为孑遗植物。其自然历史标准为一级。北美鹅掌楸与中国马褂木杂交的鹅掌楸具有较强的杂种优势，除保留了亲本叶形奇特、花期长、凋落物无污染等优点外，还具有比亲和叶更大、花色更艳丽、速生、抗逆性强、适应范围更广、几乎无病虫害等优良性状，但由于杂种鹅掌楸杂交制种亲本材料的局限，加上人工杂交结实率较低（仅30%左右）、扦插等无性繁育技术尚不成熟、组培技术仍处于试验阶段等，杂种鹅掌楸的产业化进程受到遏制，因此将鹅掌楸人工繁育系数设为较难。

浙江楠，是樟科桢楠属植物，属于渐危种，过度砍伐导致种群数量减少是其濒危的主要原因。其可更新程度一般，稀有程度三级。樟科的起源较早，第三纪的古新世发现了最古老的樟科植物化石。浙江楠的自然历史标准为一级。浙江楠栽培技术要注意圃地选择、种子处理以及播种和移植。人工繁育难度为一般。

野生人参，为第三纪孑遗植物，多年生草本植物，喜阴凉、湿润的气候，多生长于昼夜温差小的海拔 500～1100m 山地缓坡或斜坡地的针阔混交林或杂木林中。由于根部肥大，形若纺锤，常有分叉，全貌颇似人的头、手、足和四肢，故而称为人参。古代人参的雅称为黄精、地精、神草。人参被人们称为“百草之王”，是闻名遐迩的“东北三宝”（人参、貂皮、鹿茸）之一，是驰名中外、老幼皆知的名贵药材。由于自然环境的变迁和人类不断的采挖，目前野人参已经越来越少，目前已列为国家珍稀濒危保护植物。目前人工栽培技术已经比较成熟。

野生铁皮石斛（又名万丈须）目前已经濒临灭绝。由于野生铁皮石斛对自然生态条件要求极其苛刻，自然繁殖率又极低，早在20世纪80年代，铁皮石斛就被国家列为重点保护的珍惜濒危药用植物。其可更新程度极低，稀有程度二级，人工繁育易。

以上内容的总结见表6-23。

表6-23　有保护且有市场交易的植物定价指标等级划分

物种名称	可更新程度	稀有程度	自然历史标准	人工繁育难度
银杏	高	四级	一级（2.7亿年）	易
红豆杉	低	二级	三级（250万年）	难
珙桐	较低	二级	一级（1000万年）	较易
鹅掌楸	低	二级	一级（1.5亿年）	较难
浙江楠	一般	三级	一级（6000万年）	一般
人参	低	一级	一级（6000万年）	较易
铁皮石斛	低	二级	五级（近1万年）	易

6.2.3.2　典型珍稀保护植物基准价格定价

根据式（4-2）～式（4-9），建立典型珍稀保护植物的定价指标隶属度矩阵，由各指标权重和隶属度矩阵得到遗传资源模糊综合评价矩阵（表6-24）。

表6-24　有保护且有市场交易的植物模糊综合评价矩阵

物种名称	评价矩阵B				
银杏	0.11	0	0	0.36	0.53
红豆杉	0.374	0.4897	0.1363	0	0
珙桐	0.11	0.514	0.156	0.176	0.044
鹅掌楸	0.308	0.469	0.223	0	0
浙江楠	0.11	0.112	0.734	0.044	0
野生人参	0.713	0.067	0	0.022	0.198
冬虫夏草	0.220	0.063	0.672	0.045	0.000
铁皮石斛	0.243	0.427	0	0	0.33

银杏的市场价格2000元/株（胸径20cm）。中国林学会银杏分会曾作过统计，全国25个省（自治区、直辖市），300多个县、市都有银杏古树分布。100～999年生古银杏约有6万株，千年生以上古银杏约有500株，则野生银杏单株保护价值约在2812.30×10^4元/株。

红豆杉的市场价格约1200元/株。穆棱东北红豆杉自然保护区于2009年被批准为国家级自然保护区，被称为“植物界大熊猫”的16万余株东北红豆杉将进一步得到有效保护。按此规模计，设定其他三种红豆杉的天然数量=16万×3=48万株，则中国红豆杉的数量为54万株，红豆杉单株的保护价值约在314.69×10^4元/株。

珙桐的市场价格约12 000元/株（胸径20cm）。四川省珙县王家镇分布的国家一级保护植物珙桐有“活化石”之称，现存13 000多株，主要分布在1万余亩的四里坡及大雪山麓原始森林。在四川省荥经县，也发现了数量巨大的珙桐林，达10万亩之多。在桑植县天平山海拔700m处，还发现了上千亩的珙桐纯林，是目前发现的珙桐最集中的地方。

按王家镇的分布规模估算，则荥经县存有 130 000 株，天平山千亩纯林按每亩 15 株计，则存有 15 000 株，其他区域的珙桐数量假设与按三地总和相当，则全国珙桐的野生存量约 158 000×2=31 万株，则珙桐单株的保护价值约在 409.90×10^4 元/株。

鹅掌楸的市场价格约 650 元/株（胸径 15cm）。据调查，中国的 11 个省、84 个县有鹅掌楸自然分布，包括江苏、安徽、浙江、福建、湖北、湖南、广西、陕西、四川、贵州、云南等，但一般东部、中南部较分散，而西部相对较集中。按每个县 1 万株计，全国共计 84 万株，则鹅掌楸单株的保护价值约在 149.74×10^4 元/株。

浙江楠的市场价格约 6000 元/株（胸径 16cm），当前野生浙江楠的规模约 3.24 万株，则野生浙江楠单株的保护价值约在 3924.91×10^4 元/株。

根据查询资料获得野生人参价格在 1 万～10 万元/g，当前野生人参的规模无法确定，据国家林业局 1996～2003 年所做的全国性野生植物资源普查结果显示，野山参属于物种株数在 10 株以下的濒危植物。按每支 250g 计，则野生人参的保护价值约在 602.41×10^6 元/g。

在国际市场上，野生铁皮石斛每千克售价高达 4000 美元，当前野生铁皮石斛的生产规模，按照 20 世纪 80 年代的年产销量来估算，达每年 600t，则野生铁皮石斛的保护价值为 207.99×10^4 元/kg。

以植物的市场价为下限，保护价值为上限，可建立价格向量，如表 6-25 所示。

表 6-25 有保护且有市场交易的植物价格向量表

物种名称	价格向量 V				
银杏	28 122 955	21 092 716	14 062 478	7 032 239	2 000
红豆杉	3 146 915	2 360 486	1 574 057	787 629	1 200
珙桐	4 099 008	3 077 256	2 055 504	1 033 752	12 000
鹅掌楸	1 497 401	1 123 213	749 025	374 838	650
浙江楠	39 249 093	29 438 320	19 627 546	9 816 773	6 000
野生人参	602 406 865	451 830 149	301 253 433	150 676 716	100 000
铁皮石斛	2 079 950	1 566 162	1 052 375	538 587	24 800

根据式（4-9）得到有保护且有市场交易的植物基准价格，以物种保护价值范围构建价格向量，最后可得到基准价格范围，见表 6-26。

表 6-26 有保护且有市场交易的植物遗传资源价格及范围 （单位：10^4 元/种群）

物种名称	基准价格	基准价格
银杏	562.62	423.02～845.46
红豆杉	254.74	191.52～382.83
珙桐	253.57	190.75～380.85
鹅掌楸	115.50	86.84～173.58
浙江楠	2 245.30	1 688.09～3 374.26
野生人参	46 312.34	22 640.37～45 262.49
铁皮石斛	118.24	75.09～153.20

6.3　驯养和栽培应用不多的地方特有物种基准价格定价

6.3.1　地方猪遗传资源定价指标

中国地方猪遗传资源的特点是繁殖力强，有较强的抗逆性，肉质较好，性情温驯，能大量利用青粗饲料，但其生长缓慢，屠宰率偏低，背膘较厚，胴体中瘦肉少而肥肉多（国家畜禽遗传资源委员会，2011）。

根据这些特点，地方猪遗传资源定价指标可以考虑 4 个方面，包括繁殖力、抗逆性、肉质、生长。这四个方面的权重分别为 0.25、0.17、0.33、0.25。

繁殖力可以用初情期日龄、平均体重、排卵数、窝产仔数等来表示。中国地方猪的初情期平均（98.08±9.7）日龄，范围在 64 日龄（二花脸猪）～142 日龄（民猪）；平均体重（24.30±3.5）kg，范围在 12.22kg（金华猪）～40.5kg（内江猪）。根据该资料可以将初情期日龄和平均体重划分为 5 个等级，具体如表 6-27 所示。

表 6-27　地方猪繁殖力指标

指标/等级	一级	二级	三级	四级	五级
初情期（日龄）	64	83.5	103	122.5	142
初情期（平均体重/kg）	12.22	19.29	26.36	33.43	40.5

抗逆性体现在机体对不良环境的调节适应能力，包括抗寒力与耐热力、对饥饿的耐受力以及对海拔生态的适应性等，采用 5 级分制评分（表 6-28）。

表 6-28　地方猪抗逆性指标

抗逆性	一级	二级	三级	四级	五级
评分	5	4	3	2	1

肉质体现在肉色、保水力、肌肉大理石纹、肌纤维直径等方面。地方猪肉色和肌肉大理石纹都是按 5 级分制评分（表 6-29）。用重量压力法（35kg 压力）测定肉样加压后的失水率，是间接反映肌肉保水率的重要指标。根据对华北、华南、华中、江海、西南、高原等类型 16 个猪种的肌肉失水率研究发现，猪种肌肉平均失水率在（13.92±6.04）%，范围在（7.11±0.75）%（内江猪）～28.06%（梅山猪），对 16 个猪种肌纤维直径研究发现，猪种肌纤维平均直径为（47.78±17.33）μm，范围在（20.27±1.15）（二花脸猪）～88.27μm（莱芜猪）。

表 6-29　地方猪肉质指标

指标/等级	一级	二级	三级	四级	五级
肉色	5	4	3	2	1
肌肉失水率/%	7.11	12.35	17.59	22.82	28.06
肌肉大理石纹	5	4	3	2	1
肌纤维直径/μm	20.27	37.27	54.27	71.27	88.27

生长主要是各阶段日增重、适宰体重等，采用 5 级分制评分（表 6-30）。

表 6-30 地方猪生长指标

生长	一级	二级	三级	四级	五级
评分	5	4	3	2	1

6.3.2 地方特色猪种基准价格核算

6.3.2.1 二花脸猪遗传资源基准价格制定

二花脸猪初情期日龄为 64 天，平均体重为 15kg。二花脸猪对当地的饲养和环境条件有较好的适应性，且被引入山东、安徽、福建、湖北、江西、辽宁、北京和山西等地，均表现出较高的繁殖性能和耐粗粮的优良特性。其抗逆性指标为 5 分。二花脸猪的肉色评分是 3 分，肌肉平均失水率（10.08±1.85）%，为肌肉大理石纹 2 分的占 25%，3 分的占 75%，肌纤维直径为一级，生长为一级。

按照升（降）半梯形矩阵分布，得到因子评价结果见表 6-31。

表 6-31 二花脸猪因子评价表

指标/权重	因子	因子权重	一级	二级	三级	四级	五级
繁殖力（R_1/0.25）	初情期（日龄）	0.5	1	0	0	0	0
	初情期（平均体重/kg）	0.5	0.6068	0.3932	0	0	0
抗逆性（R_2/0.17）			1	0	0	0	0
肉质（R_3/0.33）	肉色	0.2	0	0	1	0	0
	肌肉失水率/%	0.25	0.5668	0.4332	0	0	0
	肌肉大理石纹	0.25	0	0	0.75	0.25	0
	肌纤维直径/μm	0.3	1	0	0	0	0
生长（R_4/0.25）			1	0	0	0	0

通过对养殖户的受偿意愿调查发现，放弃普通猪种而改养二花脸原种猪的受偿意愿为每头 1200 元，按照现有普通猪种的养殖成本（一头肥育猪总生产成本为 900 元）计，则二花脸猪的价格向量为[2100，1800，1500，1200，900]，根据式（4-9），最后得到二花脸猪的基准价格为 1979.25 元/头。

6.3.2.2 莱芜猪遗传资源基准价格制定

莱芜猪初情期日龄大约为 105 日，平均体重 25kg，适应性强，有很好的抗逆性，饲养起来很容易，一般很少得病，抗逆性 5 分。莱芜猪肉色平均为 3.39±0.31，失水率（12.34±0.56）%，肌肉大理石纹 3.9±0.7。生长为二级（表 6-32）。

通过对养殖户的受偿意愿调查发现，放弃普通猪种而改养莱芜原种猪的受偿意愿为每头 1700 元，按照现有普通猪种的养殖成本（一头肥育猪总生产成本为 900 元）计，则二花脸猪的价格向量为[1700，1500，1300，1100，900]，根据式（4-9），最后得到莱芜猪的基准价格为 1417.17 元/头。

表 6-32　莱芜猪因子评价表

指标/权重	因子	因子权重	一级	二级	三级	四级	五级
繁殖力	初情期（日龄）	0.5	0	0	0.8974	0.1026	0
（R_1/0.25）	初情期（平均体重）/kg	0.5	0	0.1924	0.8076	0	0
抗逆性（R_2/0.17）			1	0	0	0	0
肉质（R_3/0.33）	肉色	0.2	0	0.39	0.61	0	0
	肌肉失水率/%	0.25	0.0019	0.9981	0	0	0
	肌肉大理石纹	0.25	0	0.90	0.10	0	0
	肌纤维直径/μm	0.3	0	0	0	0	1
生长（R_4/0.25）			0	1	0	0	0

6.4　开发应用广泛并取得经济效益的物种基准价格定价

香禾糯是中国侗族农民在悠久的稻作历史发展过程中利用侗族地区特殊的水土资源和气候环境栽培选育并传承至今的一种特色水稻品系，其蛋白质和人体必需赖氨酸含量都超过一般优质稻米，并具有气味香醇、糯而不腻、营养丰富、口感极好等特点，素有“一家蒸饭满寨香”的美誉，被称为“糯中之王”。2009 年，中华人民共和国国家质量监督检验检疫总局已将香禾糯确定为受《中国国家地理》标志保护的特色农产品之一。香禾糯亩产 316.0kg，每亩投入 1004 元（石明富等，2013），种植香禾糯每千克投入成本为 3.18 元，而通过精包装的香禾糯在市场上每千克可以卖到 23 元，扣除掉每千克香米糯的投入以及销售包装的费用（按 5 元计），则其基准价格应在 15 元/kg。

胭脂稻是河北省玉田县独有的一种红稻米，其外观形似旱粳子，有芒，属于粳米。这种稻米因味腴、气香、微红、粒长，煮熟后红如胭脂，“色微红而粒长，气香而味腴”被称为御田胭脂米，民间则称之为红稻米，过去因是皇宫贡米而闻名遐迩。胭脂稻由于受产量低和对环境要求高等条件制约，市场价非常高，由于该米属米中瑰宝，营养价值极高，其价格目前每千克已达到 4000 元（孔祥华，2013）。即胭脂稻的基准价为 4000 元/kg。

杜仲为杜仲科植物杜仲（*Eucommia ulmoides*）的干燥树皮，是中国名贵滋补药材。以杜仲叶为原料的杜仲茶具补肝肾、强筋骨、降血压、安胎等诸多功效。现江苏国家级大丰林业基地大量人工培育杜仲，另外四川、安徽、陕西、湖北、河南、贵州、云南、江西、甘肃、湖南、广西等地都有种植。杜仲价格在 180～450 元/株（胸径 8～12cm）。

甘草是一种补益中草药，药用部位是根及根茎，药材性状根呈圆柱形，长 25～100cm，直径 0.6～3.5cm。外皮松紧不一，表面红棕色或灰棕色。根茎呈圆柱形，表面有芽痕，断面中部有髓。气微，味甜而特殊。功能主治：清热解毒，祛痰止咳、脘腹等。喜阳光充沛、日照长气温低的干燥气候。甘草多生长在干旱、半干旱的荒漠草原、沙漠边缘和黄土丘陵地带。根据查询资料获得甘草价格在 100～1000 元/kg（甘草籽）。

（欧维新，袁薇锦，甘玉婷婷）

参考文献

蔡永勝，杨杰，王艳明. 2005. 我国大熊猫保护成就令世人瞩目. 中国绿色时报. 2005-2-28. 第 41 版.

国家畜禽遗传资源委员会. 2011. 中国畜禽遗传资源志. 猪志. 北京：中国农业出版社：11.

郝日明，贺善安. 1995. 鹅掌楸在中国的自然分布及其特点. 植物资源与环境, 4(1): 1-6.

黄良敏，黎中宝，吝涛，等. 2013. 厦门国家级珍稀海洋物种自然保护区文昌鱼(*Branchiostoma belcheri*)种群健康. 海洋与湖沼, 44(1): 103-110.

季维智，杨世华，司维. 2013. 猕猴繁殖生物学. 北京：科学出版社：7.

江海声，练健生. 1998. 海南南湾猕猴种群增长的研究. 兽类学报, 18(2): 100-106.

蒋志刚，丁玉华. 2011. 大丰麋鹿与生物多样性. 北京：中国林业出版社.

金建君，王志石. 2006. 条件价值法在澳门固体废弃物管理经济价值评估中的比较研究地球科学进展, (6): 605-609.

孔祥华. 2013. 曹妃甸产高端有机大米"胭脂稻"每公斤 4000 元. http://tangshan.huanbohainews.com.cn/system/ 2013/01/10/011210969. shtml. [2014-5-30].

刘务林. 2009. 西藏藏羚羊. 北京：中国林业出版社.

卢西荣，于晓平，钟凌，等. 2006. 朱鹮 (*Nipponia nippon*)野生种群的现状与保护对策. 陕西师范大学学报(自然科学版), 34(B03): 94-99.

马逸清，李晓民. 2002. 丹顶鹤研究. 上海：上海科技教育出版社：2.

阮氏春香. 2011. 森林生态旅游非使用价值的 Cvm 有效性研究以越南巴为国家公园为例. 南京林业大学博士论文.

石明富，杨秀银，杨代富. 2013. 黎平县 600 亩香禾糯增收突破 19.8 万元. http://www.dongxiangwang.cn/index.php/cms/item-view-id-9130. shtml.[2014-5-2].

唐克勇. 2012. 基于双边界二分式 Cvm 法对上海池塘养殖环境成本的实证研究上海环境科学, (1): 5-12, 20.

汪松. 1998. 中国濒危动物红皮书：兽类. 北京：科学出版社.

吴诗宝，马广智，廖庆祥，等. 2005. 中国穿山甲保护生物学研究. 北京：中国林业出版社.

夏同胜. 2009. 自然环境下影响扬子鳄繁殖的环境因子. 四川动物, 28(6): 906-909.

张双虎. 2009. 种群扩散研究：探寻朱鹮繁殖生态新规律. http://news.sciencenet.cn/htmlnews/2009/6/220007.shtm. [2014-5-19].

Kerley L L, Goodrich J M, Miquelle D G, et al. 2003. Reproductive parameters of wild female amur (Siberian)tigers (*Panthera tigris Altaica*). Journal of Mammalogy, 84(1): 288-298.

Parks C R. Wendel J F. 1990. Molecular divergence between Asian and North American species of liriodendron (Magnoliaceae)with implications for interpretation of fossil floras. American Journal of Botany, 77(10): 1243-1256.

7 遗传资源保护的成本测度与效益评估方法

7.1 遗传资源保护的成本与效益评估框架

为了保护自然物种和生态系统免受过度利用，政府、公众和私人保护机构通过各种形式投入了高昂的成本，因此迫切需要开发出有助于提高保护投资有效性的方法。许多经济学家都认为，将成本-效益分析方法和指标引入遗传资源保护的规划与评价中，有助于保护优先地的选择。其主要原理就是通过边际成本和边际效益曲线，来确定最优的生物多样性保护水平。虽然非政府组织或政府机构使用的自然保护优先设定框架都明确地声称会注重效率或者优化投资，但目前还没有在正式的成本效益分析框架中体现保护的成本和收益。

本章阐述成本效益分析框架如何应用于自然保护中的资源配置决策，具体包括以下几个问题：为什么要进行成本效益分析？成本效益分析的理论基础是什么？成本效益分析的政策意义是什么？如何进行成本效益分析，即成本效益分析的实施步骤是什么？

7.1.1 成本效益分析的福利经济学原理

国际国内关于保护优先序的文献不计其数，其中一些被非政府组织用以配置资源，如列出前 25 个或者前 200 个优先领域[①]。尽管非政府组织和机构使用的这些方法都试图注重效率，但其都没有明确包含成本，并且效率的定义也不清晰。然而没有成本估算，优化投资或者有效配置都是空谈。

成本效益分析的目标是寻求更有效的资源分配方式。它是以帕累托改进（Pareto improvement，即社会福利改进）的思想作为其分析基础的。

帕累托描述了这样一种经济状态，在该状态中，任何形式的资源重新配置，都不可能使至少一人受益而又不使其他任何人受到损害，该状态为“帕累托最优状态”或“帕累托效率”，表明了社会福利最大化，或达到最优的资源配置。

帕累托改进是指一种变化，在没有使任何人境况变坏的前提下，使得至少一个人变得更好。一方面，帕累托最优是指没有进行帕累托改进的余地的状态；另一方面，帕累托改进是达到帕累托最优的路径和方法。而帕累托最优（Pareto optimality）是指资源分配的一种理想状态，是社会福利的前沿（social welfare frontier），它是指在不使任何人境况变坏的情况下，而不可能再使某些人的处境变好。

由此提出在社会成本效益分析中遵循如下帕累托法则：如果某种社会经济状况变化使某些人福利状况改善，而无其他任何人的福利状况恶化，则整个社会福利状况改进了。也就是说，任何一种改变，只有使社会一些成员的福利增加，而不使任何一个人的福利

---

① 参考 http://www.biodiversityhotspots.org/xp/Hotspots/。

减少的时候，社会福利才会增加。但是，这一标准过于苛刻，大多数政策使一些人的境况改善，而使另一些人的境况恶化。事实上，任何一种变革，部分人受益的同时难免会使另外的人受到损失，因而又提出了希克斯-卡尔多补偿检验，被称为“修正的帕累托标准”（modified Pareto criteria）。

卡尔多认为判断一项政策变动的福利标准是看其结果是否得大于失，只要受损者所蒙受的损失能得到充分补偿，其他人的境况比以前更好就够了；希克斯进一步认为，这种补偿并不需要受益者随时支付，就可以随着经济变动导致生产率提高，个人境况变好，自然而然地得到补偿。补偿检验的思想认为，政府可运用适当的政策使受损者得到补偿，例如，对受益者征收特别税或对受害者支付补偿金，以使受害者保持原来的经济状况。如果补偿后还有余，则意味着增加了社会福利。但在实际中，这种补偿可能没有真正实现支付，或者说，在实际中实行的只是潜在的社会福利改进准则。

对这种“修正的帕累托标准”，反对的观点认为，它不考虑在不同情况下的实际分配方法，忽略了人与人之间福利的比较，因而“修正的帕累托标准”是有效的，但不是公平的。赞成的意见则认为：

（1）“修正的帕累托标准”能给出福利水平的完整排序，提供确定的答案；

（2）“修正的帕累托标准”能指出提高每个人福利水平的途径，从而引导帕累托改进的实现；

（3）在“平等的无知”状态或是随机抽签情况下进行多次重复，从平均水平看，“修正的帕累托标准”使每个人的福利都得到了改善；

（4）与其说社会关注每次改变将带来的收入分配情况，不如说社会更关注于增加整个社会的总收入，因为只有这样才能使每个人受益更多，从长期来看，最后每个人的福利都会改善。

这一标准被称为“福利经济学第三定理”。按照这一准则，只要社会总效益能够补偿总成本，社会福利就得到改进，当总效益与总成本之差最大时，即社会净效益最大时，社会的资源利用才是经济上最有效的。因此成本效益分析的实质就是通过对总成本与总效益的比较，寻求“最佳的”资源利用方式。

7.1.2 成本效益分析在自然保护上的应用及政策意义

经济学家推荐在保护规划中使用成本-效益分析的方法来确定保护的优先序，但在具体的方法上有所不同（Murdoch et al.，2007）。

Metrick 和 Weitzman（1998）提出，保护行动的优先序应该基于生物多样性价值、保护成本，以及保护行动对生物多样性改善的可能性等的完全评价来确定。按照这种方法逻辑，就必须完整地评价某块候选地块的保护价值、不同土地利用和管理情景下该地块上的生物多样性将如何改变，以及每一情境下的成本估算。

但关于保护体系选择的方法文献一般都选择避免正式地设置土地利用变化的情景，也很少估算相应保护行动的成本。在系统保护规划方法中，往往是通过最小化实现特定保护目标（物种、栖息地类型）所需要的土地面积，或者通过最大化特定数量的土地所保护的物种和栖息地来操作。大家默认的一点就是“未保护地”（土地利用情景）在长期对生物多样性没有任何贡献，也因此促使许多保护规划和保护目标选择尽可能扩大保护土地的面积，甚至直接用土地的面积判断保护成本的大小。

这些做法没有考虑到土地价格的差异，土地价格的差异还往往与保护受到的威胁呈正相关（Ando et al.，1998）。显然，如果土地价格的差异被考虑进去，保护的优先序将发生很大的变化。

国家生态与综合研究中心（University of California，Santa Barbara）开发了一个规划模型，其目标函数就是在固定预算约束下，最大化未来某一时间整个区域的生物多样性价值，即 Max U（Y），s.t. C（x）＜B（Davis et al.，2006）：

第一，要求一个清晰的、可定义和测度的生物多样性保护目标；

第二，定义和测度资源的质量（保护现状，Y）；

第三，保护行动对资源质量的影响。即计算将某一点位纳入保护导致的资源质量变化，ΔY；

第四，评价每个点位的资源变化的价值。资源的价值以资源的社会效用函数表达，它是不同资源数量水平的资源社会效用，U（Y）；

第五，每个点位保护的成本 C，等于最佳替代用途的社会价值，即机会成本；

第六，优化保护决策。

实证研究也表明，考虑成本和收益的经济分析与评价对于提高保护效率、设计合理的激励和成本分担机制有重要作用。Naidoo 等（2006a）提出，在成本有效性的框架下，B∶C 的比率决定了保护优先地的选择。因此，将成本纳入保护规划中的重要性就取决于 B 和 B∶C 的空间分布的差异。这是一个有两个特征的函数：成本和收益的空间相关性，以及和收益相比成本的相对变异性。

该文还着重探讨了保护成本的构成及量化，研究保护成本的重要意义，以及将其考虑到保护优先地选择时可获得的收益。文章指出，所有的保护活动都会产生成本，成本可分为购置成本、管理成本、交易成本、损害成本和机会成本等，在成本效益分析中，保护地的成本效益被估算成货币形式，从而可以直接比较成本和收益；但是，由于保护收益很难货币化（尤其是无形的收益，如生物多样性的存在价值），大多数纳入成本的保护规划都是基于成本有效性分析）。将成本纳入保护规划里的另一种方法是使用非货币化的替代变量或考虑多因素的加权组合。

Moran 等（2010）指出，CEA 和其他客观评价方法应该成为保护决策和评价的重要组成部分。生态和经济评估是生物保护计划的一个关键构成成分，因为它加强了资源有效配置的基础，生物多样性保护策略要求在竞争性结果间进行选择。成本-效益分析提供了一个客观的评价过程，有助于我们评估不同保护规划的有效性和调整这些规划以提高规划成功的可能性。

Laycock 等（2009）认为，生态和经济评价是资源有效配置的基础，因此应成为生物多样性保护项目的关键要素。但是，在多数项目评估中并未考虑投资回报率。1994 年英国政府发布了英国生物多样性保护行动计划，作者收集了该项目的数据，以成本-效益分析的方式来评价其实现各物种行动计划目标的效率。

James 等（2001）估算每年全球生物多样性保护的资金需求为 3170 亿美元，这将减少许多国家 GDP。但是自然保护地的保护可以实现每年 1%的自然生态系统的价值，而更广泛的保护则可以实现10%（Pimentel et al.，1997），并在评估生物多样性保护的总成本的基础上，讨论了怎样支付一个全球性的保护计划。

Wünscher等（2012）对生物多样性保护相关的环境服务付费（payment for environmental services，PES）进行了综述和评价，他指出，尽管成本的重要性越来越成为共识，但成本基本上还未成为保护定位时的一个标准，缺少数据可能是一个主要限制。

van der Heide等（2005）评论和扩展了Weitzman对生物多样性保护项目进行排序的成本有效标准，认为Weitzman的结论完全依赖于基因多样性，但没有考虑生态联系，因此可能会误导生物多样性保护政策。作者引入了独立生存概率，得出了不同的生物多样性保护项目排序结果。在此基础上，作者讨论了新的排序评价标准。

Cicia等（2003）对Pentro马保护项目做了成本收益分析，其中，收益评估采用了意愿调查法，成本分析采用了生物-经济模型。研究结果表明，在最不好的情景下，收益成本比值为1.67，说明保护政策是合宜的。

Barton等（2009）通过比较生物多样性与农业和林业土地利用保护的机会成本，对哥斯达黎加Osa保护区对私人土地所有者的环境服务付费进行了成本-效益分析。作者应用TARGET软件，应用保护地土地利用变化的概率，以及土地、劳动力、资本等机会成本数据，采用成本-效益分析方法来确定保护地的排序。

Naidoo（2005）通过整合乌干达热带雨林自然保护区的旅游经济调查数据、空间土地利用分析和物种面积间关系，量化了鸟类生物多样性保护的成本和收益，证明在非洲热带雨林保护区生物多样性的经济利益超过了其保护成本。结果显示，如果设立适当的再分配机制，当地的生物多样性市场在热带雨林保护战略中将发挥积极的作用。

综上，成本效益分析是经济学中一种通用的经济评价方法，也是一个内容丰富的直观方法。当有清晰的界定、可量化的目标和时间、能源或者资源的限制时，成本效益分析可以帮助我们在面临一个以上的潜在方案时，选择社会净现值（回报）最大的方案。在自然保护的应用中，无论保护措施使土地征购或者入侵物种的管理、火灾管理、污染控制、游憩活动、森林的可持续保护等，成本效益分析方法都能提高单位成本的保护成效。成本效益分析方法已经被许多使用软件，如MARXAN和SITES的保护计划者所应用，以设计保护网络来使得给定成本条件下的受保护物种最大化，或者给定受保护物种、栖息地条件下的成本最小化。不难联想到，生态学中最佳觅食理论的基础与成本效益分析框架有着异曲同工的相通之处，生物以在单位时间或者能源下获取最大卡路里量的基础上决定行为选择，现实中的保护投资决策亦是如此。

在自然保护计划中应用成本效益分析方法，有助于加强决策过程，提供更好的建议和制定更有效的保护计划，也有助于捐赠者、决策者和公众之间更好地理解和沟通。

7.1.3 成本效益分析的关键步骤

应用成本效益分析方法进行资源配置和保护规划，有以下几个关键步骤。

7.1.3.1 确定目标

首先需要确定一个明确的保护目标，从而可以对其进行量化测度。例如，这个目标可以是最大化物种数量或者最优化生态系统服务价值，也可以是多重目标。

制定一个目标并不容易。目标反映了价值取向、保护任务或者法规命令等。由经验可知，保护机构常常不愿意确定一个明确的目标，也许是因为模糊的目标可能会减少关于价值或者目的的分歧。一般而言，应用成本效益分析方法最有争议的一步就是确定目标。

在下面的应用中，我们将使用保护物种的数量作为目标。当然，成本效益分析还可以用于其他任何清晰的保护目标上。

7.1.3.2 保护效益的评估

第二步我们需要评估不同的保护行为对于达成目标的作用。例如，建立一片新的自然保护区，或改变防火措施，或采取其他某项管理行动后，被保护物种数量的增长是怎样的？

由于缺乏完善的监管和有效的数据，评估保护行为的收益是十分困难的。根据当前生物多样性保护的案例，千年生态系统评估认为即使对于最常见的生态保护措施，也缺乏设计完善的实证评估。收益的估算常常局限在基于“物种-面积”关系的理论推定或猜想，尽管已经有一些研究尝试预测物种数量随保护区分布变化的函数关系（Cabeza and Moilanen，2003；Polasky et al.，2005）。对于保护行为的生态收益需要进一步的研究。所有的保护行为显然是基于存在保护收益的假设上的，但缺乏准确的收益评估并不意味着否定使用成本效益分析方法。实际上，一个成本效益分析框架特别突出了保护监管和数据收集的重要性。

保护效益评估中，比较大的争论还在于，是评估保护状况变化的物理效果（effectiveness），还是将其货币化（benefit）？遗传资源保护所带来的福利变化最终将表现为货币化的福利变动，但由于价值评估技术和数据的制约，在不能获得可靠的货币化方法的情况下，我们并不排斥使用物理效果衡量保护状态的变化或收益。前者下文中称之为成本-效果或成本有效性（cost-effectiveness），后者为成本-效益（cost-benefit）。

7.1.3.3 保护成本的评估

许多研究都表明，只考虑生态收益而不考虑成本，或先基于收益对措施进行排序再使用成本进行筛选，都会导致稀缺资源使用的无效率（Ando et al.，1998；Balmford et al.，2000；Naidoo et al.，2006b）。在当今非政府组织使用的方法中，仅考虑生态收益进行排序的做法十分普遍。这种方法将会降低成本效益分析，例如，一些生态收益水平不高，但成本效益分析水平很高的项目可能会被忽视。

土地征购成本通常随着不同的保护选址而呈现数量级的变化（例如，Ando et al.，1998；Polasky et al.，2001），因此成本效益分析方法通常基于不同的成本而非收益（Ferraro，2003）。考虑成本之后所获得的收益可以非常惊人。在对非洲保护的一项研究中，Moore 等（2004）发现当成本被考虑在内时，物种保护对象的数量增加了 66%。在全球范围内，Balmford 等（2000）发现，当成本被考虑在内时，相同预算下的被保护物种数量可以增加两倍之多。

自然资源保护论者认为，成本测算是保护措施成本有效性评估的主要阻碍，但实际上评估成本要易于评估收益。除了土地征购成本，只要行动措施被描述得足够具体，就可以进行成本评估。

7.1.3.4 对成本与效益进行贴现

贴现的原因主要是因为时间偏好和资金的时间价值。时间偏好是指人们倾向于尽早消费而稍后负担成本，这可能是由于人们的短视心理，例如，由于贫困或害怕死亡而急于尽快得到满足，也可能是因为边际效用递减的规律，因为按照这一规律，只要总的消费水平是随时间增加的，单位消费的效用就会随时间的推迟而递减，因此未来的消费被打折扣，人们表现出对现在消费的偏好。资金的时间价值是指由于资金可以投入生产而发生增殖，所以当前一定数额的货币比未来同样数额的货币的价值大。因此，把资金用于将来某一个时间才有收益的项目，不如用于能够立即见效的项目。时间偏好和资金时间价值的存在使得时间成为资金价值的一个影响因素。

因此，当成本效益分析中必须考虑时间因素时，也就必须要用到贴现率。例如，成本效益分析所研究的问题、项目跨越很长时间，成本和效益发生的时间不同，而由于资金时间价值的存在，同一数额的资金在不同时间具有不同价值，使得发生在不同时间点上的成本和效益无法进行比较，也无法进行简单加和，为此必须把发生在不同时间点上的成本和效益按照一定的比率折合到同一时点的现值，即贴现，以消除因时点不同而导致的资金价值差异，否则，成本效益分析也就无法进行。成本效益分析中所使用的这一折合比率就是社会贴现率。社会贴现率是成本效益分析中用来作为基准的资金收益率，是对不同方案进行比较与判别的依据。按成本与效益发生的时间计算其现值，计算公式如下：

$$\mathrm{PVC}=\Sigma C_t/（1+r）^t$$

$$\mathrm{PVB}=\Sigma B_t/（1+r）^t$$

式中，PVC，总成本现值；PVB，总效益现值；C_t、B_t，t 年的成本和效益；R，贴现率；t，时间（通常以年为单位）。

7.1.3.5 计算项目的总成本和总效益，进行成本与效益的比较

成本与效益的比较通常采用以下两种方法。

1）净现值法

根据成本效益分析中“帕累托改进”的原则，并考虑成本和效益的时间价值，在具体操作时，采用净现值法。所谓净现值，即净效益的现值，从成本效益分析的原理部分我们已经了解，净效益等于总效益与总成本之差，用于衡量经济活动所带来的福利改善，保护项目的实施需要成本，实施又会带来效益，总效益与总成本之差就是项目的净经济效益。必须强调的是，这里指的是项目总成本与总效益，应包括直接和间接发生的成本效益，而不单是生态环境变化引起的成本效益：

具体计算公式如下：

$$\mathrm{NPV}=\sum_{t=1}^{n}\left(B_t-C_t\right)\times\frac{1}{\left(1+r_0\right)^n}$$

上式中成本包括项目的投资和运转成本，以及环境损失成本，效益则包括直接效益和由环境改善带来的效益。通常效益的计算通过经济价值评估法获得。

按照成本效益分析的原理，在不同方案的比较中，净效益现值最大的方案最优，但只有 NPVB ≥0 时才可考虑。

2）效费比法（效益与成本比较）

效费比法即总效益与总成本的现值之比，比值为 δ，称效费比，它描述的是效益现值相当于成本现值的倍数。当 PVNB＞0 时，δ＞1；PVNB=0 时，δ=1；PVNB＜0 时，δ＜1。δ 最大的方案最优。

7.1.3.6　做出决策——使用最优资源配置原则而不是简单的计划排序

成本效益分析方法并不是对措施的简单排序。

首先，在几乎所有的情况下，各项保护行动都不是孤立的，保护计划其实是一个“不同组合的配置问题”，即一项行动的收益或者成本取决于是否以及如何采取其他行动。例如，由征购一片栖息地而受到保护的物种数量可能取决于这片地是与另一片栖息地连通的还是分隔的。当收益与保护行为相关时，总的资源配置就应当综合考虑所有行为而不局限于某种行为的回报。

其次，简单的计划排序并不能告诉我们如何投资于不同排序位次的对象地区，可能是不同排序位次的地区差别不大，从而各个地区应该同等投资。也有可能是，排位高的地区应该获得 70%的投资，而其他地区只得到少量投资。一个成本效益分析为不同档次的投资提供了指导，使得排序不仅仅停留在理论上。

此外，成本效益分析还着眼于动态的连续决策。土地使用、政策和经济形势的变化都可能会产生新的阻碍或机会。气候变化和外来物种侵略会改变生物景观。这时计划就需要改变以适应新情况，原先数据下的计划就可能会失效，成本效益分析则可以适应动态政策的制定。

7.1.4　小结

“成本效益分析”（CBA）是一种政策评估工具。通过成本效益分析，可以计算不同保护政策下遗传资源保护所创造的社会净福利的变化，据此寻求有利于社会福利水平改进的保护措施，或确定最优的保护水平（包括保护区的面积和保护的强度），为我国未来在保护区开展野生动植物遗传资源保护措施的识别提供重要的政策建议和分析框架。由于许多情况下保护效益（价值）的货币化存在很大的困难，“成本有效性”（CEA）分析往往是更常采用的方法框架，该方法特别适用于针对特定保护目标进行保护措施的优化选择：基于特定的保护目标，识别和筛选多个可替代的保护措施，分析不同保护措施所对应的成本和保护效果的相应变化程度，研究不同保护措施及成本变化对于保护目标实现的有效性，最终筛选出以最小成本实现保护目标的政策方案。

现在，许多国家都将成本效益分析的原理和原则（或相同原理下的最小成本法或成本有效性方法）作为统一的、关于公共投资或公共经济政策的评价准则。

7.2 遗传资源的价值与保护效益评估

成本效益分析的基本思想是通过对比经济活动的成本和效益来权衡经济活动的可行性。其思想来源于福利经济学的理论，强调个人的福利，以及个人和社会福利的改进，因此成本效益分析必须对社会福利的变化进行计量。

环境和自然资源作为一种稀缺资源，其价值变动一定会反映在相关主体由资源环境变动而发生的成本或收益变化上（福利变动）。当发生环境和资源条件改善时，形成的价值增量称之为正效益；当发生环境退化或资源恶化时，所带来的价值减量称之为负效益或成本，因此环境效益就是环境和自然资源变化的价值表现形式。

新古典经济学中“价值”概念的核心就是“可替代性”理论，因为人类所需的各种物品之间都存在相应的替代率，人们在选择的过程中，可能减少对某种物品的需求而增加购买其替代物，这种权衡本身也就反映了人们对这些物品的价值评价。如果某一物品有一具体的货币价值，则该权衡所反映的价值就是其货币价值。

$$U\left(Q+\Delta Q, Y-W\right)=U\left(Q, Y\right)$$

式中，U 代表个人效用；Y 代表个人收入。对环境或自然资源的“支付意愿”表示的就是个人愿意为获得某种环境质量或资源条件改善 ΔQ 而进行的最大支付，这一支付的规模将不会导致个人效用的下降。支付意愿表达了人们在选择过程中在“环境质量或资源条件改善”与“放弃部分个人收入”之间所做出的权衡，即两者之间的替代关系。

需要指出的是，如果遵循该理论的逻辑内涵，价值概念将只能表征可替代的物品的价值，对于没有替代品或尚未找到替代品的物品，其价值是无法表达的，如某些生态系统或自然资源。

那么，如何衡量遗传资源保护的效益？总体来说，遗传资源保护所实现的收益在于遗传多样性的保存或增加。因此，首先需要衡量遗传多样性保护的物理效果。

7.2.1 遗传资源的价值

7.2.1.1 遗传资源的价值内涵

从经济学的观点看，遗传资源是具有多种价值的生物资源，其价值由三个方面的因素决定，包括遗传资源的功能、人类对遗传资源功能的感知程度以及遗传资源的存在状况。

遗传资源的功能产生自生物个体至基因的品质及特征。作物种质资源的价值也与它们对人类可感知的功利性领域的作用有关。人类可感知的功利性领域可概括为三类：经济领域（或经济相关领域）、非经济领域（或称与经济无关领域）、代际转移领域。遗传资源在经济领域的价值可以直接或间接地与市场价格挂钩；在非经济领域内的价值（如文化、美学、精神等）虽基本上与市场无关，但仍可以通过当代人的支付意愿或接受赔偿意愿来表现。作物种质资源在代际转移中的价值，则因进一步丧失客观性（因为不存在“未来人”这一受体）而不得不取决于当代人的代际伦理观和价值判断。我们在思考遗传资源价值概念与进行价值评估时，应该考虑感知领域的差异。

Nunes 和 van den Bergh（2001）曾对生物多样性的经济价值进行了分类，如图 7-1 所示（Paulo et al.，2001）：

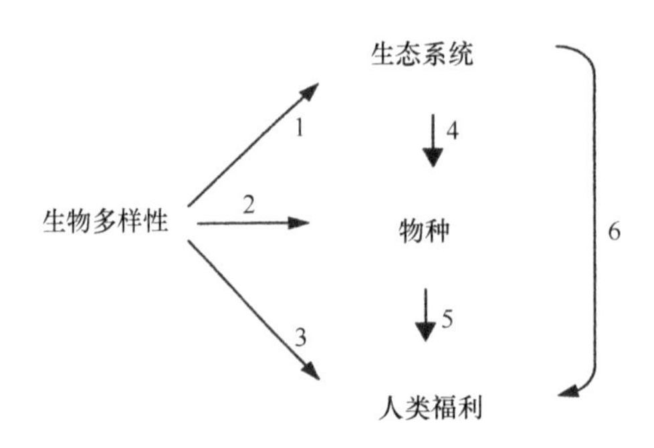

图 7-1 生物多样性的经济价值

他们认为，生物多样性的经济价值体现在其功能上，也就是说这部分价值通常体现在其与人类的相互作用之中，因此对其价值进行评估也就是要找到生物多样性的变化对于人类的影响的货币表现。

在图 7-1 的价值分类中，1-6 表示生物多样性对于生态系统的生命支持及其对生态结构的完整性的贡献带来的价值，包括控制洪水、营养吸收、有毒物质降解等。1-4-5 表示其对生态系统提供的空间以及自然栖息地的保护，如旅游对于自然栖息地的破坏作用的恢复等。2-5 表示物种多样性的收益，如生物资源对于农产品以及市场物品的贡献。最后，3 表示一部分非使用价值，这反映出了人类对于生物多样性的一种道德关怀的价值。

通过以上分析可以看出，虽然目前研究者对于遗传资源的价值具体包含的内容和分类在意见上稍有不同，但多数学者均认为遗传资源包括一部分直接经济价值和一部分间接价值，且间接价值通常难以准确测度，甚至一些存在价值至今仍然无法进行度量。同时，由于大多数人对于遗传资源缺乏一定的认识，加上地理位置等原因，其间接价值很难让所有人具有较强的直观价值感受，导致遗传资源价值对于不同的个体差异较大。因此，遗传资源价值的内涵特性主要包括：直接经济价值范围小且容易衡量，间接价值范围广，个体差异大，难以准确测度。结合这样的特点，在对遗传资源进行价值评估的过程中，需要将两部分价值综合考虑进来。

遗传资源价值的不确定性是遗传资源价值最为特殊的特征。为此，可把遗传资源的价值分为"确定条件下的价值"（value under certainty）和"不确定条件下的价值"（value under uncertainty）（Roosen et al.，2001）。图 7-2 根据价值的确定性与否，对遗传资源的价值进行了分类。

7.2.1.2 确定条件下的价值：使用价值

确定条件下的价值包括使用价值和非使用价值。

使用价值是资源直接使用的价值，包括生产活动创造的价值和美学价值。直接使用价值可分为直接使用价值和间接使用价值。

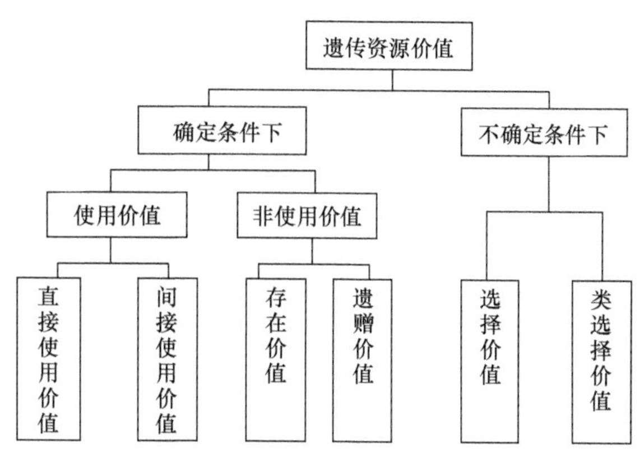

图 7-2 遗传资源的价值分类

遗传资源的直接使用价值，是指直接用于生产、消费及进行育种和遗传改良方面的价值。以作物的种质资源为例，粮食压力随着人口激增不断增加，而提高粮食产量不能仅靠扩大种植面积来实现，因为大量开垦荒地会损害生态环境，危害生物多样性。要使农业可持续发展，粮食持续增产主要得靠提高单位面积产量，其中优良的作物品种是决定性因素。多种多样的品种及其野生亲缘植物为基因的选育提供了可能。

遗传资源的间接使用价值是指不需要收获产品、不消耗资源就能体现的价值，主要包括以下两个方面：一是生态服务功能价值；二是人文价值（朱彩梅，2006）。一方面，遗传资源是生物多样性的重要组成部分，遗传资源多样性构成了生物多样性的基础，对于生态系统的种间基因流动和协同进化具有巨大的贡献；另一方面，整个人类的农业发展史就是一个文化发展史，尤其是传统知识与作物遗传多样性之间。有许多作物都是传统农耕社区的主要食物来源，这些地区传统农耕社区一直对这些主要粮食作物进行选择和驯化，这些粮食作物也是当今人类粮食生产的主要来源，反映了文化在千万年进化过程中的变化和差异性（李波，1999）。

也可以根据人们对某种资源的主观动机，将间接使用价值分为“积极使用价值”（active-use value）和“消极使用价值”（passive-use value）。积极使用价值是对可观测的消费和生产选择的补充，并能够通过游客为了某一特定物种而选择去某一特定区域度假来观测到。例如，人们为了看到某种特定的物种，会主动将度假地点选择在该物种的栖息地，这就属于“积极使用价值”。这部分价值是对物种被使用或消费等可直接观察到的直接使用价值的补充。如果该物种位于偏僻的地方，游客去当地旅游的成本（如油耗和住宿等）超过他们愿意支付的价格时，他们可能不会去当地旅游，但他们仍然很看重当地人为了保护物种而做出的努力。在这种情况下，即使人们没有亲自去物种栖息地，但仍承认这部分价值。因此，“消极使用价值”是指当环境质量的变化没有反映到可观察的行为改变上时，遗传资源自身所具备的某种价值（Roosen et al.，2001）。“消极使用价值”可能与非使用价值以及不确定条件下的价值存在部分重叠。

7.2.1.3 确定条件下的价值——非使用价值

非使用价值是物种的生存价值和遗赠价值。生存价值是指人们认为某一物种现在或将来存活存在的价值，而非直接使用它的价值。本书对生存价值的定义来源于自然中心主义的观点，即物种生存只是它自己的价值，而不依赖于人类的使用。

1）存在价值

遗传资源的存在价值是指人们为确保某种资源继续存在（包括其知识存在）而自愿支付的费用。如果是从自然中心主义的观点出发，存在价值应该不能说是一种经济价值，因为市场与经济对于自然而言都是不存在的。这部分价值是环境伦理界强调的环境不可评估的价值，或者叫无价。从人类中心主义的角度看，倒是可以理解为人类通过可衡量的货币价值，对自然界其他物种赋予的同情。

2）遗赠价值

遗传资源的遗赠价值是指当代人为将来某种资源保留给子孙后代而自愿支付的费用，这种价值还体现在当代人为他们的后代将来能受益于某种资源存在的知识而自愿支付其保护费用（张晓秋，2004）。

7.2.1.4 不确定条件下的价值

不确定条件下的价值包括选择价值（option value）和类选择价值（quasi-option value）。遗传多样性保护给出了一个选择备选特性发展新特性的机会。因为有关品种选择决定受未来市场和自然环境发展的影响，因而具有不确定性。在不确定性环境中，许多决定制定者选择风险规避。他们在资源价值中加一个风险保险使得资源的总价值超过它的期望使用价值。类选择价值存在于风险中性条件，它来源于品种消失的不可挽回特性，衡量了产生的收益，因为了解其存在价值有利于做出更全面和更好的决定。积极的类选择价值鼓励资源的保护直到未来的不确定性问题被解决以及获得了更多的关于真实价值的信息。

在农业上，遗传资源的作用可以用两类价值进行描述——信息和保险。当考虑到决策者需要在不确定的条件下做出决策，以及为了适应不断变化的外部环境而寻求新的繁殖战略时，这两类价值显得尤其重要。

1）选择价值

遗传资源的选择价值，是指个人和社会对种质资源及遗传多样性潜在用途的未来利用潜力。如果用货币来计量选择价值，则相当于人们为确保自己或别人将来能利用某种资源或获得某种效益而预先支付的一笔保险金。在很大程度上，遗传资源的保护是为了保存基因的多样性，从而为将来的育种提供重要来源和帮助。过去，农业上的育种和繁殖主要集中在改良少数的畜禽品种上，从而导致了基因多样性的流失。20世纪初，预计有16%的物种已经消失，另外30%的物种正濒临灭绝。一个物种一旦灭绝，将永远从地球上消失。

此外，大规模的人工选择和驯化，使得具有多种用途的品种反而处于不利的位置而被淘汰。然而，对偏远地区和环境恶劣地区而言，多用途性和适应性显得十分重要。遗传资源的保护使我们从可替代的特性中挑选合适的部分培育新特性提供了可能。因为未来市场和自然环境发展存在固有的不确定性，因而物种的培育决策也将取决于这种不确定的因素影响，而这种选择的可能性的价值是十分巨大的。再者，为了应对市场和政策环境的变化所带来的不确定情形，人们对多样性保护的需求也将得到强化。在不确定性环境中，许多决定制定者都是风险规避的。他们在资源价值中加一个为应对风险的保险费，从而使得资源的总价值超过它的期望使用价值。

假设农民面对两种备选情景，一是山羊奶的市场需求将增加，另一种是保持现有市场条件不变。此时，保留这一特征的期望价值将是两个情景下各自获益利润的加权总和。但因为农民是风险规避的，他将一个额外的价值加到保留该特征中，因此，该特征的选择价格等于期望价值加上选择价值（Roosen et al.，2001）。

2）类选择价值

选择价值存在的动机是人们风险规避的心理，以及相应的风险溢价（为风险支付一定的保险费），类选择价值则是在风险中立时存在的一种价值。它是由于品种流失和退化的不可逆性造成的。类选择价值衡量了累积收益，因为了解保护遗传资源的价值后，人们可以做出更加正确而明智的决策，从而避免错误决策可能导致的重大损失。正的类选择价值将一直鼓励人们保存遗传资源，直到未来的不确定性消失以及更多的信息可用来计算其真实价值为止（Roosen et al.，2001）。

Sarrb（2008）系统地讨论了“保存现有遗传资源对于未来的 R&D 具有何种价值”的问题。遗传资源研发价值的分析框架与在不确定条件下分析长期可持续发展问题十分类似。关于这些资源的价值现值问题等同于资本替代、技术变革以及当前经济对未来不确定情况的反应问题。

社会应该如何看待用于研发目的的遗传资源保护？不同的读者可能有不同的答案，取决于：①是否他们认为当前人类的目标和技术水平能够对与遗传多样性保护相关的决策提供足够的基础支持；②是否存在对用于研发的遗传资源依赖性更小的其他技术，以及他们对这些技术的替代是否持乐观态度。由于人们对上述两个问题的态度既有悲观的，又有乐观的，因此尽可能保留生物多样性组合的广泛性和丰富性就显得尤为重要（根据 Weitzman 的观点）。如果人们对待这些问题的态度相当乐观，那么保护遗传资源的研发价值就显得没那么重要。

看待问题的角度和思路不同，采用的模型和方法也会有所差异。一些模型（如 SSR 和 G&S）简单地将技术变革假设为确定的具体形式，从而可以更加直接、明确地解决问题。另外一些模型（如 K&L 和 Weitzman）则认为我们无法在现有条件下对未来问题的所有不确定情况做出预测。前者主张我们仅保护一个较小范围的、界限清楚的资源集合，而后者提倡应该尽可能广泛地保护所有的遗传资源。

从现阶段来看，遗传资源的价值评估取决于研究者对该问题持什么观念和态度。对乐观主义者而言，他们可能假设未来技术的进步足以使我们摆脱过去对遗传资源的依赖；而悲观主义者的想法可能正好相反。到底谁对呢？这个问题也许可以归结为由谁来承担旨在寻找未来问题解决方案的技术风险问题。

7.2.2 遗传资源保护效益的评估方法

关于价值评估方法，国内外有关自然资源价值方面已有很多，中国也有很多自然资源价值核算方面的理论，并探索和建立了一些基本的方法与模型，为经济决策及产业规划提供了科学依据（表 7-1）。但直到目前，中国针对有潜在或较高利用价值的遗传资源的价值评估工作尚未起步。遗传资源的价值评估反映了遗传资源的属性与人类需要之间的价值关系。在众多的环境经济学家中，将遗传资源看成是公共物品或非市场物品而对其进行评价的观点占据了主导地位。

表 7-1 衡量环境和资源价值的经济学方法

方法	揭示偏好	陈述偏好
直接	市场价格	条件价值评估
	模拟市场	
间接	旅行成本	基于特征的模型
	特征资产价值	联合分析
	特征工资价值	选择试验
	预防支出	条件排序

资料来源：由作者改进自 Mitchell and Carson（1989）。

7.2.2.1 主要价值评估方法

直接使用价值评估可以采用市场价值法，在具体核算过程中，通过对地方品种资源和改良品种资源两种品种的直接使用价值构成进行分析、比较，进而采用市场价值倒推法逆算作物种质资源的直接使用价值。计算方法主要包括：市场分析法，生产率损失法，资产价值法（享乐价格法），旅行费用法，替代和恢复成本法，条件价值法等。

遗传资源的间接使用价值评估有很多方法，如支付意愿法、旅行费用法等，通常需要根据遗传资源功能的类型来确定。

Brown 和 Goldstein （1984）提出了产量损失转移法，该法通过对具备抗病虫害特性的农作物遗传资源的保存成本以及由此对将来农业生产中所避免的损失（间接收益）进行对比，粗略估计了非原生境保存的作物种质资源价值。

Evenson 等（1998）建议用享乐价格法评估遗传资源的价值，并用该法分析了印度水稻种质资源可替代种类的产量。享乐价格法将种质资源和种质资源的特殊类型与产量水平联系起来，为种质资源价值评估提供了最令人信服的方法，并为种质资源的价值提供了重要的证据。这种方法的缺点是必须有广泛的数据，由此限制了该法的广泛应用。

Pearce 和 Moran（1994）采用了几种不同的方法对支付意愿法的方法进行了比较和探讨。支付意愿法是通过直接的调查，确定人们在市场条件下，对保护种质资源而愿意支付的价格来估计种质资源的价值。该法尤其用于遗传多样性的保护中对种质资源的价值评估。1995 年，Smale 等用该法对巴基斯坦的小麦种质资源价值进行评估，结果得出当地农民为保护小麦遗传多样性每年大约损失 2.8 千万～4 千万美元（Gollin and Evenson，1998）。

存在价值推荐采用多种确定影子价值的方法（国际支付、国家支付、试验研究费用、替代价值、边际机会成本等）测算；测算时需考虑遗传资源的平均价值、功能基因价值与特殊基因价值的显著不同（王健民等，2004）。主要方法有专家调查法、条件价值法、支付意愿法、地租法、影子工程法、机会成本法、边际机会成本法等。

选择价值主要包括某种遗传资源未来可能产生的直接和间接价值、基因多样性、生物安全风险等方面。主要方法有收益现值法、现金流量贴现法、支付意愿法等。由于涉及多个时期，因此需要慎重地选择合理的贴现率，将未来的价值折现为现值进行比较和计算。

1992 年 Brush、Taylor 和 Bellon 把经济领域中选择价值法应用到种质资源价值的评估中，评估了传统栽培品种的选择价值。该法和 Smale 等在 1995 年关于农业方面多样性的研究非常相关。通过人们对遗传多样性愿意支付的情况来估计非原生境保存的种质资源的价值（Brush，1996；Bagnara et al.，1996）。

7.2.2.2 各方法在不同种类价值评估中的适用性评价

想要做出准确的价值评估，就需要根据遗传资源的特点和性质选择合适的方法。

Nunes 和 van den Bergh 在其对生物多样性的价值分类以及价值评估的方法进行研究的基础上，对各个方法的适用评估的价值进行了分析，其给出的生物多样性价值分类及适用方法如表 7-2 所示。

表 7-2 生物多样性价值分类及评估方法的适用性

生物多样性价值类型	经济价值解释	生物多样性收益	经济价值评估方法及其适用性
2-5	基因和物种多样性	产品生产过程的投入	旅行成本法（TC）–
			快乐估价法（HP）+
			防护成本法（AB）+
			生产函数法（PF）+
			权变评价法（CVM）+
			选择实验法（CE）+
1-4-5	自然地域和风景的多样性	自然栖息地的提供（如对野生地域和娱乐场所的保护）	旅行成本法（TC）+
			快乐估价法（HP）–
			防护成本法（AB）+
			生产函数法（PF）+
			权变评价法（CVM）+
			选择实验法（CE）+
1-6	生态系统的功能和生态服务	生态价值	旅行成本法（TC）–
			快乐估价法（HP）+
			防护成本法（AB）+
			生产函数法（PF）+
			权变评价法（CVM）–
			选择实验法（CE）+
3	生物多样性的非使用价值	存在价值和道德价值	旅行成本法（TC）–
			快乐估价法（HP）–
			防护成本法（AB）–
			生产函数法（PF）–
			权变评价法（CVM）+
			选择实验法（CE）+

注：此处的“+”（“–”）表示该方法适用于（不适用于）评价该类生物多样性的价值。

以上分析结果表明，对于基因资源和生物多样性中包含的各类价值及选择实验法（CE）适合于评估各类价值，而其他方法由于受到其本身前提条件的限制，都会在某一类价值评估的过程中较难发挥效果，因此在进行生物多样性价值评估时 CE 法是一个可以满足各种类型价值评估需求的方法。当然，由于 CE 法对研究设计要求较严格、成本较高，所以也可以选择其他方法作为有效的补充。

7.3　遗传资源保护的成本及测度

7.3.1　有关概念

人们要进行生产经营活动或达到一定的目的，就必须耗费一定的资源（人力、物力和财力），其所耗费的货币表现及其对象化称之为成本。随着商品经济的不断发展，成本概念的内涵和外延都处于不断变化发展之中。

国内外相关机构和学者对成本的概念进行了界定，主要包括以下几点。

美国会计学会（AAA）成本概念及标准委员会将成本定义为“为了达到特定目的而发生或应发生的价值牺牲，它可用货币单位加以衡量”。

美国注册会计师协会（AICPA）名词委员会认为，成本是指用以取得或者能取得资产或劳务而支付的现金、转让的其他资产、给付的报酬或承诺的债务，并以货币衡量的数额。

1986年，美国查尔斯·T·霍恩格伦在《高级成本管理会计》一书中认为，成本是“为了达到某一特定目标所失去的或放弃的资源”。

中国成本协会（CCA）发布的《成本管理体系术语》（CCA2101：2005）标准‘白皮书’中第2.1.2条中对成本术语的定义是“为过程增值和结果有效已付出或应付出的资源代价”。

葛家澍等认为，成本是“特定的会计主体为了达到一定的目的而发生的可以用货币计量的代价”。

可以看出，大部分对成本的界定是从会计成本的角度出发，并且国内外对成本的认识具有一定的共性，即强调“目的性”、“资源代价”和“可货币化”。目的性是指成本的发生一般都是出于一定目的，如在生产和生活过程中追求增值和结果有效。资源代价意味着成本一定消耗资源，天下没有免费的午餐，任何行动都会付出一定的资源代价。这里的资源包括人力资源、物力资源和财力资源等。可货币化指的是成本一般是通过货币加以衡量，货币化的成本为成本效益分析和具体的决策制定提供依据。

萨缪尔森在其撰写的《经济学》中指出，在存在稀缺的世界上，选择一种东西意味着需要放弃其他一些东西，一项选择的机会成本（opportunity cost）是相应的所放弃的物品或劳务的价值。

7.3.2　遗传资源保护的途径与成本

无论是就地保护还是异地保护，都需要有大量和持续的资金投入，仅从生态重要性角度进行遗传资源保护规划的做法只是理想，却并不现实，也很难获得有效的保护成果。

遗传资源保护成本方面的研究大体可归纳为两个方面的内容：一是保护成本计算的政策意义，强调成本计算、成本-效益分析在遗传资源保护政策制定和规划效果评估中的应用价值；二是保护成本计算的方法，包括就地保护的成本计算（主要采用机会成本法来计算）和异地保护的成本计算（一般直接计算异地保护的各项相关投入）。

7.3.2.1 就地保护成本

就地保护成本的计算主要有以下三个思路：

（1）直接成本计算；

（2）机会成本法；

（3）支付意愿法。

直接成本计算是直接计算就地保护活动的相关成本。Fredrik 等（2009）计算了瑞士永久性草场上生物多样性的生产成本，主要包括草场维护成本、围栏的建设和维护成本。分析表明，成本主要与保护区的周长和大小有关。

Paul 等（2011）分析了英国 78 个小型保护区的管理成本，指出保护区的地理、生态和社会经济特征可以解释 50%的管理成本变化，其中，面积是管理成本的首要影响因子；管理成本具有规模经济性，毗邻较大保护区要比毗邻较小保护区的管理成本更低，管理成本与保护区的取得成本以及按照保护规划研究所计算的保护成本的替代估计无关。

机会成本法是主流方法，以为保护遗传资源所放弃的其他土地利用收益作为保护成本。

Edilegnaw 等（2008）收集了西埃塞俄比亚 198 个农户的数据，计算了高粱遗传资源的机会成本，以便改良作物收益与地方作物收益之差。作者应用回归分析方法讨论了机会成本的影响因素，结果表明，机会成本与产出市场的可达程度、产出价格、投入供给的可得程度、改良品种的培育经验以及作物本身的相对重要性成正相关，而与投入价格、拥有的牛的数量等成负相关。Sinden（2004）估算了新南威尔士政府本土植物保护法案的机会成本。该法案通过禁止农户清除其土地上的本土植物的方式来保护生物多样性，但却会导致农场收入和土地价值的降低。作者把一个反映土地价值和农场中本土植物比例关系的经济模型与一个反映物种损失和农场中本土植物比例关系的生态模型耦合在一起，提出了一个综合分析框架，用以估算该法案在新南威尔士一个重要的农业区域（Brigalow Belt South Bio-Region）实施的机会成本。研究结果表明，如果该区域全部的本土植物都得到保护，则土地价值至少下降 14.3%，机会成本大约为 1.485 亿美元。研究同时考虑了生物多样性保护的收益和成本，进一步把风险模拟引入收益-成本分析中，比较了生物多样性保护的收益和成本。Norton-Griffiths 等（1995）比较了农业和畜牧业生产的潜在净回报与旅游、林业和其他保护活动的净回报，估算了肯尼亚生物多样性保护的机会成本。在国家层面，肯尼亚国家公园、保护区和森林的农业及畜牧业生产每年可以创造总收益 5.65 亿美元，净收益 2.03 亿美元，净收益达 GDP 的 2.8%，可以作为生物多样性保护的机会成本，而目前野生动植物旅游和林业的总净收益为 4200 万美元，远远不能涵盖 2.03 亿美元的机会成本。但是，肯尼亚生物多样性保护的收益具有全球性，而保护成本却是由肯尼亚承担。Tisdell 等（2011）认为，野生物种保护受预算和利用相关者支付意愿的限制，物种保护应尽可能使成本最小化，因此需要考虑保护不同土地类型的相对机会成本，作者提出了一个模型并将之应用于猩猩保护案例。在生态学文献中，对不同土地类型土地的保护建议主要基于将这些土地用于商业用途所能产生的绝对经济回报，以及该土地所能支持的物种密度，但忽略了种群总体与经济转换所得之间的取舍，作者针对这一缺陷提出了新的模型。

支付意愿法也可用于保护成本的估算。

Ninan 等（2005）对印度西高止山（Western Ghats）热带森林生态系统保护进行了经济分析。在西高止山，咖啡是土地利用的主要竞争者，因此，可以用咖啡的收益来代表生物多样性保护的机会成本。研究表明，即使考虑了野生动物损失的外部成本和保护野生动物的防护支出，咖啡生产的净现值（NPV）和内部收益率（IRR）仍然相当高，在12%的贴现率下，不同土地所有者的 NPV 为每英亩 1.7 万～10.6 万卢比，IRR 为 16.6%～23%，外部成本占咖啡种植的总贴现成本的 7%～15%。尽管如此，当地社区对生物多样性保护仍持正面态度，愿意以花费一定时间的方式开展参与式生物多样性保护。以大象为例，大象是亚洲和研究区域的标志物种和濒危物种，意愿调查表明，被访者愿意每年每户为此花费 25.8 人·天，对于每户来说，相当于 6003 卢比。此外，被访者更倾向于分散化地（非中央的）参与式生物多样性保护管理机制。Zander 等（2009）以埃塞俄比亚和肯尼亚 Borana 牛的保护为案例，采用 CV 方法的竞价博弈，对 370 个农户进行了调查，计算保护成本。

7.3.2.2 异地保护成本

异地保护成本主要集中于基因库的成本计算。

Saxena 等（2012）与印度国家植物遗传资源局合作，计算了以基因银行的方式对种质资源进行异地保护的成本。总保护成本包括财务（货币）成本和机会成本。前者指国家和国际层面为保护规划、实施和维护而投入的成本，这些成本主要与具体的保护活动成本、投资的贬值成本，以及体制、制度建设等交易成本有关；后者主要指为了保护遗传资源而放弃的收益。作者共讨论了 5 种作物（水稻、高粱、豇豆、香蕉和茶叶）的异地保护成本，成本构成为：

（1）公共成本（common costs），主要指建立基因库的相关成本；

（2）获得种质资源的相关成本（估计值）；

（3）种质资源的评估成本（估计值）；

（4）种质资源的健康评估成本；

（5）种质资源活动样品保存成本（估计值）；

（6）种质资源资源基础样品保存成本（估计值）。

Pardey 等（1999）以墨西哥国际玉米小麦改良中心（Centro Internacional de Mejoramiento de Maizy Trigo，CIMMYT）玉米小麦基因库为例，计算了异地保护的成本。异地保护成本主要与各类相关活动有关，作者对涉及的资金流做了梳理。研究的一个主要发现是，与通常的认识不同，异地保护成本的主要构成不是物质资本，而是人力资本。

其他异地保护的成本计算可以借鉴上述案例，计算重点是：

（1）理清异地保护活动的内容，即包括哪些具体的异地保护措施；

（2）理清资金流，即各种保护措施所涉及的各类资金；

（3）对成本进行分类计算和比较，常用的分类方式是按活动分类、按成本类型分类。

根据以上对成本概念的分析，我们将保护成本定义为：为了保证生物多样性和资源的可持续利用，对建立保护地系统，运行保护管理机构（包括人力、物力和财力），以及因保护放弃的土地、森林等资源的利用而付出的现实代价之和。

接下来的两章我们将分别使用武夷山和盐城两个实例来展示成本效益分析如何应用于保护决策。

（吴 健，周景博，王 喆）

参考文献

李波. 1999. 中国的农业生物多样性保护及持续利用. 农业环境与发展, 62(4): 9-15.

王健民, 薛达元, 徐海根, 等. 2004. 遗传资源经济价值评价研究. 农村生态经济, 20(1): 73-77.

张晓秋. 2004. 松山自然保护区生物多样性使用价值评估. 北京: 中国林业科学研究院硕士学位论文.

朱彩梅. 2006. 作物种质资源价值评估研究. 北京: 中国农业科学院硕士学位论文.

Ando A, Camm J, Polasky S, et al. 1998. Species distributions, land values, and efficient conservation. Science, 279, 2126-2128.

Armsworth P R, Cantú-Salazar L, Parnell M, et al. 2011. Management costs for small protected areas and economies of scale in habitat conservation. Biological Conservation, 144(1): 423-429.

Bagnara D C, Bganara G L, Snatnaiello V. 1996. Role and value of intemationalgemrplasm collections in Italian Durum wheat breeding programs. Paper presentented at the"CEIS-Tor Vegrata Symposium on the Economics of Valuation and Conservation of Genetic Resources of Agricultures", Rome, Iatly, May13-15.

Balmford A, Gaston K J, Rodrigues A S, et al. 2000. Integrating costs of conservation into internationalpriority setting. Conservation Biology, 14(3): 597-605.

Barton D N, Faith D P, Rusch G M, et al.2009. Environmental service payments: evaluating biodiversity conservation trade-offs and cost-efficiency in the Osa Conservation Area, Costa Rica. Journal of Environmental Management, 90(2): 901-911.

Brush S B. 1996. valuing valuing crop genetic resources. Journal of Enviormnent & Development, 5(4): 416-433.

Cabeza M, Moilanen A. 2003. Site-selection algorithms and habitat loss. Conserv Biol, 17: 1402-1413.

Cicia G, D'Ercole E, Marino D. 2003. Costs and benefits of preserving farm animal genetic resources from extinction: CVM and bio-economic model for valuing a conservation program for the Italian Pentro Horse. Ecological Economics, 45(3): 445-459.

Davis F W, Costello C, Stoms D. 2006. Efficient conservation in a utility-maximization framework. Ecology and Society, 11(1): 33.

Evenson R E, Gollin D. 1998.Santaniello V Introduction and overview: agricultural values of plantgenetic resources. Agricultural Values of Plant Genetic Resources. Wallingford, UK: CAB International: 1-25.

Ferraro P J. 2003. Assigning priority to environmental policy interventions in a heterogeneous world. J. Pol Anal Manage, 22, 27-43.

Fredrik O I . 2009.Biodiversity on Swedish pastures: Estimating biodiversity production costs. Journal of Environmental Management, 90(1): 131-143.

Gollin D, Evenson R E. 1998.An application of hedonic of pricing methods to value rice genetic resources in India. Agriculture Values of Plant Genetic Resources. Wallingford, UK: CABI Publishing: 139-150.

James A, Gaston K J, Balmford A. 2001. Can we afford to conserve biodiversity? BioScience, 51(1): 43-52.

Laycock H, Moran D, Smart J, et al.2009. Evaluating the cost-effectiveness of conservation: the UK biodiversity action plan. Biological Conservation, 142(1): 3120-3127.

Martijn C, van der Heide, Jeroen C J M, et al. 2005. Extending Weitzman's economic ranking of biodiversity protection: combining ecological and genetic considerations. Ecological Economics, 55(2): 218-223.

Martin L, Weitzman. 1998. The Noah's Ark Problem. Econometrica, 66(6): 1279-1298.

Mitchell R C, Carson R T. 1989. Using surveys to value public goods: the contingent valuation method. Resources or the Future, Washington DC.

Moore J, Balmford A, Allnutt, T. et al. 2004. Integrating costs into conservation planningacross Africa. Biol Conserv, 117: 343-350.

Moran D, Laycock H, Piran C L. White. 2010. The role of cost-effectiveness analysis in conservation decision-making, Biological Conservation, Volume 143, Issue 4, April 2010: 826-827.

Murdoch W, Polasky S, Wilson K A, et al. 2007. Possingham, Peter Kareiva, Rebecca Shaw. Maximizing return on investment in conservation. Biological Conservation, 139: 375-388.

Naidoo R, Adamowicz W L. 2006a. Modeling opportunity costs of conservation in transitional landscapes. Conservation Biology, 20(2): 490-500.

Naidoo R, Balmford A, Ferraro P J, et al. 2006b. Integrating economic costs into conservation planning. Trends in Ecology

& Evolution, 21(12): 681-687.

Ninan K N, Sathyapalan J. 2005. The economics of biodiversity conservation: a study of a coffee growing region in the Western Ghats of India. Ecological Economics, 55(1): 61-72.

Norton-Griffiths M, Southey C. 1995. The opportunity costs of biodiversity conservation in Kenya. Ecological Economics, 12(2): 125-139.

Nunes P A L D, van den Bergh J C J M. 2001. Economic valuation of biodiversity: sense or nonsense? Ecological Economics , 39: 203-222.

Pardey P G, Koo B, Wright B D, et al. 1999.Costing the Ex Situ Conservation of Genetic Resources: Maize and Wheat at CIMMYT. EPTD Discussion Paper, 52.

Pearce D, Moran D. 1994. The economic value of biodiversity. Cambridge: IUCN.

Pimentel D, Wilson C, McCullum C, et al. 1997. Economic and environmental benefits of biodiversity. Bioscience , 47(11): 747-757.

Polasky S, Camm J D, Garber-Yonts B. 2001. Selecting biological reserves cost-effectively: an application to terrestrial vertebrate conservation in Oregon. Land Economics, 77(1): 68-78.

Polasky S, Costello C, Solow A, et al. 2005. The economics of biodiversity. In: Vincent J, Maler K G eds. The Handbook of Environmental Economics, Vol. Ⅲ: 1517-1560, Elsevier.

Roosen J, Fadlaoui A, Bertaglia M. Economic Evaluation and Biodiversity Conservation of Animal Genetic Resources. Supported by the Eurpean Commission(Econogene contract QLK5-CT-2001-02461).

Sarrb M, Goeschla T, Swanson T. 2008. The value of conserving genetic resources for R&D: A survey. Ecological Economics, 67: 184-193.

Saxena S, Chandak V, etc. 2002. Cost of Conservation of Agro-biodiversity. http://iimahd.iimahd.ernet.in/assets/snippets/workingpaperpdf/2002-05-03AnilKGupta 2012-10-13.

Sinden J A. 2004. Estimating the opportunity costs of biodiversity protection in the brigalow belt, New South Wales. Journal of Environmental Management, 70(4): 351-362.

Tisdell C, Nantha H S. 2011. Comparative costs and conservation of wild species *in situ*, e.g. orangutans. Ecological Economics, 70(12): 2429-2436.

Wale E. 2008. A study on financial opportunity costs of growing local varieties of sorghum in ethiopia: implications for on-farm conservation policy. Ecological Economics, 64(3): 603-610.

Wünscher T, Engel S. 2012. International Payments for Biodiversity Services: Review and Evaluation of Conservation Targeting Approaches. Biological Conservation, 152: 222-230.

Zander K K, Drucker A G, Holm-Müller K. 2009. Costing the conservation of animal genetic resources: the case of borana cattle in Ethiopia and Kenya. Journal of Arid Environments, 73(4-5): 550-556.

8　遗传资源保护的成本效益：以福建省武夷山国家级自然保护区为例

8.1　武夷山自然保护区基本情况

福建武夷山国家级自然保护区位于中国东南部，被列为中国陆地11个生物多样性保护“关键区”之一，面积为56 527hm^2［来源：环保部《全国自然保护区名录（截至2012年底）》］。该地区生物种类繁多，被称为“天然植物园”、“昆虫世界”、“鸟类天堂”，生物多样性程度极高（表8-1）。

1）植被多样性

武夷山地处中亚热带季风气候区，植被属于泛北极植物区与古热带植物区的过渡地带，有中国东南大陆现存面积最大、保存最完整的中亚热带森林生态系统，森林覆盖率达到96.3%。共有常绿阔叶林、落叶阔叶林、常绿落叶阔叶混交林、暖性针叶林、针阔叶混交林、竹林、灌丛、灌草丛、山地草甸等11个植被型，15个植被亚型，25个群系组，57个群系，170个群从组（何建源，1994），基本囊括了我国中亚热带地区所有的植被类型。

表8-1　福建省武夷山国家级自然保护区物种数量统计

物种类别		目	科	种
植物	苔藓植物		70	345
	蕨类植物		37	277
	裸子植物		7	26
	被子植物		152	2 114
	植物合计		266	2 762
动物	螨类		71	412
	昆虫	31	599	6 520
	鱼类	5	13	63
	两栖	2	8	35
	爬行类	2	13	77
	鸟类	18	54	266
	哺乳动物	8	23	74
	动物合计			7 447
微生物	病原菌	24	42	327
	粘菌	5	8	19
	放线菌	1	2	59
	大型真菌	14	58	442
	微生物合计			847
合计				11 056

资料来源：福建省科学技术厅《中国·福建：武夷山生物多样性研究信息平台》。

2）植物多样性

根据国内外数十年以来武夷山地区的野外调查、植物标本采集、鉴定、整理，统计本区共有高等植物2788种（含亚变种），隶属272科1045属，占福建高等植物总种数（5360种）的52%。其中，苔藓植物70科345种；蕨类植物37科92属304种。裸子植物7科、26种；被子植物152科2114种。地衣13科35属100种；藻类8门45科124属239种。大型野生真菌441种，隶属于58科133属，其中子囊菌门为8科11属21种；担子菌门为50科122属420种。

3）动物多样性

根据历年的研究资料统计，保护区共有哺乳类动物73种，隶属于8目21科42属；鸟类268种，隶属于18目49科160属；爬行类动物77种，隶属于2目13科43属；两栖类动物35种，隶属于8科20属。共有淡水鱼类65种，隶属于5目12科42属。昆虫种类繁多，现已定名的昆虫有31目341科4635种，占全国已定名昆虫总数的1/5。陆生贝类60种，分属于4目18科34属。

8.2　武夷山保护方案的成本有效性

本书尝试针对特定的保护地，根据威胁-响应-行动关系，首先明确保护目标，继而识别差异性的保护方案，采取一致性框架分析保护成本，研究各保护方案的成本有效性。

8.2.1　识别保护目标和保护方案

武夷山自然保护区历史上由于远离城镇、山高谷深、交通闭塞、人烟稀少，至20世纪60年代中期，除区内桐木、坳头、大坡等村庄附近被小面积开发为茶园和竹山外，绝大部分地区仍保留原生面貌。60年代末，桐木等伐木场建立，保护区开始有了木竹生产，当时主要沿保护区公路两侧500m范围内择伐大径级杉木和马尾松，保留阔叶林。其次是把部分天然竹阔混交林改造为毛竹纯林，从事毛竹生产。局部地区原生性森林被皆伐，演变成现有的次生林和杉松人工林。由此造成区内生物多样性丰富程度快速下降，核心区域进一步分离。例如，野生短尾猴（*Macaca speciosa*）因受森林采伐和猎捕的影响，每年以5%的速度在减少，从1963年的10～12群约480只减少为1981年7～9群约180只，资源总数量减少68%。又如，60年代，短萼黄连野外遇见率相当高，但至70年代资源几近枯竭。

20世纪70年代末，在关心武夷山生态环境的专家们的呼吁和党中央国务院的重视下，1979年，福建武夷山被列为国家重点自然保护区（国发[1979]169号），成为中国首批国家重点自然保护区。建区后，撤销了区内伐木场，停止了一切破坏性生产活动，禁止猎捕野生动物，大大减少了区内动植物资源的消耗，生态环境得到保护和改善。迄今为止，武夷山是我国自然保护区中仅有的一个既是世界生物圈保护区，又是世界双遗产地的拥有多重世界品牌的保护区。

福建武夷山国家级自然保护区现有总面积56 527hm^2。由于独特的地形地貌及历史原因，区内村庄和道路将核心区分割为相互分离的东、西两片，珍稀物种丰富度最高的是以常绿阔叶林为主的猪母岗核心区，位于西部；以原生性针叶林和针叶阔叶过渡林为主的黄岗山核心区，位于东部。

保护区内现有 6 个行政村，总人口为 2407 人。此外，周边还涉及 4 个县（市）、6 个乡（镇）、12 个村（场）的 13 967 名群众。受到保护区执行生态保护的政策影响，区内农村居民的生计经历了从采伐林木为主到以毛竹生产为主，再到以茶叶生产加工为主的三个主要阶段[①]。保护区内居民的生活和生产活动需要利用保护区内的自然资源，对栖息地产生人为干扰，与生物多样性保护存在竞争关系，对生物多样性保护构成威胁。

简而言之，保护武夷山生态环境的过程中，经历了采伐严重破坏生态环境、核心保护区域分割、栖息地破碎化威胁动植物基因交流和区内生计活动与保护间的矛盾。政府机构斟酌论证，首先实施了建立自然保护区的保护方案，迄今已经 36 年。其次，1992 年，针对核心区域的东、西分割问题，参考国际栖息地保护经验，提出了建设生物走廊带建议，增加东、西两块核心区间的连通性，促进基因交流与物种移动。1997～2002 年间，该建议得到政府批准和全球环境基金的支持，得以实施，对生物走廊带内实施参考核心区的管理方式，禁止人为干扰活动。在缺乏后续资金的情况下，自 2002 年起，生物走廊带保护方案名存实亡。第三，保护区建立以后，保护与区内农民社区经济发展间的冲突，一度十分激烈。保护区审时度势，划定范围实施了毛竹引导生计项目。通过在划定区域上进行高效的毛竹生产、加工和销售拓宽居民的经济来源，降低居民对限制利用区域植被的破坏动机，缓和生计与生态保护间的冲突。毛竹引导生计起自 1986 年，1986～1996 年是集中建设阶段。2006 年后，随着茶叶经济的发展，农民不再以毛竹生计为主，毛竹的生计引导措施已经相当淡化。

这三个保护方案的实施区域不同，保护强度有别，生态效果有异，表 8-2 简要概述之。建立保护区是一以贯之的基础性保护方案，包含了后两个保护方案的成本和效果。对建区的成本有效性分析体现了整体性。生物走廊带和毛竹生计引导这两个保护方案的存在均以建立保护区为前提，均是局部的和阶段性的。对应其实施区域和实施时间，分析其成本和有效性。

表 8-2 保护方案

	1.建立自然保护区	2.建设生物走廊带	3.引导毛竹生计
对应的威胁	采伐严重破坏生态环境，危及武夷山地区森林生态系统及其生物物种的存亡	核心保护区域东、西分割，栖息地破碎化威胁动植物间天然的基因交流	保护与区内农民社区经济发展间的冲突，一度十分激烈
保护目标	停止一切破坏性生产活动，禁止猎捕野生动物，就地保护生态栖息地和生物多样性	增加东、西两块核心区间的连通性，促进基因交流与物种移动	降低居民对限制利用区域植被的破坏动机，用严格划定范围区域内的开发换取保护区内其他土地面积上的保护
保护区域面积	整体，56 527hm^2	局部，3878.4hm^2	局部，6553hm^2
持续时间	1979 年至今	1997～2002 年	1986～1996 年
保护强度	分区管理	禁止一切人为活动，参照核心区管理	在监管环境影响的情况下，允许进行经济开发利用
有效性评价方法	物种数量变化	高等植物生物多样性变化	乔木层高等植物物种数量的变化

① 引自《福建武夷山国家级自然保护区总体规划（2011—2020 年）》。

在研究方法上，三个保护方案的保护成本研究方法采取了一致的成本结构，即管理成本和补偿成本，成本数据来自保护区管理机构，并一律根据国家统计局公布的 CPI 指数调整为 2012 年价格。

效果评价方法有别。建区的有效性评价采取了生态学界比较经典实用的面积–物种数量函数的定量分析方法，采用周边地区的加权平均森林面积，模拟未建区假设下的森林面积，通过建区带来的森林面积的增加比例得出物种数量的变化。生物走廊带建设的有效性评价参考了 Damschen 等对景观走廊带的研究方法。毛竹生计引导的有效性评价充分借鉴了武夷山地区已有的毛竹纯林化研究方面得到的物种变化的研究成果，通过林业调查数据发现毛竹林类型和面积的变化，以毛竹林中乔木层物种数量的变化表征毛竹扩张给武夷山常绿和针叶阔叶林带来的影响。

8.2.2 方案Ⅰ：建立保护区

武夷山地区生物多样性极其丰富，是我国东部保留最完整的中亚热带森林生态系统。建立自然保护区是对生态系统、物种和基因三个层次的生物多样性进行整体性保护。

1979 年，经国务院批复同意，福建武夷山被列为国家重点自然保护区（国发[1979]169 号），成为我国首批国家重点自然保护区；1987 年 9 月，被联合国教科文组织《人与生物圈计划》国际协调理事会接纳为世界生物圈保护区网络成员；1999 年 12 月 1 日，被联合国教科文组织世界遗产委员会列入《世界文化与自然遗产名录》。这是迄今为止我国自然保护区中仅有的一个既是世界生物圈保护区又是世界双遗产地、拥有多重世界品牌的保护区。

保护区管理局根据福建省人民政府文（闽政[1984]综 329 号）划定的保护区面积 56 527hm^2［847 911 亩（1 亩≈666.67m^2）］区域范围进行经营管护，并设立界碑标志；保护区边界清楚，无林权、地权纠纷。

8.2.2.1 保护成本（1979～2013 年）

本文根据保护区管理机构提供的建区以来的保护资金数据展开分析。保护资金对应本文的保护成本概念，是管理成本（b）和补偿成本（c）的合计。因其来自保护区管理机构，不体现由各级政府支出的系统费用（a）。

截至 2012 年，福建武夷山自然保护区累计共得到保护资金近 3.1 亿元，年均保护成本 905 万元，单位面积年均保护成本达到 16 000 元/$km^2$①。

我们采取平均经济产出法，计算了武夷山建立保护区的机会成本：

$$C_0 = \sum_i S_i * P_i - B$$

式中，C_0 表示建立保护区的机会成本；S_i 表示第 i 类土地类型的总面积；P_i 表示第 i 类土地类型的平均经济收益；B 表示现有经营区的平均经济收益。

保护区各种土地利用类型的平均经济产出，采用福建省平均数据，林地的单位面积产出是 3197.65 元/hm^2，茶园的平均经济产出是 72 997.61 元/$hm^2$②。

① 资金数据来自保护区管理机构，经 CPI 数据调整为 2012 年价格水平。

② 数据来源：《2013 福建统计年鉴》及 5 省（自治区）2013 年森林资源清查数据。

福建武夷山自然保护区林地面积 54 433hm^2，耕地面积 113hm^2。区内的经营用地包括毛竹林面积 6553hm^2，茶园面积 538hm^2，耕地 113hm^{2}①。

2012 年，经过测算，建立自然保护区的机会成本为 11 383 万元。实际获得补偿资金 1213.3 万元②，补偿比例仅为总机会成本的 10.7%。

8.2.2.2 有效性分析

研究运用物种–面积关系曲线作为主要研究方法，研究建区带来的区域物种数目的变化，以物种数量的变化表征建立保护区的生物多样性保护效果。

1）物种–面积函数关系（species-area relation，SAR）

1835 年，Watson 首次描述了物种面积关系。到了 20 世纪 60～70 年代，人们开始重点研究物种–面积关系中的机制，寻找物种–面积关系的最优数学模型，以及岛屿生态地理学的平衡理论背景下的物种面积关系（Connr and Mccoy，1979）。从 1980 年起，人们更多地开始关注物种–面积关系在决定自然保护区的最优设计和预测一定水平的生境丧失中的应用。

我们注意到，既往研究发现物种面积函数关系背后的生物学机制中，栖息地多样性假设和面积假设高度相关。

面积假设指出，某一样本区域中的每一个物种，其丰富度与该地区面积成正比。在这些假设下，大面积地区将比小面积地区拥有更多的物种，因为更多的物种会在大面积地区存活。

栖息地多样性假设（Williams，1964）认为大面积地区相比于小面积地区拥有更多物种是由于大面积地区比小面积地区有更丰富的生境。栖息地多样性假设将面积视为影响物种丰富度的间接因素，面积是通过其与栖息地多样性之间的联系（而非面积大小本身）来影响物种在大面积地区的大批繁衍和留存的。

许多学者已经指出了面积假设和栖息地假设并不是单独存在的，而是互相辅助的。面积和栖息地多样性有很强的相关性，并且二者都对物种丰富度有影响。Harper（1977）发现除了面积，栖息地也是影响物种丰富度的重要因素，并且他们认为面积和栖息地对物种丰富度的影响都很显著。Connor 和 McCoy（2001）曾发现如果地块小于 0.1hm^2，面积的直接影响是可测量的；但是在大的岛屿或保护区内，面积和栖息地多样性的影响变得难以区分。在使用 Haila 等的数据进行分析之后，Rosenzweig （1995）发现了物种和栖息地之间的线性关系。他支持栖息地多样性的变化在很大尺度上影响了岛屿上的物种面积曲线这个想法。Kohn 和 Walsh （1994）认为栖息地多样性和岛屿面积都对岛屿上的物种数量有影响。Ricklefs 和 Lovette （1999）发现面积和栖息地多样性是相互联系的，并且二者都是 4 个小安的列斯群岛物种群中物种丰富度的主要贡献因素。

尽管科学家们在很长时间内都认为是栖息地多样性而不是栖息地面积决定着物种丰富度，但是直到今天，人们仍然难以在全球范围内识别每个分类群的栖息地类型，以及没有建立简单易用的、表示物种丰富度和栖息地种类的关系的数学模型。相比而言，面积则更加容易掌控，面积的概念不像栖息地多样性那么模糊和易受主观因素影响，当然

① 数据来自《福建省武夷山国家级自然保护区总体规划（2011—2020 年）》。

② 此处指国家和福建省对保护区的生态公益林补偿资金。

也就比栖息地多样性更加容易被测量。

2）物种面积关系模型

为了统计的方便，这个函数关系通常被近似表示为 log-log 形式：

$$\mathrm{Log}S=\mathrm{Log}c+z\mathrm{Log}A$$

式中，c 和 z 都是常数。这个 log-log 形式的函数将幂函数线性化，因此在双 log 坐标中，物种–面积曲线是直线。

3）参数值的选取

参数 c 是一个取决于分类群和研究地区类型的常数，在 log-log 图像中，c 影响的是图像的截距项。本文是计算与不建立自然保护区相比，建立武夷山自然保护区后该地区物种丰富度的变化，因此参数 c 并不是我们考察的重点。

z 的值取决于取样机制和取样规模（Rosenzweig，1995）。Preston 提出，在一个处于平衡中的孤岛上，并且从常见的对数正态分布的相对丰度进行取样，我们通常得到的幂函数模型斜率值为 0.262。他随后扩大了孤岛上物种–面积函数的斜率值范围至 0.17～0.33。很多学者已经从物种–面积关系的幂函数模型中得到了斜率值，并且把 0.2～0.4 这个与 Preston 的结论相符的数值区间解释为物种丰富度是从正态丰度分布的群体中得到的。

Preston 将他的结论延伸为：岛屿或隔离区的物种面积幂函数斜率值在 0.2～0.4 之间，非隔离区或者大陆地区的斜率值要比隔离区的低。他得出这样结论的理论依据是：他相信非隔离区是从一个相对丰富的分布中取的样本，这种区域一般都有较高的物种个体比率。

MacArthur 和 Wilson（1976）在其专论《岛屿生物地理理论》中修改了 Preston 的想法，认为非隔离区域的斜率值为 0.12～0.19，并将这个较低的斜率值区间解释为“瞬态假说”。现有的证据虽然有限，但是却与大陆地区的物种–面积幂函数斜率低于岛屿物种面积幂函数斜率这一想法相符。在岛屿的物种面积关系函数中，z 值通常选用 0.25 来估计生物灭绝率（Pereira and Daily，2006）。

岛屿生态系统既包括远离大陆的岛屿，也包括大陆中隔离的生境，如山顶和森林碎片。武夷山自然保护区位于武夷山脉北端，福建省武夷山市、建阳市、邵武市、光泽县 4 个县（市）的结合部，北部与江西省铅山县毗邻，因此，我们所研究的武夷山自然保护区并不是一片完整的森林中的一部分，而是被人类居住区所包围的一片森林区域，属于大陆中隔离的生境。同时，保护区中的实验区中又有常驻居民及其农耕地，缓冲区以内也有部分社区村民经营的毛竹、茶叶区，进一步削弱了生态系统的完整性。综合考虑上述因素，我们将武夷山自然保护区物种关系曲线函数中的常数 z 取值为 0.25。

4）建区使原有森林得到保护

若最初未建立自然保护区，该区域自然状况的发展将趋向于周围的市（县）。我们的假设是：经较长时间演变后，其森林覆盖率将与周围地区森林覆盖率趋同。因此，若未建区，武夷山自然保护区所在区域的森林面积，将会与现在不同。

我们用武夷山市、建阳市、邵武市和光泽县 4 个地区的森林覆盖率加权平均值，估计不建立自然保护区的情况下，武夷山自然保护区所在地区的森林覆盖率。4 个地区的总面积和森林覆盖率如表 8-3 所示。以每个地区的面积与四地总面积的比值作为该地区森林覆盖率的权重，对该地区的森林覆盖率进行加权，计算四地森林覆盖率的加权平均值，得到在不建立自然保护区的情境下，武夷山自然保护区所在区域的森林覆盖率为76.45%，如表 8-3 所示。

表 8-3 未建立自然保护区情景下武夷山自然保护区森林覆盖率

地区	总面积/km^2	森林覆盖率/%	森林覆盖率加权值/%
武夷山市	2 798	79.2	19.66
建阳市	3 383	75.1	22.54
光泽县	2 240	76.0	15.10
邵武市	2 852	75.7	19.15
总计	11 273		76.45

5）建区增加了物种数量

根据之前的分析，我们可以得到武夷山自然保护区物种面积关系函数为

$$S=c*A^{0.25}$$

我们将真实情况下目前武夷山自然保护区总面积记为 T，森林覆盖率记为 R_{true}，森林面积记为 A_{true}，物种数量记为 S_{true}；在不建区情境下，该区域总面积仍为 T，森林覆盖率记为 $R_{reduced}$，森林面积记为 $A_{reduced}$，物种数量记为 $S_{reduced}$，则：

$$S_{true}=c*A_{true}^{0.25} \quad ①$$

$$S_{reduced}=c*A_{reduced}^{0.25} \quad ②$$

②/ ①得到：

$S_{reduced}/S_{true}=(A_{reduced}/A_{true})^{0.25}=(R_{reduced}/R_{true})^{0.25}$

当 $R_{reduced}=76.45\%$ 和 $R_{true}=96.3\%$时，$S_{reduced}/S_{true}=94.39\%$。

因此，相比于不建立自然保护区而言，建立武夷山自然保护区使得物种丰富度增加了 5.94%。在目前区内的野生生物种类为 10 760 种的情况下，即 S_{true}=10 760 种，我们可以得到不建立自然保护区的假设情景下，该区域物种数量约为 10 157 种，建区带来的物种数量的增加达 603 种。

6）结果

武夷山自然保护区所在区域如果不建立自然保护区，难以维持原有的森林覆盖率，周围的居住区会不断向森林索取资源，占领森林的部分地区用以经济发展。在不建立自然保护区的情况下，该区域生境的演变将与周围人类居住区趋同，人类活动愈发频繁，森林覆盖率不断减少，森林面积不断减少，生境破碎度越来越大。

建立武夷山自然保护区对于保护该地区生物多样性起到了十分显著的作用，物种丰富度增加了 5.94%，即 603 种。

8.2.3 方案 II：建立生物走廊带

黄岗山与猪母岗两片核心区相互隔离，核心区与周边地区之间没有设立缓冲区，中间区域存在毛竹、茶园等人为经营活动，很大程度上干扰了生物种群的正常迁徙和扩散，而且生境质量也得不到保障，不利于生物多样性的保护。

因此，武夷山生物走廊带的设计方案有两层目标：直接目标是连接两块分离的核心

区，最终目标是通过改善走廊带内的生境质量，为生物种群运动和迁徙提供资源及通道，从而达到增加物种丰富度和保护生物多样性的目的。

武夷山生物走廊带位于福建武夷山保护区和江西武夷山保护区境内，实施时间为1998～2002年，涉及受影响的土地总面积达3878.4hm^2，呈西南-东北走向，具体建设方案包括以下4个部分（如图8-1所示）。

（1）福建武夷山保护区境内：沿东坡从海拔1100 m一线至山脊线（保护区西部边界）面积为2944.33hm^{2}的地区。

（2）江西武夷山保护区境内：位于福建武夷山保护区桐木关（海拔1000 m）外侧面积为287hm^{2}的地带。

（3）福建省光泽县西口采育场境内：毗邻福建武夷山保护区的西坡林地（位于挂墩西北面保护区外的西口采育场内的茶州自然保护小区内），面积为209.07hm^2。

（4）福建省光泽县司前乡干坑林场的清溪水涵林保护小区境内：紧接福建武夷山保护区的面积为438hm^{2}的地区。

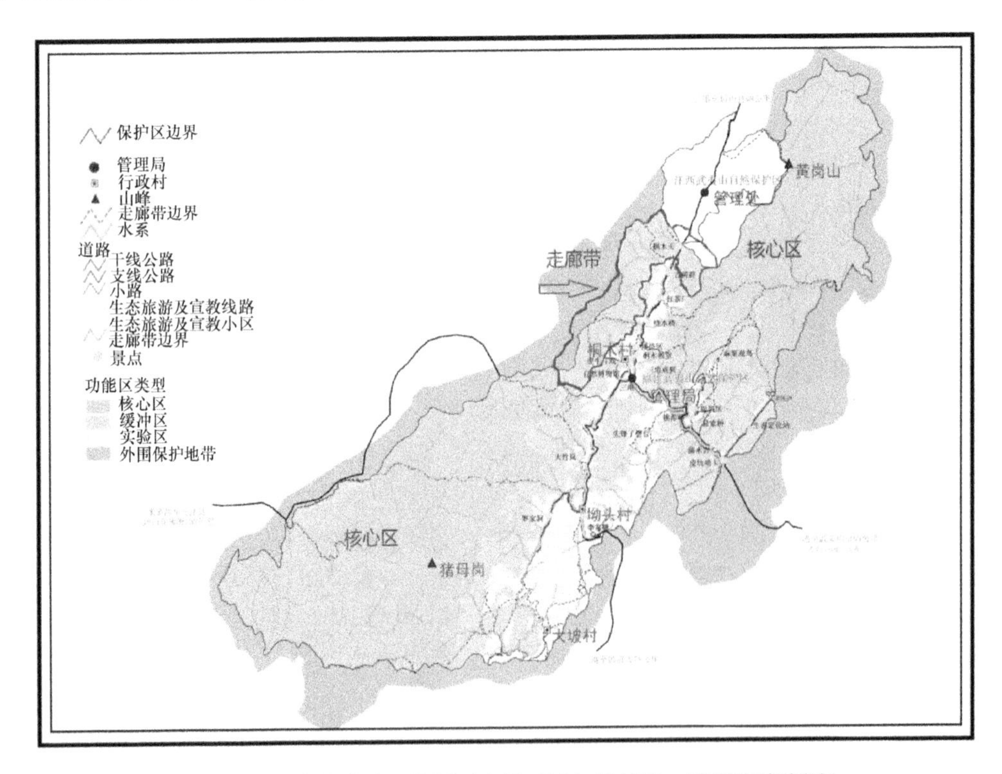

图8-1　生物走廊带地理位置示意图（请扫描封底二维码阅读彩图）

生物走廊带内停止一切形式的生产经营活动，直接导致422.4hm^{2}的毛竹林和66.5hm^{2}的茶园生产活动受到影响，同时还需对走廊带野生动物活动有噪声影响的挂墩毛竹加工厂进行搬迁。由于走廊带内无村民居住及公共设施，因此走廊带的建设只影响划入走廊带内的毛竹林、茶园生产经营，受影响人的房屋等财产不受影响，不涉及征地和人口搬迁问题，也不对已有的交通、通讯、供电和供水等基础设施造成影响。

8.2.3.1　保护成本分析（1997～2002 年）

武夷山生物走廊带方案的成本包括管理成本和补偿成本两部分。

1）管理成本

武夷山生物走廊带的基础设施建设包括三个部分：一是埋设界桩和界牌，标定走廊带界线；二是加强野外巡护设施建设，添置野外保护设备；三是开展土建项目，完善保护区护林哨卡、通讯和野外实验场所等。根据历史数据，这三部分的建设成本合计约 321.18 万元。

2）补偿成本

补偿成本主要包括“带内经济损失补偿”和“带外生产恢复补偿”两大部分。由于走廊带内禁止一切形式的生产经营活动，使得村民走廊带内的毛竹、茶园生产受到限制。因此，在项目实施期间需对受影响村民进行经济损失补偿。由于走廊带内的经济补偿只实施 5 年，补偿期后受影响村民仍会出现收入减少的问题，为进一步协调走廊带建设与社区之间的关系，同时对走廊带外的毛竹林、茶园进行等面积的低产改造。带外生产恢复补偿实际上相当于对补偿期后村民损失的收入进行补偿。

保护区管理机构因建立生物走廊带，共提供补偿资金 495.51 万元，如表 8-4 所示。

表 8-4　建设生物走廊带的补偿成本

补偿性成本	成本金额/万元
带内经济损失补偿	245.32
带外生产恢复补偿	175.23
毛竹加工厂搬迁补偿	10.00
保护区毛竹两金及保护费补偿	64.96
合计	495.51

综上，建立生物走廊带的管理成本与补偿成本合计为 828.69 万元。为了进行各保护方案间的比较，我们取建立生物走廊带的中间时间 2000 年作为成本平均发生时间，统一到 2012 年币值，并假设成本均匀分布在每一年，得到 1997～2002 年间生物走廊带方案的合计成本为 1106.84 万元，年度单位面积保护成本是 57 080 元/km^2。

基于此带内补偿加带外生产支持的复合设计，在受到影响的居民不持异议的前提下，该补偿金额具有一次性补偿的特点。换言之，只要居民接受了带外生产支持，意味着永久性放弃带内生产要求。如果生物走廊带方案长期实施，其成本将逐年摊薄。

8.2.3.2　有效性分析（1997～2002 年）

1）增加带内 20%的植物生物多样性

Damschen 等组成的研究小组对南加州 Savannah River Site 的景观走廊带（landscape corridors）进行了研究。他们认为走廊带的连通性不会马上影响高等植物的物种数量，但在 5 年时，连通的斑块比不连通的斑块增加了 20%的高等植物生物多样性。是连通而非走廊带的面积、斑块的形状、长度影响了物种丰度。考虑到文献研究与武夷山均是森林生态系统，评价的时间均是走廊带建设后 5 年，评价的对象都为高等植物生物多样性，我们认为用此文献成果作为本研究的定量结果具备一定借鉴意义。

2）植被生境的变化

由于禁止在走廊带内从事生产经营活动，控制了人为活动对生物多样性的干扰破坏，茶园和毛竹林生境的自然恢复初步取得效果，毛竹林蚕食天然林的现象得到一定程度的控制。通过对走廊带监测的样地数据分析，样方内毛竹、乔木数量变化不大，灌木和草本种类明显增多，灌木种数平均提高到 35 种，盖度 70%～90%，高度 0.8～1.2m，草本平均提高到 33 种。监测资料说明，走廊带内毛竹、茶园的生境得到一定恢复，物种丰富度和频度有所提高。此外，珍稀植物如红豆杉在毛竹林下开始生长。

3）保护区野生动物活动频率发生变化

生物走廊带是保护区野生动物在相分离的生境斑块之间进行日常性、季节性迁移的重要通道，理论上讲，走廊带的建立有利于种群间的基因交流，可大大降低因近亲繁殖或突发性自然灾害造成物种灭绝的风险，对保护生物多样性具有重要贡献。通过对武夷山走廊带的 4 次野生动物监测数据分析，结果表明：走廊带的建立使得武夷山自然保护区野生动物种类和数量有明显增加，野生动物活动频率和痕迹明显增加，如原来难发现的白鹇、灰胸竹鸡、黑麂数量出现频率增加。此外，鸟类和昆虫的数量与种类也有所增加。

本次研究实地走访了走廊带区域，发现项目结束后走廊带的界碑仍然存在，但保护区对于走廊带内的生计限制已经不存在了。

8.2.4 方案Ⅲ：毛竹生计引导（1986～1996 年）

严格的保护措施对当地居民生活的经济来源形成威胁。为了解决当地农户的生产和生活问题，从 1986 年开始，保护区政府将保护的指导方针从“全面禁止利用”转变为“90%保护，10%利用”。转变后的保护思路是：通过在划定区域上进行高效的毛竹生产、加工和销售拓宽居民的经济来源，降低居民对限制利用区域植被的破坏动机，从而实现更持久稳定的生态保护。生计引导措施的主要内容是通过划定实验区的部分地块作为准许经营范围，建立实验基地推广毛竹增产技术，引导农民合理布局相关产业链提升毛竹产品的附加价值，从而减少保护生物多样性和限制生产经营活动对农民生活带来的不利影响，缓解保护生态和发展经济的冲突。

“毛竹生计引导”措施的主要实施时间为 1986～1996 年。十年间，当地以毛竹丰产技术为依托建立了 66.7hm^2 实验基地；改造了约 442.4hm^2 低产毛竹林——伐除天然林中与毛竹生长存在竞争的树种，提高毛竹立竹数和每根毛竹的材积；每年开展以劈除杂草为主的抚育工作；引导居民合理布局毛竹产业链，提升产品附加值。生计引导措施实施期间，保护区内的毛竹林面积显著增加；混交林的纯林化程度大幅度提升；不同林层的物种数量和结构明显改变。划定为可经营范围的毛竹混交林经历了不同强度的人工改造，引发毛竹纯林化的担忧。

8.2.4.1 保护成本分析

1）管理成本

保护区采取的毛竹经营的引导和限制措施主要有：①在大竹岚建立 66.7hm^2 的试验

基地，推广毛竹速生丰产技术；②对实验区的442.4hm^{2}低产竹林进行改造——全面劈草并去除混交在毛竹林中的杂灌和部分林木，为毛竹扩鞭提供充足的空间；③每年对毛竹林持续进行劈杂抚育管理；④贯彻“砍密留稀、砍小留大、砍劣留优”的采伐原则，在实验区的固定生产区域采伐毛竹林。

对武夷山自然保护区毛竹生计引导措施实施成本的调研数据显示，1986～1996年与“生计引导”措施相关的管理成本主要包括4类：①为辅助管理而进行的基础设施建设费用；②为对原生毛竹林进行抚育、伐除杂草伐除和提升毛竹扩鞭范围花费低产改造专项资金；③为提高单位面积立竹数和立木体积而进行的丰产技术推广活动花费资金；④为桐木村政府建设毛竹丰产技术研发实验基地提供支持性资金。毛竹生计引导措施的这四个方面成本共计677.7万元。

2）增收收益

“生计引导”措施分为两个部分——“限制利用”和“引导增收”。“限制利用”是“引导增收”的前提，主要体现为统一规划居民可以种植和采伐毛竹的林地范围，凡在此范围之外的土地均为禁止利用的土地。“引导增收”的实施增加了当地农民的收益，是应当从成本计算中扣减的部分。

1986～1996年，“生计引导”措施中“引导增收”部分的具体措施主要包括：重新规划毛竹种植、抚育和砍伐的林地范围；通过在允许种植的地块上推广毛竹速生丰产技术，加快毛竹成熟速度并增加每公顷毛竹立竹数和产量；进行毛竹深加工技术优化，提升从单位体积毛竹中获得的附加值。这些措施不仅让区内的毛竹林面积实现显著增长，也使单位面积上的毛竹产量得到明显提高。

森林二类资源调查的数据显示，1986年武夷山保护区内的毛竹面积仅有7.9万亩，经过10年的抚育，1996年区内毛竹林总面积已经达到了9万亩。此外，抚育措施使毛竹混交林被进一步纯林化。林业资源二类调查数据显示，划定为可经营范围的混交林中，每公顷毛竹立竹数从1986年的1350株大幅增长到1996年的2250株，平均每年可以采伐的毛竹数量也从每公顷150根上升至300根。除每公顷可伐毛竹数量上升以外，伐得毛竹的材积也有所上升。另外，深加工技术水平的提升也进一步增加了从每根毛竹中可以获得的经济收益。

实施“引导增收”措施后，除新生毛竹的平均每根价值较小外，成熟毛竹可利用价值基本都可以达到20元/根，在核算增产收益时取平均每根15元作为核算依据。增收收益测算考虑了新增毛竹林面积、毛竹增产数量和价格变动，得到毛竹生计引导措施的总体补偿效益为1523万元/年。因此，1986～1996年间，考虑到毛竹成材时间需4年，总的补偿收益估算值为9138万元。

3）总成本

为毛竹生计引导措施付出的各项成本减去当地居民从生计引导措施中获得的收益，即为该项措施的成本。因此，引导生计这一保护方案的成本为8460.3万元，即实际带来8460.3万元的净收益。

为了进行各保护方案间的比较，我们取引导毛竹生机的中间时间1990年作为成本平均发生时间，统一到2012年币值，并假设成本均匀分布在每一年，得到1986～1996年间，毛竹生计方案的合计成本为–22 663.5万元，年度单位面积保护成本是–345 849元/km^2。

8.2.4.2 有效性分析

1）评价方法

本文使用定量方法，分析了1986～1996年间保护区内受“生计引导”措施影响的林分中物种多样性的变化。

根据林业两次清查数据发现，1986～1996年间，毛竹林类型和面积发生了显著变化，这是由于人工经营强度加大带来的差异。结合郑成洋、陈茂铨、黄衍串等人的研究成果，我们将十年间毛竹林类型的改变划分为人工经营强度从低到高的以下4类，表8-5显示了类型和面积变化。

表8-5 区内各类型毛竹林面积

1986年		1996年	
类型	面积/hm^2	类型	面积/hm^2
天然毛竹林	5267	天然毛竹林	1662
		毛竹弱混交林	720
		毛竹强混交林	1218
		毛竹纯林	2400

2）乔木层物种数量的变化

我们采用郑成洋对武夷山地区各类毛竹林的乔木层、灌木层、草本层物种多样性的研究结果，如表8-6所示。

表8-6 各类型毛竹林中不同林层的物种数量

	乔木层	灌木层	草本层
毛竹纯林	9	101	89
毛竹强混交林	22	96	51
毛竹弱混交林	32	60	30
天然毛竹林	30	52	20

武夷山上的主要林木成分为常绿阔叶林和针阔叶混交林，因此，对这两种混交林中生物多样性的保护是武夷山生物多样性保护的重中之重。这两种林木的主要成分和优势物种均在乔木层，乔木层因占据空间位置的优势对灌木层和草本层的物种数量及分布有决定性的影响。对乔木层物种变化的合理评价是评估“生计引导”措施保护效果的重要组成部分（朱锦懋，1996）。

考虑到植被类型对物种的影响，分别考察4种不同类型毛竹林（天然毛竹林、毛竹弱混交林、毛竹强混交林和毛竹纯林）的物种变化，并重点通过4种毛竹林中乔木层物种多样性的变化从总体上概括物种多样性的变动趋势。当采取天然毛竹林的乔木层物种数为比较基准时，表8-7的结果显示：相比于无干扰状态的天然毛竹林，毛竹弱混交林中乔木层物种数增加2个，毛竹强混交林中乔木层物种数减少8个，毛竹纯林中乔木层物种数减少21个。

表 8-7 不同类型毛竹林在乔木层的物种数量变化

类型	面积/hm^2	面积占比	物种数量变化
毛竹纯林	2400	0.400	−21
毛竹强混交林	1218	0.203	−8
毛竹弱混交林	720	0.120	2
天然毛竹林	1662	0.277	0

以上结果显示，“引导生计”政策加强了经营区的毛竹纯林化现象，表现在乔木层的物种数量变化上，产生了负向的生物多样性保护效果。伐除与毛竹生长存在竞争的高大乔木，毛竹混交林乔木层物种多样性减少，乔木层的优势物种变成枝叶细小的毛竹，混交林的整体郁闭程度下降，林下低矮的灌木和草本植物因而能够获得较为充足的光照。

8.3 保护方案的综合比较

表 8-8 汇总了三个保护方案的成本和有效性评价。实施生境和生物多样性的就地保护时，这三个保护方案是常见的方案选择。三个保护方案间不是平行的替代关系，而是以建立保护区为基本方案，保护方案二和保护方案三是建立在其上的局部性的保护措施，对应于区内的不同区域的不同挑战，发挥补充作用。因此，研究的目标不是简单比较三个保护方案的成本有效比，而是识别最优方案。尽管如此，我们仍然努力对成本和有效性进行了统一化处理，以利于观察。结果显示，武夷山的保护成本明显高于我国国家级自然保护区的平均水平；建设生物走廊带如果能够持续得到带内居民的认可而实施，在此补偿方案设计下，保护成本的吸引力随着实施年限的延长而日益增加；引导毛竹生计方案同样非常具有成本吸引力，考虑到其对生物物种数量层面的负面影响，值得汲取的经验教训在于要根据保护与发展间的矛盾和保护目标，尽量科学合理地决定引导生计的土地面积，严格执行划定区域内的引导生计，监测生计引导区域对全区生态多样性的影响。

表 8-8 保护方案的成本有效性评价

保护方案	持续时间	保护成本	有效性评价
1.建立自然保护区	1979 年至今	保护资金投入近 3.1 亿元； 34 年的年均保护成本为 905 万元，单位面积年均保护成本达到 16 000 元/km^2	建区使得物种丰富度增加了 5.94%； 建区保护的物种数量达 603 种
2.建设生物走廊带	1997～2002 年	一次性投入合计 1106.84 万元；单位面积 5 年内年均保护成本达到 57 080 元/km^2； 如果生物走廊带方案长期实施，其成本将逐年摊薄	增加 3878hm^2 走廊带内 20%的植物生物多样性
3.引导毛竹生计	1986～1996 年	合计成本为−22 663.5 万元，年度单位面积保护成本是−345 849 元/km^2	3618hm^2 林地面积上，乔木层高等植物物种数量明显减少；720hm^2 林地面积上，乔木层物种数量略有增加

福建武夷山自然保护区是我国大型森林自然保护区的典型代表。建立保护区使得武夷山地区的生物多样性和独特生态环境得到了整体保护，定量分析和定性观察都发现武夷山的生态环境质量得到恢复，物种丰富度有改善，为进一步的精确保护提供了基础。建区以来的保护资金投入水平平均已经达到发达国家的投入水平，补偿成本占全部机会成本的比例仍然较低。尽管如此，保护并没有达到完美状态。生物走廊带项目未能得到

持续开展，原因难以单独归结为补偿资金的不足。区内居民发展生计的冲动被划定在红线范围以内，但人工经营导致经营区内的毛竹纯林化现象，常绿阔叶林和针阔混交林等武夷山地区典型生境中的乔木物种数量下降不得不引起人们关注。

（王晓霞，吴　健，杨斯娟，杨　楠，姜心彤，刘　行）

参考文献

陈茂铨. 1997. 龙泉市毛竹天然混交林分析. 科技简报, (6): 28-29.

福建省科学技术厅. 2012. 中国·福建——武夷山生物多样性研究平台. 北京: 科学出版社.

韩念勇. 2000. 中国自然保护区可持续管理政策研究. 自然资源学报, (3): 202.

何建源. 1994. 武夷山研究——自然资源卷. 厦门: 厦门大学出版社.

胡喜生. 2005. 毛竹混交林植物种类组成的区域分布. 河南农业大学学报, (3): 65-70.

黄衍串. 1993. 毛竹天然混交林的经营及效益. 竹子研究汇刊, (12): 16-23.

刘文忠. 2001. 天然毛竹混交林改造效果研究. 福建林业科技, (9): 78-80.

梅凤乔, 张爽. 2006. 中国自然保护区资金机制探讨. 环境保护(1B): 48-51.

苏杨. 2006. 中国自然保护区资金机制问题及对策. 环境保护(11A): 55-59.

吴健, 文峰. 2005. 公共管理背景下的国家级自然保护区财政改革. 环境保护, (5): 43-47.

郑成洋. 2003. 不同经营强度条件下毛竹林植物物种多样性的变化. 生态学杂志, (1): 1-6.

郑成洋. 2004. 福建武夷山自然保护区地形对毛竹林分布的影响. 生物多样性, (1): 75- 81.

朱锦懋. 1996. 毛竹林物种多样性的初步分析. 福建林学院学报, (1): 6-8.

Connor E F, McCoy E D. 1979. The statistics and biology of the species--area relationship. The American Naturalist, 113: 791-833.

Connor E F, McCoy E D. 2001. Species-area relationships. Encyclopedia of Biodiversity. New York: Academic Press: 297-411.

Harper J. 1977. Population Biology of Plants. New York: Academic Press.

Kohn D D, Walsh D M. 1994. Plant species richness-the effect of island size and habitat diversity. Journal of Ecology , 82: 367-377.

Li Y B, Li W J, Zhang C C, et al. 2013. Current status and recent trends in financing China's nature reserves. Biological Conservation, 158: 296-300.

MacArthur R H, Wilson E O. 1963. An equilibrium theory of insular zoogeography. Evolution, 17(4): 373-387.

MacArthur R H, Wilson E O. 1976. The Theory of Island Biogeography. Princeton: Princeton University Press.

Pereira H M, Daily G C. 2006. Modeling biodiversity dynamics in countryside landscapes. Ecology, (8): 1877-1885.

Preston F W. 1960. Time and space and the variation of species. Ecology, 41: 785-790.

Preston F W. 1962. The canonical distribution of commonness and rarity. Ecology. 43(2): 185-215.

Ricklefs R E, Lovette I J. 1999. The roles of island area per se and habitat diversity in the species area relationships of four Lesser Antillean faunal groups. Journal of Animal Ecology, 68: 1142-1160.

Rosenzweig M L. 1995. Species diversity in space and time. New York: Cambridge University Press.

Triantis K A, Mylonas M, Lika K, et al. 2002. A model for the species–area–habitat relationship. Journal of Biogeography, (30): 19-27.

Williams C B. 1964. Patterns in the Balance of Nature and Related Problems in Quantitative Biology. NewYork: Academic Press.

9　遗传资源保护的成本效益：以江苏盐城国家级珍禽自然保护区为例

湿地和森林、海洋一起被称为世界三大生态系统。它是指水域与陆地的交界区域，包括各种沼泽地、湖泊、河流、河口三角洲和沿海滩涂等。

由于湿地具有强大的生态净化作用，因而被称为“地球之肾”。湿地对人类具有重要的价值，它可以为人类：①提供丰富的物产，湿地富产鱼、虾、藻类、莲藕等；②调节水文，改善水分小气候；③沉积和净化污染物；④提供休闲娱乐价值，如九寨沟、洞庭湖等；⑤防止海水入侵和海岸侵蚀。

但近年来，由于湿地资源过度利用、开垦围垦、人工挖沟排水、湿地污染等人为因素的主要影响和气候变化等自然因素的少量影响，我国湿地面积正逐渐减少，从而使栖息在湿地上的动物、植物等遗传资源的多样性受到威胁。

我国湿地面临威胁和遭到破坏的其中一个根本原因是对湿地生态功能的经济价值缺乏必要的认识。由于包括遗传资源价值在内的湿地价值大多表现为非使用价值，公众往往对其缺乏足够的认识，从而很容易导致对遗传资源价值的低估与破坏。同时，遗传资源很大程度上是一种公共物品，对它的保护一方面有利于保护重要的遗传资源，从而给整个社会带来正的效益，另一方面也会不可避免地需要限制保护区周边居民的生产活动，从而增加保护区周边居民的机会成本。所以准确地评估遗传资源的价值，并与保护措施的成本结合进行分析，是制定出高效、合适保护措施的前提。

针对保护区的遗传资源价值的评估是一个重要的技术难题。本书以盐城为案例，用选择实验法（choice experiment，CE）来对保护区不同保护方案的支付意愿开展评估。通过对丹顶鹤保护方案涉及的关键属性（包括到盐城越冬丹顶鹤数量占全球丹顶鹤总数的比例、适宜丹顶鹤生活的天然湿地占保护区面积的比例、周边老百姓对农药的使用强度等）进行组合，设计了一系列丹顶鹤遗传资源保护方案。然后，通过问卷访谈的形式，了解了北京市居民对不同保护方案的选择偏好。最后，基于计量模型分析结果，得出居民支付意愿及遗传资源价值，识别出保护方案中应考虑到的几个关键属性。同时，根据生态补偿理论，生态补偿的额度上限为估算出的生物多样性价值。本研究估算其遗传资源价值，也可以对国家生态补偿政策提供参考依据。

9.1　保护成本测算

9.1.1　盐城珍禽自然保护区基本情况

盐城国家级珍禽自然保护区是中国最大的海涂湿地类型的自然保护区，位于盐城市境内的沿海地带（图 9-1），保护区总面积约 4530km²，核心区面积 174km²，缓冲区面积 467km²，实验区面积 3889km²，是以保护沿海滩涂湿地生态系统和以丹顶鹤等珍稀物种栖息地为主要目标的湿地。保护区内湿地生态系统复杂多样，既涵盖了海洋、林地和草原等多种生态系统，又兼具滩涂、沼泽、湖泊和河流等多种类型的湿地（李祖伟等，2006）。保护区内的沿海滩涂长达 580km，是我国及太平洋西岸最大的海岸湿地。保护区内物种丰富，其中 29 种野生动物被列入世界濒危物种红皮书。盐城保护区在生物多样性保护中占有十分重要的地位，是世界重要的迁徙水禽停歇地和越冬地，也是丹顶鹤最主要的越冬地，全球每年 60%以上的丹顶鹤野生种群在此越冬（高军等，2011），被誉为丹顶鹤的第二故乡。

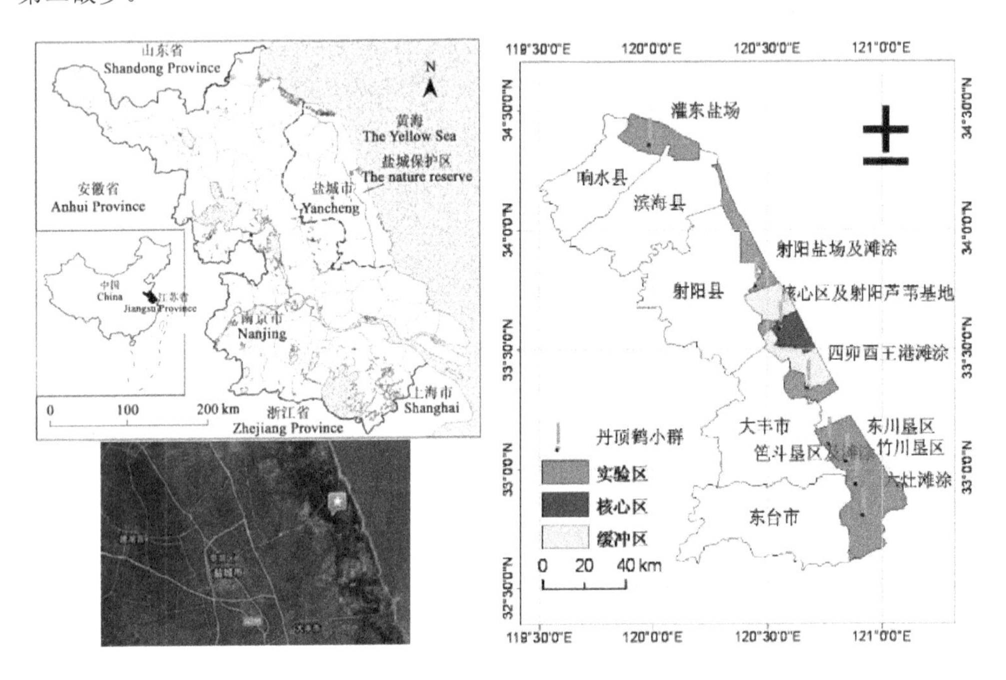

图 9-1　盐城保护区概览图（请扫描封底二维码阅读彩图）

保护区成立于 1983 年，1992 年被国务院批准成为国家级珍禽自然保护区，同年被正式列为国家级自然保护区，并被联合国教科文组织世界人与生物圈协调理事会纳入“世界生物圈保护区网络”，1999 年成为“东亚-澳大利亚涉禽迁徙网络”成员，2002 年被列入国际重要湿地名录；2007 年扩大保护范围，更名为国家级湿地珍禽自然保护区；2011 年，被环保部确立为“国家生态补偿试点”，是国际重要湿地公约（Ramsar convention）的成员。

尽管保护区对全球和我国的生物多样性保护具有重要的意义，但是自成立以来，保护区一直面临一系列的威胁，其中农业生产已成为其最直接、最主要的威胁因素之一。一方面，围垦（改造）湿地等农业开发行为直接导致了湿地面积的萎缩、破碎化程度的加强；另一方面，随着经济的发展，保护区周边传统的农业生产模式发生了改变，由农药化肥的大量使用导致的农业面源污染极大地冲击了湿地的生态安全（何介南等，2009）。从 1982 年到 2000 年，盐城保护区核心区外的湿地减少了 90%，丹顶鹤在 2000 年之前所活动的范围占整个湿地61%，到2000年左右只占到湿地的11%。已有研究也表明，由于保护区缓冲区面积有限，保护区内外水网相连，农业面源污染使保护区内的水体富营养化和毒化（李扬帆等，2004）。此外，农药的广泛使用，容易使鸟类因食用被农药喷洒过的农作物而中毒死亡。盐城地区每年都有鸟类农药中毒死亡的记录，其中最为严重的2003年，有2万多只鸟被农药毒害致死，包括珍稀的丹顶鹤（秦卫华等，2007）。

根据1984年11月成立以来，每年越冬期保护区管理机构组织的专业人员开展的全线同步调查所掌握的丹顶鹤的数量与分布、种群动态、行为生态，以及栖息地环境状况显示，1982～2008年期间盐城丹顶鹤的数量总体上呈恢复趋势，但是每年越冬的数量波动较大（李志阳和田伟，2010）。

由图9-2可知，到盐城越冬的丹顶鹤数量2000年左右达到峰值，随后呈下降趋势，尤其是2005年以后持续下降。由于丹顶鹤的露宿地一般为有浅水的洼地、浅水塘或者安静的水产品养殖塘等地方，周围会有稀疏的芦苇或者其他可供丹顶鹤隐蔽的物体；觅食地一般选择在无人活动的草滩、碱蓬滩等自然湿地，其复杂的食性特性使其能够选择多种生境类型作为其越冬栖息地。丹顶鹤在过去20多年内的变化趋势从某种程度上反映了丹顶鹤的栖息地受到了一定程度的干扰甚至破坏。

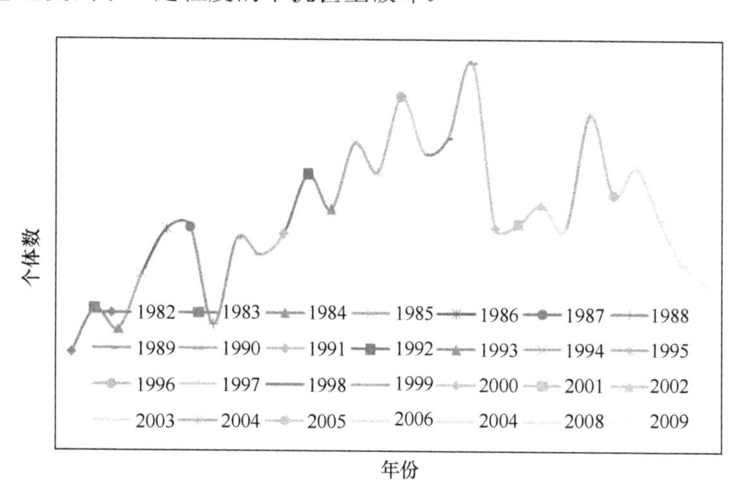

图9-2　1982～2009年盐城丹顶鹤越冬数量（李志阳和田伟，2010）

据卫星遥感数据显示，在过去30年间，工农业开发侵占了保护区内大约162万亩的天然湿地（赵玉灵，2010）。由于湿地面积减少、湿地破碎化加剧，鸟类等动植物赖以生存的栖息地被压缩，到保护区越冬的候鸟分布由保护区建立初期的连续分布变为当前的点状分布（李志阳和田伟，2010），据统计，20年来丹顶鹤的生境类型及分布发生了较大的变化，主要表现为：生境由连续分布转变为岛屿状分布，生境破碎化明显（图9-3）；丹顶鹤的分布有向核心区集中的趋势，同时人工湿地已经成为丹顶鹤的一种重要的生境类型；珍稀鸟类越冬数量不断下降，代表性物种丹顶鹤的过冬数量从2005年的976只下降到2010年的502只（吕士成，2009）。由此可见，通过积极和严格的保护措施改善丹顶鹤在盐城保护区内栖息地的生境，将对保护丹顶鹤种群（尤其是迁徙丹顶鹤种群）中特有的遗传资源具有重要的意义。

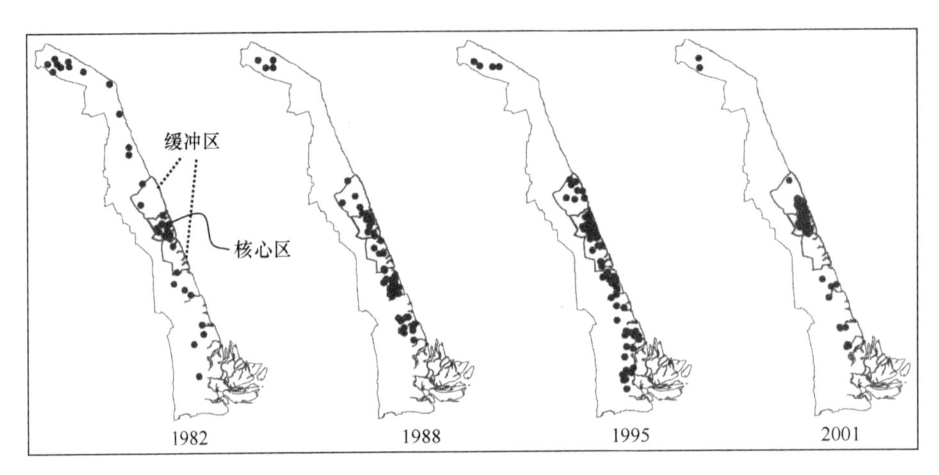

图 9-3　江苏盐城滨海湿地丹顶鹤越冬种群分布图（李志阳和田伟，2010）

9.1.2　成本计量指标体系构建

自然保护区的保护成本分为管理成本和机会成本两大类，其中管理成本包括人员工资、日常管理运行费用、基础设施和设备费用等。

1）人员工资

人员工资是指自然保护区管理局和管理站（点）的人员工资，根据自然保护区管理的有关规定，自然保护区工作人员的工资高于社会平均工资水平（蒋志刚，2005）。本书采用盐城市 2012 年职工平均工资[①]进行保守估算。

2）日常管理运行费用

本书界定的日常管理运行费用为保护区管理局和管理站（点）为履行行政职能、实现行政目标，在管理活动中所支付的费用的总和。从成本支出的特点来看，可以将其分解为：公务成本，即管理局和管理站（点）在管理过程中所发生的直接支出（包括水电费、通讯费、汽油费、宣教费、野外工作耗材等）；管理局和管理站（点）基本设施维护费用的成本（如汽车养护费等）。

3）基础设施、设备费用

本书界定的基础设施建设费用包括管理局和管理站（点）中基础设施的建设费，以及保护区按其职能所需的其他一些基础设施费用，如防火设施设备、野生生物保护设施等。其中，管理局和管理站（点）中基础设施、设备的费用包括管理局和管理站（点）用房、办公设备、交通工具、通讯工具、巡护和监测装备等。

9.1.3　管理成本估算

自然保护区的保护成本随着保护区的类型、面积和所在地的社会经济等因素的不同而发生变化（Bruner et al.，2004；Boxal et al.，2011）。因此在计算自然保护区的成本时，既要考虑保护区的自然属性，同时也要考虑保护区所在地的社会经济属性。管

① 取自《盐城统计年鉴 2013》，取值为 40 357 元/年。

理成本主要参考国家关于自然保护区建设的有关规定，包括《国家级自然保护区规范化建设和管理导则》（以下简称《导则》）及《自然保护区工程项目建设标准》（以下简称《标准》），再根据保护区的面积、类型和所在地的社会经济情况确定自然保护区的保护成本。

具体而言，自然保护区管理站是实施保护行动的主要机构，以管理站为计算单位，通过研究自然保护区面积与所需管理站数量之间的关系以及管理站的管理成本需求（人员工资、日常管理运行费用、基础设施及设备费用），推算出自然保护区基本的管理成本。此外，管理成本还包括保护区管理局的人员工资、日常管理运行费用及基础设施设备费用。另外，根据保护区所属类型，保护成本还包括其他一些设施成本，如防火设施设备、野生生物保护设施等。

9.1.3.1 计量指标及方法说明

1）自然保护区管护设施建设概要

根据《导则》，自然保护区内管护设施建设包括保护管理站（点）、界碑界桩、交通设施、巡护执法设备、防火设施设备及野生生物保护设施等。本书根据不同类型自然保护区对管护设施的需求不同，并参照《标准》，将不同类型自然保护区与所需管护设施进行了一一对应。

盐城自然保护区同属于野生动物和湿地类型自然保护区，因此其管护设施涵盖了保护管理站（点）、科研监测工程、宣传教育工程、森林防火、野生生物保护及湿地保护等工程项目。

2）自然保护区管理局和管理站（点）

自然保护区管理局是保护区的“指挥部”，负责综合管理自然保护区。管理局人员配置和工程建设量根据保护区的面积有所差异。管理站（点）是基层实施保护管理工作的根据地，其数量和人员、设施设备的配置是否充足直接影响到保护管理行动的有效性。本书主要依据保护区的类型、面积来确定自然保护区管理站（点）数量。具体指标参照《标准》。

《标准》按照不同类型保护区面积，将保护区划分为超大型、大型、中型、小型 4 种类型，并且规定了每种面积类型所包含的管理站数量。盐城自然保护区面积达到 28.4 万 hm^2，属于超大型自然保护区，其对应的管理站数量应为 10～15 个，本书取 12 个作为计算依据。

3）自然保护区其他管护设施建设

自然保护区其他管护设施包括森林防火、野生动植物保护以及湿地保护设施。《标准》对这些管护设施的数量进行了规定。本书按照可计算原则将其进行了细化，盐城自然保护区按照超大型自然保护区来估算，具体取值为：瞭望（塔）及设备（含通讯）3 套；扑火设备 200 套；动物救护站 500 m^2；救护设备 1 套；植物病虫害防治检疫站 500m^2；保护及防治设备 1 套；管护码头 4 个；管护船艇 9 艘；等等。

9.1.3.2 自然保护区管理成本计量明细

以上对各种类型自然保护区所需的管护设施数量进行了估计，下面将具体研究不同类别管理成本的明细，这也是整个自然保护区成本计量的重要一环。参考的文献资料包括《国家级自然保护区规范化建设和管理导则（试行）》、《自然保护区工程项目建设标准（试行）》，以及解焱《自然保护地保护管理人员与经费需求分析》的研究报告。

1）人员工资

本书研究的自然保护区管理人员主要为保护区管理站的管护人员以及保护区管理局人员。根据《国家级自然保护区规范化建设和管理导则（2009）》，每个保护管理站至少配备2人；至少有2人专门从事科研监测工作，至少有2人专门从事宣教培训及社区共管工作。本书建议每个管理站配置管护人员7人，其中，站长1人，专业技术人员2人，巡护人员4人。管理局内部科室设置应满足各项需求，包括办公室、保护执法科、科研科、社区宣教科、财务科。小型保护区配备局长一人，各科室2人；中型保护区配备局长、副局长各1人，各科室（除财务科）3人，财务科2人；大型保护区配备局长1人，副局长2人，各科室（除财务科）4人，财务科2人；超大型保护区配备局长1人，副局长2人，各科室（除财务科）5人，财务科2人。

按照超大型自然保护区来计算，盐城自然保护区管理站人员总数为84人（每个管理站7人，共12个管理站），管理局人数为25人，总共为109人，按照盐城市2012年职工平均工资40 357元/年来估算，盐城自然保护区每年的人员工资费用约为440万元。

2）日常管理运行费用

本书的保护区日常管理运行费用主要是指管理站和管理局日常保护管理行为所产生的费用。其中，管理站日常管理运行费用明细如表9-1。

表9-1　自然保护区管理站日常管理运行费用明细表

成本项	明细	备注
水电	约1000元/人	月人均用电量（147kW·h）×平均电价（0.38456元）+月人均用水量（11m^3）×平均水价（2.65元）×12=1028元
办公室耗材	约1000元/人	包括墨盒、办公用纸、笔、纸杯、茶叶、清洁工具等
油费	吉普车：40km×20L/100km×8元/L×100d；摩托车：40km×4L/100km×8元/L×150d	日行车距离根据保护站管护面积对应圆的周长近似计算，本研究按照保护站平均管理面积150km^{2}估算，结果约为40km；另外，出车天数按照吉普车每年出车100d，摩托车每年出车150d来估算（每年除去双休日、法定节假日以外工作日为250d）
汽车养护费	4000元/车	保险费约3500元/年，保养费约500元/年
通讯费	管理站：500元/月；每人补贴100元/月	
野外耗材	约800元/人	包括雨具、水壶、背包、电筒、应急灯、防身设备
培训、参加会议费用	每年有2人参加外部培训或会议，平均6000元/人	
宣传费用	3万元/站	包括宣传品、标牌、标语等印刷安装费用

注：成本项与明细主要参考《国家级自然保护区规范化建设和管理导则（试行）》、《自然保护区工程项目建设标准（试行）》，以及解焱《自然保护地保护管理人员与经费需求分析》的研究报告，表中有关费用数据参考2010年的市场价格进行估算。

管理局日常管理运行费用主要包括水电费、办公室耗材、汽车养护费、通讯费、培训和参加会议费用等，算法同管理站。盐城自然保护区管理运行费用如表9-2所示。

表 9-2 盐城自然保护区管理运行费用汇总表

管理站日常管理运行费用/万元	管理局日常管理运行费用/万元	合计/万元
151.5	17.9	169.4

3）基础设施、设备费用

本研究的保护区基础设施设备费用主要是指管护活动所需的基础设施、设备，包括管理局、管理站（点）、森林防火设施、野生动植物保护设施、湿地保护设施等，其成本计算明细见表 9-3。

表 9-3 自然保护区基础设施设备成本明细

成本类型	成本项	明细
管理局	建筑工程量	（500～1400m^2）×1200 元/m^2，具体根据保护区大小决定建筑面积
	办公设备	40 万～70 万（含家具）
	交通工具	2～3 辆吉普车（每辆 10 万）
管理站	建筑工程量	300m^2×900 元/m^2
	办公设备	10 万/站（含家具）
	交通工具	吉普车（10 万×1）、摩托车（7000 元×2）
	通讯工具	卫星电话（1500 元×2），车载台（2000 元×1），对讲机（1000 元×4）
	巡护、监测装备	GPS（2×1000 元），数码相机（2×1500 元），望远镜（2×2000 元），夜视仪（1×1500 元）
管理点	建筑工程量	80m^2×800 元/m^2
	办公设备	3 万/站（含家具）
	交通工具	摩托车（7000 元×2）
	通讯工具	卫星电话（1500 元×1），对讲机（1000 元×2）
	巡护、监测装备	GPS（1×1000 元），数码相机（1×1500 元），望远镜（1×2000 元），夜视仪（1×1000 元）
科研	科研监测中心工程	600 万元
	生态定位站工程	290 万元
	设备	845 万元
宣教	宣教中心工程	800 万元
	设备	300 万元
森林防火	瞭望（塔）及设备（含通讯）	22 万元/套
	扑火设备	5000 元/套
野生动物及栖息地保护	动物救护站	1100 元/m^2
	救护设备	8 万/套
野生植物及生境保护	植物病虫害防治检疫站	1100 元/m^2
	保护及防治设备	15 万/套
湿地保护	管护码头	5 万/座
	管护船艇	20 000 元/艘

注：成本项与明细主要参考《国家级自然保护区规范化建设和管理导则（试行）》、《自然保护区工程项目建设标准（试行）》，以及解焱《自然保护地保护管理人员与经费需求分析》的研究报告，其中，科研和宣教设施设备费用参考《江苏盐城沿海湿地珍禽国家级自然保护区总体规划（2006—2020）》，表中有关费用数据参考 2010 年的市场价格进行估算。

另外，每年的基础设施、设备费用参照固定资产计提折旧的方法进行计算。本书采用目前被广泛使用的年限平均法，参考新企业所得税法规定的固定资产计提折旧的最低年限，用于计算的预计使用寿命分别为：房屋建筑物 20 年；交通工具 10 年；其他设备和装备 5 年。盐城自然保护区基础设施设备分项成本如表 9-4 所示。

表 9-4 盐城自然保护区每年基础设施设备成本汇总表 （单位：万元）

管理站基础设施、设备费用	管理局基础设施、设备费用	科研工程	宣教工程	森林防火	野生动物保护	野生植物保护	湿地保护	合计
58.6	25.4	213.5	100	23.3	4.4	5.8	2.8	433.8

9.1.4 机会成本测算

1）方法

本书采取假定保护区土地用于农业生产所创造的净利润来近似估计保护的机会成本。具体来说，保护区单位面积的机会成本用保护区所在县（市）单位耕地面积的农业净利润来估算。

2）数据来源

盐城自然保护区位于盐城市境内，盐城市耕地面积和农业产值取自《盐城统计年鉴 2013》，取值分别为 $835.59\times10^3\text{hm}^2$ 和 3 998 795 万元。将农业产值转化为农业净利润，需要净利润率这一参数，本研究使用 2012 年三粮（稻谷、小麦、玉米）平均净利润率 15.24%①近似估计。

9.1.5 成本估算结果

根据上述方法，计算得到盐城自然保护区每年的管理成本约为 1043 万元，见表 9-5。机会成本约为 20.7 亿元。

表 9-5 盐城自然保护区管理成本

人员工资/万元	日常管理运行费用/万元	基础设施设备费用/万元	合计/万元
440	169	434	1043

9.2 保护收益评估：选择实验法

在评估遗传资源价值时主要关注其非使用价值，特别是存在价值。由于非使用价值不能在可观察的行为中反映出来，所以要使用陈述偏好来评估这些价值。条件价值评估法与选择实验法都是陈述偏好法的两种具体形式。相较之下，由于 CE 以属性为依据，因此可以在条件改变的情况下评估属性的价值，同时 CE 的运用效率更高，更能探测出受访者的一般偏好，因此，在本次研究中选择使用 CE 进行遗传资源多样性的价值评估设计方案。

① 数据来源：《中国农村统计年鉴 2013》。

9.2.1 选择实验方法国内外研究概述

选择实验，又称选择建模（choice modeling），最早用于弥补传统经济学对效用和需求在实际运用中的不足。CE 的经济学理论基础是结合了 Lancaster 的特性需求理论（characteristics demand of goods）和“随机效用理论”（McFadden，1974），用于分析消费者在面对不同的产品时产品的哪些属性（如价格、外观、实用性和对消费者的特殊意义等）决定了消费者的选择（即效用），而并非传统地以价格为核心分析消费者的效用和需求。CE 方法建立在结合分析（conjoint analysis）的基础上，但是与结合分析的方法不同（让实验对象对某个产品评分和评级），CE 在实验时会根据实验需求设定一些实验背景，让参与者在这些背景中的一系列产品属性中选出自己偏好的属性集合（attributes combination），然后结合统计学的一些方法，如 MNL、Logit 及 Probit 等，模拟构建出实验参与者的决策过程，推断参与者的真实偏好（Boxal et al.，1998）。

较之其他方法，CE 方法能够更加有效地分析参与者的决策过程，获得参与者偏好的属性集合，因此 CE 方法被广泛地运用于获取消费者对某类产品属性的偏好。例如，分析消费者在选择不同的交通产品、医疗保险和公共产品等产品（如环境估值）的决策过程。其中，CE 方法最早被 Louviere 运用在交通经济学领域中，随后被许多学者用来研究出行方式的选择、停车问题以及购买汽车中的选择等问题（Louviere，1988；Pinelopi，1998）。而 CE 方法也在劳动以及健康经济学领域迅速扩展，其中以 Ryan 为代表的经济学家对健康经济学问题做了十分广泛而且深入的研究，他们系统地研究了时间、价钱和治疗风险等服务属性对医生提供医疗服务的影响。从而剖析了众多公共卫生政策的问题，并提供相应的启示以改善公共卫生现状（Ryan et al.，2003）。

CE 的另一个重要运用是在资源与环境经济学领域，特别是在能源领域的排放问题和自然资源领域的公共产品问题方面。虽然同是使用 CE，但是这两个领域的研究是有巨大区别的：能源领域的研究一般研究个人偏好（private preference）；相反，公共产品的问题则是研究个人的公共偏好（public preference）。Sagoff 认为相对于个人偏好是与效用紧密联系的，对公共产品的偏好更多时候是一种道德上的选择，要么对要么错。因此人们在做出决定时，有一部分人会将自己作为社会的一份子来考虑问题，他们会更加倾向于选择有利于环境的属性组合。对公共产品领域做出重要贡献的学者是 Adamowicz（1994），他于 1994 年最早将 CE 用于环境资源领域，揭示游客对两条河流的不同属性的偏好，并将各个属性依据对游客偏好的影响程度分类；之后，Adamowicz 又同 Fredri 和 Martinsson（2011）、Louviere 等学者将 CE 方法扩展到了森林和自然保护区的管理、生态补偿、自然景观估值和保护政策制定等过程中，并对 CE 的方法和实验过程进行了创新与改进（Adamowicz，1998；Carlsson，2001；Louviere，1998），这些贡献使得 CE 方法成为了研究环境和资源等公共产品问题的重要手段之一。例如，Birol （2006）等在对希腊一处 RAMSAR 湿地进行的 CE 研究中发现，当地居民对湿地的偏好具有差异性（heterogeneity），同时他们的研究也确定了当地人们对补偿、农业培训和生物多样性维护等政府服务的偏好程度。而这些重要结果为重新制定政策、提升当地湿地管理提供了依据。

List（2002）提供了经验证据来表明选择实验方法是激励相容的（incentive-compatible），

能够可靠估计非市场物品和服务的使用及非使用价值。实证研究围绕在私人物品和公共物品两个领域进行。第一个领域，作者研究了在一个体育卡展览中体育卡属性的偏好选择，然后作者使用这个方法在一个为中央佛罗里达大学的环境政策分析中心募集资金的真实资本运动中得到了公共物品的价值。总的来说，这两个领域的实验有力地证明了选择实验是激励相容的。这些结论表明选择实验可能提供一种对非市场物品和服务价值更可靠的估计。

虽然CE在国外已经获得了广泛地运用，但国内CE研究起步晚，因此运用的领域较为单一，主要集中在资源与环境经济学领域，而且方法较为单一，主要集中在运用意愿支付对自然资源进行生态估值。例如，张小红和周慧滨（2012）通过调查湘江流域587户家庭，发现如果实施湘江流域水污染治理工程、彻底解决湘江重金属污染问题、水质完全达到或优于Ⅱ类水标准，湘江流域居民总的支付意愿为1074亿元。通过WTP的方法固然可以探究公共产品“价格”这一属性，但是由于方法的局限，无法获取更加详尽的其他属性。因此，使用WTP对公共产品/政策的设计和评估是十分受限的。

除了WTP外，翟国梁等（2007）等对退耕还林政策属性的分析发现，影响农户参加退耕还林最重要的因素是退耕还林补贴是否有保障；提高经济林的比例有助于鼓励农民继续参加退耕还林项目；完善土地租赁市场对退耕还林的意义远大于土地再分配。通过这些属性的确定，对退耕还林系列政策的完善有重要启示。另外，金建君和江冲（2011）也通过选择实验的方法确定了改善田间设施和提高土壤肥力对耕地资源保护政策有重要的影响。类似方法的研究还有金建君和王志石（2006）的研究。

目前国内关于CE的研究比较有限，还处于起步阶段，存在着许多的问题。张小红和周慧滨（2011）总结到有如下的问题：①缺乏CE的理论研究，应用也极少；②实验设计不完善，许多研究没有很好地揭示偏好；③很少有研究提供抽样和实验的过程。总之，CE方法在中国还处于比较原始的阶段。

9.2.2 研究方法

本书利用问卷访谈的方式，于2013年4～6月对北京市居民开展访谈。为设计本研究的问卷及选择实验，在正式调研前，研究人员在北京市海淀区上地西里两个小区进行了两次预调研来测试原始问卷中设定的情景和支付意愿的区间的可行性，基于预调研中的发现对原始问卷中设定的情景和支付意愿区间进行了调整。

9.2.2.1 抽样方案

调研采取随机抽样方法，对北京市居民进行调查，预调研样本60份，实际调研样本282份，有效问卷262份（表9-6）。

9.2.2.2 确定属性和属性的范围

由于CE包含主要的数理统计设计，所以属性的作用会受限于其在效用函数中的表达方式。同时，信息提供、问卷设计、调查执行的问题也十分关键，因此对于盐城保护区遗传资源多样性的具体属性及水平设计，一定要尽可能做到科学合理。通过文献查阅，

表 9-6　调研样本分布

小区	样本数量
上地西里	20
门头馨村社区	20
双新村	20
铁家坟社区	20
万寿路 16 号	20
普惠南里	20
紫金长安	20
甘家口街道	80
顺义村	30
门头村	20
其余非集中	102
有效样本	262

对以下内容进行了初步了解：①了解保护区历史曾经达到的规模，包括主要旗舰物种的数量、湿地面积、植被覆盖等情况；②了解当前保护区面临的主要威胁，尤其是物种濒危程度的情况，包括丹顶鹤目前数量、旗舰物种的发展规模，以及当地典型环境质量变化。

在识别属性时，主要运用的理论是生境因子。野生动物的生境因子一般是指能够反映动物生存的最基本的环境因子，如光、湿度、温度、植被类型、食物数量等物理环境因子和生物因子，这些因子结合起来共同决定了野生动物生存的基本条件。对于高等动物，如丹顶鹤来说，生境的选择往往不是上面提到的基本生境因子，而是由这些基本生境因子反映出来的综合环境条件，如水分条件、隐蔽条件、食物条件和干扰等。这种角度对于研究野生动物的栖息地选择非常有帮助。经过查阅文献和专家咨询，综合各方意见，选择的要素和水平如表 9-7 所示。

表 9-7　CE 的要素及水平

要素	水平
到盐城越冬丹顶鹤数量占全球丹顶鹤总数的百分比	增加 5%；增加 10%；增加 15%
适宜丹顶鹤生活的天然湿地占保护区面积的比例	增加 5%；增加 10%；增加 15%
周边老百姓对农药的使用强度	减少 10%；减少 20%；减少 30%
需缴纳的税额	10 元/年/户；30 元/年/户；70 元/年/户；100 元/年/户

1）到盐城越冬丹顶鹤数量占全球丹顶鹤总数的比例

根据 30 年来丹顶鹤越冬数量的变化和近几年丹顶鹤到盐城越冬的数量水平，每年到盐城越冬的丹顶鹤数量现状水平为 450～600 只，将占全球丹顶鹤总数的 17%～23%，分别以提高 5%、10%、15%设定为不同水平的丹顶鹤百分比。

2）适宜丹顶鹤生活的天然湿地占保护区面积的比例

栖息地是一个物种赖以生存的基本条件，对遗传资源保护至关重要。丹顶鹤在江苏盐城国家级珍禽自然保护区的分布呈散点岛屿状，每个小群彼此都有独立的夜宿地和觅食地。最近十几年来，大量适合丹顶鹤栖息的景观类型被围垦，其中很大面积被转变成了养殖塘等其他一些人工、半人工湿地类型，然后又转变成农业用地。适合丹顶鹤等旗舰物种生存的湿地不断减少。

碱蓬滩涂、芦苇滩涂能够为丹顶鹤提供质量较高的动物蛋白类食物。我们将碱蓬湿地和芦苇白茅湿地的总面积作为一个属性，以其代表适合丹顶鹤生存的面积。因此，将碱蓬湿地和芦苇白茅湿地的总面积作为以丹顶鹤为旗舰物种的盐城自然保护区遗传资源的一个属性。以表 9-8 中 2006 年的数据作为现状，然后我们发现 1996 年的数据是 2006 年的 2.5 倍之多，但鉴于迅速提升到该水平难度很大，本实验设定适宜丹顶鹤生活的天然湿地占保护区面积的比例增长 5%、10%、15%作为该属性的三个水平。

表 9-8　适宜丹顶鹤生活的天然湿地占保护区面积　（单位：hm^2）

湿地类型	1986 年	1996 年	2006 年
碱蓬湿地	49 490.1	23 169.92	10 068.93
芦苇白茅湿地	59 512.59	32 278.9	9 965.43
适合丹顶鹤栖息的湿地	109 002.7	55 448.82	20 034.36

3）周边老百姓对农药的使用强度

每年都有鸟类因为啄食施过农药的作物中毒死亡。在最严重的 2003 年，保护区有 2 万多鸟类因农药中毒死亡，其中绝大部分系人为投毒造成的（秦卫华等，2007）。因此，降低周边老百姓对农药的使用强度将对保护丹顶鹤有重要意义。

4）为保护愿意支付的价格

对应前面不同的属性与水平，针对不同组合中可能出现的情况，给出受访者愿意为保护盐城湿地保护区而支付的价格。由于价格的计算要结合具体的实施保护措施所需耗费的成本，因此这部分数据需要收集大量市场数据，同时结合保护区治理经验而得。同时，在结合保护区实地调研与市场考察的基础上，由专门评估师给出愿意支付价格的具体值。本实验将支付意愿划分为 4 个水平：10 元/年/户，30 元/年/户，70 元/年/户，100 元/年/户。

基于这些属性及其对应水平，利用实验设计的方法得出不同的选择组合，经过复核后，形成问卷提供给被访谈者选择。

9.2.2.3　实验方案设计

在确定了要素及其相应的水平之后，通过使用 SAS 数据分析软件中的“选择设计”模块功能来组合要素水平。这些要素及水平可以产生 $3^3×4=108$ 个组合，其中有一部分属于不合实际的组合（implausible alternatives）和较为强势的组合（dominant alternatives），为保持正交的原则予以剔除，最后保留下来 36 个，将保留下来的组合分成 12 个选择集，每个选择集包含 3 个选项，表 9-9 是其中一个选项的示例。

如果受访者经过认真思考挑选后选择方案 1，说明受访者认为方案 1 的预期效用比方案 2 和方案 3 更高。受访者做出选择的原因部分是由要素的水平决定的，在这个例子下，这些要素水平是“使用丹顶鹤生活的天然湿地占保护区面积比例提高 15%”、“需缴纳的税额为 30 元/年/户”等。

表 9-9 选择实验选择集示例

方案	方案 1	方案 2	方案 3	方案 4
到盐城越冬丹顶鹤数量占全球丹顶鹤总数的比例	比现状提高 5%	比现状提高 15%	比现状提高 10%	以上方案都不选择
适宜丹顶鹤生活的天然湿地占保护区面积的比例	比现状提高 15%	比现状提高 5%	比现状提高 10%	
周边老百姓对农药的使用强度	比现状减低 20%	比现状减低 10%	比现状减低 20%	
需缴纳的税额/（元/年/户）	30	10	70	

9.2.2.4 问卷结构

调查问卷主要分成 4 个部分。

第一部分主要是详细询问受访者的环境意识和对于生物多样性保护的基本观点。主要采取排序题和打分题的形式，首先请受访者对环境保护、社会福利、经济发展、社会公平等问题排列优先序，再列举一些有关环境问题的描述，请受访者根据自己对该描述的认同程度打分。除了获取相关信息，这一部分对于受访者和访问者而言也是个建立相互信任的热身环节。

第二部分主要询问受访者对湿地、丹顶鹤、盐城自然保护区等研究对象的了解程度。同时，由于运用 CE 进行价值评估，需要受访者对评估对象有客观了解，因此，在这一部分，访问者会结合图片展示，向受访者详细介绍湿地、丹顶鹤、盐城自然保护区等的基本情况，确保受访者对评估对象有足够的认识。这一部分要求访问者在介绍时，尽量保证语言客观准确，通俗易懂，不可带有感情倾向，而应该使受访者通过接受客观信息，根据自己的价值判断形成自己的感性认识。

第三部分通过选择实验方法设计出的问卷，调研居民对湿地保护不同属性水平组合的支付意愿。在这一部分，需要向受访者呈现一个可以令人信服的实验情景。经过专家咨询和预调研后的修改，最终确定本实验的情景。由于方案中包含多个属性和水平，尤其是运用百分比的表达形式，为了有助于受访者理解他们所面临的方案选择，按照选择实验中常用的借助图片提高可视化程度的方法，我们在设计问卷时，在文字旁边加注了图片。针对不同文化水平的受访者，访问者采取不同的方案解释方式，例如，面对文化水平较高的受访者，可以理解百分比的概念，则直接用百分比进行解释；面对文化水平相对不高的受访者，则将百分比转化为数字和图片，用直观的绝对数量和形象的图片进行解释。

第四部分主要是收集各组被采访居民的家庭规模、收入水平、资产、工作等基本人口统计特征信息。由于城市居民普遍不愿告知真实收入水平，且对于城市居民而言，居民的房产情况一定程度上可以反映经济水平，因此，除了询问家庭每个居民的平均月收入、请受访者估算家庭年总收入外，还设计了系列问题询问受访者的房产情况，进而通过多个指标，对受访者经济情况进行估算。

9.2.3 描述性统计分析

描述性统计分析除了分析样本的社会经济信息外，重点分析被访者的环境意识，以及对湿地、丹顶鹤等的认识等信息。

9.2.3.1　经济社会信息分析

1）性别

262 个样本中，男性样本数为 139，占总数的 53%；女性样本数为 123，占总数的 47%。样本性别比（以女性为 100，男性对女性的比例）为 1.13。根据北京市第六次人口普查公报，全市常住人口中，男性占 51.6%，女性占 48.4%。常住人口性别比（以女性为 100，男性对女性的比例）为 106.8。样本性别比例基本符合北京市人口性别组成，男性样本数量略多（图 9-4）。

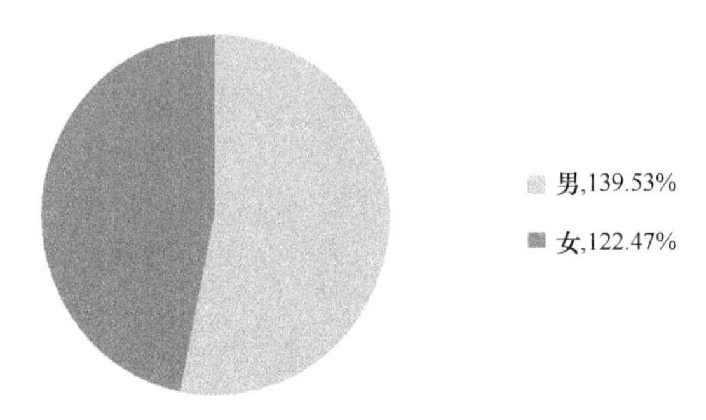

图 9-4　样本性别分布图

2）年龄

262 个样本的年龄平均值为 41.4 岁。其中，根据项目要求，14 岁以下没有独立经济能力的样本为不合理样本，已完全剔除；年龄在 25～35 岁之间的样本最多，样本量为 98；85 岁以下的样本占绝大多数；85 岁以上的样本数量为 1（图 9-5）。

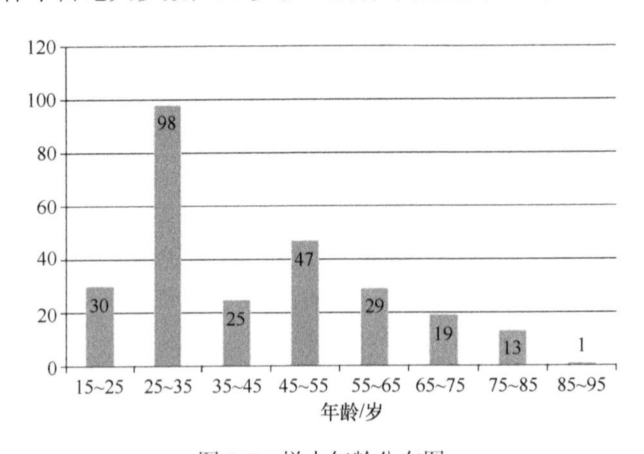

图 9-5　样本年龄分布图

3）受教育年限

262 个样本的受教育年限的平均值为 12.97 年。受教育年限在 0～3 年（小学低年级及以下水平）的人数较少，为 5 人；受教育年限在 16～19 年之间（研究生及以上水平）人数为 12 人。样本受教育水平主要集中在初中、高中及大学水平范围内（图 9-6）。

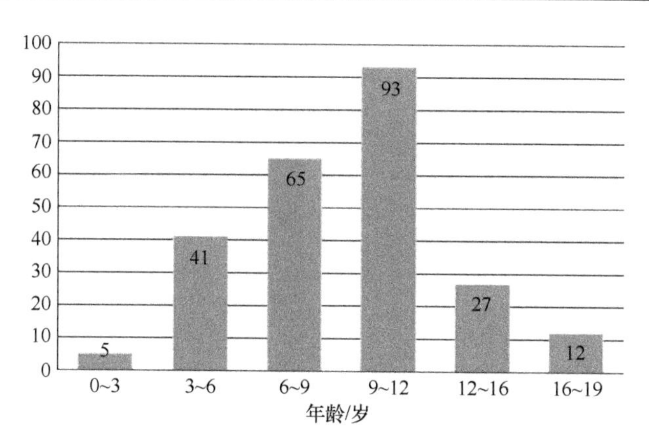

图 9-6 受教育年限分布图

4）城乡人口比例

262 个样本中，非农户口数为 202，占总数的 77%；农业户口数为 60，占总数的 23%，城乡户口比为 3.37。根据北京市第六次人口普查公报，全市常住人口中，城镇人口占常住人口的 86.0%，乡村人口占常住人口的 14.0%，样本农村人口所占比例稍多（图 9-7）。

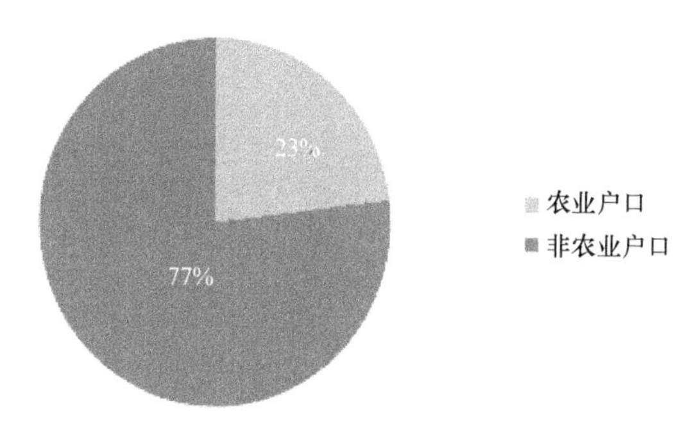

图 9-7 受访者户口类型分布图

5）是否为北京户口

所有 262 个样本中，北京户口的样本量占总数的 65%；非北京户口的样本量占总数的 35%（图 9-8）。

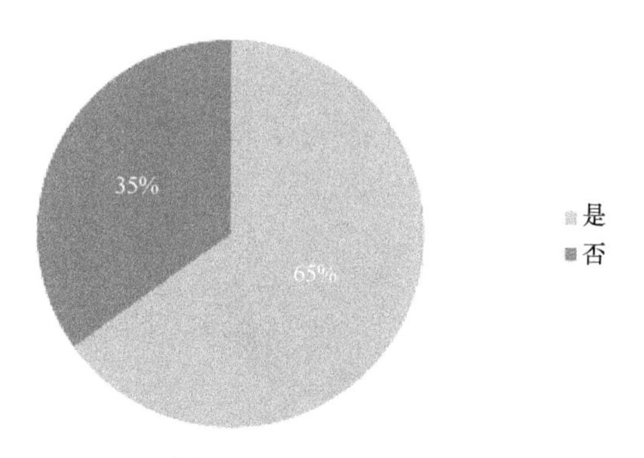

图 9-8 北京户口分布图

6）家庭年收入

在 262 个样本中，家庭年收入 20 万元以上家庭数量较少，占样本量的 9.1%。其中，所占比重最高的收入区间为 5 万～10 万元，共有样本量 112，占总数的 42.7%。此外，收入区间在 0～5 万元和 10 万～15 万元的样本量也较多，分别占到总数的 22.5% 和 15.6%。样本的平均值为 11.92 万元，标准差为 10.86 万元，反映出样本值间的差距较大（图 9-9）。

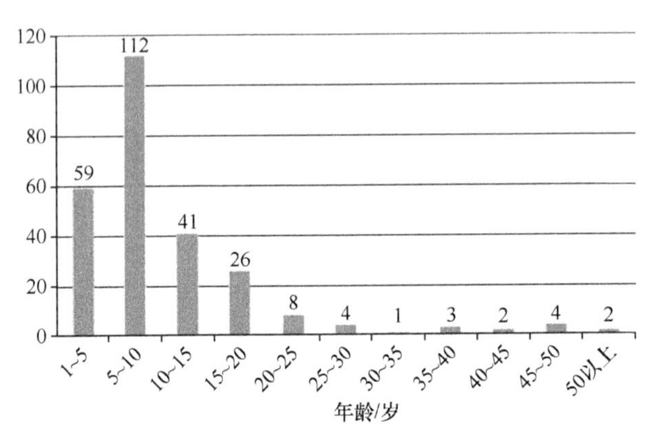

图 9-9　家庭年收入分布图

9.2.3.2　环境保护意识分析

1）环境问题紧要性排序

262 个样本中，有 38.9%的人认为“污染治理”是最紧要的；“生态保护”紧随其后，有 17.2%的人认为其最紧要。此外，分别有 14.1%、11.8%和 11.5%的人认为“社会公平”、“经济发展”和“社会福利”是最紧要的，而认为“政治进步”最紧要的人仅有 6.5%。结合访谈内容，由于近年来北京市大气污染（如雾霾天气）等与居民生活密切相关的环境污染问题越来越严重，相当一部分居民认识到了环境污染和生态保护的重要性（图 9-10）。

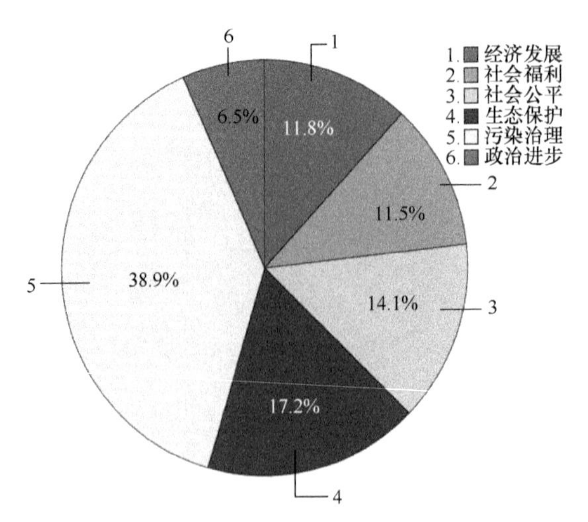

图 9-10　紧要性排序问题分布图

2）优先投资领域排序

262 个样本中，分别有 29.4%和 24.4%的人认为“加强国防”和“发展教育”是两个最应该优先投资的领域。而认为最应该在“污染治理”和“保护生态”领域优先投资的比例共约占受访者的 1/3。此外，名列最后两位的则是“提高社会福利”和“加强基础设施建设”，分别占比 8.4%和 2.7%。可见，虽然相当一部分受访者认为“污染治理”和“生态保护”问题十分紧要，但相比于国防和教育，受访者仍然更希望投资于后两者，这一方面是由于国防和教育与公众生活密切相关，另一方面是由于环境生态问题需要耗资多，并且见效慢（图 9-11）。

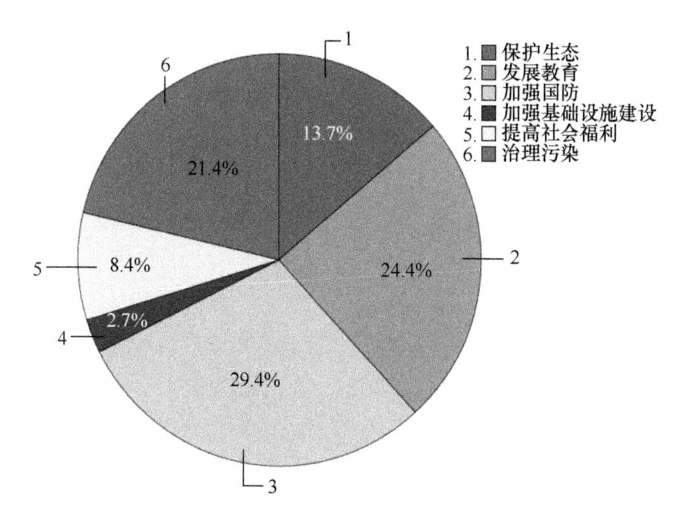

图 9-11　最优先投资领域分布图

3）相关知识认知度

对于“湿地”这一概念，高达 83.6%的受访者表示自己听说过这一概念，但对于“我国湿地的基本情况”，则有近四成的受访者表示不了解，可见公众虽然听说过“湿地”这一词汇，并对其有或多或少的了解，但对于我国的湿地国情还不了解。而“丹顶鹤”作为中国传统文化中的重要意象和国家级保护动物，几乎所有的受访者都听说过。约 2/3（67.2%）的受访者表示没有听说过“盐城国家级珍禽鸟类湿地保护区”，可见公众对盐城保护区的了解度比较低。

9.2.4　计量模型分析

在实际研究中，一般用基础模型和带交叉项的模型来分析样本的偏好。基础模型仅用属性作为解释变量，带交叉项的模型增加了社会经济信息变量，以便通过比较两个模型的结果分析不同样本之间偏好的差异来源（表 9-10）。选择实验分析需满足无关选择独立性的条件，否则结果会出现偏差。

我们使用混合 Logit（mixed Logit，ML）模型来开展计量分析。ML 模型的优点是在无关选择独立性不满足的情况下可避免分析误差（Boxall and Adamowicz，2002）。

基础模型：$Y_{ij} = \beta_0 + \beta_k X_{jk} + e_{ij}$

带交叉项的模型：$Y_{ij}=\beta_0+\beta_k X_{jk}+\beta_i ASC*S_i+e_{ij}$

其中，Y_{ij}被访户 i 对项目方案 j 的选择情况，选择用 1 记录，没有选择用 0 记录；X_{jk}表示方案 j 里面的属性 k 的属性水平，本书涉及的选择实验属性有“到盐城越冬丹顶鹤数量占全球丹顶鹤总数的比例，适宜丹顶鹤生活的天然湿地占保护区面积的比例、周边老百姓对农药的使用强度，需缴纳的税额”；S_i表示被访户的社会经济信息变量，与属性或者 ASC 交叉代入模型中；e_{ij}是扰动项。

表 9-10 变量信息表

变量	变量说明	变量取值
e_1	到盐城越冬丹顶鹤数量占全球丹顶鹤总数的百分比	5；10；15
e_2	适宜丹顶鹤生活的天然湿地占保护区面积的比例	5；10；15
e_3	周边老百姓对农药的使用强度	10；20；30
e_4	需缴纳的税额（元/年/户）	10；30；70；100
e_5	被解释变量	该方案被选中为 1，没有被选中为 0
c_3	性别	0=女；1=男
c_4	年龄	单位：岁
c_5	受教育年限	单位：年
d_1	家庭年总收入	单位：万元

本研究首先选用条件 Logit 模型（conditional Logit，CL）作为估计模型。CL 需要满足无关选择独立性（IIA）的假设，现有方法无法直接检验该假设，只有在模型估计之后进行检验。对本研究中同一个选择集里的 3 个选项来说，参与选项“1，2，3”以及“不参加”选项相互之间假设为独立不相关。先估计整体模型并存储，再对剔除某一选项后进行模拟并存储，比较两次模拟的系数。运用 STATA 12 进行 Hausman 检验，检验两次模拟间系数差异是否为系统的。结果显示，假设 P 值为 0，原假设被拒绝，系数间存在系统性差异，选项间存在一定的相关关系，IIA 假设被违反。CL 模拟的结果表明 IIA 假设被违反，本研究使用 ML 模型来修正估计。ML 模型允许部分参数服从正态分布或对数正态分布，即这些要素对受访者的影响是随机的，估计的差异是随机而非系统性的（Train，1998）。使用 STATA 11，在 Halton 的随机抽取法为 100 下进行模拟。模拟结果显示，ASC 及所有要素的系数标准差（SD）显著，所有要素变量服从正态或对数正态分布。但在选择实验中，支付水平作为衡量其他变量接受意愿和整体福利情况的基准，即使在服从正态或对数正态分布的情况下，仍被作为固定系数（Revelt and Train，1998；Morey and Rossmann，2003）。ML 估计的结果表明要素变量解释了偏好差异的原因，但无法说明差异的来源。带交叉项的 ML 模型引入用于估计偏好差异的原因，即使用 ASC 与受访者个人社会经济信息交叉作为解释变量（Revelt and Train，1998；Morey and Rossmann，2003）。使用交叉项的主要原因是受访者的某些社会经济信息是形成偏好的重要影响因素。在估计中，这些社会经济信息在选择集内是不变的，在模型中视作固定系数的变量来处理。

9.2.5 结果及分析

混合 Logit 模型的分析结果表明，到盐城越冬的丹顶鹤占全区丹顶鹤总数的比例、适宜丹顶鹤生活的天然湿地占保护区面积的比例以及周边老百姓对农药的使用强度等三个属性对访谈者的支付意愿具有显著的影响。表 9-11 是基于混合 Logit 模型估计结果得出的访谈者对于各属性的边际支付意愿。

表 9-11　各属性的平均边际意愿支付价　（单位：元）

属性	均值	标准差
到盐城越冬丹顶鹤数量占全球丹顶鹤总数的比例	3.04	5.81
适宜丹顶鹤生活的天然湿地占保护区面积的比例	2.42	4.55
周边老百姓对农药的使用强度	1.09	3.52
样本数	262	

表 9-11 显示，到盐城越冬的丹顶鹤数量占全球丹顶鹤总数的比例每增加 5%，访谈者平均愿意多支付 3.04 元的生态税；适宜丹顶鹤生活的天然湿地占保护区面积的比例每增加 5%，访谈者平均多愿意支付 2.42 元的生态税；保护区周边老百姓的农药使用强度每下降 10%，访谈者平均多愿意支付 1.09 元的生态税。由上可知，为了改善丹顶鹤栖息地的栖息地环境，城市居民愿意为此支付一定额度的生态税。

基于上述各项属性的边际效益，如果前面假设的保护情景能够得以实现，与盐城保护区的现状比，北京地区所调研的样本访谈户获得的消费者剩余平均约为 188 元/户。也就是说，北京地区的居民可以从保护中获得正面的效益。因此，政府可以通过一定的政策设计，通过一定的机制，能够从保护中获得效益但没有承担任何保护成本的个体中间（如城市居民）融资，并通过转移支付的方式来为保护提供必要的经费。

9.3　保护成本与效益的比较

此前，我们前期的研究利用选择实验法分析了盐城保护区周边农户为降低农药使用量而愿意接受的补偿。研究表明，保护区周边农户为减少 10%的农药使用量而愿意接受 23 元/亩的补偿。2013 年末盐城保护区保护区内总人口为 11.9 万人，需要补偿的总户数共为 3.84 万户（江苏省 2011 年户均人口规模 3.1 人），如果每户提供 23 元的补偿，总共需要 88.3 万元的补偿。2013 年末，北京市的总户数为 516.2 万。因此，仅以北京市一个城市为例，基于我们的调查，北京地区的居民对保护区范围内每降低 10%的农药使用量的意愿支付价为 1 元，由此可非常粗略地推算：北京地区的居民对保护区范围内每降低 10%的农药使用量的总意愿支付价为 516.2 万元，足以支付上述补偿成本。这至少说明，我国的城市居民对生态保护是有一定的意愿支付价的，这为今后政府开征环境税或生态税提供了一定的实证分析基础。

同样，由本章的计算结果可知，按 2010 年价格计算，盐城湿地自然保护区的年度单位面积保护成本为 4588 元/hm^2，其中管理成本为 18.58 元/hm^2，机会成本为 4570 元/hm^2。仅以北京市一个城市为例，基于我们的调查，北京地区的居民对适宜丹顶鹤生活的天然湿地占保护区面积的比例每增加 5%，愿意支付 2.42 元的生态税，由此也可非常粗略地推算：北京地区的居民对保护区范围内每增加适宜湿地的总支付意愿为 553 元/hm^2。北京地区的支付意愿还不足以支付保护成本，针对是否扩大或缩小保护区面积的决策来说，这一结果可以给出一定的启示。

（龚亚珍，吴　健，张煦昀，杨　喆，韩　炜）

参考文献

高军, 徐网谷, 杨昉婧, 等. 2011. 江苏盐城湿地珍禽国家级自然保护区资源开发的阈值管理. 生态与农村环境学报, 27(1): 6-11.

何介南, 康文星, 袁正科, 等. 2009.洞庭湖湿地污染物的来源分析.中国农学通报, 25(17): 239-244.

蒋志刚. 2005.论中国自然保护区的面积上限. 生态学报, (5): 1205-1212.

金建君, 江冲. 2011.选择试验模型法在耕地资源保护中的应用——以浙江省温岭市为例. 自然资源学报, 26(10): 1750-1757.

金建君, 王志石. 2006. 选择试验模型法在澳门固体废弃物管理中的应用. 环境科学, (4): 820-824.

李志阳, 田伟. 2010.盐城沿海丹顶鹤栖息地保护与地区经济发展之间的关系. 现代农业科技, (18): 250-251.

李祖伟, 管华, 蔡安宁, 等.2006.盐城国家级自然保护区湿地资源调查与保护研究. 国土与自然资源研究, (2): 40-41.

李扬帆, 朱晓东, 邹欣庆. 2004. 盐城海岸湿地资源环境压力与生态调控响应. 自然资源学报, 19(6): 754-760.

吕士成. 2009.盐城沿海丹顶鹤种群动态与湿地环境变迁的关系.南京师大学报(自然科学版), 32(4): 89-93.

秦卫华, 单正军, 王智等. 2007. 克百威农药对我国湿地鸟类的威胁及其对策.生态与农村环境学报, 23(1): 85-87, 95.

翟国梁, 张世秋, Andreas K, et al. 2007.选择实验的理论和应用——以中国退耕还林为例. 北京大学学报(自然科学版), 43(2): 235-239.

张小红. 2012. 基于选择实验法的支付意愿研究——以湘江水污染治理为例. 资源开发与市场, (7): 600-603.

张小红, 周慧滨. 2011.选择实验法与水污染治理价值评估研究综述. 财汇通讯, (1): 145, 146, 153.

赵玉灵. 2010.近 30 年来我国海岸线遥感调查与演变分析.国土资源遥感, (S1): 174-177.

Adamowicz W, Louviere J, Williams M. 1994. Combining revealed and stated preference methods for valuing environmental amenities. Journal of Environmental Economics and Management , 26(3): 271-292.

Armsworth P R, Cantú-Salazar L, Parnell M, et al. 2011. Management costs for small protected areas and economies of scale in habitat conservation. Biological Conservation, 144(1): 423-429.

Birol E, Smale M, Gyovai Á. 2006. Using a choice experiment to estimate farmers' valuation of agrobiodiversity on hungarian small farms. Environmental and Resource Economics, 34(4): 439-469.

Boxall A D, Williams P, Louviere M, 1998. Stated preference approaches for measuring passive use values: choice experiments and contingent valuation. American Journal of Agricultural Economics, 80(1): 64-75.

Boxall P C, Adamowicz W L. 2002. Understanding heterogeneous preferences in random utility models: a latent class approach. Environmental and Resource Economics, 23(4): 421-446.

Bruner A G, Gullison R E, Balmford A. 2004. Financial costs and shortfalls of managing and expanding protected-area systems in developing countries. BioScience, 54(12): 1119-1126.

Fredrik C, Martinsson P. 2001. Do hypothetical and actual marginal willingness to pay differ in choice experiments? Journal of Environmental Economics and Management, 41 (2): 179-192.

List J A, Bulte E H, Shogren J F. 2002. "Beggar thy Neighbor:" testing for free riding in state-level endangered species expenditures. Public Choice, 111(3-4): 303-315.

List J A, Shogren J F. 2002. Calibration of willingness-to-accept. Journal of environmental economics and management, 43(2): 219-233.

Louviere J J. 1988.Conjoint analysis modeling of stated preferences: A review of theory, methods, recent developments and external validity. Transport, Econ and Policy, 10(b): 93-119.

McFadden D. 1974.Conditional Logit analysis of qualitative choice behavior. Frontiers in Econometrics, 1(2): 105-142.

Morey E, Rossmann K G. 2003. Using Stated-preference questions to investigate variations in willingness to pay for preserving marble monuments: classic heterogeneity, random parameters, and mixture models. Journal of Cultural Economics, 27(3-4): 215-229.

Pinelopi G. 1998. The regulation of fuel economy and the demand for 'light trucks'. Journal of Industrial Economics, 46(1): 1-33.

Revelt D, Train K. 1998. Mixed logit with repeated choic: households choices of appliance efficieney level. Review of Economics and Statistics, 80(4): 647-657.

Ryan M, Gerard K. 2003. Using discrete choice experiments to value health care programs: current practice and future research reflections. Applied Health Economics and Health Policy, (1): 55-64.

Train K E. 1998. Recreation demanel models with taste differences over people. Land and Economics, 74(2): 230-239.

10　遗传资源区域社会经济发展的作用与地位评价方法

10.1　基本概念界定

10.1.1　遗传资源及其价值构成

1）研究对象界定

众多研究表明（CBD，1992；王峰，2006；中华人民共和国国务院，2010；李恒，2005；史学瀛和仪爱云，2005），“遗传资源”是一个包含多层次水平、多种表现形态的综合概念。本文主要从地理学“区域”的视角来界定遗传资源的概念，即凡是纳入“研究区域”的遗传资源皆为本书的分析对象，包括具有实际或潜在价值的含有遗传信息物质（材料）及其多级载体的生命体（染色体、细胞、血液、骨髓、组织、器官、种质）、生物个体、生物群体（病毒、细菌、植物、动物）及其特殊生境。

2）遗传资源价值构成

遗传资源价值构成可以从多个角度进行分类。从价值来源看，遗传资源的价值可以分为自然状态下的本质固有价值，即自然资源价格；利用遗传资源产生的价值，即遗传资源商品化、产业化、社会化形成的价值。从价值的产权属性看，遗传资源是生态价值和商品价值的统一体，商品价值属于劳动者或生产者，而生态价值属于公众。对生物遗传资源来讲，该物种遗传资源具有生态价值，是公共物品；而物种内的个体则是私有物品，仅仅具商品价值。此外，我国在对遗传资源的界定时，明确将遗传资源分为两部分：遗传材料和相关的信息资源。这一定义表明遗传资源价值至少包括两部分的价值，即遗传材料的价值和相关信息资源的价值。遗传资源价值的核心部分在于它所包含的遗传信息，也就是基因信息，而不是该遗传材料本身的价值。因此，在核算遗传材料本身价值的同时，更应该注重其所携带相关信息的价值。此外，需要注意的是，本书遗传资源在社会经济发展中所体现的价值主要是自然资源、生物多样性价值分类体系中所指的使用价值，即包括直接使用价值和间接使用价值，且遗传资源在社会经济发展中所体现的价值贡献也绝不仅仅是经济学意义上的货币价值的含义。

10.1.2　遗传资源产业

不同类型的遗传资源开发利用形式不同，形成的产业类型众多，其经济社会价值类型也存在差异。本书涉及的“遗传资源产业”指研究区域内一切利用生物遗传资源生产并提供生物或非生物产品和服务的同类生产经营活动单位的集合。尽管遗传资源类型多种多样，但其开发利用涉及的产业无非包括以下几类：一是以生物遗传资源为劳动对象，直接提供食物、药材等直接产品的遗传资源初级行业，即种植业、林业、牧业和渔业；

二是以遗传资源为原料，通过加工等手段使其增值，成为新产品的行业，即主要以农业产品为原料的轻工业；三是以特色遗传资源（如天然生物化学类、天然生物医药原料、生物基因、生物工程资源等）为原料的行业，即生物化学行业、生物医药行业及其他以基因为研究对象的高科技行业；四是围绕以遗传资源为中心的相关服务行业，如餐饮业、农副产品批发零售业、谷物和棉花等农产品仓储业、绿化管理、公园和游览景区管理、野生动植保护及以遗传资源为研究对象的科学研究和技术服务业，如生态监测、农业科学研究、农业技术推广、生物技术推广等。

10.1.3 区域经济社会发展

经济社会发展是一个内涵非常宽泛的综合概念，区域经济社会发展应该包括经济发展、社会发展和可持续发展的内容（胡忠俊等，2008）。区域经济理论认为，“经济发展”不仅是经济产出的增加，还要伴随着产出结构的改善和资源配置（投入结构）的优化（陈秀山和张可云，2003），产业结构可以从不同的角度进行，如三次产业之间的产值结构、主导产业、辅助产业与基础产业的功能结构、制造业内部结构等。孙久文和叶裕民认为，区域经济发展是在经济增长的同时，更注重通过技术创新、产业结构升级以及社会进步实现区域经济发展质量的提高（孙久文和叶裕民，2003）。“社会发展”表现为社会生产力的发展和社会进步，具体表现为社会劳动生产率提高、科技进步、人口素质提高、社会福利水平提升、就业增加或失业减少；可持续发展包括生态、经济、社会的可持续，是建立可持续发展的经济体系、社会体系，以及保持与其相适应的可持续利用的资源和环境基础，以最终实现经济繁荣、社会进步和生态环境安全（张志强等，1999）。因此，评估遗传资源对经济社会发展的作用与贡献可以从对经济发展、社会发展、可持续发展等多个角度进行。

10.2 理论基础

从区域的角度分析遗传资源对经济社会发展的作用与地位，需要从遗传资源对象出发，以区域内遗传资源产业为桥梁，进而分析遗传资源在社会经济环境中所做出的贡献。其理论基础既包括微观尺度的自然资源价值理论、资源与环境经济学理论，也包含中观尺度的产业结构理论，还需要依赖宏观尺度的区域经济增长理论。总的来说，本书主要依托资源价值理论与经济发展理论两大理论基础。

10.2.1 资源价值相关理论

1）自然资源价值理论

传统的观点认为，自然资源由于存在于大自然中，因而是无价值的。随着生态学研究的深入及可持续发展思想的崛起，人们逐步认识到自然资源是有价值的。自然资源价值应该至少包括三个方面：①自然资源的天然价值，即未经人类利用天然存在的价值，这与自然资源的丰富度、质量、自然地理环境有关；②自然资源上附加的劳动价值，包括直接附加和间接附加的劳动价值，直接附加即以自然资源为劳动对象直接作用于自然资源本身；间接附加是对自然资源环境经济地理位置的改变、对自然资源开发与管理条件的改善等；③自然资源稀缺价值，是由于自然资源供求关系的变化而决定的。这三个方面的价值分别可以从马克思的地租理论、劳动价值论及经济学的供求关系理论得到合理解释，但是关于自然资源尤其是遗传资源的社会与生态价值的分析与解释不足。

2）资源与环境经济学理论

定量研究自然资源对经济发展的贡献是资源经济学研究的重点与难点，对于科学指导资源管理、开发和保护至关重要。资源与环境经济学是对资源与环境有偿使用，实现资源与环境公平、公正与合理定价的有效尝试，其重点关注的是具有公共物品属性的资源与环境价值评估问题。因此，资源与环境经济理论的观念认为自然资源和环境都是有价值的。目前资源与环境经济学领域对自然资源价值构成的研究，比较具有代表性的是“五分类”和“二分类”两种理论，即直接使用价值、间接使用价值、选择价值、遗产价值和存在价值五种分类，有形的资源价值和无形的生态价值两种分类。

10.2.2　经济发展相关理论

1）产业结构理论

产业是指国民经济中具有某种同类属性的企业经济活动的集合。产业结构理论以产业之间的技术经济联系及其联系方式为研究对象，反映产业之间的前向关联、后向关联，以及各种数量比例关系（如就业结构、产出结构、能耗结构）等。产业结构理论体系包含多种理论体系，其中产业经济演变理论和产业结构优化理论为本研究进一步深入分析遗传资源对产业升级、经济结构战略性调整的作用提供重要的理论依据。产业结构演变理论包括产业结构演进与经济增长、经济发展的内在联系、产业结构演变的一般趋势、产业结构演变的动因及结构因素分析等；产业结构优化理论包括产业结构调整及其作用机制、产业结构高度化及其作用机制、产业结构合理化及其作用机制、战略产业的选择及转换等理论。

2）区域经济增长理论

区域经济学是以特定的空间为研究对象，研究各种经济现象的交互作用下区域经济作为一个相对独立整体的一般发展规律。我国区域经济学界一般主张将区域经济学划分为三大部分，即区域经济发展、区际经济关系和区域经济政策。区域是指特定的地理空间范围，它可以泛指大到整个地球，小到县、乡、村或一个企业。区域经济学的理论体系十分庞杂，研究内容可以包括经济学、社会学、统计学、自然资源与环境管理等多学科领域。学者们往往从各自学科的角度出发，研究区域经济发展中某一个或几个特定领域的经济社会运行规律。区域经济发展理论包括区域经济增长理论、区域产业结构、区域产业布局、区域空间结构、区域开发理论等。区域经济增长就是区域内的社会总财富的增加，用货币形式表示就是国内生产总值的增加，是一个长期的时间序列过程；区域经济发展是一个包括经济增长、结构升级、技术创新、社会进步、人们福利提高等在内的更为宽泛、更为深刻的过程。本书主要从自然资源尤其是遗传资源的角度，研究区域经济社会系统中自然资源与经济、社会、环境之间的横向联系和结构演进、资源消耗等多方面的联系及发展机制，分析一定空间区域内（城市、园区、企业）遗传资源的经济社会发展贡献。

10.3 遗传资源在社会经济发展中的作用过程

遗传资源作为自然资源的一种重要类型，其对社会经济发展的作用遵循从自然环境到社会经济环境的过程（图 10-1）。遗传资源以生产要素投入的形式进入人类经济社会环境的生产活动，可以直接作为商品在商品市场上进行交换，既涉及遗传资源相关产业的原料加工利用、提供商品经济中的直接产品，又以部分生态服务功能经市场转化后给社会经济带来效益（如景观游憩）。因此，遗传资源进入人类社会经济发展的路径主要有两条，即自然状态下遗传资源的间接生态服务和社会环境中遗传资源的产业化利用。遗传资源从自然环境到社会经济环境的过程如图 10-1 所示。

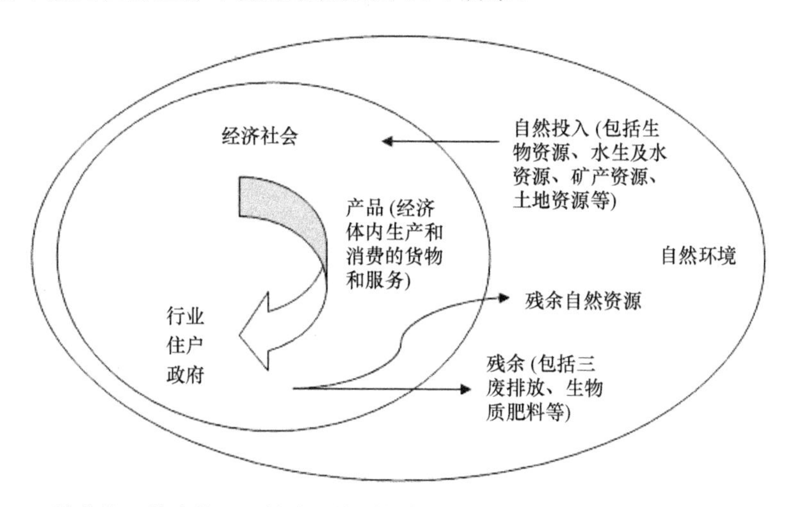

图 10-1 遗传资源的自然——社会经济系统物质、能量与服务流（Imf and Un，2012）

10.3.1 自然环境中的遗传资源作用过程分析

遗传资源在自然状态下对社会经济发展的作用主要是提供各种服务（供给、调节、文化和支持服务），创造良好的环境条件。并不是所有的生态服务都对社会经济发展发挥现实的作用，如支持服务是生态系统为了维持系统本身的运作而发挥的最基本的服务功能，它只作用于自然环境本身，并不外溢到社会经济环境中。而且其他的如供给、调节和文化服务也只是其中的某一小部分对社会经济发展带来的现实作用。

在众多生态系统服务功能中，遗传资源作为一种生物资源，提供给社会经济发展最直接的服务是供给服务，如提供食物生产、药物采集、传统燃料、加工原料、育种基因等；其次是供人类消遣娱乐休闲的文化服务，如景观游憩；另外，社会经济环境中所排放的废水、废气和废渣可以被各类生物遗传资源所净化，调蓄洪水和调节气候、病虫害防治等调节服务都对社会经济发展产生现实作用，如果没有这些作用于社会经济环境，将需要更多的污染处理设备、更多的蓄水调水大坝、更多的空调暖气设备以及更多的农药使用等。因此，自然环境中遗传资源的作用包括食物生产、药物采集、传统燃料、加工原料、育种基因、休闲娱乐、废物处理（废水、废气、废渣）、蓄水调水、调节气候、防灾减灾（病虫害、气候灾害）等服务，其作用机理往往是对社会经济发展产生间接作用。

10.3.2　社会环境中的遗传资源作用过程分析

遗传资源纳入社会环境中，对社会经济发展的作用主要在于农业利用、工业原料利用、第三产业及特色生物行业利用等产业化利用所带来的各种社会经济效益。农业利用主要是以农业生产投入种质资源、畜力畜肥、绿肥等遗传资源，生产更多农业遗传资源的过程。因农业生产中所产出的绝大多数产品都是遗传资源，所有产品产值均被计入了国民经济发展核算体系，因此对社会经济发展的作用是毋庸置疑的。工业原料利用是对农产品或自然界中的其他生物遗传资源进行加工产生价值增值的过程，在原有价值上产生更多的价值属于一种乘数效应。在此过程中，遗传资源除以生产要素投入产出价值增值外，还促进了相关行业的发展等其他效益；特色生物行业即特色遗传资源或特殊生物技术行业，遗传资源在此过程中往往发挥关键作用，要么形成以该遗传资源为特色的产业链条，要么对生物技术的突破产生重要贡献，其作用机理一般和工业原料利用相同，都是通过生产要素投入产出价值增值，但区别在于特色生物行业更注重遗传资源与生物技术的结合，且生物技术的作用更突出；而第三产业是围绕遗传资源为对象形成的各种服务，其作用机理并不是以生产要素的投入产生的贡献，而是以科研、文化、景观等体现在社会生活中，其价值往往体现在服务产品的最终价值中，或者政府的管理与养护投入中。

10.4　遗传资源对社会经济发展贡献评价指标构建

10.4.1　评价指标体系构建目标

建立遗传资源对社会经济的贡献评价指标体系，就是要对遗传资源在社会、经济系统动态发展中发挥的基础性、特殊性作用进行准确界定、全面评价、客观分析，为政府、企业等社会组织及时掌握遗传资源的贡献状态和潜力，制定遗传资源在开发、利用和保护中的各项决策提供科学依据，也为发展遗传资源产业、事业提供科学信息。

遗传资源对经济社会发展贡献评价指标体系构建的总体目标就是要从多个角度反映遗传资源在经济社会环境中的经济作用和社会地位。由于遗传资源价值在不同时空尺度上具有不同的价值形式、价值重点，多尺度评价其价值是非常必要的。为了兼顾遗传资源贡献评价的代表性和层次性，需要对评价尺度进行设置，从城市宏观、产业园区中观和特色遗传资源产业三个方面综合分析。三个尺度遗传资源对经济社会发展贡献评价指标体系构建的具体目标如下。

1）城市区域尺度

城市区域内遗传资源类型种类繁多，要反映遗传资源在城市尺度的经济社会发展贡献，必须从宏观尺度的大宗遗传资源及遗传资源产业两个方面构建评价指标体系。根据遗传资源在城市区域中的作用过程和机理分析，城市区域内的遗传资源贡献指标体系构建不仅要反映其在经济社会发展中的经济价值和社会价值的货币价值贡献，更重要的是要深入分析遗传资源相关产业对区域经济发展、社会发展及可持续发展的重要贡献。因此，城市区域尺度评价指标体系构建的目标不仅是要能够核算遗传资源及其产业带来的货币价值，也要核算其产业带来的其他社会经济效益非货币化的指标，进而体现出遗传资源的重要作用和地位。

评价指标体系是基于现实社会中重要社会发展问题建立的，因而主要服务于现实社会发展的现状和可持续能力评价。遗传资源的社会发展贡献评价，离不开对社会发展状况的深入研究，脱离社会发展现状和条件谈遗传资源的贡献，将使得评价方法和结果不具有实际和实践意义。对我国大多数区域而言，困扰区域发展的问题主要是就业、资源和环境引发的问题，因而遗传资源的区域经济社会发展与可持续发展贡献评价，要为细化分析这些问题背后的驱动、状态和响应因素提供支持。

2）产业园区尺度

从园区自身发展角度出发，遗传资源具有向园区生产主体提供原料、资源的作用，以及提高园区地位、扩大市场优势、服务园区建设的能力。

从管理角度来说，通过建立指标体系，分析具有遗传资源特征的园区经济表现和社会功能，确定遗传资源开发利用的工业化水平、经济效益和提升空间，为科学评判园区的资源利用效率、科技水平和发展潜力提供准则，为政府制定遗传资源产业园区发展的配套资源、经济和社会政策提供决策依据。

进而，贡献评价指标体系的建立，能服务于指导管理者、投资者、消费者正确认识资源开发利用和园区产业发展的关系，服务于提升园区资源利用、产品研发水平的科学标准建设，服务于指引园区与社会的协调互动。

3）特色遗传资源产业尺度

特色遗传资源的社会经济价值，主要是从某一区域以开发特色遗传资源为主要对象形成的产业角度出发，使遗传资源在企业中发挥独特资源优势，通过技术、市场、人力等各种企业发展的推动力，实现遗传资源的企业经济价值和社会影响。

特色遗传资源在企业层次的贡献评价，主要目的是服务于企业的发展。而作为社会经济运行的基本生产单元的企业，衡量其发展状况最重要的因素是企业绩效。因此，建立遗传资源对企业发展贡献的评价指标体系，目的在于摸清遗传资源在企业绩效产生中发挥的作用，判断企业开发利用遗传资源的投入产出效益，从而为企业选择遗传资源投入领域，为政府引导企业开发、利用和保护区域遗传资源提供决策支持。

10.4.2 评价指标体系构建原则

建立遗传资源对经济社会发展贡献评价指标体系的主要指导思想是对因开发利用遗传资源产生的经济总量、结构和质量，以及相应的社会效应进行分析，把握遗传资源在区域经济、园区经济及企业经济中的总体影响能力。通过建立评价指标体系理清遗传资源的经济社会发展系统、全面及主要贡献，必须遵循以下几个原则。

1）系统性原则

由于遗传资源的多层次复杂、综合内涵，及其价值具有多属性、多功能和多效益的特性，遗传资源对经济社会发展贡献评价指标体系的构建是个整体系统工程。指标的建立必须全面反映遗传资源在经济社会环境中的作用，因此必须遵循系统性原则，建立遗传资源的各类价值及效益指标，防止指标体系的重复或遗漏。遗传资源对经济社会发展的贡献因区域层次的不同会产生明显差异，它们所关注的重点也不同，因此也需从系统的角度分区域建立评价指标，综合提出层次分明的遗传资源对经济社会发展贡献的评价指标体系。

2）主导价值原则

系统性原则是要求建立指标时考虑全面，而主导价值原则是要考虑重点突出。为了增强遗传资源贡献价值评估的针对性及体现不同时期、不同区域尺度遗传资源贡献的特殊性，在了解全面系统的价值基础上，主导价值原则要求必须在指标整体设计中区分主次，以指导在实际评估应用中对主导价值的选择。

3）定量为主、定性相辅的原则

定量分析是衡量遗传资源对经济社会发展贡献的较有说服力的方法，因此本书中评价指标体系的建立以定量方法为基础。当然，在实际指标体系的应用中，特别是关于社会贡献的研究，需要结合定性研究方法，针对难以量化的指标进行定性分析，提高评价指标体系的可操作性和全面性。此外，对于指标体系的适用范围、条件，以及指标体系分析采用数据的真实性、可得性，也需要通过定性方法辅助甄别，以提高指标评价体系的科学性。

4）通用性原则

遗传资源种类繁多，价值差异性也很大，因此建立评价指标体系要具有通用性，即不同类型遗传资源对区域社会经济发展的贡献评估指标具有共同点，且保持各种贡献指标的内涵与外延的稳定性。指标评价体系作为分析工具，应当有选择地概括出反映整体特征的普适性评价指标，以保证遗传资源在不同时期的价值评估具有可比性，也使不同遗传资源对经济社会发展的贡献评估具有相同的评估体系。

5）实用性原则

实用性原则指的是实用性、可行性和可操作性。例如，选择的评估指标首先能够获取到相关数据，并且易于进行量化；相关指标的评估方法简单且客观、准确；评估指标体系构建能够为未来其他类似的研究提供借鉴，这也要求指标体系具有实用性和可操作性用以借鉴参考。

10.4.3　不同区域尺度的遗传资源社会经济发展贡献评价指标体系

10.4.3.1　城市区域尺度的贡献评价指标

反映经济发展贡献的指标有很多，既有总量指标又有相对指标，既存在货币形式又存在非货币形式，总体来说包含三大类贡献：经济发展贡献、社会发展贡献和可持续发展贡献（表 10-1）。

1）经济发展贡献指标

经济发展理论认为，经济发展不仅仅是经济产出的增加，还要伴随着产出结构的改善和资源配置（投入结构）的优化，以及其他经济效益的变化。因此，评价遗传资源对经济发展的贡献应该从经济价值总量、产业经济结构和产业经济效益三个方面建立评价指标体系。

表 10-1 城市区域尺度遗传资源对经济社会发展贡献指标体系

贡献类型	一级指标	二级指标	指标类型
经济发展贡献	经济价值总量	遗传资源产业 GDP	价值型
		直接产品经济价值	价值型
		遗传资源产业利用乘数效应	价值型
	经济结构指标	遗传资源三次产业结构	效益型
		农业内部结构	效益型
		遗传资源工业内部结构	效益型
	经济效益指标	遗传资源产业 GDP 增长率	效益型
		遗传资源产业利税	效益型
		遗传资源产业比较劳动生产率	效益型
社会发展贡献	社会价值总量	提供就业机会	价值型
		景观游憩价值	价值型
		科研文化价值	价值型
	社会进步指标	技术进步贡献	价值型
	社会福利指标	平均工资增长率	效益型
		人均 GDP	效益型
		健康水平	效益型
		文化水平	效益型
	社会生态指标	遗传资源产业污染物排放	实物量
		遗传资源产业能耗	实物量
		遗传资源产业水耗	实物量
		遗传资源产业绿色贡献系数	效益型
可持续发展贡献	经济潜力指标	潜在经济价值	价值型
	社会潜力指标	潜在社会价值	价值型
	遗传资源开发利用潜力指标	遗传资源丰度	实物量
		遗传资源结构	效益型
		人均遗传资源拥有量	效益型

经济价值总量中，从遗传资源的角度来说，反映遗传资源经济价值的指标主要为遗传资源在社会经济环境中的价值，包括农产品（食物、原料、种质）经济价值、工业加工后的遗传资源分享价值，以及遗传资源在第三产业中的价值分成；经济结构指标主要是从遗传资源相关产业的角度来评价的，本书按国民经济三次产业划分方法，把遗传资源产业分成了遗传资源第一产业、遗传资源第二产业和遗传资源第三产业。因此反映经济结构变化的指标主要包括遗传资源三次产业结构的变化、遗传资源第一产业内部结构变化（即农业内部结构变化）及遗传资源第二产业内部结构变化（遗传资源工业内部结

构变化）；经济效益指标也是从遗传资源产业的角度来评价的，主要包括遗传资源产业GDP增长率、遗传资源产业利税、遗传资源产业比较劳动生产率等。

2）社会发展贡献指标

遗传资源对社会发展的贡献不仅包括遗传资源及其产业带来的社会价值，还包括遗传资源产业对社会进步、社会福利及社会生态的贡献。

在社会价值总量中，遗传资源相关指标通常借鉴森林社会效益价值，主要包括提供就业机会和景观游憩价值，其次是森林的科学、文化、历史价值等普遍采用的指标，还包括一些如环境美化、疗养保健等生态服务功能指标。森林作为遗传资源的一种类型，在评估遗传资源社会价值总量时，森林的社会效益价值指标可作为参考建立指标体系。因此，遗传资源社会价值总量指标包括提供就业机会、景观游憩价值、科学文化价值及部分生态价值；社会进步贡献，社会进步是一个综合概念，包括教育、健康状况、人口福利、科技进步等诸多方面，本研究主要用遗传资源相关产业的科技进步贡献来反映；社会福利指标，主要从遗传资源产业直接影响的职工平均工资增长率、人均GDP、居民健康水平、居民文化水平几个角度来反映；社会生态贡献，主要评价遗传资源产业污染物排放量、产业能耗、水耗以及产业的绿色贡献系数，来反映遗传遗传资源产业的社会生态贡献。

3）可持续发展贡献指标

遗传资源对区域社会经济可持续发展的贡献，主要通过遗传资源的开发利用潜力来反映，即分析区域内遗传资源丰度、各遗传资源类型结构比例以及人均遗传资源拥有量等指标，反映遗传资源对区域社会经济可持续发展的支撑作用。

10.4.3.2 产业园区尺度的贡献评价指标

产业园区尺度的遗传资源经济社会发展贡献体现的是遗传资源及生物技术在现代生物产业集群中的社会经济利用价值，以及现代生物产业在社会经济发展中的作用与地位。总体来说，可以从遗传资源及其生物产业对经济发展、社会发展的角度建立评价指标体系（表10-2）。

1）经济发展贡献指标

产业园区尺度遗传资源的经济发展贡献，对于依托遗传资源为原料的现代生物产业这种高新技术产业来说，遗传资源的投入少，生物技术投入多（科研人员、科研设备），所形成的产品附加值高。具体指标有以下几个方面。①遗传资源的经济价值主要体现为作为投入要素产生的价值贡献，即遗传资源在最终产品价值中所贡献的部分价值，以及对生物技术的重要促进作用产生的价值，即遗传资源对生物技术价值所贡献的部分价值。②产业经济结构，主要分析现代生物产业内部结构演变。反映产业内部经济结构的指标有很多，包括人口素质结构（文化结构、科研人员比重），以反映产业是否向着知识密集型、技术密集型演化；单位劳动资本投入（资本成本与劳动成本之比），以反映产业是否向着资本密集型演化。③产业经济效益，主要用园区内生物产业GDP增长率、生物产业利税额及生物产业比较劳动生产率等指标表示。

2）社会发展贡献指标

园区内生物产业的社会发展贡献：①从产业的价值角度看，生物产业的社会价值主要包括提供就业机会的价值和孵化科技专利、承担科研培训的科研文化价值；②社会进

表 10-2 产业园区尺度遗传资源对经济社会发展贡献指标体系

贡献类型	一级指标	二级指标	指标类型
经济发展贡献	经济价值总量	遗传资源的产品贡献价值	价值型
		遗传资源的生物技术贡献价值	价值型
	经济结构指标	园区生物产业人员文化结构	效益型
		园区生物产业科研人员比重	效益型
		生物产业单位劳动资本投入	效益型
	经济效益指标	园区生物产业 GDP 增长率	效益型
		园区生物产业利税	效益型
		园区生物产业比较劳动生产率	效益型
社会发展贡献	社会价值总量	提供就业机会	价值型
		科研文化价值	价值型
	社会进步指标	技术进步贡献	价值型
	社会福利指标	平均工资增长率	效益型
		人均 GDP	效益型
	社会生态指标	生物产业污染物排放	实物量
		生物产业能耗	实物量
		生物产业水耗	实物量
		生物产业绿色贡献系数	效益型

步，用生物产业的技术进步贡献表示；③社会福利指标，主要从园区生物产业职工平均工资增长率、人均 GDP 等方面来反映；④社会生态贡献，主要选择园区内生物产业污染物排放量、产业能耗、水耗以及产业的绿色贡献系数来反映遗传遗传资源产业的社会生态贡献。

10.4.3.3 特色遗传资源产业尺度的贡献评价指标

特色遗传资源产业尺度的经济社会发展贡献体现的是以某一特色遗传资源为对象的各类企业形成的产业链条，分析该种遗传资源在这些企业中的社会经济利用价值，以及这些企业给社会经济发展带来的各种贡献，进而体现特色遗传资源在社会经济发展中的重要地位和作用。总体来说，特色遗传资源产业尺度的贡献评价可以从遗传资源及其利用行业对经济发展、社会发展的角度建立评价指标体系（表 10-3）。

1）经济发展贡献指标

特色遗传资源的经济发展贡献，对于围绕特色遗传资源为对象形成的各类企业来说，既有粗加工企业，又有深加工、精加工企业，既包含了传统企业类型，又包括了高新技术企业类型。具体指标如下。①遗传资源的经济价值主要体现为作为投入要素在不同类型企业中产生的价值贡献，即遗传资源传统企业与高新技术企业所体现的贡献价值不同，包括粗加工产品价值中遗传资源的贡献价值，以及精深加工产品价值中遗传资源及生物技术的贡献价值。②产业经济结构，主要分析以特色遗传资源为对象的各类企业形成的产业链内部结构演变。主要指标有：产业加工程度系数，表示产业由生产初级产品的产业占优势比重逐级向制造中间产品、最终产品的产业占优势比重依次转移；要素密集程度（自然资源密集型、劳动密集型、资金密集型、技术密集型），具体可用遗传资源依赖度指标表示。③产业经济效益，主要用特色遗传资源企业GDP增长率、特色遗传资源各类企业利税额及比较劳动生产率等指标表示。

表 10-3　特色遗传资源产业尺度的经济社会发展贡献指标体系

贡献类型	一级指标	二级指标	指标类型
经济发展贡献	经济价值总量	遗传资源直接产品经济价值	价值型
		粗加工产品中的分享价值	价值型
		精深加工产品中的分享价值	价值型
		生物技术中的分享价值	价值型
	经济结构指标	特色遗传资源三次产业结构	效益型
		产业加工程度系数	效益型
		遗传资源依赖程度系数	效益型
	经济效益指标	特色遗传资源产业GDP增长率	效益型
		特色遗传资源企业利税	效益型
		比较劳动生产率	效益型
社会发展贡献	社会价值总量	提供就业机会	价值型
		景观与生态服务价值	价值型
	社会进步指标	技术进步贡献	价值型
	社会福利指标	企业平均工资增长率	效益型
		特色遗传资源企业人均GDP	效益型
	社会生态指标	特色遗传资源企业污染物排放	实物量
		特色遗传资源企业能耗	实物量
		特色遗传资源企业水耗	实物量
		企业绿色贡献系数	效益型

2）社会发展贡献指标

特色遗传资源企业的社会发展贡献：①从产业的价值角度看，特色遗传资源企业形成的产业社会价值主要包括提供就业机会的价值、研究与开发价值、人才培养的文化教育价值；②社会进步，用特色遗传资源企业的技术进步贡献表示；③社会福利指标，主要从特色遗传资源企业职工平均工资增长率、人均GDP等方面来反映；④社会生态贡献，主要选择特色遗传资源企业污染物排放量、企业能耗、水耗以及企业的绿色贡献系数，从而反映特色遗传资源企业所形成相应产业的社会生态贡献。

10.5　遗传资源对社会经济发展贡献评价指标计算方法

10.5.1　城市区域尺度遗传资源社会经济发展贡献评价指标计算

城市区域尺度遗传资源对经济社会发展贡献指标体系中，各指标数据处理与计算方法详见表10-4。

表 10-4 城市区域尺度各具体指标测算方法

具体指标	计算方法	指标说明
遗传资源产业 GDP	各遗传资源相关行业 GDP 之和	按照遗传资源相关行业产值（营业额）占总产值（营业额）比例与行业 GDP 总量折算
直接产品经济价值	农林牧渔业遗传资源投入费用+农林牧渔业增加值	种植业和园林业中种子费、农家肥费及畜力费计入遗传资源的投入费用；牧业中仔畜费、青粗饲料费及配种费计入遗传资源的投入费用。农林牧渔业生产遗传资源单位投入费用参见《全国农产品收益成本资料汇编》
遗传资源产业利用乘数效应	遗传资源第二产业=遗传资源第二产业 GDP×遗传资源投入比重 遗传资源第三产业=遗传资源第三产业 GDP×遗传资源投入比重	遗传资源投入比重按照相关行业的中间投入中生物遗传资源的投入费用所占的比例计算
遗传资源三次产业结构	遗传资源三次产业 GDP 比	各年度遗传资源第一、二、三产业 GDP 比例动态变化
农业内部结构	种植业、园林业、牧业、渔业 GDP 比	各年度种植业、园林业、牧业、渔业 GDP 比例动态变化
遗传资源工业内部结构	遗传资源第二产业中各行业 GDP 比	比较各年度遗传资源第二产业中高新技术行业与传统行业 GDP 比例动态变化
遗传资源产业 GDP 增长率	$\sqrt[n]{报告期GDP/基期GDF}$	各年度遗传资源产业 GDP 平均增长率，n 为年数
遗传资源产业利税	利润总额+各种税收总额	各年度遗传资源相关行业的各种税收（主营业务税金及附加+管理费用中的税收+本年应交税金）及利润总额（主营业务利润+其他业务利润）
比较劳动生产率	（遗传资源产业 GDP/遗传资源产业从业人员）/（区域 GDP/区域从业人员）	各年度遗传资源产业劳动生产率/全社会劳动生产率
提供就业机会	遗传资源各行业从业人数×各行业在岗职工年平均工资	各年度遗传资源相关行业在岗职工人均工资参照区域各年度分细行业在岗职工平均工资表；遗传资源各行业从业人数参照经济普查年鉴中各行业从业人员比重×研究区统计年鉴中从业人员数量
景观游憩价值	遗传资源相关用地面积×景观娱乐当量因子	遗传资源相关用地包括耕地、园地、林地、草地和水域（河流、湖泊、水库、坑塘、沿海滩涂及内陆滩涂），景观娱乐当量因子参考谢高地等人的研究
科研文化价值	科研价值=遗传资源产业科研投入经费×遗传资源贡献率； 文化价值=遗传资源相关行业人才培养数量×人才培养（培训）成本	分别核算科研价值和文化教育价值，遗传资源相关中有人才培训人数和费用的则可计量，没有相关数据的不进行计量
技术进步贡献	遗传资源产业技术进步贡献率×遗传资源产业增加值	遗传资源产业技术进步贡献率
平均工资增长率	$\sqrt[n]{报告期人均工资/基期人均工资}$	各年度遗传资源相关行业在岗职工平均工资的增长水平，n 为年数
人均 GDP	遗传资源产业 GDP/遗传资源产业从业人数	遗传资源产业从业人数计算方法同提供就业机会中的人员核算
文化水平	遗传资源各行业从业人员×各行业大学以上学历人员比重	各行业大学以上学历人员比重参照经济普查年鉴中各行业就业人员学历结构比例
遗传资源产业污染物排放	遗传资源产业产值（营业额）占区域总产值（营业额）比重×区域“三废”排放量	“三废”指废水、废气（二氧化硫、氮氧化物及化学需氧量 COD 排放量）和固体废物，“三废”排放量可在各统计年鉴中找到
遗传资源产业能耗	遗传资源产业产值（营业额）占区域总产值（营业额）比重×区域能耗总量	区域能耗（液化石油气）或者用电总量可在各统计年鉴中找到
遗传资源产业水耗	遗传资源产业产值（营业额）占区域总产值（营业额）比重×区域供水总量	区域供水总量可在各统计年鉴中找到
遗传资源产业绿色贡献系数	经济贡献率/污染排放量比率	经济贡献率即遗传资源产业 GDP 占区域 GDP 比率，污染排放量比率采用遗传资源产业产值（营业额）占区域总产值（营业额）比例
潜在经济价值	区域遗传资源用地面积年增长量×遗传资源供给服务价值+（社会劳动生产率-遗传资源产业劳动生产率）×遗传资源产业从业人员	遗传资源供给服务价值包括食物生产、原材料、基因资源的价值，评估方法参见谢高地等（2003）的研究

续表

具体指标	计算方法	指标说明
潜在社会价值	区域遗传资源用地面积年增长量×部分生态服务价值（废物处理、蓄水调水、调节气候、保护生物多样性）	部分生态服务价值主要是指已进入社会经济环境中对人类产生间接作用的生态服务，包括废物处理（废水、废气、废渣）、蓄水调水、调节气候、防灾减灾（病虫害）等生态服务功能的价值，评估方法参见谢高地等（2003）的研究
遗传资源丰度	即各遗传资源数量	遗传资源数量包括植物、动物及微生物遗传资源数量
遗传资源结构	即植物、动物及微生物遗传资源价值结构比例	因植物、动物及微生物遗传资源数量计量单位不同，因此采用它们的价值结构比例，计算方法用市场价格法分别计算各遗传资源的经济价值
人均遗传资源拥有量	遗传资源数量/区域人员数量	分别计算植物、动物及微生物遗传资源人均拥有量

10.5.2 园区尺度遗传资源社会经济发展贡献评价指标计算

产业园区尺度遗传资源对经济社会发展贡献指标体系中，各指标数据处理与计算可以参照表 10-5 的计算方法。

表 10-5 产业园区尺度各具体指标测算方法

具体指标	计算方法	指标说明
园区生物产业 GDP	被调查企业中生物企业 GDP=当年折旧+各种税费-生产补贴+职工工资和福利+利润总额 园区生物产业 GDP 总额=被调查企业中生物企业 GDP/（被调查企业中生物企业占抽样企业数的比例）	各种税费包括营业税金及附加、管理费用中的税金、本年应交增值税
遗传资源的产品贡献价值	产品贡献价值=园区生物产业总产值×遗传资源贡献率 遗传资源贡献率=$r\times\frac{\Delta GR}{GR}\times\frac{r}{\Delta r}$ $Y=A_tK^{\alpha}L^{\beta}GR^{r}T^{\delta}$	式中 GR 代表遗传资源投入。运用产业园区调查的生物企业数据，建立扩展的 CD 生产函数计算遗传资源投入产出弹性系数 r，并据此进一步核算遗传资源贡献率
遗传资源的生物技术贡献价值	生物技术贡献价值=园区生物产业总产值×生物技术贡献率×遗传资源贡献率，生物技术贡献率=$\delta\times\frac{\Delta T}{T}\times\frac{r}{\Delta r}$	即遗传资源对生物技术的贡献价值，$Y=A_tK^{\alpha}L^{\beta}GR^{r}T^{\delta}$。式中，$T$ 代表生物技术投入
园区生物产业人员文化结构	被调查企业本科以上学历人员/被调查企业全部从业人员	比较不同年度园区内生物产业人员文化结构比例变化
园区生物产业科研人员比重	被调查企业科研人员/被调查企业全部从业人员	比较不同年度园区内生物产业科研人员结构比例变化
生物产业单位劳动资本投入	被调查企业资本投入 K/劳动力投入 L	K/L 显示的一个劳动力需要的资本配置，可以衡量企业是哪种性质的公司，如果这个比值小，那就是劳动密集企业；若比值大，就是资本密集企业
园区生物产业 GDP 增长率	$\sqrt[n]{\text{报告期GDP}/\text{基期GDF}}$	各年度遗传资源产业 GDP 平均增长率，n 为年数
园区生物产业利税	（被调查生物企业利润总额+各种税费）/（被调查企业中生物企业占抽样企业数的比例）	被调查企业中生物企业占抽样企业数的比例=生物企业数/抽样企业数
园区生物产业比较劳动生产率	园区生物产业劳动生产率/园区内所有产业劳动生产率	劳动生产率=产业 GDP/产业从业人员
提供就业机会	生物产业各行业从业人数×生物产业各行业职工年平均工资	生物产业从业人数=被调查生物企业从业人数/（被调查企业中生物企业占抽样企业数的比例）
科研文化价值	科研价值=生物产业科研投入经费×遗传资源贡献率；文化价值=生物产业人才培养数量×人才培养（培训）成本	生物产业科研投入经费=被调查生物企业科研投入经费/（被调查企业中生物企业占抽样企业数的比例）；生物产业人才培养数量=被调查生物企业人才培养数量/（被调查企业中生物企业占抽样企业数的比例）

续表

具体指标	计算方法	指标说明
技术进步贡献	生物技术贡献率×生物产业总产值	生物产业总产值=被调查生物企业总产值之和/（被调查企业中生物企业占抽样企业数的比例）
平均工资增长率	$\sqrt[n]{报告期职工工资/基期职工工资}$	n 为年数，职工工资为园区内生物产业职工平均工资
人均 GDP	园区生物产业 GDP/生物产业从业人员	生物产业 GDP 与生物产业从业人员计算与上述方法相同
生物产业污染物排放	被调查生物企业污染物排放量/（被调查企业中生物企业占抽样企业数的比例）	被调查企业中生物企业占抽样企业数的比例计算同上
生物产业能耗	被调查生物企业能源消费量/（被调查企业中生物企业占抽样企业数的比例）	被调查企业中生物企业占抽样企业数的比例计算同上
生物产业绿色贡献系数	经济贡献率/污染排放量比率	经济贡献率=园区内生物产业 GDP/园区 GDP，污染排放量比率=抽样企业中生物企业污染物排放量/抽样企业污染物排放总量

10.5.3 特色遗传资源产业尺度的社会经济发展贡献评价指标计算

特色遗传资源产业尺度的社会经济发展贡献指标体系中，各指标数据处理与计算方法参照表 10-6。

表 10-6 特色遗传资源产业尺度社会经济贡献指标测算方法

具体指标	计算方法	指标说明
遗传资源直接产品经济价值	$V_p=\sum_{j=1}^{m}V_j=\sum_{j=1}^{m}Q_j(P_j-C_j)$	根据银杏各类林产品的产量与平均市场价格计算
粗加工产品中的分享价值	$Y=AK^{\alpha}L^{\beta}G^{\gamma}$ $E_G=\gamma\frac{\Delta G}{G}\Big/\frac{\Delta Y}{Y}$	通过银杏粗加工企业调查数据，建立生产函数模型
精深加工产品中的分享价值	$Y=AK^{\alpha}L^{\beta}G^{\gamma}T^{\delta}$ $E_G=\gamma\frac{\Delta G}{G}\Big/\frac{\Delta Y}{Y}$	通过银杏深加工企业调查数据，建立生产函数模型
生物技术中的分享价值	同上	计算生物技术 T 的贡献价值，并在此基础上与银杏资源深加工行业贡献率相乘得到分享价值
特色遗传资源三次产业结构	银杏资源在各产业中的经济价值比例	银杏资源在其三次产业结构中的经济贡献之比
产业加工程度系数	工业加工程度指标=$\frac{加工工业产值（增加值）}{原材料工业产值（增加值）}\times100\%$	由原材料加工为重心转向以精深加工为重心的演进程度的指标
遗传资源依赖程度系数	依赖程度系数=$\frac{遗传资源产业产值（增加值）}{区域全社会总产值（增加值）}\times100\%$	银杏资源产业产值比重、投资比重、就业比重和出口比重等来反映
特色遗传资源产业 GDP 增长率	$\sqrt[n]{报告期GDP/基期GDF}$	银杏资源产业各年度 GDP 平均增长率，n 为年数
特色遗传资源企业利税	银杏企业利润总额+各种税收总额	被调查银杏资源企业的各种税收及利润总额和抽样比例计算
比较劳动生产率	（银杏企业 GDP 总额/银杏企业从业人员）/（区域 GDP/区域从业人员）	银杏企业比较劳动生产率，反映银杏企业生产力水平
提供就业机会	银杏资源企业从业人数×银杏企业在岗职工人年平均工资	从业人数=被调查企业从业人数/抽样比例
景观与生态服务价值	单位面积生态服务价值表×银杏面积 $V_c=\sum Q_i\times A\times C_i$	景观与部分生态服务价值参照谢高地等人研究成果，空气净化价值用空气净化量×面积×单位净化成本计算

续表

具体指标	计算方法	指标说明
技术进步贡献	$Y = AK^{\alpha}L^{\beta}G^{\gamma}T^{\delta}$	根据公式分别计算粗加工与深加工银杏企业 T 的贡献价值
企业平均工资增长率	$\sqrt[n]{报告期职工工资/基期职工工资}$	银杏企业各年度职工平均工资增长速度
特色遗传资源企业人均 GDP	区域银杏企业 GDP 总额/企业从业人数	也即银杏企业劳动生产率
特色遗传资源企业污染物排放	被调查企业污染物排放量/企业抽样比例	企业抽样=被调查银杏企业数/区域银杏企业数
特色遗传资源企业能耗	被调查企业能源消费量/企业抽样比例	同上
特色遗传资源企业水耗	被调查企业水资源消耗量/企业抽样比例	同上
企业绿色贡献系数	经济贡献率/污染排放量比率	经济贡献率=银杏企业 GDP 总量/区域 GDP 总量，污染排放量比率=银杏企业污染物排放总量/区域污染物排放总量

（戴小清，韩明芳，朱　明，濮励杰）

参 考 文 献

陈秀山，张可云. 2003. 区域经济理论. 北京：商务印书馆.

胡忠俊，姜翔程，刘蕾. 2008. 区域经济社会发展综合评价指标体系的构建. 统计与决策, (20): 17-19.

李恒. 2005. 论我国遗传资源的法律保护. 华中科技大学硕士学位论文.

史学瀛，仪爱云. 2005. 遗传资源法律问题初探. 政法论丛, (5): 64-70.

孙久文，叶裕民. 2003. 区域经济学教程. 北京：中国人民大学出版社.

王峰. 2006. 论完善我国遗传资源保护法律制度. 中国政法大学硕士学位论文.

张志强，孙成权，程国栋，等. 1999. 可持续发展研究：进展与趋向. 地球科学进展, (06): 589-595.

中华人民共和国国务院. 2010-1-9. 中华人民共和国专利法实施细则. 人民日报, (17).

CBD. 1992. Convention on Biological Diversity. Rio de Janeiro, Argentina: Convention on Biological Diversity, http://bch.cbd.int/protocol/text/.

Imf O, Un W. 2012. System of Environmental-Economic Accounting–Central Framework. White cover publication.

11　遗传资源区域社会经济发展的作用与地位的评价：以泰州市为例

11.1　泰州市遗传资源对地区社会经济发展的贡献分析

11.1.1　泰州市遗传资源禀赋及其产业发展概况

泰州市位于江苏省中部，位于北纬 32º01′57″～33º10′59″，东经 119º38′21″～120º32′20″。市境东连南通市，西接扬州市，东北毗邻盐城市，南与镇江、苏锡常等 4 市以长江分界；全市行政区划设三市三区及医药高新区，分别为兴化、泰兴、靖江三个县级市，海陵、高港、姜堰三区，以及泰州医药高新区。全市户籍总人口为 508 万人，其中市区户籍人口 163 万人。全市常住人口 463 万人，市区常住人口 162 万人。全市总面积 5787km^2，其中陆地面积占 78%，水域面积占 22%，市区面积为 1567km^2。与遗传资源禀赋相关的地类中，2012 年末，全市拥有耕地面积为 29.78 万 hm^2、园地 0.45 万 hm^2、林地 0.24 万 hm^2、草地 0.08 万 hm^2、水域面积（河流、湖泊、水库、坑塘及滩涂）12.95 万 hm^2。

1）泰州市作物遗传资源及种植业

泰州市农作物遗传资源中，大宗作物主要有小麦、粳稻、大豆、油菜籽、花生、棉花及各类蔬菜。 2012 年泰州市农作物总播种面积为 58.05 万 hm^2，约占江苏省农作物总面积的 7.6%，其中粮食作物播种面积约为 43.89 万 hm^2、油料作物约 4.4 万 hm^2、棉花约 1.04 万 hm^2、蔬菜约 8.04 万 hm^2。从播种面积变化来看，2004～2012 年，泰州市农作物总播种面积基本上变化不大，各类作物除粮食作物和蔬菜作物有微小的增加外，油料作物和棉花作物播种面积在减少。从图 11-1 可以看出，泰州市种植业近十年来基本保持稳定，种植结构没有发生明显变化。

2）泰州市非农作物植物遗传资源及林业

泰州市非农作物植物遗传资源主要包括园林果树及其他林业树木，按用途分可分为用材林、经济林和防护林。2012 年泰州市园林水果总产量约 4.37 万 t，果园种植面积为 2382hm^2，桑园面积 459hm^2，森林面积为 80 218hm^2，森林覆盖率为 17.99%，林木覆盖率为 20.68%。泰州市林业产业以银杏和杨树为主，银杏是泰州市除果树林外最主要的经济林，并以银杏为主体形成了一系列的产业链；而杨树是既可以作为经济林也可以作为防护林，也是泰州的重要经济林种。

3）泰州市动物遗传资源及牧业

由于缺乏野生动物遗传资源的统计数据，仅以统计年鉴中的禽畜遗传资源来反映泰州市动物遗传资源的资源现状。2012 年末泰州市拥有牛存栏数 1.31 万头，生猪 156.92 万头，羊存栏数量为 13.58 万只，家禽 1752.1 万只。另外，养蜂数量为 3027 箱。从动

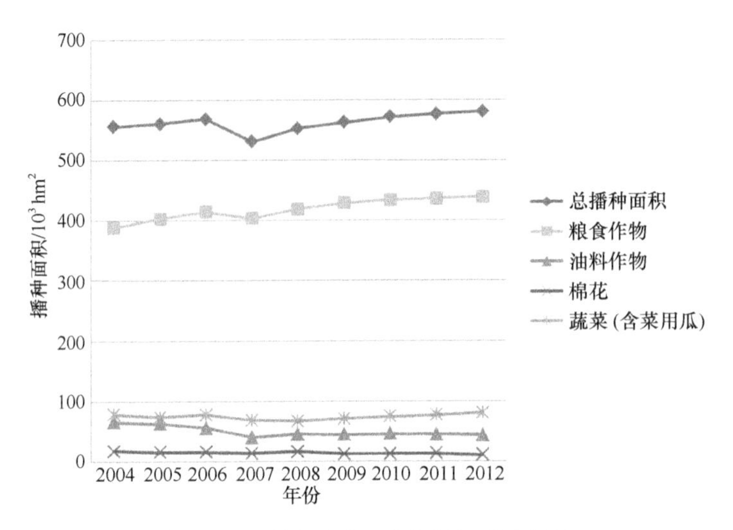

图 11-1　泰州市各类农作物历年播种面积

物存栏结构可以看出，泰州市动物遗传资源以生猪和家禽为主。但是从 2004～2012 年的动态变化来看，生猪数量由原来的 162.35 万头下降到了 156.92 万头，家禽从 2003.2 万只下降到了 1752.1 万只，羊的存栏数量也从原来的 80.52 万只下降到 13.58 万只，是下降幅度最大的物种，而存栏数量较少的牛则从 0.53 万头增加到了 1.31 万头。从已有的统计数据看，泰州市牧业总体上是在缩小规模，除牛肉行业在少量增长外，其余行业均在减少。

4）泰州市渔业遗传资源及渔业

泰州市渔业水产资源比较丰富，2012 年末水产品总产量约为 35.91 万 t，包括约 0.08 万 t 的海水水产品捕捞、2.23 万 t 的淡水水产品捕捞及 33.61 万 t 的淡水养殖。从图 11-2 可以看出，泰州市水产品总产量及淡水养殖产量逐年增加，并且从图中可以看出它们之间具有非常强的相关性，说明泰州市渔业资源的发展主要是由淡水养殖推动的。此外，海水捕捞量和淡水捕捞量均在减少，说明泰州市天然渔业资源的数量在不断减少。

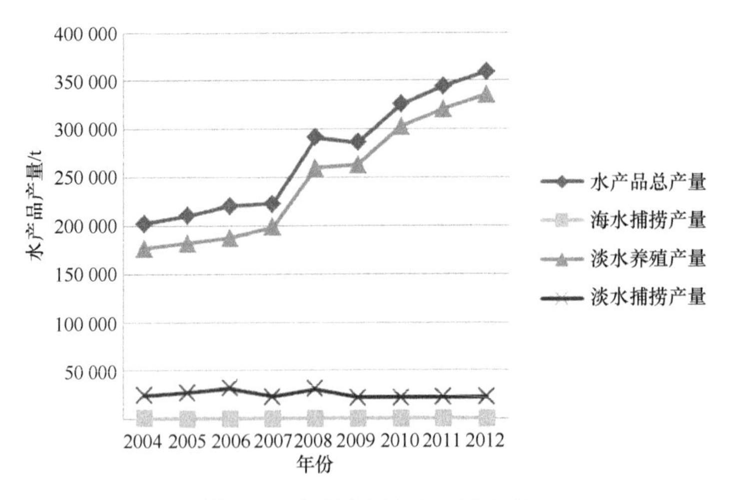

图 11-2　泰州市历年水产品产量

5）泰州市微生物遗传资源及菌种业

微生物遗传资源是很难进行观测和统计的，食用菌作为一种微生物，在人们的社会经济生活中发挥了重要作用，具有丰富的营养价值和药用价值。泰州市2012年食用菌干鲜混合产量为23 163t，食用菌中以香菇和蘑菇为主，分别为香菇干品2943t和蘑菇鲜品5111t。从图11-3中可以看出，泰州市食用菌总产量总体上在增加，尤其是2011～2012年增加的幅度比较大，香菇和蘑菇的产量也有不同程度的增长。这说明人们的饮食习惯可能更多地偏向食用菌类的更为健康的饮食。

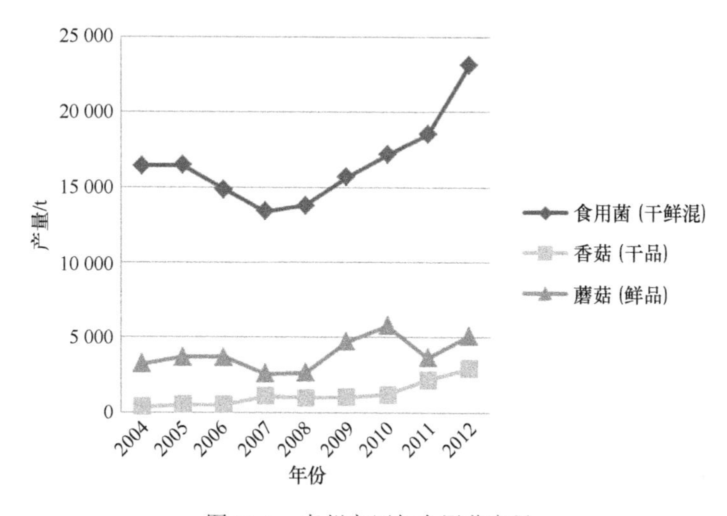

图11-3　泰州市历年食用菌产量

6）与遗传资源有关的其他产业

泰州市拥有一批有影响的特色产业，形成了生物技术和新医药、电子信息、新能源三大新兴产业和若干个新兴产品集群为主体的“1+3+N”产业体系。其中，生物医药产业是遗传资源及其生物技术利用的重要行业，泰州建成了中国医药城“产城一体”的国家级医药高新区，更充分体现了遗传资源及其生物技术在泰州社会经济发展中的重要作用。

11.1.2　泰州市遗传资源产业分类与计量统计

通过上述遗传资源在区域社会经济发展中的作用过程分析，可以看出遗传资源必须从遗传资源相关产业的角度才能发挥它对社会经济发展更大的影响。为此，必须对社会经济发展中与遗传资源密切相关的行业进行归类整理。密切相关的行业可以从三个方面来判定：①是否以遗传资源为劳动对象或者管理对象；②是否对遗传资源进行开发利用活动，即对遗传资源生物活体或生物材质进行开发利用；③是否利用生物技术进行各项生产和服务的经济活动。此外，由于当前国家的统计系统中缺乏对遗传资源产业的专门统计，因此必须建立与国家统计体系相匹配的遗传资源产业账户体系，为遗传资源及其产业在国民经济行业中的研究分析奠定理论分析和数据获取的基础。

11.1.2.1　遗传资源产业分类

国内外现有研究中对于遗传资源产业没有专门的定义，而与遗传资源产业内涵最接近的是生物产业。生物产业主要是指以生物资源为原料、以现代生物技术为支撑的高新技术产业，包括生物医药产业、现代生物农业、生物能源、生物制造及生物环保行业，不包括传统的生物遗传资源利用的行业，如传统农业、食品、轻工业和部分化工业。在区域社会经济发展中，仅仅分析遗传资源在生物产业中的利用价值是远远不够的，还需要将传统生物遗传资源利用的相关行业纳入进来，分析遗传资源在这些行业中的利用价值，以及相关行业对社会经济发展的贡献，才能充分体现遗传资源在区域社会经济发展中的地位和作用。

因此，本研究的遗传资源产业是广义的生物产业概念，是以生物材料或遗传材料为基础的所有行业的统称，在不同区域层次水平上具体表现如下。

（1）城市区域层次上参考国民经济行业分类标准，依据各类行业与生物遗传资源的密切程度将其剥离出来，具体表现为国民经济行业中与遗传资源有关的行业，如农林牧渔业、以农产品为原料的轻工业、部分化学工业（如有机肥料及微生物肥料制造、生物或生化合成等）、生物医药制造及生物医学工程制造业，以及以生物资源、生物产品或生命科学为主要服务对象的科研、教育及环保等服务行业，具体可将它们归类为遗传资源第一产业、遗传资源第二产业和遗传资源第三产业，分类框架体系可参见戴小清等人的研究（戴小清等，2014）。

（2）产业园区层次上的遗传资源产业具体表现则为各类生物产业，如生物医药产业、现代生物农业、生物能源、生物制造及生物环保。

（3）特色遗传资源产业水平上则具体表现为以某一特色遗传资源物种形成的产业链条，包括遗传资源涉及产业链的各类企业，如银杏产业、杨树产业、畜禽产业、食用药用菌产业等。

11.1.2.2　遗传资源产业的计量统计

1）遗传资源第一产业

遗传资源第一产业即涉足于国民经济行业三次产业分类中第一产业的遗传资源，由于本文界定的遗传资源包括生物个体、器官、组织、细胞、染色体、DNA 片段和基因等多种形态，因此，国民经济行业中的农林牧渔业均涉及了遗传资源。为此，遗传资源第一产业的统计指标可以参照国民经济行业中农林牧渔业建立统计账户，并依据农林牧渔业的统计数据作为遗传资源第一产业的计量统计数据源。

2）遗传资源第二产业

遗传资源第二产业是指国民经济第二产业中，以遗传资源为开发利用对象的相关行业，或以遗传资源为依托的生物技术行业。在国民经济行业统计中，与遗传资源有关的各个行业分类的详细程度，直接影响了遗传资源第二产业计量统计数据的获取与精确度。因为建立遗传资源第二产业账户是从国民经济第二产业分类中提取剥离出来的子账户，建立遗传资源第二产业账户体系，通过遗传资源第二产业的统计指标与国民经济第二产业中遗传资源相关行业计量统计对比，可以发现遗传资源第二产业中农副食品加工业、食品制造业、酒、饮料和精制茶制造业、烟草制品业、纺织业、纺织服装、服饰业、皮革、毛皮、羽毛（绒）及其制品和制鞋业、木材加工，以及木、竹、藤、棕、草制品业、造纸及纸制品业均可以直接通过国民经济第二产业中遗传资源相关行业进行统计。与国民经济第二产业相比，部分存在差异的地方见表 11-1。

表 11-1 遗传资源第二产业与国民经济第二产业的统计量差异

遗传资源第二产业	遗传资源相关的国民经济第二产业	计量统计说明
家具制造业中： 木质家具制造 竹、藤家具制造	家具制造业	仅计量家具制造业中的部分行业
印刷和记录媒介复制业中： 印刷	印刷和记录媒介复制业	仅计量书、报刊印刷和本册印刷
医药制造业中： 中药饮片加工 中成药生产 兽用药品制造 生物药品制造	医药制造业	仅计量医药制造业中生物医药的部分
橡胶和塑料制品业中： 橡胶制品业	橡胶和塑料制品业	仅计量橡胶制品业

注：参照《国民经济行业分类》（GB/T 4754－2011）。

3）遗传资源第三产业

遗传资源第三产业是围绕遗传资源进行管理和服务的行业。同样，依据国民经济行业的分类标准，遗传资源第三产业只统计计量与遗传资源直接相关的各个行业。例如，批发和零售业中的农、林、牧产品，食品、饮料及烟草制品，纺织品、针织品及原料，服装、鞋帽、中药等的批发与零售；仓储业中谷物、棉花等农产品的仓储；住宿和餐饮业中的餐饮业；科学研究和技术服务业中的农业科学研究和试验发展、医学研究和试验发展；专业技术服务业中的环境与生态监测服务、兽医服务；科技推广和应用服务业中的农业技术推广服务、生物技术推广服务；生态保护和环境治理中的野生动植物保护业；公共设施管理业中的绿化管理和公园管理。此外，本书将农林牧渔服务业也归并入遗传资源第三产业。其计量统计的方法就是从国民经济各行业中将上述这些行业的统计指标提取出来，组成遗传资源第三产业的社会经济发展评价账户。

11.1.3 泰州市遗传资源及其产业的社会经济发展贡献测算

通过指标体系构建的理论分析，本书城市区域尺度的遗传资源及其产业的社会经济发展贡献主要从经济发展、社会发展和可持续发展三个方面来反映。为了便于反映遗传资源贡献的动态变化，评估的时间跨度为 2008～2012 年。

11.1.3.1 遗传资源及其产业对经济发展的贡献

遗传资源及其产业对经济发展的贡献从经济价值总量、经济结构和经济效益三个方面进行评价。

1）遗传资源的经济价值贡献

遗传资源的经济价值贡献主要体现在经济价值总量上，包括遗传资源直接产品经济价值和遗传资源相关产业利用后形成的价值分享，即遗传资源在各相关产业中产生的乘数效应。

（1）遗传资源直接产品经济价值。主要评估遗传资源第一产业中的遗传资源经济价值，由于遗传资源第一产业中投入的遗传资源所生产的农产品也是遗传资源，在此过程中遗传资源作为中间投入参与形成了遗传资源第一产业的增加值，即农林牧渔业增加值；而增加值的概念是剔除了中间投入后的经济总量，因此必须加上遗传资源投入本身的经济价值，即直接产品经济价值=农林牧渔业增加值+农林牧渔业中遗传资源的投入费用。在不同行业中遗传资源的投入构成有所差异，种植业和园林业中种子费、农家肥费及畜力费应该计入遗传资源的投入费用，牧业中仔畜费、青粗饲料费及配种费应计入遗传资源的投入费用。根据《全国农产品收益成本资料汇编2013》及《泰州市统计年鉴2013》数据，可以核算出2012年泰州市种植业中各类大宗作物遗传资源的投入费用（表11-2）。

表11-2　2012年泰州市各类大宗作物遗传资源投入费用

评估指标＼作物类型	小麦	粳稻	大豆	油菜籽	花生	棉花	蔬菜
种子费/（元/亩）	62.38	42.13	34.44	23.19	174.43	58.81	135.32
农家肥费/（元/亩）	5.38	5.90	0.98	5.60	1122	6.51	163.39
畜力费/（元/亩）	0	0.10	1.84	0.21	10.77	0.90	5.16
合计/（元/亩）	67.76	48.13	37.26	29	196.42	66.22	303.87
泰州市作物面积/10^3hm^2	186.66	190.97	16.92	35.3	7.71	10.43	80.36
泰州市作物遗传资源投入费用/万元	18 972	13 787	946	1 536	2 272	1 036	36 628

注：表中种子费、农家肥费及畜力费来自《全国农产品收益成本资料汇编2013》中江苏省的作物成本收益数据，缺江苏省数据的用全国平均水平代替；泰州市各类作物面积数据来自《泰州市统计年鉴2013》。

表11-2中泰州市作物遗传资源的投入费用合计为7.52亿元。因此，根据直接产品经济价值=农林牧渔业增加值+农林牧渔业中遗传资源的投入费用，可以核算出2012年泰州市种植业遗传资源的直接产品经济价值为124.57亿元。从上表可以计算出2012年泰州市林业遗传资源投入费用为0.08亿元，加上林业增加值2.32亿元，则林业遗传资源的直接产品经济价值为2.40亿元。

牧业和渔业遗传资源投入费用主要包括仔畜费、青粗饲料费和配种费。如表11-3所示，牧业遗传资源投入费用为9.25亿元，牧业增加值为33.12亿元，合计牧业遗传资源的直接产品经济价值为42.37亿元。渔业增加值为32.29亿元，渔业遗传资源投入费用参

表11-3　2012年泰州市牧业遗传资源投入费用

评估指标＼禽畜资源	牛/（元/头）	生猪/（元/头）	羊/（元/头）	家禽/（元/百只）
仔畜费	0	465.44	120.87	289.9
青粗饲料费	121 779.12	7.52	20 792.85	0
配种费	1 893.41	0	432.91	0
合计	123 672.53	472.96	21 346.63	289.9
存栏数量/万头（万只）	1.31	156.92	13.58	1 752.1
泰州市作物遗传资源投入费用/万元	6 871	74 217	6 307	5 079

注：表中仔畜费、青粗饲料费及配种费经《全国农产品收益成本资料汇编2013》中江苏省的作物成本收益数据整理获得，其中缺江苏省数据的用全国平均水平代替；泰州市各类作物面积数据来自《泰州市统计年鉴2013》。

考苏群和陈智娟（2008）的研究，鱼苗等遗传资源的投入费用占整个投入成本的11.09%，2012年泰州市渔业中间投入成本为32.32亿元，据此核算出渔业遗传资源投入费用为3.58亿元，因此渔业遗传资源的直接产品经济价值合计为35.87亿元。

总的说来，2012年泰州市农林牧渔业遗传资源的直接产品经济价值，也即遗传资源第一产业的直接产品经济价值为205.21亿元；为此，采用2009～2012年《全国农产品收益成本资料汇编》及《泰州市统计年鉴》数据，可以分别评估2008～2011年泰州市遗传资源第一产业的直接产品经济价值，得到如表11-4的结果。从表11-4中我们可以看出，近5年遗传资源在第一产业中的直接产品经济价值逐年增加，年均增幅达12.84%，对区域国民经济的增长具有重要的推动作用。

表11-4　2008～2012年泰州市遗传资源在第一产业中的直接产品经济价值

价值类型 \ 年份	2008	2009	2010	2011	2012
遗传资源第一产业直接产品经济价值/亿元	126.56	140.13	158.68	189.56	205.21

（2）遗传资源相关产业中的分享价值。除遗传资源第一产业外，遗传资源以原材料或被服务对象的形式分别参与遗传资源第二产业和第三产业的经济活动。在这些经济活动中必然有遗传资源所贡献的价值，因此必须分析遗传资源在此经济活动的价值分成，即遗传资源在遗传资源相关产业中的分享价值。在遗传资源投入第二产业中进行价值增值的过程中，为防止重复计算，不再核算遗传资源投入本身的价值，只评估遗传资源投入后产生的价值分享。

遗传资源第二产业中的分享价值，主要是遗传资源以原料的形式参与社会生产，可以运用生产函数法进行评估。通过上述建立的遗传资源第二产业账户，从国民经济统计年鉴中分别获取遗传资源第二产业的相关数据（表11-5）。

表11-5　2012年泰州市国民经济行业中遗传资源第二产业数据（单位：亿元、人、万元/人）

遗传资源第二产业	总产值	增加值	从业人员	人均工资
农副食品加工业	482.92	117.73	11 568	3.69
食品制造业	25.48	6.21	5 121	3.84
酒、饮料和精制茶制造业	26.91	6.56	4 880	3.58
纺织业	212.56	51.82	75 681	3.43
纺织服装、服饰业	113.74	27.73	56 611	3.19
皮革、毛皮、羽毛（绒）及其制品和制鞋业	8.19	2.00	8 792	3.26
木材加工及木、竹、藤、棕、草制品业	10.20	2.49	14 775	3.49
造纸及纸制品业	26.93	6.56	8 817	4.83
部分家具制造业	7.37（14.62）	1.80	2 505	4.29
部分印刷和记录媒介复制业	5.9409（6.29）	1.45	5 698	4.44
部分医药制造业	91.08(479.89）	22.21	1 822	3.88
部分橡胶和塑料制品业	27.71(104.27）	6.76	7 418	4.24
合计	1039.03	253.32	203 689	3.85

注：①总产值数据均来自《泰州统计年鉴 2013》的规模以上工业企业，表中增加值是通过总产值×增加值率计算出来的，增加值率为24.38%，由规模以上工业增加值/规模以上工业总产值得出；②根据表11-1产业分类以及《江苏经济普查年鉴2008》中相关细分行业的比重，确定家具制造业中约50.43%、印刷和记录媒介复制业中约94.5%、医药制造业中约18.98%、橡胶和塑料制品业中约26.58%的经济活动与遗传资源相关，因此可根据比例确定这些行业的部分总产值，括号中的数值表示的是全部总产值；③以江苏经济普查年鉴2008制造业中各行业从业人员比重为依据，得到泰州市制造业中各业的从业人员；表中人均工资为江苏省各细分行业在岗职工平均工资。

表 11-5 中泰州市 2012 年遗传资源第二产业增加值为 253.32 亿元。遗传资源第二产业中遗传资源的贡献率参考戴小清等（2014）研究结果，即贡献率为 16.67%，计算得到 2012 年泰州市遗传资源在其第二产业中的分享价值为 42.23 亿元；运用 2009～2012 年《泰州市统计年鉴》数据分别评估 2008～2011 年泰州市遗传资源在其第二产业中的分享价值，也即遗传资源在其第二产业中的直接产品经济价值，得到如表 11-6 评估结果。

表 11-6　2008～2012 年泰州市遗传资源在第二产业中的直接产品经济价值

价值类型＼年份	2008	2009	2010	2011	2012
遗传资源第二产业中的分享价值/亿元	19.16	22.63	30.00	33.81	42.23

遗传资源第三产业中的分享价值，需要核算遗传资源在运输、仓储、批发和零售、餐饮、科学研究、环境和公共管理等经济活动中的增加值。其中，农产品运输与仓储业可以依据其在国民经济的交通运输、仓储和邮政业中所占比例核算其增加值，这个比例可参照《江苏经济普查年鉴 2008》中相关细分行业的比重（1.65%）；批发和零售业中与遗传资源有关的行业增加值比重为 29.12%，科研技术服务业及环境与公共设施管理业中与遗传资源有关的行业分别占 20.75%和 78.66%。农林牧渔服务业从业人员占全体农业从业人员的比例依据其增加值占农业增加价值比重确定，进而估算从业人员数据，其他行业均按此方法估算出的从业人员数量。依据上述对遗传资源第三产业的分类，从国民经济统计年鉴中分别提取遗传资源第三产业账户的相关数据（表 11-7）。

表 11-7　2012 年泰州市国民经济行业中遗传资源第三产业数据（单位：亿元、人、万元/人）

遗传资源第三产业	国民经济对应行业的增加值	遗传资源第三产业的增加值	从业人员	人均工资
农林牧渔服务业	6.96	6.96	16 784	3.55
农产品运输与仓储业	146.33	2.42	1 748	4.79
农副产品批发零售业	193.05	56.21	3 869	4.13
餐饮业	59.81	59.81	6 027	3.30
部分科研技术服务业	13.44	2.79	944	7.80
部分环境与公共设施管理业	12.39	9.75	7 868	4.36
合计	431.98	137.94	37 240	4.66

注：数据经《泰州统计年鉴 2013》资料整理获得；表中农副产品批发零售业包括农林牧渔产品，食品、饮料及烟草制品，纺织、服装及中药药品等的批发与零售行业，通常统计年鉴没有对这些细分行业分别进行统计，因此参照《江苏经济普查年鉴 2008》中相关细分行业的比重，确定一定比例将这些行业数据提取出来；表中人均工资为在岗职工平均工资。

根据表 11-7 中提取的遗传资源第三产业数据，计算 2012 年泰州市遗传资源第三产业增加值为 137.94 亿元，戴小清等研究认为遗传资源在其第三产业中的经济贡献率为 20%（戴小清，2014），计算得到 2012 年泰州市遗传资源在其第三产业中的分享价值为 27.59 亿元；同样，采用 2009～2012 年《泰州市统计年鉴》数据，可以分别评估 2008～2011 年泰州市遗传资源在其第三产业中的分享价值，也即遗传资源在其第三产业中的直接产品经济价值，得到如表 11-8 所示的评估结果。

表 11-8　2008～2012 年泰州市遗传资源在第三产业中的直接产品经济价值

价值类型 \ 年份	2008	2009	2010	2011	2012
遗传资源第三产业中的分享价值/亿元	12.31	15.01	19.45	24.00	27.59

从遗传资源经济价值贡献总体来看，遗传资源在不同产业中的经济利用价值存在差异。在遗传资源第一产业以投入种质资源直接形成农产品的利用形式，在此过程中遗传资源的经济价值既包括种质资源本身也包括各种农产品；遗传资源在其第二产业中主要是通过遗传资源的原料利用或成为被管理服务对象而产生的相应价值分享。经核算得到，2012 年泰州市遗传资源在其第一、二、三产业中的经济价值分别为 205.21 亿元、42.23 亿元和 27.59 亿元，经济价值总量为 275.03 亿元，即 2012 年泰州市遗传资源对区域经济价值贡献为 275.03 亿元，占地区 GDP 总量的 10.18%。遗传资源对泰州市各年份经济价值贡献及占地区 GDP 比重详见图 11-4。

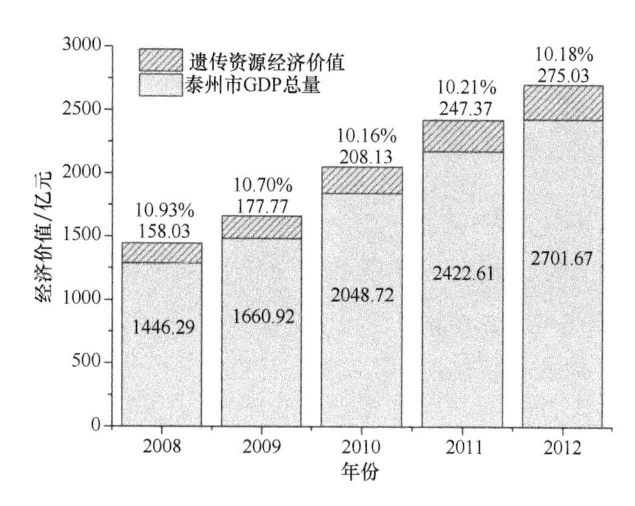

图 11-4　2008～2012 年泰州市遗传资源经济价值及 GDP 贡献

2）遗传资源产业的经济结构贡献

在遗传资源三次产业中，由于遗传资源的特殊性，其第一产业增加值的比重普遍偏高。从 2008～2012 年来看，所有遗传资源产业中遗传资源第一产业增加值所占比重介于 32%～38%之间，远高于泰州市三次产业中第一产业的比重，且所占比重逐年下降，说明遗传资源的利用不断从传统的农业利用向工业化利用的方向发展；而遗传资源第二产业增加值比重呈波动式增加，说明遗传资源的工业利用中利用程度和水平不稳定，遗传资源第二产业内部结构不够合理；遗传资源第三产业的增加值比重逐年增加，说明遗传资源产业逐渐向遗传资源第三产业转移（表 11-9）。2008～2012 年泰州市遗传资源产业增加值构成见表 11-9。

从增长速度来看，遗传资源第二产业的年增长速度为 1.88%，遗传资源第三产业的年增长速度为 2.30%，说明遗传资源产业向第三产业转移的速度快于向遗传资源第二产业的转移。总体来说，根据产业结构升级理论，遗传资源产业逐渐从第一产业向二、三产业转移升级，为区域产业结构升级作出了重要贡献（图 11-5）。

表 11-9　2008～2012 年泰州市遗传资源产业增加值构成　（单位：亿元）

年份	遗传资源产业生产总值	遗传资源第一产业		遗传资源第二产业		遗传资源第三产业	
		增加值	比例/%	增加值	比例/%	增加值	比例/%
2008	281.60	105.10	37.32	114.93	40.81	61.57	21.86
2009	339.62	128.85	37.94	135.74	39.97	75.03	22.09
2010	423.26	146.03	34.50	179.98	42.52	97.25	22.98
2011	491.72	68.91	34.35	202.83	41.25	119.98	24.40
2012	576.05	84.79	32.08	253.32	43.98	137.94	23.95

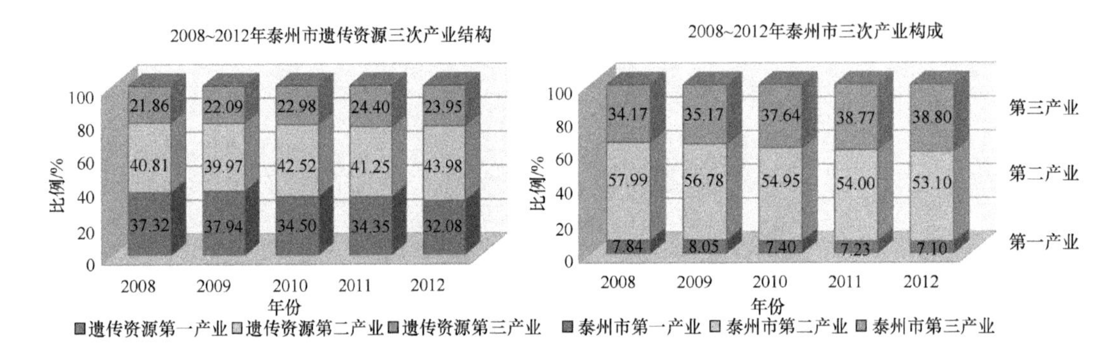

图 11-5　2008～2012 年泰州市遗传资源三次产业结构与区域三次产业结构对比图

3）遗传资源产业的经济效益贡献

遗传资源产业对泰州市带来的经济效益，首先从遗传资源产业生产总值来看，遗传资源产业生产总值从 2008 年的 281.60 亿元增长到 2012 年的 576.05 亿元，5 年内遗传资源产业经济总量翻了一番；从遗传资源产业生产总值增长率来看，遗传资源产业生产总值年增长率达到了 19.59%，而泰州市 GDP 增长速度为 17.98%，足见遗传资源产业的发展推动了地区经济的增长。遗传资源对区域经济效益的贡献另一个重要体现就是比较劳动生产率，遗传资源产业全员劳动生产率在 2008～2012 年从 3.89 万元/人增长到了 8.39 万元/人，遗传资源产业生产能力大幅提升。从近 5 年看，遗传资源产业劳动生产率增长速度为 21.22%，泰州市社会劳动生产率从 4.96 万元/人提升到 9.50 万元/人，提升速度为 17.64%，说明遗传资源产业生产力发展速度快于泰州市全社会生产力发展速度。但是遗传资源产业劳动生产率水平比全社会劳动生产率水平低，还需要有很大的提升空间（图 11-6）。

11.1.3.2　遗传资源及其产业对社会发展的贡献

1）遗传资源的社会价值贡献

社会经济环境中，遗传资源最主要的社会价值就是景观游憩价值和相关产业提供就业机会的价值。提供就业机会的价值通过遗传资源产业中各行业从业人员人数与人均工资水平进行评估（表 11-10）。根据遗传资源经济价值占遗传资源产业价值的比重，计算 2008～2012 年泰州市遗传资源的就业价值贡献分别为 66.80 亿元、74.25 亿元、79.16 亿元、

96.03 亿元、108.09 亿元。

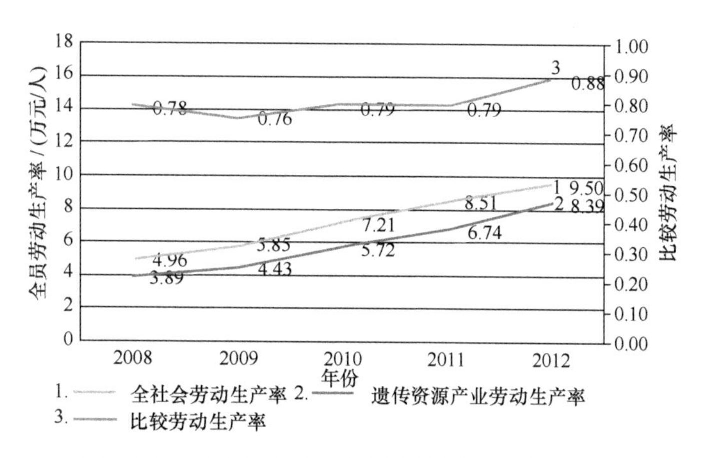

图 11-6 泰州市全社会劳动生产率、遗传资源产业劳动生产率及其比较劳动生产率

表 11-10 遗传资源产业提供就业机会的价值核算 （单位：亿元）

年份	遗传资源产业提供就业机会价值合计	遗传资源第一产业提供就业价值	遗传资源第二产业提供就业价值	遗传资源第三产业提供就业价值
2008	119.04	72.11	31.70	15.23
2009	141.86	85.43	38.28	18.15
2010	160.98	91.12	48.28	21.58
2011	190.89	104.73	59.63	26.53
2012	226.40	125.71	71.75	28.94

对于遗传资源对区域社会带来的景观游憩娱乐文化价值，本研究主要以谢高地等（2003）研究的中国陆地生态系统单位面积生态服务价值当量因子表作为价值参考，与遗传资源有关的耕地、园地、林地、草地及水域面积数据源自 2008～2012 年泰州市土地利用现状变更数据，据此核算出 2008～2012 年遗传资源的景观娱乐价值分别为 6.35 亿元、5.84 亿元、5.82 亿元、5.78 亿元和 5.77 亿元。

总的来说，仅从遗传资源的景观游憩价值和提供就业机会的价值两个方面看，2008～2012 年泰州市遗传资源给区域社会经济发展带来的社会价值总量分别为 73.15 亿元、80.09 亿元、84.98 亿元、101.81 亿元、113.86 亿元。

2）遗传资源对社会进步的贡献

遗传资源对社会进步的贡献主要反映遗传资源对社会技术进步、社会文明进步等方面的推动作用。本书在评估遗传资源对社会进步的贡献时仅选取了科技进步贡献一个指标来反映，科技进步贡献率采用戴小清等的研究成果，即遗传资源在其第三次产业中的科技进步贡献率分别为 6.90%、11.91%和 3.40%。据此，评估泰州市 2008～2012 年遗传资源对区域社会进步的贡献价值分别为 23.03 亿元、27.61 亿元、34.82 亿元、39.89 亿元、47.61 亿元。

3）遗传资源对社会福利的贡献

遗传资源对社会福利的贡献主要反映在遗传资源产业人均工资增长、人均 GDP、人口健康、文化水平等方面。泰州市遗传资源产业中，遗传资源第二产业职工人均工资从

2008 年的 2.17 万元/人/年增长到了 2012 年的 3.85 万元/人/年，人均 GDP 从 3.89 万元/人/年增长到了 8.39 万元/人/年，年均增长速度分别为 15.41%和 21.19%。

11.1.3.3 遗传资源及其产业对可持续发展的贡献

1）遗传资源的经济价值潜力

遗传资源及其产业对区域可持续发展的贡献，从遗传资源能够提供的经济价值潜力来看，主要突出表现为遗传资源产业劳动生产率比泰州市全社会劳动生产率水平低，说明遗传资源开发利用水平还未达到全社会的资源利用生产水平，因此具有较大的经济价值挖掘潜力。此外，遗传资源的产出投入比与全社会产出投入比，即遗传资源产业经济价值/遗传资源经济价值，也可以衡量遗传资源经济价值潜力。本书中遗传资源产业劳动生产率与泰州市全社会劳动生产率的差距从图 11-6 中可以看出，2008～2012 年遗传资源产业劳动生产率水平与社会平均劳动生产率水平的差距分别为 1.07 万元/人、1.42 万元/人、1.49 万元/人、1.77 万元/人、1.11 万元/人，即遗传资源产业对遗传资源的开发利用潜力可提升的空间。因此，根据遗传资源产业从业人员数量，核算出 2008～2012 年遗传资源产业经济价值潜力分别为 77.75 亿元、109.21 亿元、110.30 亿元、128.77 亿元、75.85 亿元；依据遗传资源经济价值与遗传资源产业增加值的投入产出关系，得到 2008～2012 年遗传资源的经济价值潜力分别为 43.63 亿元、57.16 亿元、54.24 亿元、64.78 亿元、36.21 亿元。

2）遗传资源的社会价值潜力

遗传资源不仅对区域社会经济发展具有直接的经济收益，更为社会发展带来了许多潜在的社会贡献。在众多与遗传资源相关的价值评估案例中，社会价值的评估往往是最困难的，一方面由于社会价值的内涵可大可小，另一方面的原因是很多社会价值指标难以量化。评估遗传资源对区域可持续发展贡献的潜力，必须从系统全面的角度挖掘遗传资源的社会潜在价值。社会经济环境中，遗传资源除了给社会提供就业及景观游乐等常见的社会价值外，其实还有很多生态价值已经进入了社会服务中，例如，社会经济环境中所排放的“三废”可以被各类生物遗传资源所净化，森林与水库调蓄洪水和调节气候的作用、各类生物天敌即生物的多样性减少了病虫害的威胁等。因此，在社会经济环境中，遗传资源的潜在社会价值还包括废物处理（废水、废气、废渣）、蓄水调水、调节气候、防灾减灾（病虫害）等生态服务功能的价值。为此，本研究主要评估废物处理、蓄水调水、调节气候、保护生物多样性等几个方面作为遗传资源的潜在社会价值。以谢高地（2003b）研究的中国陆地生态系统单位面积生态服务价值当量因子表作为价值参考（表 11-11），据此核算出 2008～2012 年泰州市遗传资源的潜在社会价值分别为 63.63 亿元、59.10 亿元、58.83 亿元、58.47 亿元、58.33 亿元。

表 11-11 中国不同陆地生态系统单位面积生态服务价值表 （单位：亿元）

服务类型	耕地	园地	林地	草地	水域
废物处理	1 451.2	1 159.2	1 159.2	1 159.2	16 086.6
水源涵养	530.9	2 831.5	2 831.5	707.9	18 033.2
气候调节	787.5	2 389.1	2 389.1	796.4	407.0
生物多样性保护	628.2	2 884.6	2 884.6	964.5	2 203.3

3）遗传资源丰度

遗传资源丰度即从遗传资源总量水平上反映遗传资源对区域可持续发展贡献的支持。泰州市 2008～2012 年农林牧渔业及菌种业各类遗传资源均逐年增加：农作物播种面积从 $553.01\times10^3hm^2$ 增长到了 $580.53\times10^3hm^2$，粮食作物、油料作物、棉花及蔬菜合计总产量从 517.77 万 t 增长到了 608.80 万 t；森林面积从 $73.13\times10^3hm^2$ 增长到了 $80.22\times10^3hm^2$，主要园林水果及干果产量合计从 4.17 万 t 增长到了 5.87 万 t；禽畜肉、蛋、奶合计总产量从 33.35 万 t 增长到了 41.51 万 t；水产品产量从 29.18 万 t 增长到了 35.91 万 t；食用菌产量从 1.38 万 t 增长到了 2.32 万 t。

4）人均遗传资源拥有量

人均遗传资源拥有量即从遗传资源人口承载力方面来反映遗传资源对区域可持续发展贡献。各类遗传资源产量不断增加的同时人口也在逐年增长，但以常住人口计，2008～2012 年泰州市常住人口却从 463.59 万人减少到了 462.98 万人，说明泰州市属于人口输出型城市。近 5 年来，泰州市遗传资源人均拥有量除油料和棉花在下降外，其余均在增加，为区域可持续发展提供了重要资源支撑。泰州市 2008～2012 年人均遗传资源拥有量详情可见表 11-12。

表 11-12　2008～2012 年泰州市各类遗传资源人均拥有量　（单位：吨/百人）

遗传资源拥有量 \ 年份	2008	2009	2010	2011	2012
人均粮食拥有量	64.85	66.48	68.03	69.45	69.93
人均蔬菜拥有量	43.81	45.52	48.28	53.78	58.72
人均油料拥有量	2.58	2.51	2.52	2.32	2.51
人均棉花拥有量	0.46	0.34	0.38	0.32	0.33
人均水果及干果拥有量	0.90	0.81	1.00	1.18	1.27
人均禽畜肉、蛋、奶拥有量	7.19	7.46	8.26	8.50	8.97
人均水产品拥有量	6.29	6.14	7.05	7.45	7.76
人均食用菌拥有量	0.30	0.34	0.37	0.40	0.50

注：表中人口以泰州市常住人口计。

11.2 银杏资源对泰州市社会经济发展的贡献分析

11.2.1 泰州市银杏资源概况及其产业化用途分析

11.2.1.1 泰州银杏资源及其第一产业概况

我国是银杏植物遗传资源的原产地，也是银杏种植量最多的国家，其次是日本和朝鲜半岛。江苏省泰州市具有悠久的银杏栽培历史，据地方县志及有关专家论证，泰州银杏栽培历史已有千年以上，是全国最大的银杏产区，其中白果产量占全国总产量的 1/3。泰州具有良好的银杏资源地域优势，但是，近年来由于银杏林产品价格持续走低以及银杏加工制造业不景气，泰州市银杏种植总面积在不断减少，但可以产果的银杏树面积在增加。2004～2012 年泰州市银杏白果产量从 8398t 增加到了 15 000t，近乎翻倍。银杏资源在泰州的区域分布中，主要分布在泰兴市、姜堰区及市辖区，且市辖区以高港区为主，这三个区域的银杏白果平均总产量占泰州市白果产量的 90%以上（图 11-7），种植面积占据了整个泰州银杏总面积的 98%以上。

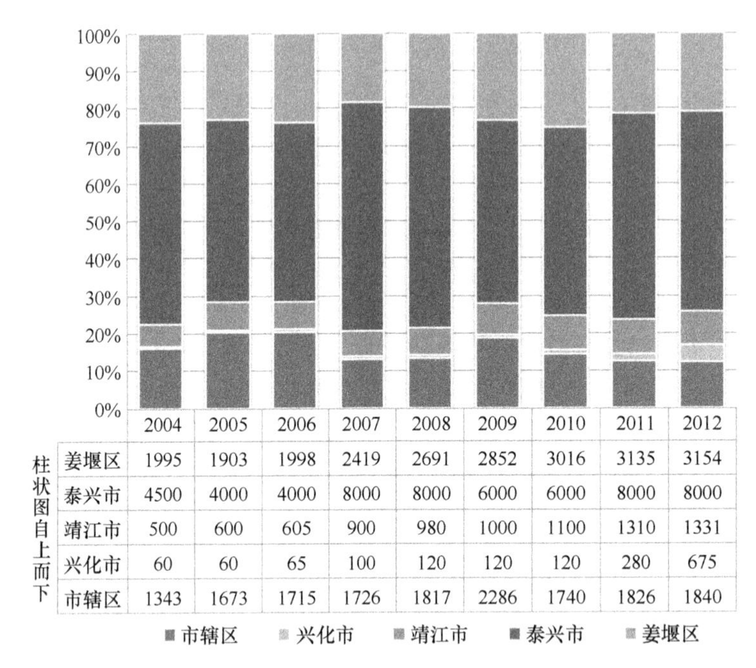

	2004	2005	2006	2007	2008	2009	2010	2011	2012
姜堰区	1995	1903	1998	2419	2691	2852	3016	3135	3154
泰兴市	4500	4000	4000	8000	8000	6000	6000	8000	8000
靖江市	500	600	605	900	980	1000	1100	1310	1331
兴化市	60	60	65	100	120	120	120	280	675
市辖区	1343	1673	1715	1726	1817	2286	1740	1826	1840

图 11-7　2004～2012 年泰州市银杏白果产量及各区（市）白果产量结构

在银杏产业中，涉及第一产业的行业主要包括银杏育种（银杏种实选育）和育苗（银杏小苗优良品系选育、嫁接用苗）、银杏树种植与栽培（白果丰产园、银杏采叶园、景观用银杏大苗、银杏盆景等）、银杏林产品采集（银杏木材采伐和银杏非木材林产品如白果、白果外种皮、银杏叶、花粉）等行业。

11.2.1.2　泰州银杏加工制造业现状

泰州银杏加工制造业（即银杏第二产业）主要由银杏林产品的各类加工利用企业组成。据不完全统计，全市目前拥有银杏企业共计 17 家，其中银杏果、叶及各类食品、保健品、工艺品加工企业 16 家，另外有 1 家属于流通企业。16 家银杏加工制造企业主要从事银杏精华素、银杏黄酮胶囊、银杏叶黄酮苷、蛋白粉、银杏晶、银杏白酒、银杏奶茶、脱壳保鲜白果、银杏茶、银杏挂面、银杏根雕等系列产品的生产和销售，按银杏加工程度可以分为粗加工和精深加工企业，分别为 7 家和 9 家。

从 17 家企业中已调查收集到的 13 家银杏企业来看，泰州银杏加工制造业按照国民经济行业分类标准（GB/4754—2011），可以将其划分为农副食品加工业、食品制造业、酒、饮料和精致茶制造业、医药制造业，以及工艺美术品制造业等行业。当然，调查可能遗漏一些规模以下的中小型企业。泰州银杏加工制造业应该还包括了木材加工和木制品业、木质家具制造业等行业；从银杏加工程度来看，已调查的 13 家企业中有银杏精深加工企业6家，占泰州银杏全部精深加工企业数量的66.67%。

从已调查的银杏企业来看，农副食品加工业主要包括银杏破壁粉生产、白果脱壳等企业，典型代表企业有泰州市集泰农产品有限公司；食品制造业主要包括银杏蛋白粉、白果罐头、银杏挂面等加工制造行业，典型代表企业有江苏延令食品科技有限公司、泰兴市天恒经贸有限责任公司；酒、饮料和精致茶制造业主要包括银杏白酒、银杏奶茶、银杏露、银杏晶、银杏茶的生产加工企业，典型代表企业有江苏国树果生物科技有限公司、唯吾知足酿酒厂、泰兴市济川酒业有限公司、江苏强强食品有限公司；医药制造业主要包括以银杏提取物为原料的医药生产企业，典型代表企业有扬子江药业集团；工艺美术品制造业主要包括以银杏木材为原料生产的各种家具及工艺艺术品，典型代表企业有泰兴新街镇郭明银杏根雕艺术服务中心。

11.2.1.3 银杏服务业状况

银杏不仅提供林产品以及食品、医药等许多工业产品的重要原料，还承担着遗传与科研、历史与文化、旅游休闲等多种功能价值，更是维持生态系统稳定的重要基石。泰州银杏第三产业主要包括：银杏市场贸易流通行业、旅游休闲及生态服务行业，市场流通如泰兴市宣堡银杏市场等银杏市场交易企业及一些银杏产销专业合作社；旅游休闲如银杏园林绿化，包括高港银杏广场、泰兴公园、泰兴银杏公园、泰兴宣堡古银杏群落森林公园，以及泰州市区凤凰大道、仙鹤湾风光带、中兴大道、姜堰市区振兴路、三水大道两侧等一批重点绿化项目。

总体来说，泰州市银杏产业中，银杏的资源优势使得银杏第一产业成为了整个银杏产业的主导，银杏资源的第二产业（即银杏加工制造业）、第三产业（即银杏服务业）还不够发达。如何使泰州市银杏的资源优势发挥更大的作用，促进银杏资源第二、三产业的发展，为区域经济社会发展做出更大贡献，是银杏资源开发利用与保护面临的重要课题。

11.2.2 银杏资源及其产业对区域经济发展的贡献评估

11.2.2.1 银杏资源对区域经济价值总量贡献

1）银杏林产品直接经济价值

银杏树全身是宝，集药用、食用、材用、观赏、绿化等多种价值于一体。银杏林产品主要包括白果、银杏外种皮、银杏叶、银杏花粉、银杏苗木（小苗和大苗）、银杏木材、银杏盆景。经实地调查访谈发现，白果外种皮与白果的产量比是2∶1，银杏干青叶年产量为3000t，银杏雄花穗4万～5万吨，银杏盆景常年在3000盆左右。泰兴市银杏产业基本情况文本中提到，2011年仅泰兴市就有各种规格苗木1200万株，银杏苗圃面积3000亩；银杏木材按一般树种的出材率70%，采伐量按2008～2012年银杏年均减少量144.52hm^2，每公顷蓄积量按31.35m^{3}算，则年均木材产量为3171.49m^3。因此，结合《泰州市统计年鉴》、《泰州市银杏产业发展规划文本》、《泰兴市银杏产业基本情况文本》、《江苏省泰州市森林资源规划设计调查报告》等资料，整理得到2008～2012年泰州市银杏林产品产量，见表 11-13。

表 11-13　2008～2012 年泰州市银杏林产品产量

年份 \ 林产品	白果/万 t	外种皮/万 t	银杏叶/万 t	花粉/万 t	银杏苗木		银杏盆景/万盆	木材产量/m^3
					小苗	大苗		
2008	1.36	2.72	0.3	4.50	510	31	0.30	3171.49
2009	1.23	2.46	0.3	4.50	531	165	0.30	3171.49
2010	1.20	2.40	0.3	4.50	478	149	0.30	3171.49
2011	1.46	2.92	0.3	4.50	826	257	0.30	3171.49
2012	1.50	3.00	0.3	4.50	570	177	0.30	3171.49

注：数据源自历年《泰州市统计年鉴》、《泰州市银杏产业发展规划文本》、《泰兴市银杏产业基本情况文本》、《江苏省泰州市森林资源规划设计调查报告》，以及部分访谈资料。

银杏林产品直接经济价值可采用市场价格法进行评估。长期以来，银杏各类林产品的价格除银杏叶在增长外，其余价格一直在下降。2008～2012 年银杏白果价格一直在 1.5～2.5 元/斤之间波动，平均市场价格为 1.7 元/斤；2008～2010 年银杏干青叶平均市场价格为 2.5 元/斤，而 2011 年、2012 年市场价格有所上涨，平均市场价格为 7 元/斤，为防止因价格波动带来的影响，取两者的平均数 4.75 元/斤；银杏花粉价格也从 20 世纪 90 年代的 50 元/斤降低到现在的 20 元/斤，2008～2010 年期间市场价格为 30 元/斤，2011～2012 年市场价格为 20 元/斤，2008～2012 年银杏花粉平均市场价格取 25 元/斤；银杏苗木价格有实生苗和嫁接苗之分，相同规格实生苗高于嫁接苗的价格，但泰州市绝大多数银杏苗木为嫁接苗，因此以银杏嫁接苗价格为参照标准：银杏径阶在 5cm 以下的嫁接小苗平均市场价格为 21 元/株，径阶在 6～12cm 的银杏（大苗）平均市场价格为 144 元/株；银杏木材由于是工艺雕刻、精美家具、豪华建筑及室内装饰的优良材料，因此市场价格昂贵，国际市场达到每立方米 1000 美元左右，国内售价也在每立方米 3000～5000 元（蔡桂如等，2011）；银杏盆景的价格因不同工艺或客户的喜好导致价格不一，调研中未获得其市场价格，因此参照江苏邳州等其他地区的市场价格从 150～800 元/盆不等，取平均值 475 元/盆。此外，银杏外种皮因开发利用很少而缺乏市场，绝大多数外种皮都被丢弃，访谈中未获得其市场价格数据。

依据银杏林产品产量及其市场平均价格，则 2008～2012 年泰州市银杏林产品直接经济价值分别为 27.79 亿元、26.84 亿元、26.48 亿元、28.86 亿元、27.18 亿元人民币。

2）银杏在粗加工企业中的分享价值

银杏传统加工利用企业主要生产银杏粗加工产品，这些企业的特点是以银杏林产品为原料从事简单加工的生产活动，没有研发（R&D）经费或者 R&D 经费较少，缺乏专门的产品研发部门。银杏在粗加工产品中的分享价值，首先通过 CD 生产函数模型得到银杏资源的弹性系数及银杏投入要素贡献率，再进一步核算银杏在企业总产值中的分享价值。弹性系数及要素贡献率计算公式如下：

$$Y = AK^{\alpha}L^{\beta}G^{\gamma} \tag{11-1}$$

$$E_G = \gamma\frac{\Delta G}{G}/\frac{\Delta Y}{Y} \tag{11-2}$$

式中，Y 表示银杏企业总产值；K、L、G 分别表示银杏企业中资本、劳动力及银杏资源的投入；E_G 表示银杏资源投入要素的贡献率；A、α、β、γ 是待估参数，分别表示科技进步贡献系数、资本弹性系数、劳动力弹性系数和银杏弹性系数。

银杏加工企业中由于有些企业以银杏叶为原料，有些企业则以白果为原料，其原料品种投入量差异非常大，因此银杏资源的投入以货币形式表示。根据已调查获取的 7 家银杏企业共 25 份样本数据整理计算得到：

$$Y = 2.84K^{0.104}L^{0.723}G^{0.448} \tag{11-3}$$

模型整体显著 F 值为 8.85，R^2 为 0.56，模型拟合水平一般。经 t 检验，资本投入 K 回归系数不显著，劳动力投入 L 及银杏投入 G 回归系数分别在 84%和 86%的显著水平上可以接受。通过式（11-2）则可以计算出银杏资源在粗加工企业中的贡献率为 41.10%，说明粗加工产品企业中银杏对企业产值的增长贡献比重较高。根据银杏资源在粗加工企业中的贡献率以及全市银杏粗加工企业抽样调查比例，并对已调查企业中的缺失值用平均值代替，计算得到泰州市 2012 年银杏资源在粗加工产品中的分享价值为 1.18 亿元，同样计算泰州市 2008～2011 年银杏资源在粗加工企业产品中的分享价值分别为 1.05 亿元、1.05 亿元、0.92 亿元及 1.07 亿元。

3）银杏在精深加工企业中的分享价值

银杏在精深加工企业中的作用与在粗加工企业中的区别在于，结合了生物技术手段进行产品的研发，产品具有高附加值的特性。计算公式如下：

$$Y = AK^{\alpha}L^{\beta}G^{\gamma}T^{\delta} \tag{11-4}$$

式（11-4）是在式（11-1）的基础上增加了生物技术投入的要素，用 T 表示，δ 为其弹性系数。采用调研收集到的 6 家精深加工企业 20 份样本数据，已调查到的企业中由于资本投入与劳动力存在相关性，为消除多重共线性问题各变量分别以相对数来代替，均除以劳动力 L 变换处理，模型经整理计算得到：

$$\ln(Y/L) = 1.38 + 0.942\ln(K/L) + 0.026\ln(G/L) + 0.231\ln(T/L) \tag{11-5}$$

模型整体显著 F 值为 26.95，R^2 为 0.84，模型拟合度很好。经 t 检验，单位劳动力资本投入即 K/L 回归系数非常显著，单位劳动生物技术投入（T/L）回归系数显著，但单位劳动银杏投入（G/L）回归系数不显著。这说明银杏精深加工企业以资本投入和技术投入为主，劳动力及银杏原料投入并不重要。各企业的劳动力投入及银杏原料投入均相对较少，在劳动力不变的情况下，每增加 1%的资本投入就会带来 0.94%的产值增长，每增加 1%生物技术投入则带来 0.23%的产值增长；因此，在劳动力不变的情况下，资本、生物技术及银杏原料的贡献率分别为 85.44%、10.81%及 2.1%。根据银杏精深加工企业抽样比例及精深加工企业各年度总产值，计算得到泰州市 2008～2012 年银杏资源在精深加工企业产品中的分享价值分别为 781.65 万元、834.09 万元、718.46 万元、821.54 万元及 1088.52 万元。

4）银杏在生物技术中的贡献价值

银杏在精深加工企业中的经济贡献不仅是它作为原料本身的贡献价值，还对生物技术的发展具有推动作用。根据式（11-4）中计算得到的银杏精深加工企业生物技术贡献率 10.81%，得到泰州市 2008～2012 年生物技术在精深加工企业中的贡献价值分别

4023.63 万元、4293.56 万元、3698.34 万元、4228.95 万元、5603.28 万元。由于生物技术的贡献并不是全部由银杏资源所带来的，因此需要在生物技术贡献中提取银杏资源的贡献部分，即银杏资源贡献率 2.1%，进而得到泰州市 2008～2012 年银杏在生物技术中的贡献价值分别为 84.50 万元、90.16 万元、77.67 万元、88.81 万元、117.67 万元。

5）银杏在第三产业中的分享价值

泰州银杏第三产业包括银杏市场贸易流通行业、旅游休闲及生态服务行业。泰州市市场流通行业较少，仅有泰兴市宣堡银杏市场这家企业以银杏市场流通为主。银杏在第三产业中的分享价值采用银杏在粗加工企业中的贡献率计算，因为银杏第三产业类似于银杏粗加工企业也是以银杏为主要原料供应或服务对象。银杏的旅游休闲及生态服务价值在本文属于社会价值的范畴，因此此处不作计算。根据泰兴市宣堡银杏市场调研到的资料及银杏在第三产业中的贡献率（41.10%），泰州市 2008～2012 年银杏在第三产业中的分享价值分别为 1.37 亿元、1.41 亿元、1.09 亿元、1.21 亿元、1.23 亿元。

总体来看，银杏资源及其产业对区域经济价值总量贡献包括银杏林产品直接经济价值、银杏在粗加工产品中的分享价值、银杏在精深加工产品中的分享价值、银杏在生物技术中的贡献价值及银杏于第三产业中的分享价值五部分，2008～2012 年银杏资源及其产业对区域经济价值总量贡献见表 11-14。

表 11-14　2008～2012 年银杏资源区域经济价值总量

年份＼价值类型	价值合计/亿元	直接林产品价值/亿元	粗加工企业中分享价值/亿元	精深加工企业中分享价值/亿元	生物技术中分享价值/亿元	银杏第三产业中的分享价值/亿元
2008	30.30	27.79	1.05	0.0782	0.0085	1.37
2009	29.39	26.84	1.05	0.0834	0.0090	1.41
2010	28.57	26.48	0.92	0.0718	0.0078	1.09
2011	31.23	28.86	1.07	0.0822	0.0089	1.21
2012	29.71	27.18	1.18	0.1089	0.0118	1.23

11.2.2.2　银杏资源及其产业对区域经济结构的贡献

1）银杏产业升级贡献

银杏三次产业结构的比例变化是反映银杏产业结构升级的重要指标。表 11-14 中银杏在第一产业中的经济价值主要是林产品经济价值，银杏在第二产业中的价值主要包括银杏在粗加工企业、精深加工企业以及在生物技术中的分享价值，银杏在第三产业中的价值主要是银杏流通企业中的分享价值。在没有将银杏景观休闲游憩价值、部分生态服务价值纳入银杏第三产业的情况下，2008～2012 年泰州市银杏资源在其第三产业中的经济价值贡献比重分别为 4.52%、4.80%、3.82%、3.87%、4.14%，银杏资源在其第二产业中的经济价值贡献比重分别为 3.75%、3.89%、3.50%、3.72%、4.38%，银杏资源在其第一产业中的经济价值贡献比重占绝对优势，分别为 91.73%、91.32%、92.69%、92.41%、91.48%（表 11-15）。表 11-15 说明银杏资源产业结构不尽合理，银杏第二产业的加工利用水平不高，第三产业虽高于第二产业的比重，相对来说有向银杏第三产业升级的趋势，但总体比例还很低，急需进行产业结构调整。

表 11-15 2008～2012 年银杏资源分别在其三次产业中的经济贡献结构（单位：%）

年份＼经济贡献结构	银杏在其第一产业中的经济贡献比重	银杏在其第二产业中的经济贡献比重	银杏在其第三产业中的经济贡献比重
2008	91.73	3.75	4.52
2009	91.32	3.89	4.80
2010	92.69	3.50	3.82
2011	92.41	3.72	3.87
2012	91.48	4.38	4.14

2）银杏企业加工程度系数

工业加工程度指标是为反映工业化中由原材料为重心转向以加工、组装为重心的演进程度的指标（宋锦剑，2000）。其计算公式是：

$$\text{工业加工程度指标}=\frac{\text{加工工业产值（增加值）}}{\text{原材料工业产值（增加值）}}\times 100\% \qquad (11\text{-}6)$$

银杏企业加工程度系数可借鉴此指标反映银杏原材料加工企业向精深加工企业为重心转移的演进程度，即银杏精深加工企业的总产值与银杏粗加工企业总产值的比值。由此计算，2008～2012 年泰州市银杏企业加工程度系数分别为 1.45、1.56、1.53、1.50、1.81，说明银杏企业逐渐从粗加工行业向精深加工行业转化。

3）银杏资源依赖程度系数

资源产业依赖的度量，常用的指标有资源产业产值比重、投资比重、就业比重和出口比重等，但依据数据的可得性，大多数研究都从就业比重的角度来衡量（邵帅等，2013）。为了研究泰州区域经济对银杏资源的依赖程度，从银杏产业产值比重角度来衡量。据此计算，泰州市 2008～2012 年的银杏资源依赖程度系数分别为 0.0271、0.0223、0.0171、0.0160 及 0.0143。由此说明，泰州市对银杏资源的经济依赖有逐渐弱化的趋势。

11.2.2.3 银杏资源及其产业产生的区域经济效益

1）银杏产业 GDP 增长率

近年来白果价格的持续走低，以至于银杏第一产业活动中的物质与服务费用、人工投入等中间投入费用几乎为零，因此银杏第一产业的产值即为第一产业 GDP；银杏第二、三产业 GDP 分别依据泰州市遗传资源行业增加值率进行计算。由此计算，2008～2012 年泰州市银杏产业 GDP 分别为 30.63 亿元、29.57 亿元、28.79 亿元、31.27 亿元和 30.12 亿元。从近五年银杏产业 GDP 效益来看，2008～2012 年银杏产业 GDP 年均增长率为 –0.42%，银杏产业出现负增长表明银杏产业正处于衰退阶段。

2）银杏企业利税总额

经泰州市调查到的 13 家银杏企业利税数据整理以及调查企业占银杏企业总数的比例，可以获得 2008～2012 年银杏企业利税总额分别为 0.84 亿元、0.93 亿元、0.69 亿元、0.92 亿元和 1.06 亿元人民币。

3）银杏企业比较劳动生产率

银杏企业比较劳动生产率用来反映泰州市银杏第二产业的生产力水平与全社会平均

生产力的水平如何，即银杏企业整体生产效益水平。采用式（11-7）计算：

$$B_i = \frac{\mathrm{GDP}_i / L_i}{\mathrm{GDP} / L} \tag{11-7}$$

式中，B_i表示银杏企业比较劳动生产率；GDP_i、L_i分别表示银杏企业GDP和从业人数；GDP、L分别表示整个研究区域GDP和从业人数。据此，核算出2008～2012年泰州市银杏企业比较劳动生产率分别为1.14、1.14、0.74、0.54和0.61。结果表明，2008～2009年银杏企业生产力水平高于全社会生产力水平，经济效益水平较高。但从近五年来看，银杏企业经济效益水平逐渐减弱。

11.2.3 银杏资源及其产业对区域社会发展的贡献评估

11.2.3.1 银杏资源及其产业对区域社会价值总量贡献

1）提供就业机会价值

银杏资源及其产业对区域社会提供的就业价值包括银杏第一、二、三产业的就业价值，核算方法为：

$$\text{提供就业价值} = \text{从业人数} \times \text{职工平均工资} \tag{11-8}$$

由于数据的可获得性，此处仅核算银杏第二产业提供的就业机会价值，调查银杏企业中，2008～2012年泰州银杏企业职工人均年均工资分别为0.96万元、1.08万元、1.67万元、2.32万元和2.7万元。因此，银杏第二产业提供就业机会的价值分别为0.30亿元、0.28亿元、0.47亿元、0.81亿元、0.97亿元。

2）银杏景观与生态服务价值

银杏是城市街道、园林景观绿化的重要树种，银杏树的形态、树姿及深秋金黄落叶均具有较好的观赏价值，泰州银杏旅游景观休闲价值以宣堡古银杏群落森林公园、泰兴仙鹤湾风光带等园林绿化产生的景观价值为主。此外，银杏在改善区域生态环境、净化空气、调节气候及涵养水源等方面有着显著的作用，尤其是在净化空气方面，吸收二氧化硫、氮氧化物、氯气、氟化氢以及滞尘作用十分明显，同时银杏含有的杀菌、杀虫化学成分，能够有效减少环境中各类有害菌及病虫害的威胁。因此，银杏对社会发展带来的主要生态效益包括净化空气、调节气候、涵养水源、防灾减灾（病虫害）等部分生态服务功能。

银杏景观价值及调节气候、涵养水源等部分生态服务价值采用谢高地（2003）等人的评估方法，银杏净化空气价值采用式（11-9）计算：

$$V_c = \sum Q_i \times A \times C_i \tag{11-9}$$

式中，Q_i表示银杏在滞尘，以及吸收二氧化硫、氮氧化物、氯气、氟化氢等方面的能力；A表示银杏种植面积；C_i表示消减粉尘、二氧化硫、氮氧化物、氯气、氟化氢等单位成本。银杏净化空气相关研究中，宋绪忠等（2012）、鲁敏和李英杰（2002）的研究结果表明，银杏的叶片单位面积滞尘量为16.65g/m^2，即166.50kg/hm^2；每千克干叶吸收全硫、全氮、全氯及氟化氢的能力分别为0.61g、0.14g、0.65g、0.13g。结合获取的相关调查数据，银杏鲜干叶单产水平分别为1424kg/hm^2、406.86kg/hm^2，整理得到银杏吸收全硫、全氮、全氯及氟化氢的能力分别为 8.69 kg/hm^2、0.20 kg/hm^2、0.93 kg/hm^2、0.19 kg/hm^2。消减粉尘成本 0.17 元/kg，消减二氧化硫的成本 0.6 元/kg（Zhang，1998），氮氧化物、氯气及氟化氢等单位消减成本由于缺乏相关数据，暂用消减二氧化硫的成本代替，由此得到银杏景观与生态服务价值，见表 11-16。

表 11-16 2008～2012 年泰州银杏景观与生态服务价值 （单位：万元）

类型 \ 年份价值	2008	2009	2010	2011	2012
景观娱乐	3 281.03	2 984.63	3 201.18	3 365.41	3 199.37
调节气候	6 920.98	6 295.76	6 752.55	7 098.97	6 748.73
涵养水源	8 202.57	7 461.57	8 002.95	8 413.52	7 998.42
净化空气	45.70	44.13	45.28	46.15	45.27
合计	18 450.28	16 786.09	18 001.96	18 924.05	17 991.79

11.2.3.2 银杏资源及其产业对区域社会进步贡献

反映社会进步最常用的是社会进步指数，它是将众多与社会进步有关的指标浓缩成一个综合指数，以此作为评价社会发展水平的尺度。鉴于数据的可获得性，本文仅用单一的科技进步系数来反映银杏资源及其产业对区域社会进步的贡献。从上述银杏粗加工企业和深加工企业形成的 CD 生产函数模型可以看出，银杏粗加工行业和深加工行业的科技进步系数分别为 2.84 和 3.97，科技进步贡献率分别为 2.88%和 5.43%，从科技进步系数及其贡献率可以看出银杏深加工行业的科技进步贡献是高于粗加工行业的，从整体水平看，银杏加工行业科技进步贡献水平远低于全社会平均水平。从银杏企业中科技进步贡献的价值量核算来看，2008～2012 年泰州市银杏粗加工及深加工行业科技进步贡献价值见表 11-17。

表 11-17 2008～2012 年泰州市银杏粗加工及深加工行业科技进步贡献 （单位：万元）

科技进步贡献 \ 年份	2008	2009	2010	2011	2012
粗加工行业科技进步贡献	738.24	733.11	646.02	750.14	823.69
深加工行业科技进步贡献	2021.12	2157	1857.72	2124.26	2814.6
合计	2759.36	2890.11	2503.74	2874.4	3638.29

11.2.3.3 银杏资源及其产业对区域社会福利贡献

1）银杏企业职工平均工资增长率

银杏企业职工平均工资增长率反映银杏企业职工工资福利的收入变化。调查中，银杏企业 2008～2012 年平均工资水平分别为 0.96 万元/人/年、1.08 万元/人/年、1.67 万元/人/年、2.32 万元/人/年、2.70 万元/人/年，职工年平均工资增长率为 29.5%。年平均工资水平远低于 2.52 万元/人/年、2.74 万元/人/年、3.17 万元/人/年、3.71 万元/人/年、4.21 万元/人/年的区域制造业平均水平，但职工年平均工资增长率远远高于区域制造业年平均工资增长率 13.69%。

2）银杏企业人均 GDP

银杏企业人均 GDP 代表区域银杏企业职工富裕水平。泰州市 2008～2012 年银杏企业人均 GDP 分别为 5.66 万元/人、6.67 万元/人、5.32 万元/人、4.61 万元/人、5.78 万元/人，年际间波动较大，2008～2009 年期间均高于区域人均 GDP 4.96 万元/人、5.85 万元/人的水平，但 2010～2012 年远低于区域人均 GDP 7.21 万元/人、8.51 万元/人和 9.50 万元/人的平均水平。

11.3 小　　结

11.3.1 泰州市遗传资源及其产业社会经济发展贡献

1） 泰州市遗传资源区域经济发展贡献

近五年来，泰州市遗传资源在区域经济发展贡献方面，带来的经济价值贡献包括遗传资源第一产业的直接产品经济价值及第二、三产业活动中的分享价值。其中，资源资源第一产业的直接产品经济价值占总经济价值的比重较大，平均占经济价值总量的 77% 以上，而在遗传资源二、三产业中的分享价值平均占经济价值总量分别为 14%和 9%。但从动态变化来看，泰州市遗传资源在其第一产业中的经济贡献在逐渐减少，而二、三产业中的分享价值逐渐增大。遗传资源在其第一产业中的经济贡献比重从 2008 年 80.09% 下降到 2012 年的 74.61%，在其二、三产业中的经济贡献分别从 12.12%上升到 15.35%、从 7.79%上升到 10.03%。结果表明，泰州市遗传资源依然是以第一产业利用为主，但是遗传资源第二、三产业的利用与分享价值在逐年增长；遗传资源在其三次产业中的总经济贡献绝对量在逐年增加，从 2008 年的 158.03 亿元增加到 2012 年的 275.03 亿元，近五年均增长速度为 14.86%，但占地区 GDP 比重较稳定，为 10.16%～10.93%。从遗传资源产业结构变化看，泰州市遗传资源三次产业经济结构比重变化从 2008 年的 37.3∶40.8∶21.9 到 2012 年的 32.1∶44.0∶24.0，表明近五年来遗传资源产业结构在向第二、三产业转移升级。且第三产业转移升级的速度高于第二产业，遗传资源第二、三产业 GDP 年增长速度分别为 1.88%、2.30%，但与泰州地区三次产业 GDP 的升级速度相比，远低于泰州市第二、三产业的升级速度水平，说明泰州市遗传资源产业相对于其他产业来说是落后的；从遗传资源产业经济效益的变化来看，遗传资源产业自身的经济发展速度较快，GDP 年均增长速度为 19.59%，高于泰州市 GDP 增长水平（17.98%），遗传资源产业劳动生产率水平低于泰州市全社会劳动生产率水平，但增长速度快于全社会劳动生产率，表明泰州遗传资源产业总体落后，但更具经济活力。

2）泰州市遗传资源区域社会发展贡献

从区域社会发展贡献来看，遗传资源提供就业机会的价值贡献从 2008 年的 66.80 亿元上升为 2012 年的 108.09 亿元，年均增长 12.79%。而提供景观娱乐的价值从 2008 年 6.35 亿元下降到 2012 年 5.77 亿元，年均下降 2.37%，这可能与遗传资源密切相关的各类用地面积减少有关，耕地、园地、林地、草地、水域面积从 2008 年的 46.17 万 hm^2 下降为 2012 年的 43.49 万 hm^2；从遗传资源对社会进步的贡献来看，泰州市 2008～2012 年遗传资源对区域社会进步的贡献价值分别为 23.03 亿元、27.61 亿元、34.82 亿元、39.89 亿元和 47.61 亿元，年均增长速度为 19.91%。

3）泰州市遗传资源区域可持续发展贡献

从区域可持续发展贡献来看，泰州市近五年来遗传资源经济价值与社会价值潜力呈下降趋势，且经济价值潜力下降速度更快，说明遗传资源的资源供应受到越来越大的挑战；从农业遗传资源总量看，各类农作物、禽畜肉、蛋、奶、水产品及食用菌产量均逐年增加，人均拥有量中每百人平均拥有量除油料和棉花在下降外，其余农业遗传资源人均拥有量均在增加。

4）货币计量的经济与社会贡献价值

总体来看，泰州市遗传资源经济贡献价值包括遗传资源第一产业直接产品经济价值、遗传资源在其第二产业中的分享价值及潜在经济价值，遗传资源社会贡献价值包括提供就业机会的价值、景观游憩价值、科技进步的贡献价值及潜在社会价值。2008～2012 年泰州市遗传资源货币计量的经济与社会价值总量贡献分别为 413.71 亿元、469.34 亿元、522.82 亿元、607.18 亿元和 649.35 亿元，分别占泰州市 GDP 总量的 29.67%、28.26%、25.52%、25.06%和 24.04%。遗传资源货币计量的经济与社会贡献价值汇总详见表 11-18。

表 11-18 遗传资源货币计量的经济与社会贡献价值汇总表 （单位：亿元）

经济与社会贡献价值 \ 年份	2008	2009	2010	2011	2012
第一产业中直接产品经济价值	126.56	140.13	158.68	189.56	205.21
第二产业中分享价值	19.16	22.63	30	33.81	42.23
第三产业中分享价值	12.31	15.01	19.45	24	27.59
潜在经济价值	43.63	57.16	54.24	64.78	36.21
经济贡献价值合计	201.66	234.93	262.37	312.15	311.24
提供就业机会的价值	119.04	141.86	160.98	190.89	226.4
景观游憩价值	6.35	5.84	5.82	5.78	5.77
科技进步价值	23.03	27.61	34.82	39.89	47.61
潜在社会价值	63.63	59.1	58.83	58.47	58.33
社会贡献价值合计	212.05	234.41	260.45	295.03	338.11
经济与社会贡献价值合计	413.71	469.34	522.82	607.18	649.35

11.3.2 泰州市银杏资源及其产业社会经济发展贡献

1）银杏资源及其产业区域经济发展贡献

从经济价值看，近五年来银杏资源区域经济价值总量略有下降，但基本保持不变，总价值在 28.57～30.30 亿元之间。从价值构成来看，由于受价格因素的影响，银杏资源直接林产品价值逐年下降，银杏在粗加工、深加工及生物技术中的分享价值均逐年增加，但价值体量不大，说明泰州银杏加工业不发达；从经济结构看，银杏资源产业结构不尽合理，银杏资源产业以第一产业为主，占整体产业比重的 90%以上，其第三产业虽高于第二产业的比重，且银杏第三产业增长速度快于其第二产业，相对来说有向银杏第三产业升级的趋势，但二、三产业在其三次产业结构中的比例均很低。从银杏加工业来看，银杏加工业内部产业升级较明显，银杏企业加工程度系数从 2008 年的 1.45 上升到 2012

年的 1.81，表明银杏企业已逐渐从粗加工行业向精深加工行业转化；从经济效益看，银杏产业 GDP 逐年下降，近五年银杏产业 GDP 年均增长率为–0.42%，银杏产业出现负增长表明泰州市银杏产业正处于衰退阶段；从银杏企业比较劳动生产率看，近五年来银杏企业生产力水平高于全社会生产力水平，仅从银杏企业经济效益角度看经济效益水平较高，但从银杏整个产业看经济效益水平较低。

2）银杏资源及其产业区域社会发展贡献

从社会价值看，近五年银杏企业提供就业机会的价值从 0.30 上升到 0.97 亿元，就业贡献价值翻了三番，银杏资源提供的景观价值有略有下降，从 2008 年的 3281 万元下降到 2012 年的 3199 万元，部分生态服务价值（调节气候、涵养水源和净化空气）均有下降的趋势，价值量从 1.85 亿元下降到了 1.80 亿元；从社会进步贡献看，银杏深加工行业的科技进步贡献是高于粗加工行业，银杏企业中科技进步贡献的价值量越来越大，银杏科技进步价值从 2008 年的 2759 万元增长到 2012 年的 3638 万元，但银杏加工行业整体科技进步贡献水平远低于全社会平均水平；从社会福利贡献看，近五年银杏企业职工平均工资水平翻了近 3 番，从 0.96 万元/人/年上升到 2.70 万元/人/年，职工年平均工资增长率为 29.5%，高于泰州市制造业年平均工资增长率 13.69%，但年平均工资水平远低于泰州市制造业平均水平。

3）银杏货币计量的经济与社会贡献价值

总体来看，泰州市银杏资源经济贡献价值包括银杏林产品直接经济价值、银杏粗加工、精深加工企业中的分享价值、在生物技术中的分享价值以及在其第三产业中的分享价值，银杏资源社会贡献价值包括提供就业机会的价值、景观游憩与部分生态服务价值及科技进步贡献价值。近五年泰州市银杏资源经济与社会贡献总价值基本保持稳定，年平均价值为 32.50 亿元左右。与泰州市所有遗传资源的经济与社会贡献价值总量相比，2008～2012 年银杏资源各价值合计分别占泰州遗传资源经济与社会价值总量的 7.91%、6.74%、5.95%、5.64%、5.06%，所占比例逐年下降表明，仅从价值量上看银杏产业对泰州所有遗传资源产业的社会经济贡献越来越低。银杏资源货币计量的经济与社会贡献价值汇总详见表 11-19。

表 11-19　银杏资源货币计量的经济与社会贡献价值汇总表　（单位：亿元）

银杏经济与社会贡献价值 \ 年份	2008	2009	2010	2011	2012
银杏直接林产品价值	27.79	26.84	26.48	28.86	27.18
粗加工企业中分享价值	1.05	1.05	0.92	1.07	1.18
深加工企业中分享价值	0.08	0.08	0.07	0.08	0.11
生物技术中分享价值	0.01	0.01	0.01	0.01	0.01
银杏第三产业中分享价值	1.37	1.41	1.09	1.21	1.23
银杏经济贡献价值合计	30.30	29.39	28.57	31.23	29.71
提供就业机会的价值	0.30	0.28	0.47	0.81	0.97
景观游憩价值	0.33	0.30	0.32	0.34	0.32
部分生态服务价值	1.52	1.38	1.48	1.56	1.48
科技进步贡献价值	0.28	0.29	0.25	0.29	0.36
银杏社会贡献价值合计	2.42	2.25	2.52	2.99	3.13
银杏经济与社会贡献价值合计	32.72	31.64	31.09	34.22	32.84

（戴小清，韩明芳，朱　明，濮励杰）

参 考 文 献

蔡桂如, 李丙东, 孙静. 2011. 加快泰州银杏产业开发, 打造“中国银杏之都”. 农家科技, (S3): 55-57.

戴小清, 濮励杰, 朱明, 等. 2014. 遗传资源对区域经济社会发展的贡献研究——以泰州市为例. 长江流域资源与环境, (09): 1185-1193.

鲁敏, 李英杰. 2002. 部分园林植物对大气污染物吸收净化能力的研究. 山东建筑工程学院学报, 17(02): 45-49.

邵帅, 范美婷, 杨莉莉. 2013. 资源产业依赖如何影响经济发展效率——有条件资源诅咒假说的检验及解释. 管理世界, (02): 32-63.

宋锦剑. 2000. 论产业结构优化升级的测度问题. 当代经济科学, (03): 92-97.

宋绪忠, 杨华, 邹景泉, 等. 2012. 10种亚热带绿化树种净化大气能力初步研究. 浙江林业科技, 32(06): 60-63.

苏群, 陈智娟. 2008. 水产养殖的生产经营状况及成本收益分析——以江苏省淮安市为例. 江苏农业科学, (03): 1-4.

谢高地, 鲁春霞, 冷允法等. 2003. 青藏高原生态资产的价值评估. 自然资源学报, 18(02): 189-196.

State environmental protection administration. 1998. China's biodiversity: a country study. Beijing: China Environmental Science Press.

12　遗传资源区域社会经济发展的作用与地位的评价：以南京市为例

12.1　遗传资源对南京市社会经济发展的贡献分析

12.1.1　南京市社会经济发展概况

南京市地处中国沿海开方地带与长江流域开发地带交汇部，是中国国土规划中“沪宁杭”经济核心区的重要中心城市，在长江中下游具有重要经济和社会文化影响。南京市以丘陵地貌为主，气候属于北亚热带湿润气候，年均降雨量 1107mm，年日照总时数为 2000h 左右，年平均气温 16℃。2013 年，南京市土地面积 6587km^2，户籍人口 643 万人，常住人口 819 万人，地区生产总值 8012 亿元，三次产业增加值比例为 2.3∶43.3∶54.4。全年规模以上工业企业完成高新技术产业产值 5419.13 亿元，占全市规模以上工业总产值的 42.8%。劳动就业人口近 480 万人。城镇绿化覆盖率 44.6%，其中林木覆盖率为 27.26%。

南京市社会经济发展中存在一些突出的问题：人口迅速增长，耕地资源急剧减少，生态环境质量有降低趋势（陈军飞等，2005；王雪，2009）。

1）人口数量增长快

南京市近 10 年的人口从数量到结构都有明显变化，南京市户籍总人口从 2003 年的 572.23 万人，增长为 2013 年的 643.09 万人，10 年增长了 12.38%；常住人口从 2003 年的 643 万人，迅速增加到 2013 年的 818.78 万人，增长 27.33%。人口的迅速增多，不仅带来大量就业问题，而且对区域社会经济发展的资源、环境供给提出了更高要求。

2）自然资源耗竭程度加深

城市人口和城区建设范围的常年扩展，使得南京市耕地资源日趋贫乏，人均耕地面积 2002 年已经为 0.05hm^2，不仅低于全省人均耕地 0.073hm^2 的水平，而且已经低于联合国规定的警戒线。2001～2011 年间耕地面积减少了 5600hm^2。受耕地减少的影响，南京市粮食总产量从 1997 年的 182.51 万 t 下降到 2011 年的 112.06 万 t，人均粮食产量不断降低。同时，南京市多年平均总水资源量只有 26.62 亿 m^3，人均 320m^3，属于极度缺水地区。

3）生态环境质量整体不佳

由于大面积的植树造林，并采取了有效的生态环境保护措施，南京市森林面积多年来持续增加，2010 年的森林覆盖率达 25%，比 2001 年增长近 50%。但是，耕地的减少使得农田系统固碳、吸收污染物的能力下降，农业生产中农药、化肥等的普遍施用，工业（特别是重工业、化工工业）经济的快速增长，共同加重了生态环境中水、空气、土壤等的污染。

12.1.2 南京市遗传资源概况

遗传资源对南京市经济社会生活历来发挥重要作用。在经济影响方面，南京市每年种植粮食作物达 30 万 hm^2 以上，猪、牛、羊和鸡、鸭、鹅是南京市人工饲养和消费的主要畜禽遗传资源，遗传资源相关产业的年产值目前已近 3000 亿元，钟山风景区、秦淮河、玄武湖等遗传资源集中分布的地区成为南京市旅游业主要的游客集散地（李亚洲，2011；赵丹丹等，2010）。在社会影响方面，南京市遗传资源产品生产和服务带动的就业人口长期稳定在 55 万人左右，占南京市从业人员总数的 10%～15%，园林绿地和公园绿地总面积持续增长到目前的 8.83 万公顷左右，森林和城市绿化行道树每年（以 2007 年估计值为例）吸收 CO_2 达 310 万 t，相应释放氧气 228 万 t（陈乃玲和聂影，2007）。南京市还确立了雪松为市树、梅花为市花的城市名片，梅花节、南京板鸭等已经成为闻名全国的地方文化品牌（万绪才，2006）。

12.1.2.1 植物遗传资源

1）森林植物遗传资源

南京市目前的森林覆盖率为 13%，林木覆盖率为 27%，城镇绿化覆盖率为 45%，人均公园绿地面积约 14hm^2。林地面积从 2000 年的 6.07 万 hm^2，增长为 2011 年的 7.27 万 hm^2。2011 年南京市人工增加林业遗传资源种植面积 0.33 万 hm^2，以经济林（0.20 万 hm^2）为主，防护林和用材林分别为 0.08 万 hm^2、0.04 万 hm^2。

南京市的森林植物物种资源较为丰富但多样性呈下降趋势，现有维管束植物 172 科 572 属 1500 种（含种下等级），野生植物中有观赏性植物 1043 种，药用植物 736 种，油料植物 90 种，纤维植物 91 种（童丽丽，2007）。由于生态环境破坏，部分稀有植物已经实施迁地保护，加上人为外来引种的影响，南京市自然分布的珍稀濒危植物种类和数量不多并持续减少。外来植物目前为 547 种，外来植物种数已占南京市植物种数的 30%。

南京市的森林植物中，现有常绿阔叶树近 50 种，以麻栎、栓皮栎、枫香、化香树、糯米椴等落叶阔叶林及青冈、苦槠、冬青等常见；野生药用植物 790 种，如何首乌、菰等。水生植物有 96 种，包括水芹、芦竹、荷花等 17 种挺水植物，羊蹄、双穗雀、一年蓬、白茅等 68 种湿生植物，满江红、菱等 8 种浮叶植物，金鱼藻等 3 种沉水植物（田如男等，2012）。观赏植物中，水杉、碧桃、月季、牡丹、杜鹃、桂花、梅花、海棠、黄栌、槭树等具有地方特色（宋东杰，1997）。古树名木也分布广泛，包括银杏、古柏、雪松、朴树、重阳木、古槐、古黄杨、榉、楸树、黄连木等。

2）农业植物遗传资源

农业植物遗传资源是南京市经济生产和人民生活中的基本资源（李湘阁等，1997）。2000～2011 年间，因耕地面积减少和农业结构调整等原因，南京市的粮食总产量从 143.37 万 t 降至 112.06 万 t，油料总产量从 2001 年最高纪录的 23.57 万 t 减至 2011 年的 10.49 万 t，棉花、麻和蚕茧总产量近年来一直下滑，园林水果总产量持续较快上升（图 12-1）。

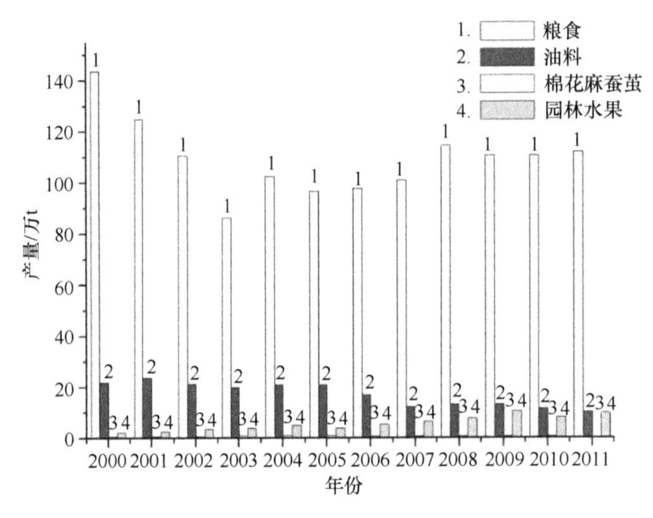

图 12-1　南京市历年主要农业植物遗传资源产品产量

从农业植物遗传资源产品生产现状看，2011 年，南京市年末耕地面积 23.89 万 hm^2，粮食作物总播种面积 33.20 万 hm^2，其中粮食作物播种 16.10 万 hm^2，油料作物 4.97 万 hm^2，蔬菜和瓜果 9.79 万 hm^2。2011 年南京市粮食作物总产量 112.06 万 t，以秋收谷物（86.85 万 t）为主；油料作物总产量 10.49 万 t；蔬菜总产量 293.36 万 t；瓜果总产量 29.18 万 t，以西瓜（26.82 万 t）为主；园林水果总产量 9.94 万 t，以梨（1.18 万 t）、桃子（2.43 万 t）和葡萄（3.46 万 t）为主；茶叶全部为绿毛茶，年产量为 0.20 万 t。

12.1.2.2　动物遗传资源

1）野生动物遗传资源

南京市地处我国动物区系相对贫乏地理区域，由于生境组成复杂，气候、水文适宜等原因，野生动物资源中水生动物种类丰富，森林动物种类较多但数量有限。《南京市生物多样性保护规划（2013—2020）》总结了南京市现有兽类 47 种，其中国家一级保护动物 1 种（白鳍豚）、国家二级保护动物 6 种（穿山甲、大灵猫、小灵猫、水獭、河麂、江豚）、江苏省重点保护动物 9 种、中国濒危动物 8 种；现有昆虫 795 种，其中农林害虫 582 种（占 73.2%）、天敌昆虫 129 种（占 16.2%）、观赏蝶类 84 种（占 10.6%），4 种昆虫（中华虎风蝶、虎斑蝶、冰清绢蝶、双叉犀金龟）为濒危保护动物；现有鱼类 99 种，其中鲤形目有 3 科 61 种（占全部种的 61.6%），2 种鱼类（中华鲟、白鲟）为国家一级保护动物，1 种鱼类（胭脂鱼）为国家二级保护动物，鲥鱼、鯮鱼为国家濒危动物红皮书确定的珍稀鱼类；现有野生鸟类 243 种，其中 1 种（东方白鹳）属于国家一级保护动物，24 种野生鸟类为国家二级保护动物，103 种野生鸟类属于江苏省重点保护动物，12 种鸟类已经被列入国家濒危动物红皮书。

2）家养动物遗传资源

南京市的家禽、家畜以猪、牛、羊和鸡、鸭等为主，饲养鱼类以鲫、青鱼、鳙鱼（俗称花莲）、乌鳢（俗称黑鱼）、草鱼等为主。2011 年，牛肉产量 0.10 万 t，猪肉产量 6.91 万 t，羊肉产量 0.40 万 t，家禽肉产量 4.87 万 t，动物奶产量 8.59 万 t，蛋产量 7.58 万 t，蜜产量 0.03 万 t，水生动物肉产量 20.62 万 t。

12.1.3　遗传资源对南京市经济社会发展的贡献评价

12.1.3.1　遗传资源对南京市经济发展的贡献

1）南京市遗传资源经济价值

（1）遗传资源产业 GDP 贡献。2004～2011 年期间，南京市遗传资源产业 GDP 总量（表 12-1）从 337.98 亿元持续增长为 645.52 亿元，遗传资源产业经济总量占地区 GDP 的比重持续下降，8 年间减少了 5.85%。

表 12-1　2004～2011 年南京市遗传资源产业经济总量贡献

年份	遗传资源产业 GDP 总量/亿元	占南京市 GDP 比重/%
2004	337.98	16.35
2005	406.47	16.58
2006	409.08	14.49
2007	468.87	14.04
2008	502.57	13.17
2009	502.18	11.87
2010	556.50	11.10
2011	645.52	10.50

（2）遗传资源非农产业贡献。南京市遗传资源第二产业 GDP 在南京市第二产业 GDP 中的比重长期基本保持不变（表 12-2），稳定在 8.5%左右，且有一定的增长趋势。遗传资源第二产业是遗传资源产业经济贡献的主要推动力。

南京市遗传资源第三产业 GDP 在南京市第三产业 GDP 中的比重明显下降(表 12-2)。从 2004 年、2005 年的 18%左右很快减少为 2010 年、2011 年的 8%左右，表明遗传资源第三产业在国民经济中贡献能力较弱，需要通过宏观经济政策和市场引导拓宽遗传资源产品服务领域、提升遗传资源产品服务质量。

表 12-2　南京市各次产业 GDP 中遗传资源产业的贡献　（单位：%）

年份	总体贡献	第二产业中的贡献	第三产业中的贡献
2004	24.04	8.75	17.70
2005	24.33	7.74	18.39
2006	20.22	8.14	13.96
2007	20.57	8.02	13.90
2008	17.56	8.69	11.92
2009	16.9	9.10	9.09
2010	15.98	8.75	8.28
2011	15.34	8.67	7.51

注：本表数据中医药批发零售行业的 GDP 数值系根据全国 2010 年医疗器械产业 GDP 占全国 GDP 约 0.29%的比例，对原统计数据中医药及医疗批发零售业数据进行比例分摊得到；2011 年纺织、服装和家庭用品行业数据根据统计指标体系进行了换算，保持与其他年份数据统计口径一致。

2）南京市遗传资源经济结构

（1）遗传资源三次产业结构。与2004年比较，2011年的遗传资源三次产业GDP结构发生显著变化，主要表现为第二产业的比重较快增加、第三产业的比重不断下降、第一产业的比重保持稳定，第二产业目前已经与第三产业持平（图12-2）。南京市遗传资源第一、第二、第三产业GDP的结构从2004年的22∶26∶52转变为2011年的25∶37∶37。第三产业作为遗产资源产业中主要支柱的局面，已经演替为第一、第二、第三产业共同支撑的局面。

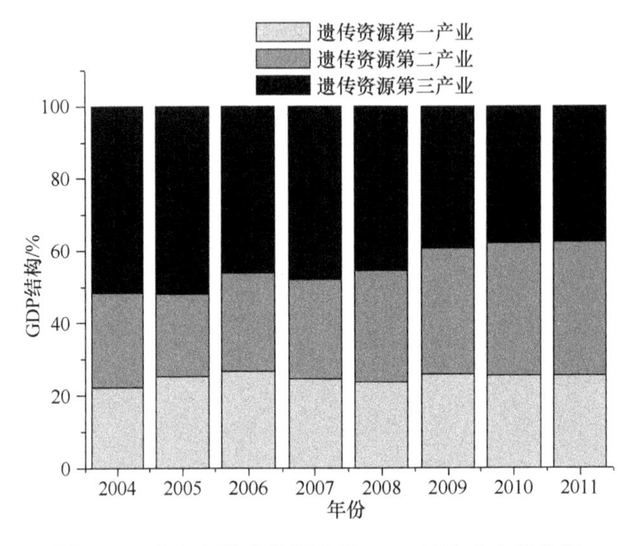

图12-2　南京市遗传资源产业GDP结构动态变化图

（2）农业内部结构。南京市农业发展的结构变化平缓，就主要的行业来说，2004～2011年间，总量均有一定程度的增长（图12-3），2004年，种植业、林业、牧业、渔业四大主要行业的GDP比为61∶1∶18∶20，而2011年为67∶1∶12∶20。可以看出，南京市农业发展中，种植业的贡献很大，且贡献比重有一定增长；牧业的贡献比重持续下降；渔业和林业的贡献比重基本不变，其中林业的贡献比重一直很小。

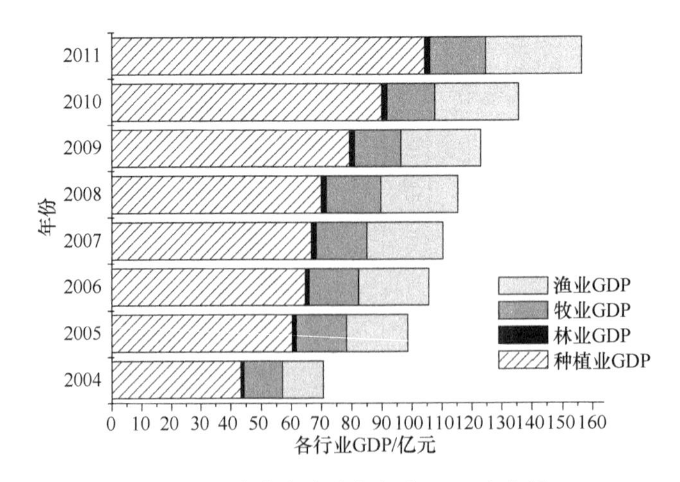

图12-3　南京市农业各行业GDP变化图

（3）遗传资源工业内部结构。工业是遗传资源各次产业中贡献比重较大、增长较快的产业，主要涉及食品、药品、家庭用品制造各个行业。根据工业制造的遗传资源原料和统计习惯，可以将遗传资源工业各行业分为 5 个主要类别的行业：食品制造类行业（农副食品加工、食品制造业），饮品制造类行业（烟、酒、饮料、茶制造各行业），服饰家纺制造行业（纺织、服装、鞋制造相关行业），家具办公用品制造类行业（木材加工、家具、造纸相关行业），医药制造类行业（医药制造业）。根据 2004 年和 2011 年对比情况（图 12-4），南京市遗传资源工业各行业创造的 GDP 在 8 年间大幅增长，行业贡献结构变化明显，服饰家纺制造行业和饮品制造类行业贡献比重缩减（分别减少 3%、5%），食品制造类行业和医药制造类行业贡献比重增大（分别增加 3%、5%），家具办公用品制造类行业贡献比重保持在 5%左右。

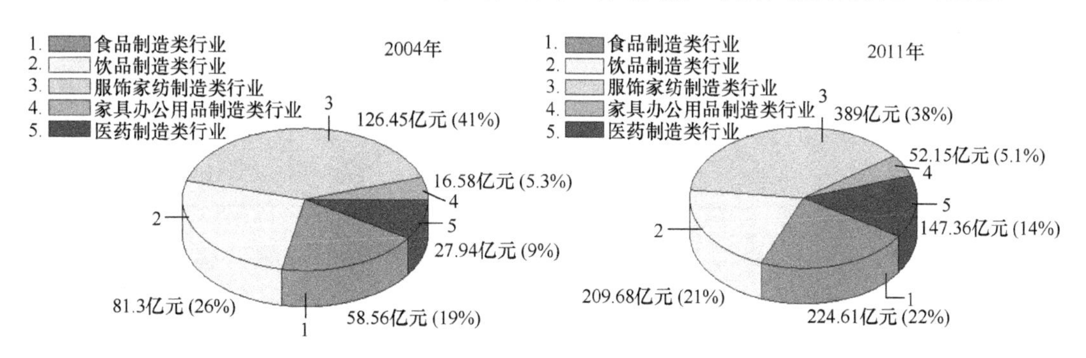

图 12-4　2004 年、2011 年南京市遗传资源加工行业结构对比图

3）南京市遗传资源经济效益

（1）遗传资源产业 GDP 增长率。南京市遗传资源产业 GDP 总量从加入 2004 年的 337.98 亿元持续增长为 2011 年的 645.52 亿元，8 年增长 91%，年平均增加率 9.92%（图 12-5），遗传资源产业 GDP 的总体增长率低于南京市 GDP 的增长率。从历史增长趋势看，遗传资源产业经济经历了 2004～2007 年的剧烈波动调整期、2008～2009 年的低迷期和 2010～2011 年的反弹期。就遗传资源各次产业分析，第一产业经济平稳运行，波动起伏明显小于其他产业；第二产业迅速提升，在 2004～2006 年调整期后增长加快，直到 2009 年后增幅放缓；第三产业震荡下滑，至 2011 年已经跌至与第二产业同比例的水平。

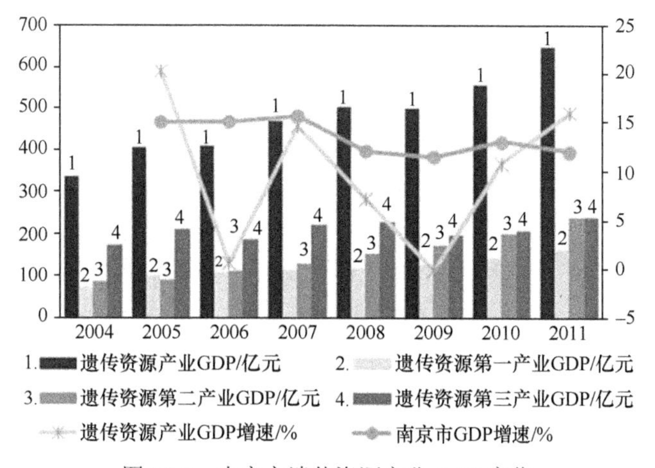

图 12-5　南京市遗传资源产业 GDP 变化

（2）遗传资源产业利税。遗传资源产业利税是遗传资源是区域利用遗传资源产生的经济效益和对区域税收方面的贡献，包含净利润和税收。由于我国自2006年起废止《农业税条例》，停止征收农业税，因此我们仅分析南京市工业利税和批发、零售业、餐饮的利润与税收情况，其中综合零售业中的利税数据根据历年专门零售的行业利税结构进行拆分。

南京市遗传资源产业的利润和税收总额在2004～2011年间增加了208.64亿元，增长157.44%，其占遗传资源产业工业产值和商品销售额的比重提高了2个百分点，2011年达12.42%。与全市财政收入相比，遗传资源产业的利税基本稳定在25%左右（表12-3）。

表12-3　南京市遗传资源产业利税

年份	2004	2005	2006	2007	2008	2009	2010	2011
利税/亿元	132.52	136.59	139.42	175.03	197.64	223.52	269.14	341.16
利税占产值与销售额比	10.30	11.03	11.01	11.12	10.46	11.78	11.83	12.42
利税与全市财政收入比	0.33	0.27	0.23	0.28	0.27	0.25	0.25	0.26

（3）遗传资源产业比较劳动生产率。通过对区域劳动生产率和遗传资源产业劳动生产率的比较，得到遗传资源产业比较劳动生产率。如图12-6显示，南京市遗传资源产业比较劳动生产率在2004～2012年期间保持在0.9左右，在2007年前持续上升，在2007年后持续下降，这一指标的变化与遗传资源产业的就业人数变化密切相关，2004～2007年南京市遗传资源产业的就业人数稳步下降，2007～2011年却略有回升，在遗传资源GDP增长幅度明显低于区域GDP增长幅度的情况下，遗传资源产业比较劳动生产率必然在增长后有所降低。

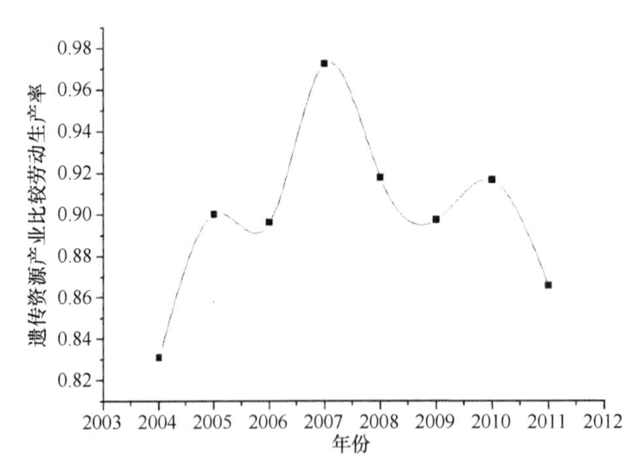

图12-6　南京市遗传资源产业比较劳动生产率

12.1.3.2　遗传资源对南京市社会发展的贡献

1）南京市遗传资源社会价值

（1）提供就业机会。2004～2011年，南京市从事遗传资源产业的劳动就业人数总体呈上升趋势（表12-4），从2004年的70万人增加到2011年的93万人。其中遗传资源第一产业就业人数基本保持在 45 万人左右，遗传资源第二产业就业人数从 16 万人增加到 28 万人，遗传资源第三产业就业人数从 9 万人增加到 21 万人。

表 12-4 南京市遗传资源产业吸纳就业人口数量 （单位：万人）

年份	2004	2005	2006	2007	2008	2009	2010	2011
遗传资源产业就业人数	70.10	69.14	72.35	77.26	80.94	87.87	98.39	93.47
遗传资源第一产业就业人数	44.94	42.62	41.78	45.15	45.84	45.8	51.3	44.49
遗传资源第二产业就业人数	15.96	17.47	19.13	21.03	20.71	26.60	25.83	27.59
遗传资源第三产业就业人数	9.19	9.05	11.44	11.07	14.40	15.47	21.26	21.39

根据遗传资源产业中各行业的平均工资（第一产业用农林牧渔业平均工资、第二产业用制造业平均工资、第三产业用批发零售和住宿餐饮平均工资、各行业就业人口）综合核算，得出遗传资源产业就业价值（表 12-5）。南京市遗传资源产业就业价值呈快速增长态势，年均增长率约 33.86%，与遗传资源就业人数增长趋势基本吻合（图 12-7）。

表 12-5 南京市遗传资源产业就业价值 （单位：亿元）

年份	2004	2005	2006	2007	2008	2009	2010	2011
遗传资源产业就业价值	97.09	110.12	132.37	138.88	178.06	217.33	272.78	327.24
遗传资源第一产业就业价值	53.20	59.74	53.87	62.75	84.38	91.94	114.48	125.17
遗传资源第二产业就业价值	27.27	32.57	47.85	50.13	55.69	79.86	88.97	116.72
遗传资源第三产业就业价值	16.62	17.81	30.65	26.01	37.99	45.53	69.33	85.35

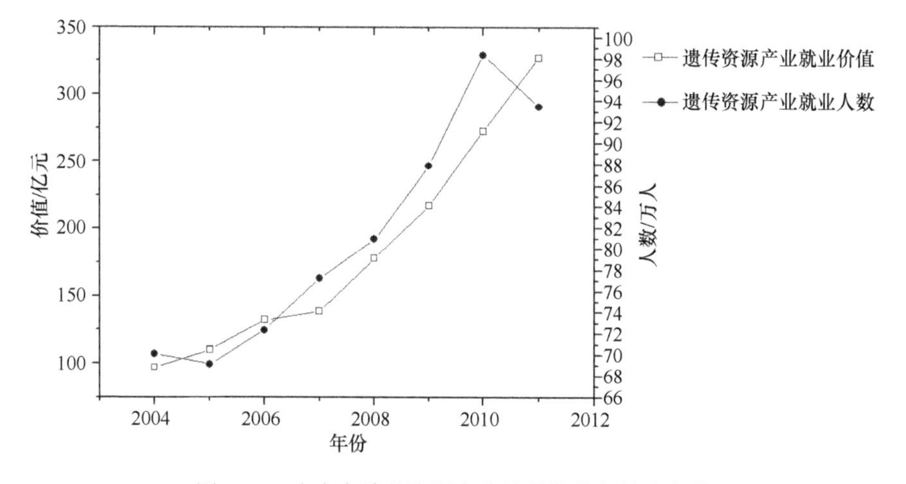

图 12-7 南京市遗传资源产业就业价值与就业人数

从南京市遗传资源产业就业价值的组成结构看，第一产业就业价值增长缓慢，第二产业和第三产业增加较快，其中第三产业增速略快于第二产业。遗传资源第一产业就业价值在 2004～2005 年的比重超过 50%（2004 年为 54.79%，2005 年为 54.25%），但 2006 年后不仅低于 50%，而且呈一直下降趋势，2011 年的比重已经跌至 38.25%。遗传资源第二产业就业价值比重较快增长，从 2004 年的 28.09%增加到 2011 年 35.67%，已经接近第一产业的比重。遗传资源第三产业就业价值比重从 2004 年的 17.12%增至 2011 年的 26.08%，比重增加幅度超过第二产业。

（2）平均工资增长率。用遗传资源产业就业价值与遗传资源产业就业人数比值表示遗传资源行业就业的平均工资水平。如图 12-8 显示，南京市遗传资源产业平均工资水平呈线性上升，从 2004 年的不足 15 000 元/人/年，增加到 2011 年的 35 010 元/人/年，8 年间增长了 1.53 倍。

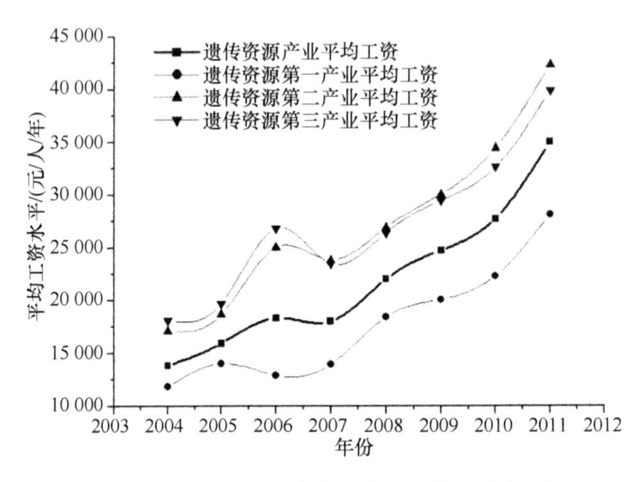

图 12-8　南京市遗传资源产业平均工资水平

计算在 2004 年基期基础上的平均工资增长速度（图 12-9）表明了不同报告期南京市遗传资源产业的平均工资增长水平。大多数年份的定基增长速率保持在 1.12%～1.15%之间，不同年份间差异较小，反映出南京市遗传资源产业的工资增长比较稳定，这也是南京市遗传资源产业就业价值持续增长的重要基础，对于稳定遗传资源产业劳动就业意义重大。

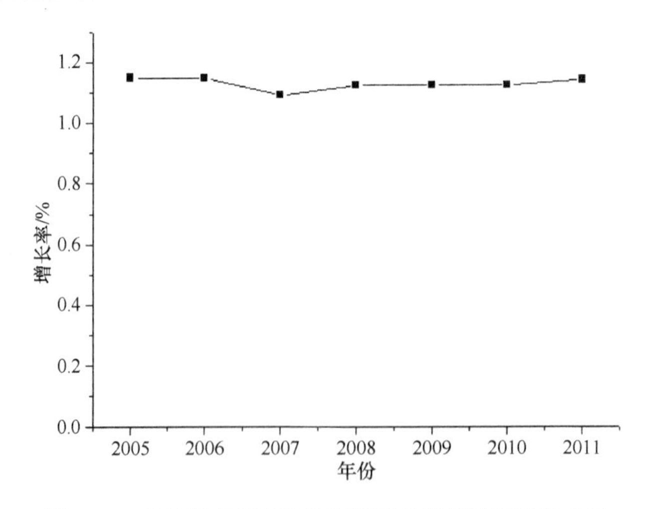

图 12-9　各年度南京市遗传资源产业平均工资增长水平

2）南京市遗传资源社会福利

劳均国内生产总值：南京市遗传资源产业劳均 GDP（图 12-10）从 2004 年的 4.82

万元/人/年缓慢增长至 2011 年的 6.91 万元/人/年。其中第一产业略有增长，第二产业较快增长，第三产业大幅下降。

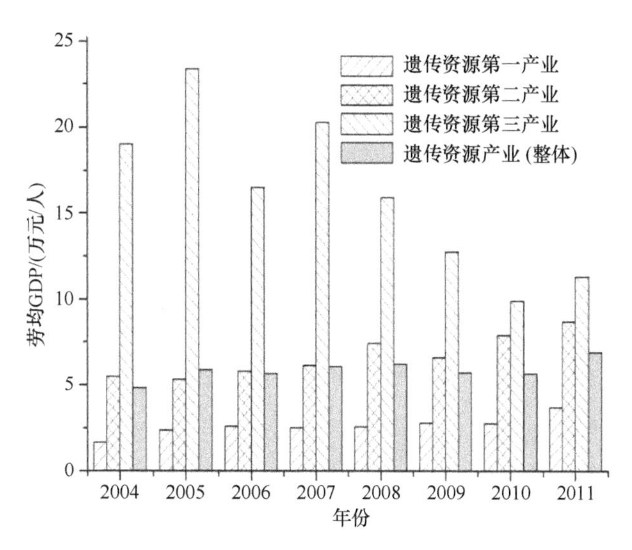

图 12-10 南京市遗传资源产业劳均 GDP 变化

3）南京市遗传资源社会生态贡献

（1）遗传资源产业污染物排放。工业是所有产业中对环境危害最大的产业，其污染物排放数量受到国家严格限制。南京市遗传资源工业产生的各类污染物排放数量在 2004～2011 年期间整体上升，仅废水排放量有所降低（图 12-11）。遗传资源工业废气排放量的增长最为显著，8 年间增长 120.82%，平均每年 17.26%；遗传工业固体废物产生量 8 年增长 92.96%，平均每年 13.28%；遗传资源工业废水排放量在 2004～2010 年保持在 3500 万 t/a 的水平，在 2011 年下降至 2400 万 t/a。

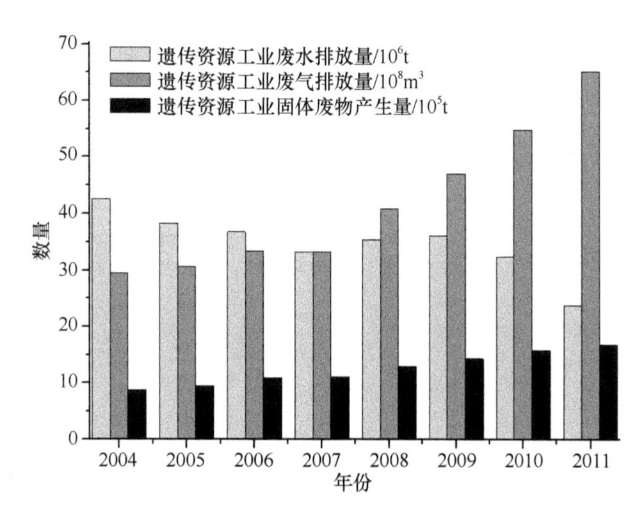

图 12-11 南京市遗传资源工业污染物排放量变化

（2）遗传资源产业能耗。2001～2011 年，南京市遗传资源消耗的能源大幅下降，每 10 万元产值对应的能源消耗量从 1.38t 标准煤降低到 0.35t 标准煤，平均每年降低 0.15t

标准煤（表 12-6）。这是南京市近年来大力推行节能减排政策的重要成果体现。

表 12-6　南京市遗传资源产业能耗

年份	2004	2005	2006	2007	2008	2009	2010	2011
能耗/（t 标准煤/10 万元）	1.38	1.23	0.69	0.64	0.51	0.47	0.42	0.35

（3）产业水资源消耗。南京市遗传资源产业单位产值消耗水资源显著降低（表 12-7）。2011 年是 2004 年的 44%，平均每年降低 0.16m^3/元。

表 12-7　南京市遗传资源产业水耗

年份	2004	2005	2006	2007	2008	2009	2010	2011
水耗/（m^3/元）	2.00	1.92	1.80	1.55	1.29	1.28	1.17	0.87

12.1.3.3　遗传资源对南京市社会经济可持续发展的贡献

1）遗传资源丰度

南京市 2007～2011 年农作物播种总面积逐年减少，从 34.28 万 hm^3 下降到 33.20 万 hm^3，但粮食作物播种面积基本保持稳定，基本保持在 16.10 万 hm^3 左右；种植业中粮食作物产量略有增长，从 100.88 万 t 增长到了 112.06 万 t；油料作物产量有下降的趋势，而其他作物产量均有所增加，尤其是蔬菜产量增长较大，从 2007 年的 252.45 万 t 增加到 2011 年的 293.36 万 t；粮食作物、油料作物、棉花及蔬菜合计总产量从 366.02 万 t 增长到了 416.34 万 t；主要园林水果及干果产量合计从 7.15 万 t 增长到了 10.50 万 t；禽畜肉、蛋、奶合计总产量从 35.45 万 t 减少到了 28.50 万 t；水产品产量有所增加，从 7.41 万 t 增长到了 8.11 万 t。

2）人均遗传资源拥有量

从人均拥有各类农产品产量来表达人均遗传资源拥有量，即遗传资源人口承载力。以常住人口计，2007～2011 年南京市常住人口从 741.30 万人增加到了 810.91 万人，说明南京市属于人口输入型城市。近五年来，南京市每百人粮食拥有量、蔬菜拥有量及水果干果拥有量均有所增长，而油料及禽畜肉、蛋、奶每百人拥有量均在下降，棉花及水产品产量每百人拥有量基本保持平稳。南京市 2007～2011 年人均遗传资源拥有量详情可见表 12-8。

表 12-8　2008～2012 年泰州市各类遗传资源人均拥有量　　（单位：t/百人）

遗传资源 \ 年份	2007	2008	2009	2010	2011
人均粮食拥有量	13.61	15.08	14.35	13.82	13.82
人均蔬菜拥有量	34.06	35.51	34.39	33.26	36.18
人均油料拥有量	1.68	1.76	1.74	1.47	1.29
人均棉花拥有量	0.03	0.06	0.05	0.05	0.05
人均水果及干果拥有量	0.96	1.09	1.43	1.12	1.30
人均禽畜肉、蛋、奶拥有量	4.78	4.15	3.77	3.54	3.51
人均水产品拥有量	2.53	2.65	2.63	2.55	2.54

注：表中人口以泰州市常住人口计。

12.2　遗传资源对生物医药产业园区贡献评价

12.2.1　南京市生物医药产业及典型园区的经济发展

12.2.1.1　南京市生物医药产业

在经济发展的实践中，人类普遍认识到科技对于发展现代产业经济的重要性，因而与科技相关的产业研究已经成为经济发展研究中的重点（陈秀辉，2007；刘海荣，2006）。遗传资源产业涉及诸多领域和行业，我们根据遗传资源产业的范围，选择具有高新科技应用特征的生物医药产业，利用典型园区分析遗传资源在园区尺度的各方面贡献状况（陆建中等，2007；瞿肖怡和梁光，2013）。

生物医药产业是一个以生物遗传资源、生物技术等作为基本投入要素，通过技术和生物遗传资源本身的药用价值制造产品、提供市场供给形成的产业（桂子凡和王义强，2006；伍业锋和刘建平，2011）。随着人类生活水平的提高，生物医药产业在保持和促进人类生存质量提高及健康中发挥着更大的影响。目前的生物医药产业包含 23 个行业，主要分为制造业和批发零售业两大类（表 12-9）。从产业服务对象来分，生物医药产业包括人类医药类行业和农业医药类行业。

表 12-9　生物医药产业涉及的主要行业

制造业	批发和零售业
营养、保健食品制造	西药批发
食品及饲料添加剂制造	中药材及中成药批发
生物化学农药及微生物农药制造	医药用品及器材批发
化学药品原药制造	药品零售
化学药品制剂制造	医疗用品及器材零售
中药饮片加工	
中成药制造	
兽用药品制造	
卫生材料及医药用品制造	
日用及医用橡胶制品制造	
制药专用设备制造	
医疗诊断、监护及治疗设备制造	
口腔科用设备及器具制造	
实验室及医用消毒设备和器具制造	
医疗、外科及兽医用器械制造	
机械治疗及病房护理设备制造	
假肢、人工器官及植（介）入器械制造	
其他医疗设备及器械制造	

生物医药产业园区作为生物开发利用规模效应的主体，在我国区域经济社会中的作用日趋体现（刘光东等，2011；马勇等，2013；朱艳梅等，2013）。目前全国有生物医药开发区（产业园区）96 个，居全国前 10 位的地区为江苏、山东、广东等，生物医药园区最多的省份是江苏省，达 14 个（李耀尧，2013）。生物医药产业园区的区域分布差异，表明发达地区利用遗传资源和生物资源已经形成很强的产业集聚规模，并且经济越发达的区域越重视生物遗传资源开发利用的产业化、集中化发展。生物医药产业园区的发展，为提高遗传资源的经济价值和社会效益发挥了十分积极的作用（陈惠，2013；刘光东等，2011；马勇，2013；朱艳梅，2013）。

南京市规模以上工业企业高新技术产业中，生物医药产业创造的工业产值多年来快速发展，已经从 2004 年的 31 亿元增加到 2011 年的 160 亿元，翻了 2 倍多，远高于同期南京市 GDP 的增长率（约每年 12%），在南京市高新技术产业中的产值比重也有一定程度上升（表 12-10）。生物医药产业创造的利润基本与工业产值同步增长，在南京市高新技术产业创造的总利润中的比重明显增加，从 2004 年的 4.51%提高到 2011 年的 6.03%。生物医药产业在高新技术产业中的利润比重平均每年比产值比重高 4.6%。

比较利润在产值中的比重（表 12-10）可以看出，南京市生物医药产业的利润产值比显著高于高新技术产业整体的利润产值比，平均每年高出 7.4%，最高年份的 2007 年达到 9.7%，最低年份的 2010 年也有 5.5%。

表 12-10　南京市规模以上生物医药企业产值与利润

年份	生物医药产业工业产值/亿元	占全市高新技术产业产值/%	生物医药产业利润额/亿元	占全市高新技术产业利润/%	生物医药产业利润产值比/%	全市高新技术产业利润产值比/%
2004	31.10	3.32	3.26	7.69	10.47	4.51
2005	37.61	3.04	4.13	9.61	10.98	3.48
2006	38.20	1.97	4.88	4.93	12.78	5.11
2007	54.43	2.27	8.64	5.80	15.88	6.22
2008	69.17	2.70	7.53	9.55	10.88	3.07
2009	91.93	3.76	14.05	9.13	15.29	6.30
2010	131.70	3.95	15.71	7.36	11.93	6.40
2011	160.38	3.76	19.29	7.49	12.02	6.03

无论是产值还是利润，南京市生物医药产业都在高新技术产业中显示了十分重要的地位。产值比重的上升、利润比重的稳定使得生物医药产业有足够的经济条件推进产业提升和生物资源高效利用，产值利润率长期高于同类型产业的水平，说明生物医药产业具备很强的高科技产业发展潜力。显然，生物医药产业已经成为南京市产业创益最多、产业利润最高的领域之一。

12.2.1.2　生物医药产业典型园区——南京高新技术产业开发区生物医药谷

南京高新技术产业开发区地处南京市西北部、长江北岸，是南京目前唯一的国家级高新区。园区规划面积 160km^2，其中已开发建设 19.2 km^2，拥有注册企业 1546 家，初步形成了软件、生物医药、新能源新材料三大特色产业集群。2011 年实现工业总产值 1284 亿元，GDP 265 亿元，外贸出口 17.1 亿美元，实际利用外资 2.5 亿美元，全社会固定资产投入 84.3 亿元。生物医药一直是南京高新技术产业开发区的重点依托产业，经过 23 年的发展，历经江苏省“三药”示范基地、“江苏省南京新药创业服务中心”、“江苏省生物医药产业集聚区”发展阶段，于 2011 年建立生物医药谷，成为南京市产业布局上明确重点打造的南京生物医药产业基地和高端生物医药研发区。

南京生物医药谷是南京高新技术产业开发区内以生物医药产业集聚为特点的特色高新产业园区。2011 年，南京生物医药谷已初具规模，产业集聚效应彰显，有生物医药类企业 150 多家，涵盖生物制药、化学制药、医疗器械、中医药、研发服务外包等多个门类。南京生物医药谷企业集群“造血”功能强劲，盈利能力良好，2012 年销售过亿元企业 5 家，过亿元产品 2 个，目前已经成为江苏省生物医药研发和孵化实力最强、数量最为集中的区域之一。

现代医药科技型产业是南京生物医药谷的重要特色。通过综合引进医药企业和打造高端的医药生物技术研发平台，基本形成了完整的现代化产业链（表 12-11），小分子筛选、药效学研究、药理毒理学研究、动物疾病模型、临床数据服务等均处于全国行业领先地位，知名企业和研究平台在新药开发各环节上都有重要影响。现有生物医药谷研发平台 17 个，其中有国家级研究支撑平台 5 个、省级研究中心 8 个，拥有国家级生物医药科技企业孵化器 2 个，载体面积 10 余万平方米。近期规划打造面积 10 km^2 的新医药产业园区，其中研发区 3 km^2，产业区 7 km^2，为高端领军人才集聚区和医药创新创业示范提供产业发展保障。

表 12-11　南京生物医药谷生产领域及代表性企业

生产领域	代表性企业
化学制药	南京健友生物化学制剂有限公司；南京瑞尔医药有限公司；南京南大药业有限责任公司
生物制药	南京绿叶思科药业有限公司；南京川博生物科技有限公司
医疗器械（含诊断试剂）	南京微创医学科技有限公司；南京双威生物医学科技有限公司；南京诺尔曼生物技术有限公司
中医药与保健品	南京海昌中药饮片有限公司；南京老山营养保健品有限公司；南京圣诺生物科技实业有限公司
生物医药研发外包（CRO）	金斯康科技（南京）有限公司；南京药石药物研发有限公司

根据调研的实际情况，我们整理了南京生物医药谷企业中以生物遗传资源开发利用为主的 20 多家企业的生产、销售情况，并以此为对象分析南京生物医药谷的生物医药产业贡献。

目前，南京生物医药谷对南京市的经济贡献已形成一定的规模（表 12-12）。2012 年，南京生物医药谷工业产值达 160.38 亿元，利润额 19.29 亿元。2011～2012 年，年平均工业产值和利润额分别为 146.04 亿元、17.50 亿元。

将 2011 年和 2012 年对比，南京生物医药谷总体经济贡献增加，其中工业产值、利润额增加较多。在全南京市高新技术产业中创造的利润占比保持在 7.4%左右；利润占产值的比重稳定在 12%，高于全南京市的高新技术产业利润产值比。

表 12-12　2011～2012 年南京生物医药谷经济现状

	2011 年	2012 年	按年平均
工业产值/亿元	131.70	160.38	146.04
利润额/亿元	15.71	19.29	17.50
利润占全市高新技术产业利润比重/%	7.36	7.49	7.43
利润产值比/%	11.93	12.02	11.98
全市高新技术产业利润产值比/%	6.40	6.03	6.22

12.2.1.3　南京高新技术产业开发区生物医药谷遗传资源企业

遗传资源企业是指以遗传资源及其衍生品作为重要生产资料的企业，是工业企业的一种。南京生物医药谷以遗传资源为投入要素的企业在 2011～2012 年共创造工业产值 129.95 亿元，占园区同期工业产值的 44%（图 12-12）。

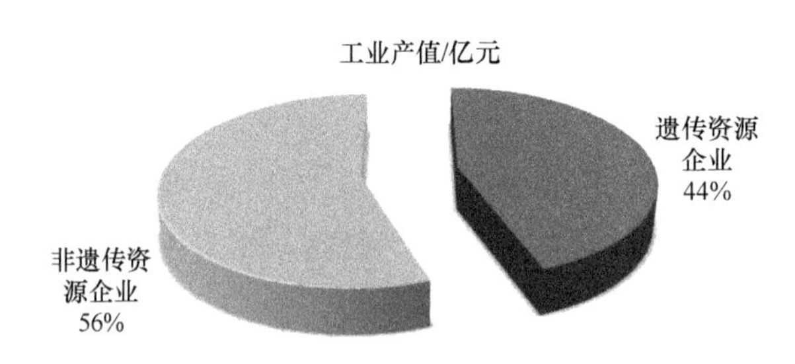

图 12-12　南京市生物医药谷工业产值构成

按照国家工业和信息化部、国家统计局等部门于 2011 年 6 月制订的《中小企业划型标准规定》，工业企业可按产值或职工人数进行企业规模划分。通过区分同类企业规模、质量和发展状态，可深入分析企业发展对区域重要性。为此，将南京生物医药谷遗传资源企业按产值（收入）划分为 4 种类型（表 12-13），划分标准为：大型企业，产值超过 4 亿元；中型企业，产值在 2000 万元至 4 亿元之间；小型企业，产值在 300 万元到 2000 万元之间；微型企业，产值不超过 300 万元。由于南京生物医药谷尚处于建设初期，目前只能获得两年的统计数据，因此将同一企业在不同年份的企业经济状况分为两个虚拟企业处理，以扩充研究对象数量。

2011～2012 年，南京市生物医药谷 44 个遗传资源企业样本共创造产值 129.95 亿元，销售收入 102.02 亿元，利税 15.99 亿元（上缴税金 13.22 亿元）。

44 个遗传资源企业样本中，8 个属于大型企业，其平均就业人数为 167 人/企业，平均年产值为 11.72 亿元；23 个属于中型企业，平均就业人数 65 人/企业，平均年产值 1.54 亿元；5 个属于小型企业，平均就业人数 12 人/企业，平均年产值 0.13 亿元；8 个属于微型企业，平均就业人数 18 人/企业，平均年产值 48 万元（表 12-13）。

表 12-13 2011～2012 年南京生物医药谷遗传资源企业类型

企业类型	企业数量（N）	从业人数/人	平均从业人数/人	产值/亿元	平均产值/亿元
大型企业	8	1336	167	93.72	11.72
中型企业	23	1504	65	35.47	1.54
小型企业	5	58	12	0.65	0.13
微型企业	8	154	19	0.04	0.01
全部企业	44	3052	69	129.88	2.95

12.2.2 南京生物医药谷发展中的遗传资源经济贡献

12.2.2.1 遗传资源经济价值

1）园区遗传资源工业产值

南京生物医药谷遗传资源企业 2011～2012 年创造的 129.95 亿元工业产值中，大型企业工业产值 93.78 亿元，占 72%；中型企业工业产值 35.49 亿元，占 27%；小型企业、微型企业工业产值 0.68 亿元，占 1%左右。

2）园区遗传资源企业 GDP

按照南京市规模以上生物医药产业产值、规模以上工业总产值、工业 GDP 的数据测算南京市生物医药产业 GDP，进而得出南京市生物医药产业 GDP 与生物医药产业工业产值的比例系数（2011 年为 0.23）。将遗传资源企业的工业产值按比例系数计算得到南京市生物医药谷遗传资源产业 GDP（图 12-13）。经测算（以 2011 年为基准，不考虑相邻两年的差异），2011 年南京生物医药谷遗传资源企业完成工业总产值 68.47 亿元，占同期南京市规模以上生物医药企业产值的 51.99%，对应的 GDP 贡献为 15.80 亿元。2012 年完成工业总产值 61.03 亿元，占同期南京市规模以上生物医药企业产值的 38.05%，对应的 GDP 贡献为 14.09 亿元。

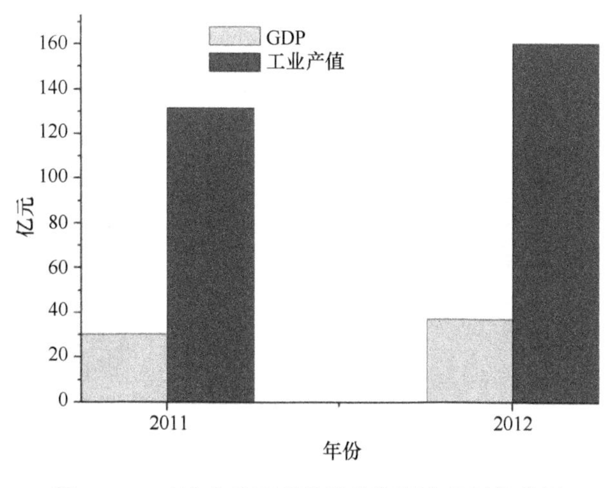

图 12-13 南京生物医药谷遗传资源产业经济总量

3）遗传资源产品贡献价值

遗传资源对企业经济贡献的程度除了要素产出弹性外，还可以通过遗传资源要素的产值贡献率分析（赵昕等，2011）。对全部研究企业（同一企业不同年份算做两个企业）按产值进行大小排序，依次对不同企业的遗传资源要素贡献量和产量进行比较，采用累积求平均值的方法，获得遗传资源要素投入差距与产量差距的比例关系，以此作为全部企业的平均遗传资源产值贡献率。计算公式为：

$$E_i = (\sum_{i=1}^{n} \frac{\Delta R}{\Delta Q})/n \quad （12\text{-}1）$$

$$E = (\sum_{i=1}^{n} E_i)/m \quad （12\text{-}2）$$

式中，$1 \leqslant n \leqslant m$，$m$ 为研究样本总数；E_i 为第 i 个企业相应产值规模以上各企业的遗传资源要素平均贡献率；E 为全部企业的遗传资源要素综合贡献率。

计算出南京生物医药谷生物医药企业的遗传资源要素总体贡献率为 E=0.0327，即全部产量规模递增中的 3.27%由遗传资源直接贡献。按照遗传资源的产品贡献价值=总产值×遗传资源直接贡献率，得到南京生物医药谷 2011 年、2012 年的遗传资源的直接贡献价值分别为 4.31 亿元和 5.24 亿元。

12.2.2.2　遗传资源经济结构

1）园区遗传资源企业人员文化结构

南京生物医药谷遗传资源企业以大型企业和中型企业为主，作为高新技术企业，其人员文化结构对于企业发展影响重大。2011 年和 2012 年，南京生物医药谷遗传资源企业的从业人数分别为 1658 人和 1394 人，其中研究生以上高学历人才分别为 173 人和 183 人，高学历人才比重分别为 10.43%和 13.13%。将本科学历人才计算在内，2011 年和 2012 年南京生物医药谷遗传资源企业的本科学历以上人员比重分别为 29.37%和 39.45%，2012 年比 2011 年增长了 10%以上（图 12-14）。

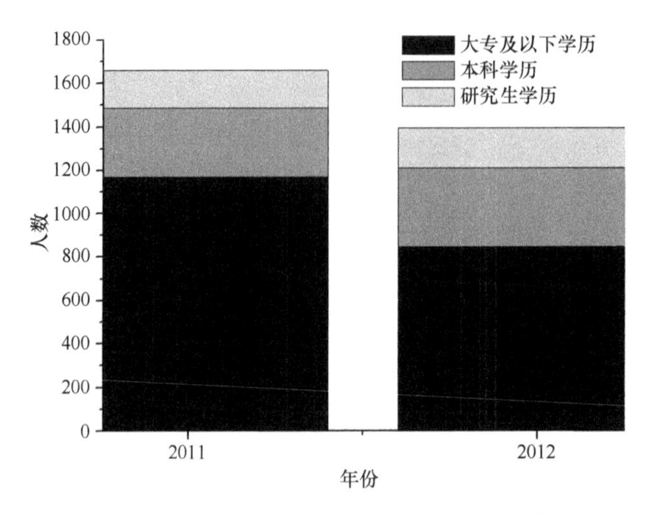

图 12-14　南京生物医药谷遗传资源企业职工文化层次

2）园区遗传资源企业科研人员比重

南京生物医药谷 2011 年有 259 人为专业科研人员，占全部就业人数的 15.62%。

3）园区遗传资源企业资本劳动投入比

南京生物医药谷遗传资源企业 2011～2012 年平均单位劳动资本投入为 182 万元/人，其中大型企业为 187 万元/人，中、小、微型企业分别为 162 万元/人、87 万元/人和 351 万元/人。将全部企业按产值规模对应的资本劳动投入进行比较（图 12-15），可以看出在产值规模较小的企业中，普遍采用资本密集的发展策略，这主要是生物遗传资源企业作为高科技企业所必需的行业准入门槛引起的。在企业规模略增后，企业普遍大量引入劳动力，注重劳动密集产品开发，以提高产品制造能力。在中等规模企业中，选择资本密集成为重要基础，以保持产品创新能力、拓展产品市场。企业发展为大型企业后，资本瓶颈基本消失，拥有固定产品领域的前提下，企业选择保持较低资本劳动投入，大量提升劳动密集发展能力，以占据更多产品市场。

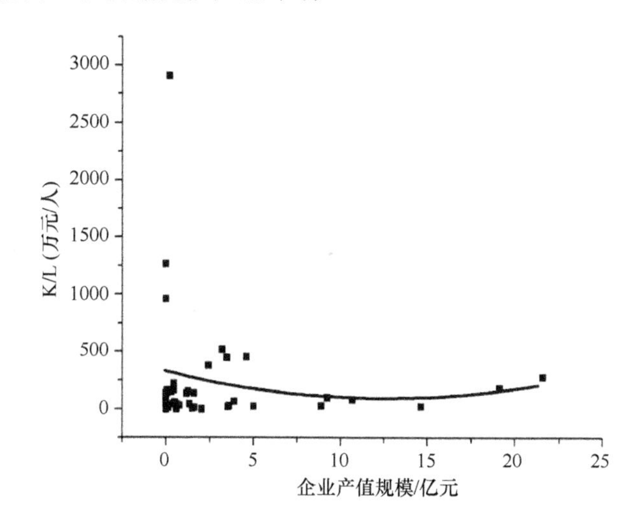

图 12-15　南京生物医药谷遗传资源企业资本劳动投入

12.2.2.3　遗传资源经济效益

1）园区遗传资源企业利税

2011～2012 年，南京生物医药谷遗传资源企业贡献利税额共 20.10 亿元。利税中包括缴纳税收 13.22 亿元，以大型企业（纳税 10.26 亿元）为主，占 78%；中型企业纳税 2.84 亿元，占 21%；其他企业占 1%左右。各企业创造净利润 6.88 亿元（不含负利润企业），其中大型企业创造利润 2.56 亿元，中型企业创造利润 4.26 亿元，其他企业创造利润 0.06 亿元。

2）园区遗传资源企业比较劳动生产率

南京生物医药谷遗传资源企业 2011 年、2012 年的劳动生产率（单位劳动人数工业产值）分别达到 412.97 万元/人和 437.80 万元/人，比南京市规模以上生物医药制造业高 157.81 万元/人和 182.65 万元/人。因此，与南京市规模以上生物医药制造业对比，南京生物医药谷遗传资源企业的比较劳动生产率在 2011 年和 2012 年分别为 1.62、1.72。

12.2.3 南京生物医药谷发展中的遗传资源社会贡献

12.2.3.1 园区社会价值

1）提供就业机会

南京生物医药谷遗传资源企业在2011～2012年实际就业岗位3052人（次），其中超过93%的就业机会由大、中型企业提供。全部企业平均吸纳就业人数为69人/企业，其中大型企业平均吸纳167人/企业，中型企业平均吸纳65人/企业，小型企业和微型企业分别平均吸纳12人/企业、18人/企业（表12-14）。

表12-14 南京生物医药谷遗传资源企业就业贡献指标 （单位：百人）

企业类型	就业人数	就业人数占全部企业比重/%	平均就业人数	研究生以上学历	
				人数	占职工比重/%
大型企业	13.36	43.77	167	0.56	4.19
中型企业	15.04	49.28	65	1.78	11.84
小型企业	0.49	1.61	12	0.27	55.10
微型企业	1.63	5.34	18	0.95	58.28
全部企业	30.52	100	69	3.56	11.66

在就业人员的学历结构方面，全部企业吸纳的研究生以上高学历人员数为356人（次），其中大型企业、中型企业、小型企业、微型企业分别吸纳56人、178人、27人、95人。按大、中、小、微型企业分，各类型企业的高学历人数在本类型全部就业人数中的比重分别为4.19%、11.84%、55.10%、58.28%。

综合来看，遗传资源企业提供的绝对就业数量贡献中，大、中型企业占据绝大多数，反映出目前南京生物医药谷的遗传资源企业，就业人员比较集中。遗传资源企业的人员结构呈现出人员数量规模和质量规模的不对称，这可能是因为南京生物医药谷的遗传资源企业大多属于高新技术企业，高素质人才是企业生存的首要条件，越是规模小的企业，在无法提供大规模生产投入的情况下，必须首先确保关键的科研投入。

根据南京生物医药谷遗传资源企业的职工平均工资和劳动人数，得到园区遗传资源企业的就业价值总量。2011年，园区遗传资源企业的人均工资为11.49万元，企业劳动总人数1658人，因此就业价值总量为1.90亿元。2012年，园区遗传资源企业的人均工资为12.17万元，企业劳动总人数1394人，因而就业价值总量为1.70亿元。可见，2011～2012年，园区遗传资源企业共创造了3.60亿元的就业价值。

2）科研价值

南京生物医药谷通过科研投入和人才培养，创造了园区遗传资源企业的科研文化价值。按照遗传资源贡献率和科研投入经费，得到2011年、2012年园区遗传资源企业科研价值分别为0.13亿元和0.15亿元。

12.2.3.2 园区社会福利

1）平均工资增长率

南京生物医药谷遗传资源企业2012年的职工平均工资为12.17万元/人，比2011年增长5.92%，低于同期南京市城镇非私营单位从业人员年平均工资增长率（10.46%）。

2）人均GDP

按企业劳动力人数平均，2011年和2012年南京生物医药谷遗传资源企业的人均GDP分别为95.30万元/人和101.08万元/人，2012年比2011年增长6.07%。

12.3 小 结

通过对南京市遗传资源在区域社会和经济各领域、典型园区贡献的考察，了解了遗传资源的主要功能，定量描述了遗传资源功能发挥中的基本状态和发展趋势，加深了遗传资源在区域、园区各个尺度发展中的地位和作用的理解。总体上看，研究成果概括了遗传资源在人类社会和自然的共同作用下体现的资源地位。

12.3.1 南京市生物遗传资源的主要地位和作用

南京市生物遗传资源丰富，以农副产品、食品、服装家居用品、生物医药和餐饮为代表的各类遗传资源产业在区域经济发展中发挥了重要的基础作用，对于保障区域粮食安全、居民生活水平具有不可替代的基础地位。以森林为代表的野生动植物遗传资源和以农田为代表的人工动植物遗传资源，对于区域资源循环、物种维持、环境保护发挥着至关重要的作用，深刻地影响了区域的生活、生产、生态的外部条件。

从遗传资源对区域经济发展贡献的作用看，经济价值贡献方面，2004～2011年南京市遗传资源产业GDP总量逐年增长，从2004年的337.98亿元增长到了645.52亿元，年均增长速度为9.68%。但遗传资源产业占南京市GDP比重逐年下降，从2004年的16.35%降到2011年的10.50%，平均水平为占泰州GDP总量的13.34%。遗传资源第一产业（农业）发展缓慢，种植业占据主导地位，遗传资源第二产业不仅在区域第二产业中稳定保持8%以上的份额，而且多年平均增长速度超过区域GDP增长的速度。经济结构方面，南京市遗传资源三次产业结构比重从2004年的22∶26∶52转变为2011年的25∶37∶37，农业内部结构中种植业、林业、牧业和渔业的GDP比例结构2004年为61∶1∶18∶20，到2011年比例结构变化为67∶1∶12∶20，从结构变化上看种植业比重在增加，而牧业的比重在减少，林业和渔业的比重基本不变；遗传资源工业内部结构中，服饰家纺产品制造、饮品制造、食品制造三大类行业比重较大，2004年与2011年这三类行业的比重分别占据了遗传资源行业比重的86%和81%。主要遗传资源工业行业中，近8年来除食品制造类行业和医药制造类行业GDP比重增加外，其余均在减少，尤其以医药制造类行业GDP比重增加最多，说明遗传资源工业内部有向高新技术行业发展的趋势。经济效益方面，遗传资源产业创造的利税大致相当于南京市财政收入的25%，遗传资源产业贡献利税总额从2004年的132.52亿元增加到2011年的341.16亿元，8年间增长了208.64亿元，年均增长 14.46%。8 年间遗传资源产业比较劳动生产率基本稳定在 0.9 的水平，其比较劳动生产率呈现先增加后减小的趋势。但 2007 年以来，南京市遗传资源产业比较劳动生产率处于下降状态，主要原因在于南京市遗传资源产业劳动生产率增长速度低于全社会劳动生产率的增长速度。

从遗传资源对区域社会发展的作用看，南京市遗传资源提供的就业机会逐年增加，就业人数在 2004～2011 年期间共增加了 23 万人，就业价值从 2004 年的 70.10 亿元增长到 2011 年的 93.47 亿元，年均增长速度为 4.20%，与就业人数的增长保持同步；就业结构中遗传资源第一产业就业基本不变，第二产业增长了 75%，第三产业增长了 133%。遗传资源社会福利贡献方面，南京市遗传资源就业人员平均工资增长率总体维持在 1.1%～1.2%之间，其中第二产业职工人均工资年均增长水平为 12.87%，遗传资源产业的劳均国内生产总值缓慢增长，但第二产业的劳均国内生产总值增长加快，遗传资源第二产业人均 GDP 从 4.82 万元/人/年增至 6.91 万元/人/年，年均增长速度为 5.28%。在创造不断增长的经济效益的同时，遗传资源社会生态贡献方面，南京市遗传资源产业开发利用中排放或产生的污染物有所增加。8 年间南京市遗传资源工业产生的各类污染物排放数量整体上升，仅废水排放量有所降低，其中遗传资源工业废气排放最为显著，排放量年均增长 17.26%，其次是固体废弃物的排放，排放量年均增长 13.28%，但产业能耗和消耗均逐年下降，年均下降速度分别为 21.65%和 12.63%。

从遗传资源对区域可持续发展的能力看，重要遗传资源的保有量至关重要。从农业遗传资源保有总量看，2007～2011 年南京市农作物播种总面积逐年减少，但粮食作物播种面积基本保持稳定。种植业中粮食作物产量略有增长，从 100.88 万 t 增长到了 112.06 万 t，此外，除油料作物产量下降外其他作物产量均有所增加，尤其是蔬菜产量增长较大。总体来说，各类农作物遗传资源总产量均有显著增长，粮食作物、油料作物、棉花及蔬菜合计总产量从 366.02 万 t 增长到了 416.34 万 t。林业产品产量增长明显，主要园林水果及干果产量合计从 7.15 万 t 增长到了 10.50 万 t；渔业中水产品产量也有所增加，从 7.41 万 t 增长到了 8.11 万 t。而牧业中禽畜产品产量总体在下降，禽畜肉、蛋、奶合计总产量从 35.45 万 t 减少到了 28.50 万 t。从人均拥有量看，以常住人口计，近五年来南京市每百人粮食拥有量、蔬菜拥有量及水果干果拥有量均有所增长，棉花及水产品产量每百人拥有量基本保持平稳，但是油料及禽畜肉、蛋、奶每百人拥有量均在下降。

12.3.2　南京市生物医药谷遗传资源的主要地位和作用

南京市生物医药产业是高新技术产业的重要组成部分，其工业产值多年来持续快速增长，在 2004～2011 年间增长超过 400%，远高于同期区域经济增长速度，工业产值中的利润比重平均超出南京市高新技术产业整体水平约 7.4%。医药园区是生物医药产业集聚的重要体现，具体遗传资源行业和典型遗传资源工业园区体现了生物遗传资源及以其为基础的生物技术利用的重要作用。

南京生物医药谷作为南京市主要的生物医药企业集中区，目前已经形成一定的经济规模和影响，创造的生物医药产值占南京市生物医药工业产值的比重超过 50%，创造的利润占南京市高新技术产业总利润的比重达到 7%以上。南京生物医药谷的生物医药企业中，以遗传资源作为基本投入要素的企业（典型遗传资源企业）具有重要地位，创造的工业产值占全部南京生物医药谷生物医药企业的44%，并以大中型企业为主。

南京生物医药谷44个遗传资源企业样本的典型研究表明，遗传资源创造的园区经济贡献主要体现在经济、人才、财税等方面。遗传资源企业为南京生物医药谷创造的GDP贡献年均15亿元，其中遗传资源的直接贡献价值年均5亿元。遗传资源企业人才比重较高且有逐年增加的趋势，本科以上学历人才比重年均35%左右，2012年比2011年增长了10%，科研人员比重也达到16%。财税方面，生物医药产业的特点就是从研发到生产周期较长，很多企业在最初几年并未产生利润，甚至利润为负数，加上园区政府免税政策，因此园区企业贡献的利税方面总量不大但增长较快。南京生物医药谷遗传资源企业贡献的利税在2011～2012年共20亿元，其中缴纳税收13亿元。从生物医药谷企业的劳动生产率看，其劳动生产率年均达到400万元/人以上，比南京市生物医药制造产业高出65%，充分体现了园区生物医药产业的高新技术的特征。

遗传资源创造的园区社会贡献也十分显著，2011～2012年共提供3052人（次）的就业机会，创造了3.6亿元的就业价值、0.3亿元的科研价值。南京生物医药谷遗传资源企业的职工平均工资年增长约6%，劳均GDP年均98万元/人左右。

（陈新建，吴江月，朱　明，濮励杰）

参考文献

陈惠. 2013. 国内生物产业研究综述. 湖北经济学院学报(人文社会科学版), (12): 39-40.
陈军飞，王慧敏，唐慧荣. 2005. 南京市经济、资源系统发展水平及协调性评价. 统计与决策, (20): 61-63.
陈乃玲，聂影. 2007. 南京城市森林生态价值经济分析. 南京林业大学学报(自然科学版), (05): 129-133.
陈秀辉. 2007. 科技发展与生态平衡. 东华大学硕士学位论文.
桂子凡，王义强. 2006. 我国生物医药产业发展的现状、问题及对策研究. 特区经济, (06): 267-269.
李湘阁，闵庆文，梁平. 1997. 南京市农业资源开发效益的评估. 南京气象学院学报, (02): 90-95.
李亚洲. 2011. 基于空间结构分析的南京市旅游资源开发利用研究. 江西农业学报, (05): 178-181.
李耀尧. 2013. 产业集聚与升级—基于中国开发区产业演变的动态考察(第1版). 北京：经济管理出版社.
刘光东，丁洁，武博. 2011. 基于全球价值链的我国高新技术产业集群升级研究——以生物医药产业集群为例. 软科学, (03): 36-41.
刘海荣. 2006. 论二战后美国科技发展及其对就业的影响. 内蒙古大学硕士学位论文.
陆建中，林敏，邱德文. 2007. 我国农业微生物产业发展战略与对策. 中国农业科技导报, (04): 22-25.
马勇，罗守贵，周天瑜，等. 2013. 上海生物医药产业集群研发-服务联动创新研究. 科技进步与对策, (13): 72-77.
瞿肖怡，梁光. 2013. 2011年度苏州高新技术企业发展现状及问题分析研究. 江苏科技信息, (05): 7-8.
宋东杰. 1997. 南京地区植物旅游观赏资源. 南京高师学报, (04): 56-59.
田如男，朱敏，吴彤，等. 2012. 南京城区水体水生植物调查. 东北林业大学学报, (05): 91-97.
童丽丽. 2007. 南京城市森林群落结构及优化模式研究. 南京林业大学博士学位论文.
万绪才. 2006. 南京市文化旅游产品开发研究：文化遗产保护与旅游发展国际研讨会. 中国江苏南京: 08.
王雪. 2009. 南京市可持续发展状态与趋势分析. 南京林业大学硕士学位论文.
伍业锋，刘建平. 2011. 生物产业的界定及统计制度方法初探. 统计与决策, (20): 35-37.
赵丹丹，沙润，田逢军. 2010. 基于GIS的区域旅游资源群开发潜力评价研究——以南京市为例. 江苏商论, (02): 91-93.
赵昕，王艳楠，孙瑞杰. 2011. 生产要素对我国经济增长贡献率的测算研究. 时代金融, (11): 44-45.
朱艳梅，席晓宇，褚淑贞. 2013. 我国生物医药产业集群的影响因素分析. 中国新药杂志, (08): 900-904.

13　从传统旅游到森林生态旅游的成本效益分析：以武夷山风景名胜区为例

13.1　生态旅游的概念

13.1.1　普通旅游的概念界定与存在问题

“旅游”从字义上很好理解：“旅”是旅行、外出，即为了实现某一目的而在空间上从甲地到乙地的行进过程；“游”是外出游览、观光、娱乐，即为达到这些目的所作的旅行。二者合起来即“旅游”。所以，“旅行”偏重于“行”，“旅游”不但有“行”，且有观光、娱乐含义。旅游是人们为了休闲、娱乐、探亲访友或者商务目的而进行的非定居性旅行，以及在游览过程中所发生的一切关系和现象的总和。

传统旅游指到达目的地后步行探寻观览景物、获知考求文化、了解采访民俗等而不藉汽车、缆车等容易流失沿途景观的交通工具的旅游。其特点在于对景观（人文和自然）的全程亲近性、体验性、认知性和健身性等，是较为理想的一种旅游方式。传统旅游，利润最大化是开发商追求的目标，而追求享乐则是旅游者的主要目标，价格是调节供需的杠杆和游客与旅游点建立联系的纽带，其最大的受益者是开发商和游客，用牺牲自然景观的持续价值来获取短期经济效益，这种旅游不可能持续发展。

13.1.2　生态旅游的提出和发展

13.1.2.1　生态旅游的概念界定

旅游业可持续发展的条件是旅游资源的可持续利用。生态旅游通过减轻环境压力来平衡经济利益，通过保持旅游区景观资源和文化的完整性，实现代间的利益共享和世代公平，是实现资源可持续利用、旅游业可持续发展的良好途径。关于生态旅游概念的定义还存在较多看法，不同的学者对生态旅游的界定不同，目前主要有以下几种。

国际自然保护联盟（IUCN）特别顾问、墨西哥专家谢贝洛斯·拉斯喀瑞 1988 年将生态旅游定义为：生态旅游作为一种常规的旅游形式，游客在欣赏和游览古今文化的同时，置身于相对古朴、原始的自然区域，尽情考究和享乐旖旎的风光和野生动植物。

世界自然基金会 1990 年对生态旅游定义为：必须涉及“为学习、研究、欣赏、享受风景和那里的野生动植物等特定目的而对受到干扰比较少或没有受到污染的自然区域所进行的旅游活动，并以欣赏和研究自然景观、野生生物及相关文化特征为目标，为保护区筹集资金，为当地居民创造就业机会，为社会工作提供环境教育，有助于自然保护和可持续发展的自然旅游”。

1993年9月在北京召开的第一届东亚国家公园自然保护区域会议对生态旅游的定义为：倡导爱护环境的旅游，或者提供相应的设施及环境教育，以便旅游者在不损害生态系统或地域文化的情况下访问、了解、鉴赏、享受自然及文化地域。

上述概念基本可归纳为三个方面：第一，定向于持续发展目标的生态旅游概念；第二，定向于市场和消费行为的生态旅游概念；第三，定向于行为规范的生态旅游概念。美国学者Lee认为理想的生态旅游系统包括：旅游者对所游览地区具有保护意识；当地居民在发展旅游业中充分考虑环境和文化需求；采用一个有当地居民参与的长期规划战略，减少旅游业带来的负面影响；培育一个有利于当地社会发展的经济体系文献。笔者倾向于以持续发展为目标的生态旅游概念。具体来说就是生态旅游应满足保护和发展的目标，将旅游发展与社区发展、环境保护相结合。对旅游地来说，要求生态旅游能够给旅游地生态环境的管理保护带来资金，使旅游地社区居民经济上获益，以及促进旅游地社区居民对生态保护的支持。

13.1.2.2　生态旅游的特点

生态旅游是建立在传统大众旅游基础上的，因此，从参与旅游活动的游客量上看是大众参与；和传统的旅游相比，生态旅游的最大特点就是其保护性，没有对旅游对象及其环境造成破坏；生态旅游建立在现代科学技术基础上，满足了大众的多样化旅游需求，因此生态旅游活动的形式是多种多样的，除了传统大众旅游的观光、度假、娱乐等旅游活动方式外，根据现代人的精神需求出现如滑雪、探险、科考、湿地旅游等一系列特种生态旅游；生态旅游活动内容要求具有较深的科学文化内涵，这就需要活动项目的设计及管理均要有专业性；生态旅游产品或商品应该是高质量、高品位的“精品”，游客追求的是原汁原味的旅游真品，是货真价实的高品位的产品，精品能经受时间的考验，不会因为时间的变迁而降低或丧失其价值。

13.1.2.3　生态旅游的发展及现状

“十一五”期间，我国旅游业保持了平稳较快发展的良好势头。国内旅游人数平均增长12%，入境过夜旅游人数年均增长3.5%，出境旅游人数年均增长19%，全国旅游业总收入年均增长15%。我国跃居全球第四大入境旅游接待国和亚洲第一大出境旅游客源国，居民人均出游率达1.5次，旅游直接就业达1350万人，旅游消费对社会消费的贡献超过10%，旅游业对我国经济社会发展的积极作用更加明显。“十一五”旅游业发展实践表明，全国旅游行业服务国家大局的能力明显提高，驾驭复杂局面的能力明显提高，应对各种风险和挑战的能力明显提高，把握旅游业发展规律和阶段性特征的能力明显提高，推进旅游业科学发展的能力明显提高。

在我国，生态旅游的概念提出是在1993年第一届东亚地区国家公园和自然保护区会议之后才被以正式文件的形式确认。由于生态旅游的开展要求条件较高，而在我国生态旅游发展中还面临着许多阻碍因素，如片面注重经济效益，轻视社会和环境效益，旅游环境问题严重，公民的生态意识淡薄，旅游资源开发缺乏系统性、科学性，盲目开发现象突出等问题。由于这些因素的存在导致目前我国多生态旅游实践中并没有达到生态旅游的本质要求，着重强调了生态旅游“认识自然、走进自然”的一面，而忽略了生态旅游“保护自然”的目标，有些生态旅游产品并不是真正意义上的生态旅游产品，而是自然旅游或者是观光旅游的另一种形式。如有报告显示，在已开发生态旅游活动的全国自然保护区中，有的保护对象受到损害，出现旅游资源退化，水域环境遭污染，存在垃圾公害，有噪声污染，有大气污染。对这种产品的开发要慎重而行，否则这样的生态旅游开发必然会引发大量的环境问题。

13.1.3 传统旅游和生态旅游的区别

传统旅游，利润最大化是开发商追求的目标，而追求享乐则是旅游者的主要目标，价格是调节供需的杠杆和游客与旅游点建立联系的纽带，其最大的受益者是开发商和游客，用牺牲自然景观的持续价值来获取短期经济效益，这种旅游不可能持续发展。

生态旅游旨在实现经济、社会和美学价值的同时，寻求适宜的利润和环境资源价值的维护。生态旅游者的目的是享受自然恩赐的景观和文化。通过约束旅游者和开发商的行为，使之共同分担维护景观资源价值的成本，从而使当地居民也成为生态旅游的直接受益者。生态旅游比传统旅游具有更重要的意义在于被游览地的生态环境和当地的民族风俗和传统文化得以完整地保存，不至于因为旅游的开发导致当地人文、地理环境的破坏。在保护环境和对维护当地正常生活承担义务的同时，仍能把商业性的旅游业与旅游地生态旅游结合起来，以支持当地的经济发展。

13.2 武夷山风景名胜区概况

武夷山具有典型的碧水丹山奇观，完好的中亚热带生态系统，悠久的古闽越族文化，影响中国、东亚、东南亚历史 800 余年的朱子理学文化，以及作为中国乌龙茶发祥地的武夷岩茶文化等，因此，鉴于武夷山具有上述突出意义和普遍价值的自然与文化资源，中国政府推荐武夷山申报世界自然与文化双重遗产。武夷山于 1999 年 12 月被联合国教科文组织列入《世界遗产名录》，成为全人类共同的财富，成为世界级的风景名胜区。

13.2.1 武夷山生态景观

武夷山遗产地处中国福建省西北部，地理坐标为：北纬 27°32′36″～27°55′15″；东经 117°24′12″～118°02′50″，总面积 15 万亩。根据区内资源的不同特征，将全区划分为西部生物多样性、中部九曲溪生态、东部自然与文化景观以及城村闽越王城遗址等 4 个保护区。核心面积 10 万亩，次核心面积 6 万亩，同时，划定了外围保护地带——缓冲区，面积 4 万亩。

武夷山风景区位于福建省武夷山市南郊，武夷山脉北段东南麓，是我国著名的游览胜地。武夷山通常指位于福建省武夷山市西南 15km 的小武夷山，称福建第一名山，属典型的丹霞地貌，素有“碧水丹山”、“奇秀甲东南”之美誉，是首批国家级重点风景名胜区之一。其中，天游峰有“天下第一险峰”之称。在方圆 70km^2 的武夷山风景区内，赤壁、奇峰、曲流、幽谷、险壑、洞穴、怪石构成了独树一帜的自然地貌，具有突出的地学科学价值和美学价值。著名景点有九曲溪、流香涧、玉女峰、大王峰、三仰峰、天心岩、虎啸岩、鹰嘴岩、水帘洞、桃源洞、云窝、慧苑、天游观、万年宫、一线天、九龙寨、卧龙潭、芙蓉滩、武夷精舍等。

13.2.2　武夷山文化景观

武夷山是典型的丹霞地貌，发育典型的丹霞单面山、块状山，柱状山临水而立，千姿百态。“三三秀水清如玉，六六奇峰翠插天”，构成了奇幻百出的武夷山水之胜。古代中国的李商隐、范仲淹、朱熹、陆游、辛弃疾、徐霞客等名家都在武夷山留下各自的墨宝。

武夷山是座历史文化名山。早在新石器时期，古越人就已在此繁衍生息。如今悬崖绝壁上遗留的“架壑船”和“虹桥板”，就是古越人特有的葬俗。西汉时，汉武帝曾遣使者到武夷山用乾鱼祭祀武夷君。唐代，唐玄宗大封天下名山大川，武夷山也受到封表，并刻石记载，还明令保护山林，不准砍伐。唐末五代初，杜光庭在《洞天福地记》里，把武夷山列为天下三十六洞天之一，称之为“第十六升真元化洞天”。宋绍圣二年（1095年），祷雨获应，又封武夷君为显道真人。

武夷山是三教名山。自秦汉以来，武夷山就为羽流禅家栖息之地，留下了不少宫观、道院和庵堂故址。武夷山还曾是儒家学者倡道讲学之地。

13.2.3　武夷山的生物资源

武夷山是全球生物多样性保护的关键地区，分布着世界同纬度带现存最完整、最典型、面积最大的中亚热带原生性森林生态系统，发育有明显的植被垂直带谱：随海拔递增，依次分布着常绿阔叶林带（350～1400m，山地红壤）、针叶阔叶过渡带（500～1700m，山地黄红壤）、温性针叶林带（1100～1970m，山地黄壤）、中山草甸（1700～2158 m 山地黄红壤）、中山苔藓矮曲林带（1700～1970m，山地黄壤）、中山草甸（1700～2158m，山地草甸土）五个植被带，分布着南方铁杉、小叶黄杨、武夷玉山竹等珍稀植物群落，几乎囊括了中国亚热带所有的亚热带原生性常绿阔叶林和岩生性植被群落。

武夷山是全球生物多样性保护的关键地区，是尚存的珍稀、濒危物种栖息地。武夷山属中亚热带季风气候区，区内峰峦叠嶂，高差悬殊，绝对高差达 1700m，良好的生态环境和特殊的地理位置，使其成为地理演变过程中许多动植物的“天然避难所”，物种资源极其丰富。

武夷山已知植物 2762 种。种子植物类数量在中亚热带地区位居前列。有中国特有属 27 属 31 种，许多如银杏等为单种属孑遗植物；有 28 种珍稀濒危种列入《中国植物红皮书》，如鹅掌楸、银钟树、南方铁杉、观光木、紫茎等。武夷山兰科植物尤其丰富，已知有 32 属 78 种，宽距兰、多花宽距兰为中国新记录种，盂兰为福建省公布新记录。蕨类就有 14 个，如武夷山铁角蕨、武夷蹄盖蕨、武夷耳蕨、武夷假瘤足、武夷粉背蕨、武夷凸轴蕨等以“武夷”作为种加词的就达 6 种之多。武夷山的古树名木具有“古、大、珍、多”的特点，如武夷宫 880 年树龄的古桂、坑上 980 年树龄的南方红豆杉等，具有极高的科研和保存价值。

武夷山是珍稀特有野生动物的基因库。武夷山已知的动物种类有7000多种，其中哺乳纲71种，鸟纲256种，鱼纲40种，两栖纲35种，爬行纲73种，昆虫已定名6600多种（其中有700余个新种，20种中国新记录）。在动物种类中尤以两栖类、爬行类和昆类分布众多而闻名于世，中外生物学家把武夷山称为“研究两栖、爬行动物的钥匙”“鸟类天堂”“蛇的王国”“昆虫世界”。到2011年，已列入国际《濒危野生动植物物种国际贸易公约》的动物有46种，黑麂、金铁豺、黄腹角雉等11种列入一级保护，属中日、中澳候鸟保护协定保护的种类有97种。中国特有野生动物49种，崇安髭蟾（角怪）、崇安地蜥、崇安斜鳞蛇、挂墩鸦雀更为武夷山所特有。

武夷山是世界著名的模式标本产地。武夷山丰富的种质资源早已为中外科学家和研究机构所关注，19世纪，英国、法国、美国、奥地利等国学者就进入武夷山采集标本。武夷山现已发现或采集的野生动植树物模式标本近1000种，其中植物模式产地57种，野生动物新种中的昆虫模式标本779种，脊椎动物模式标本产地种达56种。至今，仍有大量模式标本保存在伦敦、纽约、柏林、夏威夷等地的著名博物馆内。

13.3　武夷山开展生态旅游的成本效益分析

13.3.1　成本效益分析原理

成本-收益分析（cost-benefit analysis）最初是国外作为评价公共事业部门投资的一种方法而发展起来的，被用于评价各种项目方案及政策的社会效益。成本收益分析结果可以判断某一项目或政策的总效益是否超过其成本，这其中当然也包括环境的收益与成本。它最先被美国1902年的河港法案（the US Rivers and Harbors Act）认定为一种决策工具。1936年，美国政府颁布的《洪水控制法案》（the US Flood Control Act）提出要检验防洪项目的可行性，该法案规定，只有那些“产生的效益超过预期成本”的防洪项目才能实施。成本效益分析是一种政策评估工具，通过成本效益分析，可以计算不同保护政策下的保护对象所创造的社会净福利的变化，据此寻求有利于社会福利水平改进的保护措施或确定最优的保护水平。主要原理是通过总成本曲线和总收益曲线来确定市场机制下的最优保护方案和最佳水平。

所有措施活动都会产生成本，成本可分为购置成本、管理成本、交易成本、损害成本和机会成本等。在成本效益分析中，保护成本可以被估算成货币形式，从而可直接比较成本和收益，但是，有部分保护收益很难货币化，尤其是无形的收益。

13.3.2　成本效益的评估方法

资源价值评估的方法根据市场信息完全与否可分为三类：直接市场法、替代市场法、假想市场法。直接市场法通过市场价值进行评估，替代市场法通过显示性偏好进行评估，假想市场法通过陈述性偏好进行评估（Chee，2004）。由于资源经济评估耗时长，费用高，在时间、经费不允许的情况下，效益转移法可被用来克服相关信息缺失的问题（表13-1）。

表 13-1 生态系统服务价值评估法

类型	方法	对象	简介
市场价值	市场价值法	使用价值	使用生态系统物品和服务的市场价值进行评估
	避免成本法	使用价值	无生态系统服务时引发的成本
	替代成本法	使用价值	人工技术替代生态系统服务产生的成本
	缓解/修复成本法	使用价值	缓解因生态系统服务的损耗而产生的成本，或修复生态系统服务产生的成本
	生产函数/要素收益法	非直接使用价值	生物资源或生态系统服务的增强或减弱对社会收入或生产力的影响
显示偏好	旅行费用法	使用价值	通过对游人的直接花费和时间成本来估算该地的游憩价值
	享乐价值法	使用价值	通过人们为市场交易的物品中包含的某些环境属性支付的价值来估算生态系统服务的价值
陈述偏好	条件价值评估法	全价值	调查人们对于提升某项生态系统服务的支付意愿或者对于减弱服务的受偿意愿
	选择模型法	全价值	模拟人们对于一些具有同种但不同水平的生态系统服务的选择时的决策过程
	小组评估法	全价值	参考政治协商过程来进行小组的陈述性偏好评估，以获得个体调查中遗失的影响元素
效益转移	效益转移		将现有的对类似生态系统的评估结果用于待评估的生态系统服务

13.3.3 武夷山景区生态旅游成本的构成与分析

13.3.3.1 成本的界定

成本是商品经济的价值范畴，是商品价值的组成部分。人们要进行生产经营活动或达到一定的目的，就必须耗费一定的资源（人力、物力和财力），其所耗费的货币表现及其对象化称之为成本。随着商品经济的不断发展，成本概念的内涵和外延都处于不断变化发展之中。国内外对成本的认识具有一定的共性，即强调“目的性”、“资源代价”和“可货币化”。目的性是指成本的发生一般都是出于一定目的，如在生产和生活过程中追求增值和结果有效。资源代价意味着成本一定消耗资源，天下没有免费的午餐，任何行动都会付出一定的资源代价。这里的资源包括人力资源、物力资源和财力资源等。可货币化指的是成本一般是通过货币加以衡量，货币化的成本为成本效益分析和具体的决策制定提供依据。成本分为几种不同的类型（表 13-2）。

表 13-2 成本的类型

成本类型	说明
管理成本	经常性支出（工资、运行费用）、基本建设费用（购买和更新设施设备）以及新建成本
损害成本	保护项目产生的经济活动损失造成的成本，如居民区较近的自然保护地的野生动物损害庄家和牲畜、袭击人类造成的经济损失

续表

成本类型	说明
购置成本	购置大型设备等
交易成本	土地交易租用等
机会成本	在存在稀缺的世界上，选择一种东西意味着需要放弃其他一些东西，一项选择的机会成本（opportunity cost ），是相应的所放弃的物品或劳务的价值

13.3.3.2 武夷山景区开展生态旅游的成本构成与分析

成本是生产和销售一定种类与数量产品以耗费资源用货币计量的经济价值。企业进行产品生产需要消耗生产资料和劳动力，这些消耗在成本中用货币计量，就表现为材料费用、折旧费用、工资费用等。企业的经营活动不仅包括生产，也包括销售活动，因此在销售活动中所发生的费用，也应计入成本。同时，为了管理生产所发生的费用，也应计入成本。为了管理生产经营活动所发生的费用也具有形成成本的性质。

针对武夷山风景名胜区开展生态旅游活动的成本来说，可以概括为基建投资成本、运营成本和环境成本等。基建投资成本分为基建成本、购置成本；运营成本分为管理、人力、维护、物资、广告等成本；环境成本包含损害成本和投机成本（图 13-1）。

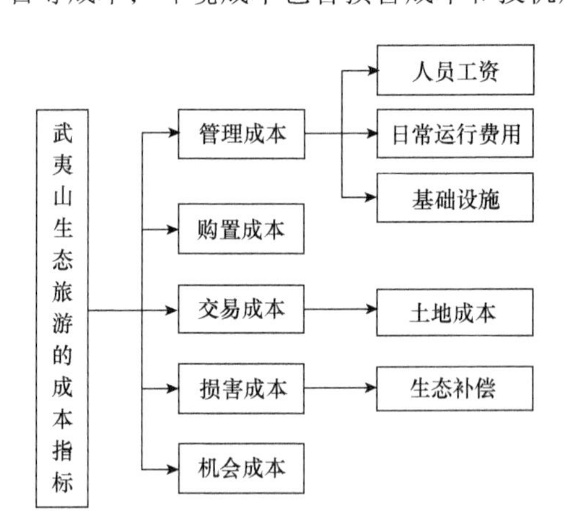

图 13-1 武夷山生态旅游成本指标

1）管理成本

（1）基础设施建设成本。武夷山风景名胜区自开展生态旅游以来，累计投资 15 230 万元，其中基础设施、景点建设 4298 万元，景区绿化建设 329 万元。在申报《世界遗产名录》整治建设中，投入资金 9238 万元。

（2）人员工资。武夷山风景名胜区管理机构为武夷山风景名胜区管理委员会，前身为福建省武夷山管理处，成立于 1964 年。现内设办公室、景区管理局、园林绿化局、土地建设局、景区财政局、企业管理局，下辖“武夷山腾龙发展有限公司”和“福建武夷山旅游发展股份有限公司”。委员会共有干部职工 4728 人。年均工资支出 1.1 亿元。

（3）日常运行费用。武夷山风景名胜区针对武夷山景区的特殊性，开展了相关的管理和保护措施，如森林植被和风景资源的保护管理、九曲溪水文监测、环境卫生的管理、景区旅游和社会秩序的管理、景区智能系统管理等。在实施中购买仪器设备、上山巡视工具、聘用人员等花费，以及风景名胜区的日常行政办公费用支出，每年支出 2562 万元。

2）购置成本

2006 年年初，全国共有 18 个重点风景名胜区被列为数字化景区试点单位，武夷山风景名胜区是福建省唯一入选单位。

武夷山景区智能管理系统工程是武夷山风景区耗资 2600 多万元建成的数字化系统。经过两年多的建设，智能化管理系统已基本建成。系统现已进入正常运行阶段，武夷山景区的游客调度监控、车辆调度、报警求救、内部调度、外部联运等也将全部实现信息化管理。武夷山的建发、中信、康辉、中侨、苏闽、华东等旅行社直接使用电子门票和车票，通过网络系统预订竹筏、门票、景区内车票等，导游凭卡取票，景区通过电子门禁系统和手持机进行检验票，全部过程不再使用手工票。

购置成本中还有一项就是武夷山景区为游客提供的旅游环保观光车。观光车有两种，一种是旅游小火车，另一种是旅游小客车，总共 60 余辆，购置花费共计 1.2 亿元。

3）交易成本（土地成本）

武夷山风景名胜区方圆 70km^2，行政分属于武夷街道、星村镇管辖。由于景区的封闭管理，两乡（镇）的部分农田、茶园被划入景区统一管理，造成两乡（镇）的部分土地未能种植利用。同时，景区土地行政分属于两乡（镇），所以景区管理委员会每年给付两乡（镇）村民土地补偿金额。据资料显示，每年补偿金为 1200 万元。

4）损害成本

武夷山景区在申报《世界遗产名录》整治建设中，投入拆迁安置费 5522 万元。这项成本可以理解为为保护武夷山景区而产生的经济活动损失造成的成本。

5）机会成本

从成本角度看，生态旅游在实现自然生态环境保护的过程亦需付出相应的代价，这一方面来自发展生态旅游必然存在诸多的机会成本，如武夷山景区的岩茶-大红袍资源用于生态旅游之后不能开山种茶，那么开山种茶的价值就是发展生态旅游的机会成本。武夷景区面积 70km^2，可用于种植茶树约为 30km^2，约合 45 000 亩。目前根据茶农调查资料，武夷岩茶亩产在 165kg 左右，2013 年平均单价约为每千克 1600 元。每年单产和单价预估以 10%的增长率。武夷山岩茶的年产值计算公式为：

$$V=P*G*S$$

式中，V 表示武夷岩茶的年总价值；P 为每千克武夷岩茶平均价格；G 为每亩茶叶产量；S 为种植面积。根据公式计算出，武夷岩茶年平均收益为 11.8 亿元，这就是武夷山景区为了旅游业的生态景观而牺牲的机会成本。

13.3.4 武夷山景区生态旅游效益的构成与分析

13.3.4.1 效益的内涵和界定

效益是指项目对国民经济所作的贡献，它包括项目本身得到的直接效益和由项目引起的间接效益；或指劳动（包括物化劳动与活劳动）占用、劳动消耗与获得的劳动成果之间的比较。劳动成果的价值超过了劳动占用和劳动消耗的代价，其差额为正效益，即产出多于投入；反之，则为负效益。用同样多的劳动占用劳动消耗获得的劳动成果多，效益就高；反之，效益就低。效益的高低可以反映一个国家、地区、部门或者企业的经济管理水平。提高效益从宏观上讲是社会发展的物质保证，从微观上讲是企业前景兴隆的标志。

13.3.4.2 武夷山景区开展生态旅游的效益构成与分析

武夷山景区的效益包括门票、就业、产业带动、品牌、生态游客满意度等方面（图 13-2）。

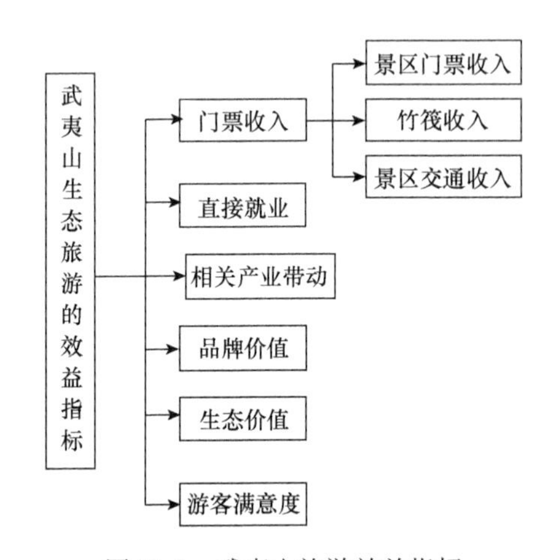

图 13-2 武夷山旅游效益指标

1）门票收入

据旅游部门统计，武夷山风景名胜区 2012 年接待旅游人数累计实现 248 万人次，其中，竹筏旅游人数为 124.89 万人次，比增–8.59%；主景区景点旅游人数为 123.11 万人次，比增 6.47%。景区旅游总收入实现 39 402.65 万元，比增–2.60%，其中，主景区门票收入为 13 929.78 万元，比增 1.91%；观光车收入 8297.32 万元，比增 0.75%。

2）直接就业（提供就业岗位）

促进社会就业。由于“旅游乘数”作用，随着旅游收入在遗产地经济中的渐次渗透，经济总量增加，就业机会和家庭收入也会增加，就产生了“间接效应”，而一部分工资收入用于购买商品和服务，又会使相关企业业务量扩大，导致收入和就业机会的进一步增加，产生“诱导效应”。仅武夷山风景区和度假区，2013 年直接从事旅游业的人员（景区工作人员、旅行社、酒店业等）已达 17 000 多人。

3）相关产业的带动（如餐饮、住宿、特产、茶业、纪念品）

（1）带动相关产业发展。武夷山生态旅游发展以后，旅游六要素“吃、住、行、游、购、娱”配套发展，旅游宾馆、旅游餐饮、旅游交通、旅游购物等，都相应带动起来。武夷山景区发展后，带动了度假区的发展，武夷山国家级旅游度假区拥有规模宾馆酒店 200 多家，床位 30 000 个，从业人员 1.2 万人，酒店收入每年 14 亿元。

（2）旅游交通的发展。武夷山拥有多家旅游车队公司，各类旅游巴士 200 多辆，从业人员 1000 多人。每年旅游交通收入超 1.6 亿元。

（3）带动人民群众致富。越来越多的群众参与旅游服务，经营宾馆、餐馆、工艺品生产销售，作导游、轿工、竹筏工，逐步脱贫致富。武夷山农民年人均纯收入由 1978 年的不足 200 元，提高到现在的 12 000 余元，相当大的成分靠旅游业的带动做出贡献。

武夷山生态旅游最大带动的产业是武夷山茶产业。武夷山茶叶是闽北的龙头、闽茶的代表，茶产业发展有目共睹，影响力大、辐射面广，税收、产值位居南平市和全省乃至全国前列。武夷山全市茶园总面积 13.8 万亩，茶叶总产量 7300t，茶业总产值 15.33 亿元（2012 年当地农业总产值 33.85 亿元），占 45%。全市 14 个乡镇、街道、农茶场均产茶，种茶行政村 96 个（全市 115 个行政村），占 83%。全市种茶农户至 2012 年有 10000 多户，占 20%；全市涉茶人口近 6 万人（2012 年总人口 23.18 万），占 25%。2012 年全市注册茶企业 1215 家（其中 QS 生产许可企业 316 家，龙头企业国家级 1 家、省级 2 家、市厅级 3 家），全市茶类有效注册商标 2249 件（其中证明商标 2 件），驰名商标 2 件，著名商标 26 件，知名商标 112 件。连续几年来，全市茶叶价格保持以 15%～30%的速度向上递增，有力促进了茶产业快速发展，10 家企业开展上市筹备。农民茶叶人均纯收入 2486 元（2012 年当地农民人均纯收入 10 209 元），占 25%。

其他工艺品、农副产品、旅游纪念品、木雕产品等，据不完全统计大约 1 亿多元。

4）生态的价值（景观、设施、生物的保护及可持续情况）

针对武夷山近年来茶产业迅速发展，个别人乱开垦茶山、蚕食生态林，致使九曲溪上游生态环境受到影响的情况，武夷山市在九曲溪上游星村镇成立了武夷山世界遗产保护管理委员会办公室和武夷山市行政执法局世遗行政执法大队，近百人的管理队伍负责九曲溪上游流域森林资源、野生动植物保护和河道管理、水土保持等工作的日常巡查，对九曲溪上游进行常态化监管。

在全力进行打击、整治、保护九曲溪生态环境的同时，武夷山市还将创造性对九曲溪上游林地展开收购或赎买，计划在九曲溪上游回购 6000 亩林地，还将对林分老化、林分结构不合理的生态公益林进行科学改造，努力把武夷山建成利用自然、保护自然的典范。

景区环境质量明显改善。启动景区智能化管理，通过推行景区环保车，限制社会车辆进行景区，有效解决近年来车辆高速增长、尾气超标排放对景区环境的破坏。该项目的实施减轻了车辆排放污染，更加有效地保护世界遗产资源，改善景区环境质量。

通过开展生态旅游示范区建设，武夷山的环境质量明显改善，促进了武夷山社会、经济、环境的全面协调发展，推动了社会文明与进步。人民群众通过参加对生态旅游示范区建设，增强了环境意识，人口素质不断提高。

张颖将中国森林生物多样性划分为东北、西北、黄土高原、华北、南方、西南高山、热带和青藏高原等 8 个区，并对中国的 8 个森林生物多样性分区进行了定价研究。根据影响森林生物多样性的因素，其结论是：价格最高的是热带区，为每公顷 5.93 万元。武夷山的生物多样性丰富度以及在我国东南部地区的重要性，参照张颖的分区及计算方法，把武夷山按热带区计，则武夷山风景名胜区约为 7000hm^2，景区森林生物多样性价值折算为：7000×5.93=4.1 亿元。

5）知名度和形象的提升

“游客为本，服务至诚”作为旅游行业核心价值观，是社会主义核心价值观在旅游行业的延伸和具体化，是旅游行业持续健康发展的精神指引和兴业之魂，武夷山旅游部门在旅游活动中宣传贯彻和践行行业核心价值观，提升武夷山生态旅游的品质和形象。通过旅行社、星级饭店和景区等旅游企业在醒目位置悬挂或竖立“游客为本，服务至诚”标识牌，把旅游行业核心价值观列入导游讲解词等措施将践行旅游行业核心价值观融入旅游各项工作中，贯穿行业实践的各个领域。

武夷山景区还开展智慧旅游项目，建立智慧旅游工作协调组织和智慧旅游专家咨询体系；编制完善智慧旅游规划建设方案，形成工作目标体系及各类支撑机制；建设智慧旅游运营体系，制定各类标准规范；建立旅游综合服务平台，整合旅游呼叫中心、武夷随身游、电子商务等平台，给游客、企业、管理者提供统一智慧管理、智慧服务、智慧营销的平台。

武夷山景区还通过生态茶之旅、武夷“121”活动、武夷自驾游、武夷七夕、武夷山景区大篷车宣传等活动推行武夷山生态旅游的开展，提升了武夷山生态旅游的知名度。武夷山景区还被网友评为“十佳”魅力景区、最具幸福感的景区。运用条件价值法，对游客进行问卷调查，结果显示，36%的被访者愿意支付 1000 元及以上对武夷山风景名胜区的生态保护，51%的游客愿意支付 600 元，13%的游客愿意支付 300 元。

13.3.5 成本效益测算与分析

成本效益分析是通过比较项目的全部成本和效益来评估项目价值的一种方法，成本–效益分析作为一种经济决策方法，将成本费用分析法运用于政府部门的计划决策之中，以寻求在投资决策上如何以最小的成本获得最大的收益，常用于评估需要量化社会效益的公共事业项目的价值。非公共行业的管理者也可采用这种方法对某一大型项目的无形收益（soft benefits）进行分析。在该方法中，某一项目或决策的所有成本和收益都将被一一列出，并进行量化。

从成本角度看，生态旅游在实现自然生态环境保护的过程中亦需付出相应的代价，这一方面来自发展生态旅游必然存在诸多的机会成本，如武夷山景区的岩茶-大红袍资源用于生态旅游之后不能开山种茶，那么开山种茶的价值就是发展生态旅游的机会成本；另一方面，发展生态旅游亦会对生态环境带来一定的负面影响，如一些永久性环境重建和废弃物带来的负面影响以及旅游者的活动导致环境超负荷，景区的环境污染问题以及旅游人数限制便是典型例证。

从收益角度看，生态旅游的发展可以促进对自然生态环境的保护。通过开发和开展生态旅游，保护了某些有价值的自然原生地，这些原生地往往具有一定的科研价值和旅游价值。随着生态旅游和相关行业部门的兴起，自然环境和其动植物群体在很多方面正以它们自身的优势展现出作为旅游资源的巨大经济价值。同时，生态旅游除了鼓励参与导致环境的维护和改善外，还可以引发出参与生态旅游者、当地居民和生态旅游收入的受益者更广泛的环境保护意识。

综合上述武夷山生态旅游之成本与效益构成指标分析，忽略时间影响，相关成本依财务核算法以 10 年分摊，武夷山开展生态旅游的年管理成本折算为 1.4 亿元，购置成本 0.2 亿元，交易成本 0.1 亿元，损害成本 0.05 亿元，机会成本 1.1 亿元，合计年成本 K 为 2.85 亿元。

收益为：主景区旅游门票收入实现 1.4 亿元，就业人员已达 17 000 多人 ，就业收入 6.8 亿元，带动的相关产业酒店收入每年 14.2 亿元，每年旅游交通收入超 1.6 亿元，茶业总产值 15.33 亿元，其他产业 1 亿元，景区森林生物多样性价值 4.1 亿元。收益 B 总计 44.43 亿元。

武夷山收益成本比为：B/K=44.43/2.85=15.59

这说明武夷山开展生态旅游的产出与投入比为 15.59 倍，效益比显著，回报率高，极具投资价值。

13.4　现状及发展趋势

13.4.1　景区现有的景观、物种情况及其变化趋势

武夷山风景名胜区聘请福建相关高校开展景区生物监测工作。监测的对象从 4 个空间层次考虑：景观-区域层次（landscape-regional level）、群落-生态系统层次（community-ecosystem level）、个体-种群层次（individual-population level）和遗传层次（genetic level）。景观-区域层次的监测考虑自然遗产地生物多样性的大尺度格局及其变化趋势，主要依靠遥感、地理信息系统等宏观手段；群落-生态系统层次和个体-种群层次以地面调查、观测和取样分析为主，并适当结合遥感；遗传层次上的监测通常只限于稀有、濒危动物种群以及有特殊经济价值的植物，监测方法包括电泳法、染色体组型分析、DNA 测序等。在目前现有条件下，重点放在个体-种群层次，特别是那些稀有（rare）、受威胁（threatened）和濒危（endangered）的种类，以及有特殊经济价值或旗舰意义的种类。种群动态（population dynamics）是监测的核心。通过近几年的监测活动，发现武夷山共考察监测记录野生动物 24 目 52 科 126 种，其中，哺乳类 6 目 11 科 13 种，鸟类 15 目 30 科 85 种，爬行类 3 目 5 科 7 种，两栖类 1 目 5 科 17 种，鱼类 1 目 1 科 1 种。初步确立调查地区关键物种主要有黑熊、黄虎、穿山甲、黄腹角雉、白鹇、珠颈斑鸠、普通翠鸟、桂墩后棱蛇、棘胸蛙和棘腹蛙。

对植物资源的监测：在遗产地内选择典型森林群落类型（常绿阔叶林、针阔混交林、竹林、马尾松林、岩生植物群落、古树群落）为监测对象，于各群落中选择不同干扰度（未受干扰、累度干扰、中度干扰、强度干扰）的地段，设置固定样地 22 个，每个样地面积 20m×20m，在每一样地内按 10m×10m 或 5m×5m 划分小样方。各样方内的乔木、灌木、草本植物、藤本植物和岩生植物进行定期调查记录，每年一次。大于 3m 以上乔木定株挂牌。每年监测：树高、胸径、盖度等变化予以记录，另对全区物种种类、个体数量、蓄积量、重要值、种群动态和物种多样性等，绘制《武夷山风景名胜区植被分布图》。经测定，景区及九曲溪上游重点保护地带内共有植物 308 种，其中乔木 108 种、灌木 98 种、藤本 49 种、草本 53 种，植物资源极为丰富。

景区植物和植被在旅游活动中大多保护良好，但也有少数受人为破坏和经济活动对本区植物及植被的影响，如大王峰东侧，因该处为景区内的重要观景台，观景台周围的植被受干扰很大，部分地段出现旅游弃物和垃圾，影响区内景观。总体来看，近几年监测区内旅游活动对植物和植被的影响较小。景区建设对景区的生态也有影响，如对大王

峰西侧铺设光缆时对植被形成了较大的破坏，部分大树被砍倒，林下植被受损严重，影响植被景观。永乐禅寺扩建工程对周边植被的影响尚未完全消除：马尾松根茎仍受建筑材料堆积的影响，小水坝的修筑对周边的植被生长造成的破坏尚未恢复，部分马尾松由于蓄水没其根部已死亡，裸露的建筑工地造成严重的水土流失。

13.4.2 政府扶持力度及趋势

13.4.2.1 正确认识、转变观念

生态保护要与旅游发展形成良性循环，生态旅游开发过程中要遵循生态保护优先的原则。良好的生态环境是旅游产品的载体，甚至可以说就是最具吸引力的旅游产品。旅游业发展要坚持开发服从保护的原则，有效保护、合理利用自然生态资源，维护生物多样性，保持自然生态系统平衡。武夷山良好的自然生态环境，一直以来都是最具卖点的旅游产品，成为吸引广大游客前往的重要元素之一。通过生态旅游创建工作，明媚的阳光和高负氧离子的空气成为武夷山的最珍贵的旅游产品。

13.4.2.2 制定规划、落实责任

创建工作必须有既鼓舞人心、又切实可行的规划。2012 年，武夷山市完成了《生态旅游示范区建设规划》和《武夷山风景名胜区总体规划》修编工作，修编后的总体规划突显了生态环境保护和创建生态旅游示范区的位置。通过创建工作，把规划任务以目标责任书的形式下达给有关单位部门，做到目标明确、责任到位，年初有布置、年中有检查、年终有考核，保证创建工作顺利实施。

13.4.2.3 加强科技管理水平

实施“数字景区”生态资源保护系统项目建设，将 GPS 卫星定位技术导入景区保护管理工作，利用“谷歌”数字地球作为展示平台，GPS 卫星定位设备作为精确制导工具，有步骤地对景区所有违法茶地进行精确定位，逐步清除，做到人防、技防相结合，构建有效的遗产资源保护管理体系。

13.4.2.4 开展专项治理活动

在主景区范围内认真开展依法打击违法开垦茶山行为，共组织出动行政执法大队队员巡山 8000 人次，森林武警战士 91 人次，有力保护了景区生态环境。采取白天巡查、夜间跟踪监控方式，严格控制了违法建筑或违规搭建的行为发生。2012 年全年共组织违法建设巡查 4000 人次，制止违章建设 164 起；强制拆除违章建筑 5 起，面积 278.47m^2；当事人自行拆除 3 起，面积 93.6m^2。从而维持景区的原生态性。

13.4.2.5 加强世界遗产监测和景区生物多样性保护

根据联合国教科文组织要求，结合风景区资源保护管理的需要，成立了世界遗产监测中心，抽调、聘请了一批专业技术人员专门从事文化与自然遗产的监测工作，及时为

保护管理部门的工作提供翔实、精确的数据资料。

落实护林和森林防火措施，建立护林网络，组建了应急响应指挥部，完善了突发事件的应急系统，并相应在委员会机关、企业及各相关行政村建立了 18 支约 500 人组成的应急响应队伍，同时还聘请了景区周边 18 行政村的村主任、书记和在景区周边 18 行政村有一定能力的人员担任景区协管员和专职护林员，与其签订《保护管理责任书》，实行“工效结合”的科学管理方式，共同抓好护林防火工作，做好景区生物多样性保护。

13.4.2.6　广泛宣传，全民参与

旅游业是武夷山的支柱产业，创建生态旅游示范区事关我市旅游业的可持续发展，也事关广大人民群众的切身利益，需要形成一种政府推动、全社会共同参与的良好机制。通过多渠道、多形式的宣传发动，创建氛围不断升温，生态旅游理念在全市干部群众中不断得到强化，这样才能形成合力。

13.4.3　消费者偏好、评价及趋势

武夷山的旅游资源十分丰富。用武夷山旅游集团负责人的一句话来概括：“一山一水一壶茶，民居户外乐哈哈”。武夷山的天游峰，其雄伟气势可与黄山天都峰媲美；而九曲十八湾的竹筏漂流更是闻名中外，坐在竹筏上面，你仿佛置身于漓江之上，两岸的景色令你目不暇接；如果喜欢喝茶，来武夷山可真来对了，每天几乎都可以喝到香气扑鼻的武夷山岩茶；在武夷山也有保存较好的明清民居，虽然它还没有被打造成旅游精品，还留有很多徽州民居的影子，但在武夷山下能看到这样古朴的民居，你一定会嫉妒上帝造物的偏心。

13.5　对　　策

13.5.1　旅游产品开发偏重于观光层次，体验型产品有待开发，并提高旅游产品的可参与性

当前多数资源的开发还仅停留在观光层次上，如武夷山最精华的登山与乘竹筏观光，一日游就够了。观光游览不失为重要的旅游方式，但是这种低层次的开发不仅导致游客的停留时间短，而且重游率很低，不能对游客保持可持续的吸引力。参与性产品的开发不仅能够使游客亲自体验产品的文化内涵，还能够延长游客的旅游时间、增加旅游消费。

自然观光旅游，尤其是针对中青年游客的旅游产品，可以增加人与自然的互动项目，开发探幽、探秘，乃至探险的旅游产品；针对老年游客的旅游产品，可以增加老年生态保健的互动项目。

生态旅游产品，除了让游客尽享优质生态的景观美之外，还应让他们参与到生态资源的保护中。例如，对武夷山自然保护区的开发，通过体验型产品的设计，让游客参与到生态环境的保育工作，从中了解生态环境的演变、作用及维护知识，达到生态观赏、生态认知、生态教育的多种旅游目的。

13.5.2 提高旅游产品的科技含量和文化内涵

目前多数的旅游产品还停留在低层次上的资源型产品层次，围绕资源追加科技、文化内涵进行的深层次产品开发不足。例如，宗教旅游产品是一类重要产品，吸引着大量的外国和台港澳游客。但武夷山乃至福建省的宗教产品内涵单一，主要是自然形成的进香请神，多数成分是迎合封建迷信，而提升到宗教文化的层面上的考虑不足。武夷山作为世界自然遗产，通过高科技投入，能够开发出生态修学、生态健身、生态认知、生态教育、生态疗养等深层次的科技、文化含量高的产品，但当前这些资源的利用仅停留在自然形成的观光层次上，利用率远远不足。

13.5.3 对旅游产品开发进行细分市场，开发适宜性的旅游产品

不同细分市场对旅游产品的需求并不相同。目前武夷山生态旅游没有考虑不同细分市场游客的需求，如从年龄构成上细分、文化层次上细分等，有些游客是对环境感兴趣，有些是对生态感兴趣，而年轻人却更对户外拓展感兴趣。当前武夷山并没有针对这些不同细分市场的需求差异进行针对性的产品开发。应利用丰富的生态旅游资源，针对游客的需求偏好，开发最适宜他们的旅游产品。

13.5.4 提高旅游产品构成中“吃、住、行、游、购、娱”等结构的合理性

作为一项完整的旅游产品，其构成中的任何一部分存在问题，都会影响旅游者的满意度，影响旅游者的再次消费。从质量结构来说，武夷山虽然拥有较高的旅游资源，但相比较而言，在旅游设施建设方面相对滞后，旅游服务质量相对较低，影响了游客的总体满意度和对入境旅游市场的竞争力。

13.5.5 完善旅游设施，增加生态旅游资本投资

旅游设施的质量及完善程度不仅通过影响旅游服务供给的质量间接影响旅游产品的质量和游客的满意度，还直接影响游客的满意度。武夷山当前旅游产品的质量构成中，与高质量的旅游资源相比，旅游设施质量和旅游服务水平则显得较为不足。旅游设施中，最突出的不足体现在旅游交通上，旅游交通建设滞后阻碍了旅游的可进入性，也使得游客的交通费用在旅游总费用中占有太大的比率，降低了游客对旅游产品的需求。应优化旅行社结构和资源配置，推动旅行社优胜劣汰，实现旅行社整体实力、产品开发与销售能力的提升；以文化挖掘和技术创新为中心，实现旅游商品开发的系列化、规模化、精品化，形成特色鲜明、种类齐全、布局合理、市场管理科学的旅游餐饮、购物、娱乐网络。

13.5.6 提升旅游业人力资源规模与素质

提升旅游服务行业人员的基本素质，加强导游业务知识（茶文化、理学文化、宗教

文化、生态旅游等知识）的培训工作，加强旅游服务人员的职业道德教育；提升酒店业服务水平，星级酒店做好标准化服务工作。

13.5.7　制订适当的旅游产品价格策略

作为一个旅游目的地，其旅游产品的价格高低直接影响游客对其产品的需求，影响着该目的地的市场竞争力。有关调查资料显示，与我国其他省区相比，游客在福建省内的人均天旅游消费相对较高，这说明从总体来说，福建省的综合旅游产品价格相对于我国其他省份较高，因此，制订旅游产品价格策略，应是福建省进行旅游市场开拓的一个重要方面。

由于旅游消费的综合性，目的地旅游产品价格的高低不是由哪一个旅游企业的价格高低决定的，而是由目的地的所有旅游企业以及相关企业提供的产品和服务价格决定的，是一种综合性价格。

13.5.8　制订合理的旅游市场营销策略

利用各种公众媒体，加大对武夷山生态旅游目的地的宣传、促销。与广东、浙江等省份相比，福建省在国外利用媒体工具进行宣传促销的力度远远不足，这在一定程度上影响了福建省入境市场的开发。宣传促销的方式之一是在各种公众媒体上（主要包括报纸、电视、广播、日报、杂志、户外广告等）刊登旅游广告。

长期以来，政府在旅游营销上存在一个误区，即认为旅游营销是旅游企业的事情。但是由于旅游产品的公共品性质，旅游企业对旅游营销缺少动力，导致旅游营销供给严重不足。旅游业的发展已经证实，政府在旅游营销中起着越来越重要的作用。政府通过营销能够树立旅游地的中长期形象和战略发展目标，解决旅游业和与旅游相关的众多子产业信息不对称问题，培育旅游目的地的现实活力和长远成长力，同时，政府还能够用强有力的策划活动和热点盛事活动，增强区域旅游的吸引力和被关注程度。

（杨　青，徐鲜钧，陈　晓）

参考文献

陈康康. 2006. 生态旅游发展的若干误区分析. 大众科技, (5): 180-181.

福建省科学技术委员会. 1993. 武夷山自然学护区科学考察报告集. 福州：福建科学技术出版社.

黄神佑，戴文远，伍世代，等. 2005. 游客心理对旅游开发影响的实证研究——以福州为例. 福建地理, 20(1): 28-31, 40.

刘剑秋，杨青. 2011. 中国福建武夷山生物多样性研究信息平台. 北京：科学出版社.

芦爱英. 2005. 论旅游者的心理需求及服务策略. 浙江师范大学学报(社会科学版), (2): 51-54.

王德刚. 2010. 乡村生态旅游开发与管理. 山东大学出版社.

王兴中. 1997. 中国旅游资源开发模式与旅游区域可持续发展理念. 地理科学, (3): 27-32.

翟勇. 2006. 中国生态农业理论与模式研究. 西北农林科技大学博士学位论文.

张建萍，朱亮. 2009年. 国内生态旅游研究文献综述. 旅游论坛, 2(6)881-885.

周玲强. 2005. 生态旅游区认证标准及推广过程中政府行为研究. 浙江大学博士学位论文.

Chee Y E. 2004. An ecological perspective on the valuation of ecosystem services. Biological Conservation, 120: 459-565.

14 生物医药资源的价值评估：以锁阳和玛咖为例

我国共有药用植物 11 146 种，药用动物 1581 种，技术成熟的人工栽培种 200 种左右，仅占 2%。近年来由于工业化生产改变了传统的中药使用方式，中药资源需求量明显增加，致使资源遭到不同程度的破坏，甚至濒临灭绝。2002 年我国中药工业产值为 494 亿元，2013 年工业产值达 5065 亿元，增加了 10 多倍。工业化生产在极大地提高生产效率的同时，也大幅增加了中药资源的消耗。中药工业化以来，中药资源的消耗量大幅提升，许多野生资源数量迅速减少，一些野生资源处于濒危的境地。栽培药材的种类和面积迅速增加，并逐步成为中药材的主要来源。由于工业化生产对中药质量要求不高，栽培资源存在盲目追求产量而忽略质量的问题，使用化肥、激素、农药的现象较为普遍，质量问题堪忧。在流通过程中，部分药农和药商掺杂使假的现象也屡禁不止。

锁阳是一种野生中药材，为我国原生种，来源于锁阳科植物锁阳（*Cynomorium songaricum* Rupr.）的干燥肉质茎，又称不老药、铁棒槌、锈铁棒、地毛球、乌兰高腰（蒙语）等，具补肾助阳、益精血、润肠通便之功效，是中药、藏药、蒙药的常用药。锁阳多寄生于蒺藜科白刺属植物的根部，是一种全寄生种子植物，对寄主专一性较强。

玛咖是一种栽培药用植物，为引入物种，来源于十字花科独行菜属玛咖［*Lepidium meyenii* Walp （maca）］一年生或两年生植物，原产于南美安第斯山区。由于玛咖营养成分丰富，功效独特神奇，南美当地人民称其为“南美人参”、“秘鲁人参”，国内则音译为“玛卡”或“玛咖”等。

对于锁阳和玛咖的选择，我们的兴趣是为什么锁阳这么一个古老的药用植物，使用上千年却只能产生不足 2000 万/年的产值。相较之下，玛咖从 2002 年引入我国只有 12 年的使用历史，却每年可以产生超过 10 亿元的产值。这种差别是如何形成的?

14.1 锁阳生物资源调查

锁阳来源于锁阳科植物锁阳（*Cynomorium songaricum*）的干燥肉质茎（国家药典委员会，2010），又称不老药、铁棒槌、锈铁棒、地毛球、乌兰高腰（蒙语）等，具补肾助阳、益精血、润肠通便之功效，是中药、藏药、蒙药的常用药。锁阳多寄生于蒺藜科白刺属植物的根部，是一种全寄生种子植物，对寄主专一性较强。

14.1.1 锁阳的分布

锁阳主要分布于甘肃、内蒙古、新疆、青海、宁夏等西北地区。甘肃锁阳主产于民勤、古浪、甘州、山丹、民乐、肃南、高台、临泽等地（陈叶等，2013）；内蒙古锁阳主产于阿拉善左旗、阿拉善右旗、锡林郭盟西北部、乌兰察布盟北部、巴彦淖尔盟等；新疆锁阳主产于准噶尔盆地、吐鲁番盆地、塔里木盆地、阿尔泰山地、天山山地等；青海锁阳主产于海西、海南、循化、贵德、平安、乐都等地（熊亚，2007）；宁夏锁阳主产于银北。

14.1.2 锁阳生物学特征

1）植物形态特征

锁阳为多年生肉质寄生草本，全株红棕色，高 15～100 cm，大部分埋于沙中。寄生根根上着生大小不等的锁阳芽体，初近球形，后变椭圆形或长柱形，径 6～15 mm，具多数须根与脱落的鳞片叶。茎圆柱状，直立、棕褐色，直径 3～6 cm，埋于沙中的茎具有细小须根，尤在基部较多，茎基部略增粗或膨大。茎上着生螺旋状排列的脱落性鳞片叶，中部或基部较密集，向上渐疏；鳞片叶卵状三角形，长 0.5～1.2 cm，宽 0.5～1.5 cm，先端尖。肉穗花序生于茎顶，伸出地面，棒状，长 5～16 cm、直径 2～6 cm；其上着生非常密集的小花，雄花、雌花和两性花相伴杂生，有香气，花序中散生鳞片状叶。雄花：花长 3～6 mm；花被片通常 4，离生或稍合生，倒披针形或匙形，长 2.5～3.5 mm，宽 0.8～1.2 mm，下部白色，上部紫红色；蜜腺近倒圆形，亮鲜黄色，长 2～3 mm，顶端有 4～5 钝齿，半抱花丝；雄蕊 1，花丝粗，深红色，当花盛开时超出花冠，长达 6 mm；花药丁字形着生，深紫红色，矩圆状倒卵形，长约 1.5 mm；雌蕊退化。雌花：花长约 3 mm；花被片 5～6，条状披针形，长 1～2 mm，宽 0.2 mm；花柱棒状，长约 2 mm，上部紫红色；柱头平截；子房半下位，内含 1 顶生下垂胚珠；雄花退化。两性花：少见，花长 4～5 mm；花被片披针形，长 0.8～2.2 mm，宽约 0.3 mm；雄蕊 1，着生于雌蕊和花被之间下位子房的上方；花丝极短，花药同雄花；雌蕊也同雌花。果为小坚果状，多数非常小，1 株约产 2 万～3 万粒，近球形或椭圆形，长 0.6～1.5 mm，直径 0.4～1 mm，果皮白色，顶端有宿存浅黄色花柱。种子近球形，直径约 1 mm，深红色，种皮坚硬而厚。花期 5～7 月，果期 6～7 月（中国科学院中国植物志编辑委员会，2000）。

2）生长习性

锁阳是全寄生植物，具有独特的寄生生物学特性，对寄主的专一性很强，可寄生于蒺藜科白刺属植物及骆驼蓬属植物的根部（王进，2011）。除此之外，未发现有其他寄主。在自然条件下，锁阳完成一个生活周期至少需要 5～10 年或更长时间。因为寄主根埋在 20～30 cm 深的沙层中，锁阳种子落在沙层表面，与寄主根部接触的机会很少。即使种子与寄主根部接触了，种子萌发、芽体形成、芽体生长、出土、开花结实至少需要 4～5 年，人工繁殖条件下，一般需要 3～4 年。锁阳植株的寄生点在寄主植物侧根的中间段上，所以锁阳植株着生于寄主根的中间部位。一根寄主的侧根可以分段寄生多株锁阳植株，而在寄主植物根尖处未见寄生有锁阳植株，完成生殖生长后植株即腐烂死亡。锁阳植株的基部具有许多不定芽，具有有性和无性两种繁殖方式（李薇，2003）。

3）药材性状特征

本品呈扁圆柱形，微弯曲，长 5～15 cm，直径 1.5～5cm。表面棕色或棕褐色，粗糙，具明显纵沟和不规则凹陷，有的残存三角形的黑棕色鳞片。体重，质硬，难折断，断面浅棕色或棕褐色，有黄色三角状维管束。气微，味甘而涩（国家药典委员会，2010）。

14.1.3　化学成分

1）黄酮类

锁阳中黄酮类化学成分主要有芦丁（陈贵林和波多野力，2007）、（+）-儿茶素、（－）-儿茶素、表儿茶素、柑橘素、异槲皮苷、柑橘素4′-o-吡喃葡萄糖苷（张思巨等，2007）、（－）-表儿茶素-3-o-没食子酸酯（张倩等，2007）、南酸枣苷、芸香苷、顺式-5-脱氧戊糖酸-γ-内酯（也称为细梗香草内酯）（王晓梅等，2011）。

2）三萜类

锁阳中三萜类成分目前分离出了5个：熊果酸（王晓梅等，2011）、乙酰熊果酸、乌索烷-12-烯-28-酸-3β-丙二酸单酯、熊果酸丙二酸半酯（Ma，1999），以及抗艾滋病毒蛋白酶活性成分的齐墩果酸丙二酸半酯（马超美等，2002）。

3）甾体类

曲淑慧等（1991）从锁阳乙醚脱脂后的醇膏中分离得到了谷甾醇、胡萝卜苷和β-谷甾醇-β-D-葡萄糖苷。马超美等（2002）从锁阳的二氯甲烷提取物中得到β-谷甾醇油酸盐、一系列的6′-o-脂肪酸类胡萝卜苷，从氯仿提取液中分离得到β-谷甾醇棕榈酸酯。徐秀芝等（1996）从锁阳乙酸乙酯提取液中分离得到2个甾醇类化合物：5豆甾-9（11）-烯-3β-醇和5-豆甾-9（11）-烯-3-醇-二十四碳三烯酸酯。

4）挥发性成分

张思巨和张淑运（1990）用薄层层析-气质联用方法，从锁阳中分离鉴定出23种挥发性成分，得率0.02%，占总量的63%。其中萜烃类成分少，脂肪酸及酯类化合物含量大，尤其是棕榈酸（22.69%）和油酸（19.24%）。

5）有机酸

王晓梅等（2011）采用硅胶、大孔吸附树脂、Sephadex LH-20、MCI gel等色谱技术进行分离纯化，并通过化学反应和光谱分析方法鉴定出没食子酸和香草酸。柴田浩树（1989）从锁阳正丁醇提取物中分离到原儿茶酸、琥珀酸。

6）糖和糖苷类

锁阳中含有葡萄糖、蔗糖（马超美等，1993）、多糖（章明和薛德钧，1995；盛惟等，2000a；吕英英等，2000）、酸性杂多糖SYP-A和SYP-B（张思巨等，2001）、姜油酮葡萄糖苷（马超美等，2002）、*n*-丁基-α-D呋喃果糖苷（陈贵林和波多野力，2007）、*n*-丁基-β-D呋喃果糖苷（齐艳华和苏格尔，2000）。

7）鞣质

张百舜等（1991）对锁阳鞣质的类型进行鉴定分析认为所含的鞣质为缩合型鞣质。高乃群等（2010）还从锁阳中得到了原花青素。

8）无机离子

张百舜等（1991）研究发现锁阳中含有大量无机元素，其中以K、Na、Cl、Mg、Fe、Zn等含量较高；负离子以Cl^-、SO_4^{2-}、PO_4^{3-}含量较高；可溶性无机物总含量约为生药量的7%。赵小红和施大文（1994）通过离子色谱仪分析得知：锁阳中的无机离子含有Cl^-、SO_4^{2-}、PO_4^{3-}、NO_3^-和F^-5种阴离子，以及Zn^{2+}、Mn^{2+}、Cu^{2+}、Mg^{2+}、Sr^{2+}等24种阳离子。符波等（1997）用离子光量计测定锁阳中富含 Fe、Cu、Zn、Mn、Ni、Co 和 Mo 共 7 种 WHO 公布的必需微量元素。

9）氨基酸

符波等（1997）通过氨基酸自动分析仪测定出锁阳中含有 17 种氨基酸，总氨基酸的含量为 1.25%，其中天冬氨酸和谷氨酸的含量较高，天冬氨酸占氨基酸总量的 61.61%。苏格尔和刘基焕（1994）的研究结果显示锁阳未出土时氨基酸有 15 种，出土时 14 种，开花和结果时各含 17 种。未出土和出土期氨基酸含量较高，但种类不够全；而开化结实期氨基酸含量较低，但种类较全。除色氨酸外，锁阳含有 7 种人体必需氨基酸。

10）其他成分

除上述的化合物以外，锁阳中还含有花色苷（陶晶和徐文豪，1999）、淀粉、蛋白质、多种维生素、还原糖等（苏格尔和刘基焕，1994）。

14.1.4 药理作用

1）对性功能及肾脏的影响

石刚刚等（1989）、张思巨和张淑运（1990）等研究都显示，锁阳具有动物性成熟作用。陶晶等（1999）的研究表明，锁阳各提取部位均有不同程度的通便和补肾作用，以总提取物作用最强。锁阳对糖皮质激素有双向调节作用，实验研究发现，不同炮制方法对锁阳发挥助阳作用还是发挥抑制作用有直接的影响（李茂言等，1991；延自强，1994）。盐锁阳对睾丸、附睾及包皮腺的功能有显著促进作用，而锁阳则有一定的抑制作用（邱桐等，1994）。因此，锁阳的药理作用尚待进一步深入探讨。

2）润肠通便

一定浓度的锁阳提取液能够兴奋肠管，增加肠蠕动，有一定的治疗便秘的作用（张百舜，1989）。张百舜等（1990）通过研究证明锁阳中所含无机离子部分能够显著缩短小鼠的通便时间，是锁阳润肠通便的有效成分。

3）增强免疫功能

锁阳对机体非特异性免疫功能及细胞的免疫功能均有调节作用，其作用在免疫受抑制状态下尤为明显；对体液免疫功能也有增强作用，并有促进动物性成熟的作用（Saito et al.，1983）。李茂言等（1991）等研究表明，锁阳水浸液具有提高免疫功能、调节免疫平衡的作用。

4）清除自由基抗氧化及抗衰老作用

敖姝芳和盛惟（2002）对野生和栽培锁阳老化相关指标进行比较，研究结果表明，野生和栽培锁阳水提取物有提高小鼠血清中 SOD 活力、降低血清中 MDA 含量的作用，对红细胞中 CAT 活性无直接影响。盛惟和徐东升（2000）比较研究了天然锁阳、栽培锁阳对小鼠老化相关酶及果蝇寿命的影响，结果发现两者都具有促进小鼠血清 SOD 活性、减少 MDA 含量、延长果蝇寿命的作用，无显著差异。

5）抗应激抗疲劳和耐缺氧功能

俞腾飞等（1994）研究发现锁阳总糖、总苷类和总甾体类均能延长小鼠常压耐缺氧、Iso 增加耗氧致缺氧的存活时间；使小鼠静脉注射空气的存活时间延长；并可增加断头小鼠张口持续时间和张口次数。袁毅君等（2001）对锁阳抗疲劳、抗缺氧效应和血红蛋白含量影响的研究结果表明，锁阳不仅具有显著地抗疲劳（$P<0.01$）和抗缺氧效应（$P<0.01$），而且还能提高机体血红蛋白的含量（$P<0.01$）。赵永青等（2001）的研究结果表明，锁阳能够改善小脑 purkinje 细胞线粒体的损伤性变化，进一步提高细胞的整体能量代谢水平，防止运动性疲劳的过早出现。

6）抗血小板聚集作用

锁阳总糖、总苷类和总甾体类对 ADP 诱导的大鼠体外血小板聚集也有明显的抑制作用，并呈良好量效关系（俞腾飞等，1994）。

7）抗癌及抑制艾滋病毒增殖的作用

此外，锁阳还具有保护肝脏线粒体（李丽华和张涛，2010）、抗癌（石闻华，2009）、治疗肝性脑病、增强痴呆病模型鼠记忆力等作用。

14.1.5　锁阳市场的实地调查设计

1）中药野生锁阳价格低廉，目前没有相关文献资料探究其原因

通过对亳州、安国和成都三个中药材市场走访调查发现，在亳州和安国两个中药材市场，中药锁阳价格一般在 20～25 元/kg；成都药材市场价格较高，每千克可达 40 元左右（图 14-1）。

图 14-1　中药材市场走访调查

锁阳具有补肾助阳、润肠通便之功效，归属于补阳药。《中药学》教材共收集 24 味补阳药，其中动植物类中药材 22 味，矿石类中药材 2 味。在 20 味补阳类中药中，锁阳价格排在第 15 位，2014 年 7 个月份锁阳平均价格是 14.86 元，相对于其他补阳类药材价格偏低。

锁阳药用部位是干燥肉质茎，属根及根茎类药材。《中药饮片用量标准研究》中记载常用中药 300 种（含不同炮制品种），根及根茎类中药材 106 种。锁阳在常用根及根茎类药材中价格排在第 71 位，相对于其他根及根茎类药材价格偏低。

2）中药野生锁阳资源缺乏调查，没有实际的调查数据以响应相关政策的制定

锁阳始载于《本草衍义补遗》，其药用历史达数百年。对中药材市场走访调查显示，

目前药用锁阳仍以野生为主，市场几乎未见有栽培者。那么野生锁阳资源状况如何？能否进一步扩大开发利用？需不需要保护来防止野生锁阳资源减少？人工栽培锁阳资源状况如何？市场上实际占的比例有多少？诸如以上等等问题目前没有实际调查数据，因此，无法对野生锁阳资源是进一步保护减少利用还是扩大锁阳的开发利用等相关政策的制定给予合理方案。

3）从公共池塘资源角度出发设计调查方案，对野生锁阳资源产地进行实地走访调查，进而对锁阳生物资源的价值进行合理的评估

中药资源是一种可消耗的实物资源，其发挥作用方式为消耗性使用，一种资源不是被 A 使用便是被 B 使用，因此当某一资源被 A 所有时 B 必然无法获得，A 和 B 存在客观的竞争关系。多数中药资源分布在野外无主之地，或者虽然资源有明确的归属但是禁止他人采挖较为困难造成了实际上的无主，这样就无法有效的排除他人采挖资源，造成了非排他性属性。非排他性引入了大量的潜在资源开采者，竞争性导致资源过度开采成为可能。锁阳作为野生资源可能具有竞争性和非排他性两种属性，属公共池塘资源。因此，本次调查紧扣公共池塘资源的两种属性，设计调查问卷对锁阳产地的农户和中间收购商进行实地走访调查，进而对野生锁阳资源的价值给予合理的评估。

14.1.6 锁阳市场的调查方案

1）调查路线

通过相关文献及第四次全国中药资源普查结果显示，目前锁阳主要分布于内蒙古阿拉善盟和甘肃河西走廊，新疆、青海和宁夏也有部分分布。综合考虑多方面因素，选取内蒙古阿拉善盟和甘肃两地进行实地走访调查。

2）调查内容

本次调查主要对农户和中间收购商进行问卷调查。

（1）农户调查问卷。农户调查问卷内容包括：个人及家庭背景信息，锁阳采收情况，锁阳分布区产权归属，锁阳收购价格及其影响因素，采挖成本与收入，锁阳资源量有无减少及原因，锁阳分布区有无相应保护和生态补偿措施，正确采挖方式以及农户自身对市场信息获取方式及确定交易价格渠道等信息。

（2）中间收购商调查问卷。中间收购商调查问卷内容包括：个人及家庭背景信息，收购量及其影响因素，交易对象及交易价格，成本与收入，如何确定交易方式等信息。

3）调查方式

随机走访当地采挖锁阳的农户和收购锁阳的中间商，按在锁阳流通中扮演的角色填写相应的调查问卷。

14.1.7 锁阳实地调查结果与分析

14.1.7.1 锁阳产业链结构

锁阳在整个流通过程中，其产业链构造如图 14-2 和图 14-3。由图可见，其产业链为农户、中间收购商和合作社、厂商（饮片厂、深加工企业、制药厂）和经销商（医院、

药店和礼品店）组合体。

产业链的上游——农户，主要涉及锁阳的采集、晾晒与分级；中游为合作社和中间商，是联结农户和厂商的纽带，也是锁阳交易环节中重要部分，中间商数量多少直接关系到交易成本和交易效率；下游包括厂商和经销商，前者主要是负责锁阳加工、包装的企业，后者则是锁阳经济价值实现的关键环节，负责把货源通过销售渠道送达目标市场。

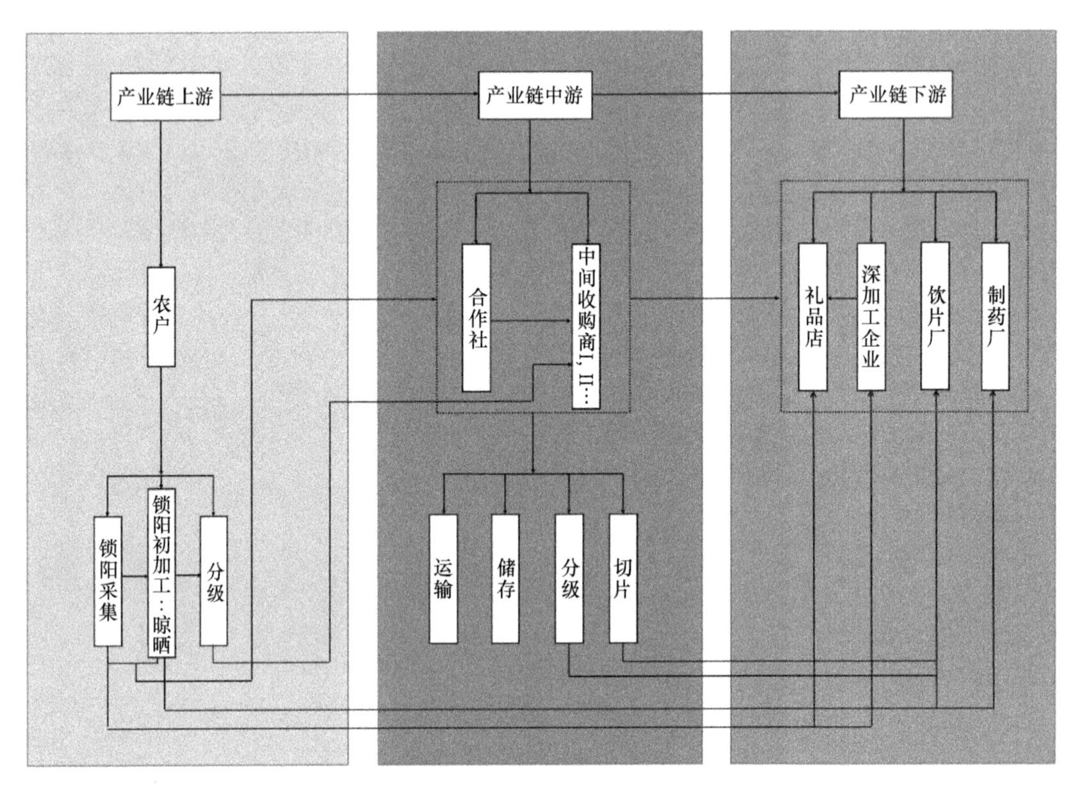

图 14-2　锁阳产业链构造图

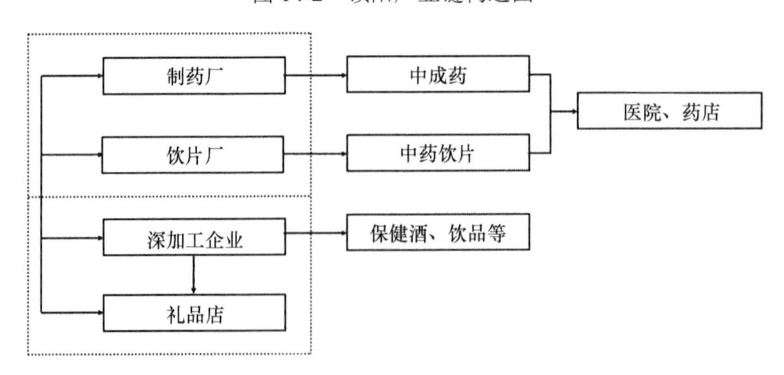

图 14-3　产业链下游示意图

14.1.7.2　采挖锁阳的个人及家庭背景信息

1）年龄

采挖锁阳农户的年龄为 26～75 岁，平均年龄是 47.71 岁（图 14-4）。

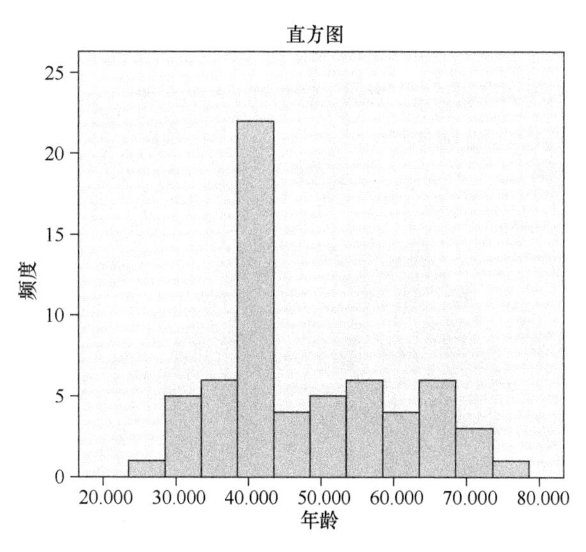

图 14-4 采挖锁阳农户的年龄结构

2）文化程度

农户的学历以小学和中学为主，分别占整个采挖锁阳农户的 43%和 40%；没有受过教育的占 13%。

3）家庭收入来源

调查的农户家庭收入来源主要有放牧、挖锁阳、经营、补贴、种地和工作。其中，只依赖放牧的占 27%，以放牧和挖锁阳为主要收入来源占 23.8%，以放牧和种地为主要收入来源的占 9.5%（图 14-5）。

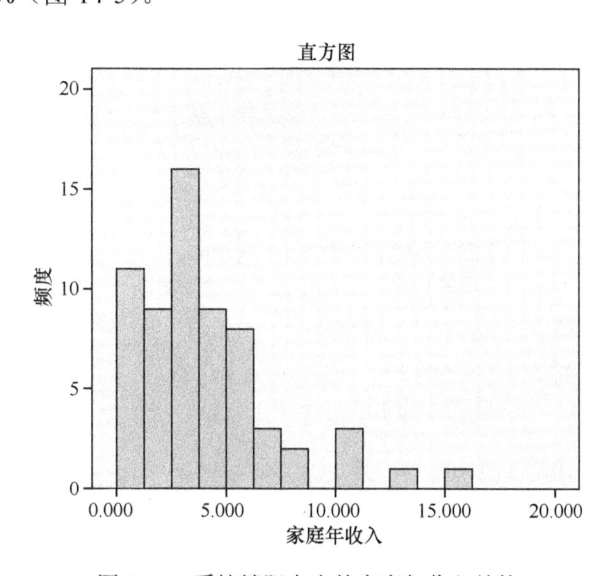

图 14-5 采挖锁阳农户的家庭年收入结构

4）家庭收入水平（万元）

采挖锁阳农户的家庭年收入为 0.54 万～15.5 万不等，家庭平均收入水平是 3.92 万元。

5）是否外出打工

调查分析发现，不外出打工的农户占 88.89%，主要以牧业和种田为主，因此机会成本几乎为 0。机会成本是指为了得到某种东西而所要放弃另一些东西的最大价值。由于农户很少有其他固定工作，在锁阳采挖季节，农户可以靠采挖锁阳挣得一定收入。这就使得有更多的人可能会选择采挖锁阳（图 14-6）。

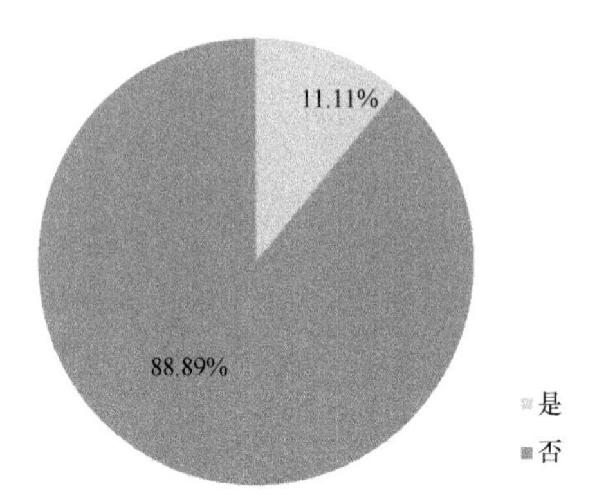

图 14-6　采挖锁阳农户的生计来源

14.1.7.3　采挖锁阳的时间和数量

1）锁阳采收季节

通过产地调查发现，锁阳采挖季节主要是春季和秋季。其中，春季采挖锁阳的占 69.84%，两个季节都采挖的占 30.16%，这种采挖现象主要与锁阳生长特性有关（图 14-7）。

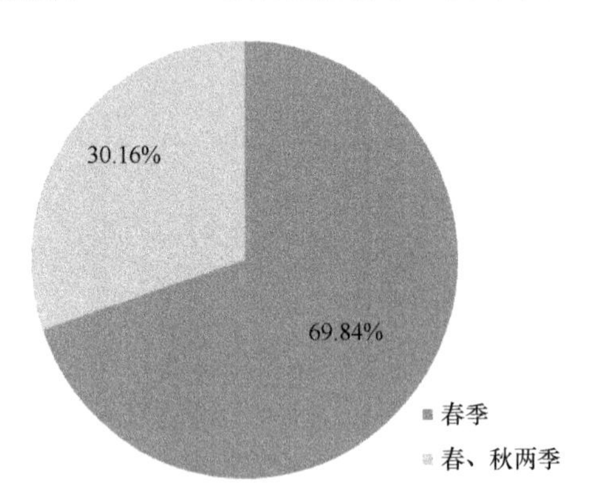

图 14-7　锁阳采挖季节组成

2）家庭年采挖量

农户年采挖锁阳的数量相差很大（干品），调查显示采挖量多大 20t，少则 17kg，年采挖的平均值是 1.7t（图 14-8）。

14.1.7.4　锁阳资源的产权调查

锁阳分布区完全私有化的占 76.19%，未私有化的占 23.81%。锁阳是全寄生植物，寄主为白刺属植物，生长在荒漠地带。实地调查发现内蒙古锁阳分布地区已实行了家庭责任承包制，承包主体是农户。当地农户一般不会去采挖别人家的锁阳，即野生锁阳资源本质上完全私人化。然而甘肃的锁阳分布地区没有实行承包制度，仍归属国家所有。当地政府虽采取了禁止采挖锁阳的政策，但由于分布区面积较大，要做到禁止农户采挖锁阳存在很大困难，即在甘肃野生锁阳资源分布区本质上仍属无主之地。因此锁阳资源在内蒙古不符合公共池塘资源，而在甘肃却符合公共池塘资源。

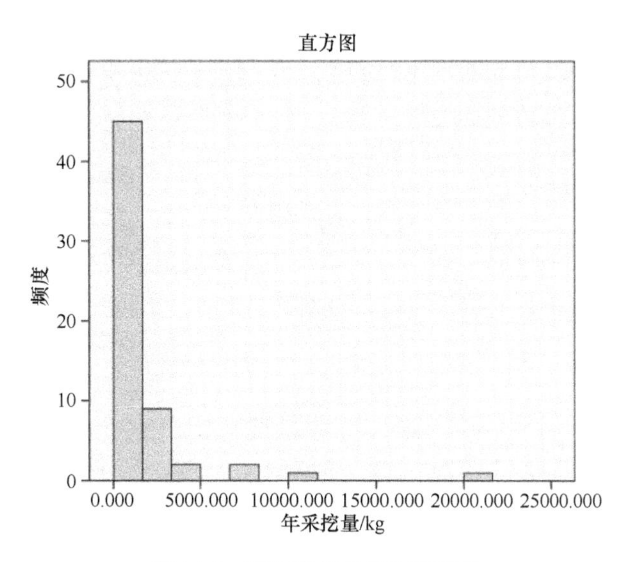

图 14-8　不同农户的锁阳采挖量

14.1.7.5　锁阳资源的价格变化

通过对锁阳价格变化分析显示，77.05%的农户告知锁阳价格上涨，19.67%的农户认为价格稳定没有变化。48.39%的农户认为当前价格不合理，而 33.87%的农户认为价格合理。另外，14.52%的农户不知道当前价格是否合理。

通过问卷调查，农户认为影响锁阳的价格因素有市场（中间商、开发利用情况、广告）、采挖成本（人工费、物料费）、信息、运输及产量。但是 60.7%的农户不知道什么因素会引起锁阳价格的变化，21.3%的农户认为市场是引起锁阳价格变化的主要因素，8.2%认为产量是引起锁阳价格变化的主要因素。

在内蒙古采挖锁阳多为牧民，其居所大都较为偏远，在销售前除了与其他牧民聊天获取一些价格等信息外，市场的信息主要来自中间收购商。此外，调查中发现农户对锁阳的价格没有正确评判依据，交易价格主要由中间收购商决定。

14.1.7.6　小结

农户调查对象年龄大都在 35 岁以上；文化水平为小学或中学，少有大专及以上；家庭收入主要以放牧等为主，偶尔打点零工，大都没有正式工作。通过对个人及相关人员的背景信息分析发现，农户劳动的收入除了放牧，很少有其他来源，因此机会成本几乎为 0。机会成本是指为了得到某种东西而所要放弃另一些东西的最大价值。由于农户没有其他固定工作，在锁阳采挖季节，农户可以靠采挖锁阳挣得一定收入，这就使得有更多的人可能会选择采挖锁阳。

锁阳作为野生资源，如果采用正确的采挖方式，不会因资源利用导致野生锁阳资源量的减少。通过对当甘肃、内蒙古农户调查发现，他们几乎都知道正确的采挖方式，这种方式基本上都是祖辈传下来的。但是由于甘肃锁阳资源分布区产权不属于个人，因此农户采挖时大都不会注意保护白刺的根，采完后，也很少去掩埋坑。内蒙古锁阳资源分布区产权归个人，因此农户会很注意保护白刺的根，采完后也及时将坑掩埋上。因此在调查中发现，甘肃锁阳资源量明显减少，而内蒙古锁阳资源量变化不大。

此外，锁阳资源量还主要与雨水量和寄主白刺生长情况相关。雨水量越多，锁阳的产量就会越多；白刺生长情况在一定程度上也会影响着锁阳的产量。

14.1.8 锁阳价值体系

在深入了解锁阳产业链后，我们对其生物资源价值进行评估。其生物资源价值包括文化价值、药用价值、营养与食用价值、经济价值和生态价值。

14.1.8.1 文化价值

在瓜州流传着这样的故事：初唐时，太宗李世民命太子李治和名将薛仁贵进征西域，兵临城下，一举攻克苦峪城。不料，却被哈密国元帅苏宝同大军层层包围，虽然苦战仍不能突破重围，只能固守待援，苏宝同一看不能立刻取胜，便下令断绝上流水源，使苦峪城一带的农田荒芜，在外无援兵、内无粮食的情况下，薛仁贵发现城内外遍生锁阳，块根肥厚，既可充饥，又可解渴，便令士兵掘而食之，一直到援军赶来之时。因纪念锁阳解救三军将士性命，就把苦峪城改为锁阳城。

目前，锁阳城是国务院公布的全国重点文物保护单位。2014 年 6 月 22 日，在卡塔尔多哈召开的联合国教科文组织第 38 届世界遗产委员会会议上，锁阳城遗址作为中国、哈萨克斯坦和吉尔吉斯斯坦三国联合申遗的“丝绸之路：长安—天山廊道的路网”中的一处遗址点成功列入《世界遗产名录》。锁阳城遗址作为瓜州县的一个景点，每年都会吸引很多游客前来参观（图 14-9）。

14.1.8.2 药用价值

锁阳性甘温，入肝肾大肠经，具有补肾助阳、润肠通便之功效。现代研究表明，锁阳能提高性功能、增加肠蠕动、调节非特异性免疫功能及细胞的免疫功能、清除自由基抗氧化及抗衰老、抗疲劳、抗血小板聚集、抗癌及抑制艾滋病毒等作用。通过实地对农户的访问调查，我们了解了民间关于锁阳的几个药用方法：①小孩拉肚子，将锁阳研磨成粉，开水冲服；②风湿性关节炎，锁阳熬水或炖汤喝，长期服用疗效明显；③健胃消食，生食干锁阳。

14.1.8.3 营养与食用价值

据分析，锁阳中含有 4.2%蛋白质、1.1%脂肪、77.2%碳水化合物，4.6%膳食纤维、2.9%灰分，还含有维生素 E、核黄酸、硫胺酸及尼克酸。此外，锁阳拥有 11 种矿物元素，其中大量元素 5 种，分别是 K、Na、Ca、Mg 和 P；微量元素 5 种，分别是 Fe、Zn、Cu、Co 和 Se。

图 14-9　锁阳城遗址

锁阳有甜、涩两种。在内蒙古阿拉善，有人在饭后直接食用甜锁阳，有助于健胃消食。甘肃对锁阳的吃法较多：①将锁阳（鲜）削皮、切断，加上大枣、枸杞和白糖熬汤喝；②将锁阳（鲜）削皮、切丝拌上面粉蒸着吃；③将锁阳（鲜）蒸熟后，和上面粉，然后发酵，待发酵好添加面粉，制作成饼，然后油炸（图 14-10）。

图 14-10　锁阳油饼

14.1.8.4　经济价值

锁阳的经济价值一方面表现在锁阳作为中药材或保健品等以实物的形式通过市场交换实现；另一方面，其文化价值在一定程度上体现在经济价值上。

在内蒙古阿拉善盟地区，从农户手中收购的锁阳价格为 10～13 元/kg（干重）。而在甘肃瓜州县，锁阳收购价格约 10 元/kg（鲜重）。春季 5 斤（1 斤=500g）左右鲜品晾晒能得到 1 斤干品，秋季 3 斤左右鲜品晾晒能得到 1 斤干品。虽然锁阳价格目前相对而言较低，但是在一定程度上仍能给当地的牧民或农户带来一定收入。在调查中发现，甘肃瓜州所产锁阳价格较高，这很大程度上与锁阳的文化价值密切相关。

14.1.8.5 小结

据第四次全国中药资源普查统计，锁阳年需量为800～1000t，短期年需量较为稳定。调查中，中间商告诉我们阿拉善盟和民勤两地的产量大约1800t左右，由此可见锁阳虽为野生资源，但是资源量丰富。

锁阳生长在沙漠中，该地区生物种类多样性低，群落结构简单，自然调节能力差，对其他物种和个体的生存都具有积极的意义。同时，它在一定程度上对于地球整个生态系统的稳定和平衡也发挥着重要的作用。自然界系统整体的稳定平衡是人类生存的必要条件，因而锁阳对人类的生存具有“环境价值”。锁阳作为中药材和保健品在市场流通过程中表现出了经济价值和药用价值，同时还具有营养与食用价值、文化价值。

14.2 玛咖生物资源调查

玛咖，原产于南美安第斯山区，是一种药、食两用植物，当地人民种植食用玛咖历史悠久，有文献报道称已经食用5800多年（余龙江等，2002），亦有报道称当地有大约2000年（Stone，2009）的食用历史、超过2000年的种植历史（聂东升等，2013），还有说几千年（余龙江等，2003）的栽培历史，可见玛咖是当地不可缺少的作物之一。玛咖凭借自身独特的功效，受到了联合国粮农组织（FAO）的重视。20世纪80年代，FAO建议世界各国推广对玛咖的种植（National Research Council，1989）。美国、日本、西班牙、厄瓜多尔、玻利维亚、澳大利亚、中国等已相继进行人工种植研究（王丽卫等，2013），全球总产量约750t（肖培根等，2001；胡天祥，2011）。玛咖的化学成分鉴定、活性成分分离及其药理作用等也因此得到了深入探讨。我国在2002年开始引种玛咖，目前已在云南丽江（孟倩倩，2013；徐忠志，2013；陈永华和字加朝，2012；杨洋和陈永菊，2014）、迪庆、会泽、昭通、禄劝（丁晓丽等，2014）），以及新疆（丁晓丽等，2011；武德全和董玉玺，2009；宋倍源和蒲玉华，2013）、西藏、四川（丰先红等，2014）、吉林等地引种成功。2011年，玛咖被批准为国家新资源食品，更加推动了玛咖在我国的培育研发。目前被公众熟知的玛咖功效主要有增强体力、提高生育能力、改善性功能、改善女性更年期综合征等。良好的国际、社会环境和消费需求为玛咖的进一步发展打下基础。为了使引种到我国的玛咖能在我国健康发展，长久地为我国人民的健康服务，本书总结了前期研究者对玛咖的研究成果，梳理玛咖的研究方向，发现玛咖研究过程中存在的问题，希望能对玛咖今后的发展有所帮助。

14.2.1 玛咖的基源和形态特征

玛咖（*Lepidium meyenii* Walp）是十字花科独行菜属两年生植物（Uchiy et al.，2014），地下根肉质，形似蔓菁，直径2～5cm，长为10～14cm，表面颜色多种，以黄色、紫色和黑色为主，具有刺激性气味，是主要的食用部位。通常根据块根部分呈现出的不同的颜色，将玛咖分为不同的生态型（高大方和张泽生，2012），各生态型在块茎平均重量、营养成分和有效成分含量等方面有所差异，栽培品以黄色者较多，约占整个数量的近半数。茎叶贴地生长，叶片羽状深裂，有平坦的肉质轴；叶片呈莲座状排列，新的叶片不断从莲座中心长出来进行更新。总状花序顶生，花小，白色，4 瓣，正常有 6 个雄蕊，一般只有 2 个完整的，极少数有 3 个完整的。玛咖一般为自花授粉，花期 1～2 个月，大多数花可以形成果实。短角果，长 4～5 mm ，成熟后开裂，分裂的两个腔中各有一粒种子。种子呈椭圆形，长 2～2.5 mm，千粒重约为 0. 5g，微红灰色（谢荣芳和瞿熙，2008；单云等，2011），或亮棕褐色或棕色。

14.2.2 生长环境

玛咖适宜生长在高海拔、高寒、 强风及高日照地区。对于海拔高度，不同文献报道不同，有文献称适宜在海拔 2700～3200m 的高寒冷凉山区种植（余金龙等，2003），有报道说要求海拔在 3500～4500m，也有 4000～4500m 的种植报道。据我们实地调查，从我国云南省的种植情况来看，玛咖适合生长在海拔 2800m 以上地区，海拔 2800m 以下地区栽培出来的玛咖质量较差。海拔高度对玛咖生长影响的详细研究还没有报道。高海拔地区昼夜温差大，常有霜冻，几乎没有其他作物生长，一般温度要求在–20～20℃、相对湿度 70%左右、酸性黏土或石灰石地区。目前除秘鲁外，仅有中国能够规模化种植玛咖。玛咖在我国没有自然分布（余龙江和金文闻，2004），也有报道说有在云南玉龙县内有零星分布。

14.2.3 化学成分研究

14.2.3.1 营养成分

1994 年对秘鲁玛咖的化学成分进行了分析，证明玛咖确实营养成分丰富，是一种非常好的食品原料。结果表明，自然风干的玛咖中含有水分 10.4%、蛋白质 10.2%、脂类 2.2%、碳水化合物 59.0%、纤维 8.5%、灰分 4.9%。这与完全干燥的土豆相比有明显的优势（表 14-1）；含有 18 种氨基酸，且含有人体必需的 7 种氨基酸；不饱和脂肪酸含量丰富，包括亚麻酸、软脂酸和油酸，占总脂肪酸的 52.7%，饱和脂肪酸与不饱和脂肪酸的比为 0.76。此外，玛咖中的矿物质含量也相当丰富，如含有 Fe、Mn、Cu、Zn、Na、K、Ca 等矿质元素，其中 Fe、Cu、Zn 的含量要远高于土豆（表 14-2）。

表 14-1 玛咖与土豆的营养成分比较 （单位：%）

营养成分	秘鲁玛咖根[a]	秘鲁玛咖根[b]	丽江玛咖根[c]	丽江玛咖根[d]	丽江玛咖叶	土豆
水分	10.4	7.64	13 . 55	7 . 2	9.5	—
蛋白石	10.2	8.87	17 . 78	16 . 7	26.8	1.9
脂类	2.2	2.00	0 . 30	未检测出	0.44	2.5
碳水化合物	59.0	54.6（淀粉+总糖量）	46.70	未检测	未检测	61.4
膳食纤维	8.5	8.23	18 . 68	21 . 5	18.7	1.8
灰分	4.9	4.96	2 . 99	12 . 2	10.8	—

a：Dini et al.（1994），b：余龙江和金文闻（2004），c：孙晓东等（2013），d 冯颖等（2009）。

玛咖营养成分数据是测量风干玛咖得到的。

表 14-2 玛咖与土豆矿物质组成对比 （单位：mg/100g 干物质）

矿质元素	秘鲁玛咖根[a]	秘鲁玛咖根[b]	丽江玛咖根[c]	丽江玛咖根[d]	丽江玛咖叶	土豆
Fe	16.6	1.65	24.90	110	81	3.6
Mn	0.8	0.80	1.82	未检测	未检测	0.8
Cu	5.9	6.17	3.24	0.717	1.11	0.7
Zn	3.8	2.01	7.60	8.87	7.12	—
Na	18.7	19.2	6.69	240	24.2	3.6
K	2050	2130	903.65	790	2790	1850
Ca	150	66.1	974.63	770	670	63

a：Dini et al.（1994），b：余龙江和金文闻（2004），c：孙晓东等（2013），d 冯颖等（2009）。

我国余龙江教授也对秘鲁玛咖干粉进行了成分分析，见表 14-1 和表 14-2 第 2 列数据。虽然 Dini 与余龙江测得的结果有细微差异，例如，矿质元素 Fe 的含量，Dini 测得的结果是 16.6mg /100g 干物质，而余龙江测得的是 1.65mg/100g 干物质，相差 10 倍，但是我们应该看到，两个团队测得的大部分结果是相一致的。与土豆相比，玛咖中的蛋白质含量是土豆的 4～5 倍，膳食纤维的含量是土豆的 4 倍多，表明玛咖中含有的必需氨基酸含量丰富，且含有具有抗疲劳作用的三种支链氨基酸（缬氨酸、亮氨酸、异亮氨酸），不饱和脂肪酸占总脂肪酸的比例达到 50%～60%（60.3%，余龙江），而且具有抗疲劳作用等重要生理作用的牛磺酸也存在。在矿质元素的比较中，玛咖含有土豆不含有的 Zn，且含量丰富。Zn 在人体中具有增强人体免疫力、促进伤口和创伤的愈合、提高精力、抗疲劳等作用。除以上指标外，余龙江教授还测定了玛咖中的维生素含量，维生素 B_1 和维生素 B_2 的含量与甘薯粉（维生素 B_1：0.23 mg/100g，维生素 B_2：0.11 mg/100g）相比也高 1～3 倍。

丽江玛咖（孙晓东等，2013）与秘鲁玛咖相比差异较大，丽江玛咖的蛋白质含量（17.78%）要高于秘鲁玛咖（10.2%），粗纤维的含量（18.68%）也高于秘鲁玛咖（8.5%）。但脂肪含量较低，只有 0.3% ，但这 4 种营养成分占样品质量的 68.33%，并且碳水化合物的含量也达到 46.70%。丽江玛咖的 Fe、Mn、Zn、Ga 元素含量均高于秘鲁玛咖，而 Cu、Na 元素含量低于秘鲁玛咖。孙晓东的实验结果显示，必需氨基酸含量较高，占总氨基酸 14.27%，不饱和脂肪酸占脂肪酸的比例达到 63.54%。

冯颖等（2009）不仅对玛咖根的干物质进行成分分析，还测定了玛咖叶干物质的成分，见表 14-1 和表 14-2 的第 5 列，玛咖叶中也含有较高的蛋白质含量和高的膳食纤维，这将为玛咖叶的开发利用提供数据支撑。

由以上两表可以看出，秘鲁玛咖和丽江玛咖的营养成分比例有细微差别，这应与玛咖的生长环境、土壤类型、土壤的营养成分等有很大的关系。总的来说，秘鲁玛咖和国产玛咖，均显示出高蛋白质含量、高碳水化合物含量、高膳食纤维含量、丰富的矿质元素。丰富的营养成分和合理搭配，是玛咖神奇效果的物质基础。

14.2.3.2 主要次生代谢产物

玛咖营养成分的研究开始较早，营养成分已经比较清楚。近年来对玛咖化学成分的研究主要集中在玛咖的次生代谢产物上，且主要围绕生物碱、芥子油苷、甾醇类及多酚类成分的鉴定和药理作用的研究上。

1）玛咖生物碱

生物碱是一类重要的次生代谢产物，是多种药用植物的有效成分（冯颖等，2009；李萌等，2014；李圣各等，2014；雷冰坚和马健雄，2014）。玛咖中最早报道的次生代谢产物就是生物碱类（Chacón，1990；Garró，1996）。玛咖生物碱成分的首次鉴定，是1999年 Zheng 等（2000）在干燥的玛咖根中发现的一类结构独特的生物碱——玛咖酰胺类物质（macamides），这是一类新的植物化合物，属于酰胺类生物碱（alkamides），检出的3种玛咖酰胺类成分分别是：①*N*-benzyloctanamide；②*N*-benzyl-16-hydroxy-9-oxo-10E，12E，14E-octadecatrieneamide；③*N*-benzyl-9，16-dioxo-10E，12E，14E-octadecatrien eamide。该实验还分离到一种新的化合物玛咖烯（ macaenes），总共得到17种玛咖烯和玛咖酰胺的类似物。

Muhammad 等（2002）等采用石油醚提取、快速柱层析分离、离心制备薄层层析、合并相同组分后鉴定出4种生物碱成分：①1，2-dihydro-*N*-hydroxypyridine derivative，被命名为"macaridine"；②*N*-benzyl-5-*O*-6E，8E-octadecadienamide；③*N*-benzylhexadecanamide；④5-*O*-6E，8E-octadecadienoic acid。

除玛咖酰胺外，Cui 等（2003）发现了玛咖中的咪唑类生物碱，Piacente（2002）等发现了β-咔啉生物碱。包括玛咖酰胺在内，玛咖生物碱的生物活性研究较少，对玛咖生物碱的活性研究还停留在玛咖酰胺增强性欲的阶段。

国内对玛咖生物碱的研究主要集中在生物碱提取方法的优化和含量测定等方面。例如，杜广香和蒲跃武（2011）对超声提取玛咖总生物碱的方法进行了正交试验，测得玛咖总生物碱含量约为5.0‰；罗堎子等（2011）利用超声和微波协同处理的方法测得含量理论可达0.72%，实际可达（0.69±0.03）%。

2）玛咖芥子油苷

芥子油苷［glucosinolate，GS，（Z）-*cis*-Nhydroximinosulfateesters］为β-硫代葡萄糖苷*N*-羟硫酸盐，是十字花科植物中特有的次生代谢物，是玛咖中重要的活性成分之一，也是玛咖含有辛香气味的主要原因。根据芥子油苷结构中氨基酸侧链的来源不同，可以将芥子油苷分为三类：脂肪族芥子油苷、芳香族芥子油苷和吲哚族芥子油苷（Halkier and Gershenzon，2006）。目前发现的芥子油苷种类已经有120多种（Reichelt et al.，2002）。芥子油苷受到人们关注的主要原因不仅由于它是十字花科植物特有次生代谢产物，还因为芥子油苷的分解产物具有明显的抗肿瘤效果，尤其是分解产物异硫氰酸酯（isothiocyanate，简称 ITC）（Wade et al.，2007）。异硫氰酸酯明显的抗真菌、抗细菌以及抗睾丸素引发的良性前列腺增生的效果已经被报道（Gonzales et al.，2008；Gasco et al.，2007）。

Dini 等（2002）、Piacente 等（2002）和艾中等（2012）都对玛咖中的芥子油苷种类进行了分析，Dini 用甲醇提取秘鲁玛咖，Piacente 用乙醇提取秘鲁玛咖，艾中用乙醇对国产玛咖提取，均鉴定出了相同的两种芥子油苷——苄基芥子油苷（benzyl glucosinolate）和甲氧基苄基芥子油苷（methoxybenzyl glucosinolate）。Wang 等（2007）总结称秘鲁玛咖中含有9种芥子油苷，大部分是芳香族芥子油苷，这可能与它的芥子油苷含量较低、不容易检测有关。

3）多酚类和甾醇类

多酚类化合物具有良好的抗氧化活性，能发挥抗氧化功效、清除自由基，是有效的肿瘤化学预防剂（Tellez，2002）。

Din i 等首次分析了秘鲁玛咖中含有的甾醇类成分，主要含有谷甾醇、菜油甾醇、麦角甾醇、菜子甾醇和Δ7，22-麦角二烷醇 5 种甾醇类成分，其含量如表 14-3 所示。

表 14-3　秘鲁玛咖中甾醇种类及比例

甾醇类别	占总甾醇的比例/%
菜籽甾醇	9.1
麦角甾醇	13.6
菜油甾醇	27.3
Δ7, 22-麦角二烷醇	4.5
β-谷甾醇	45.5

兰玉倩等对多酚类化合物的提取进行了优化，指出最佳提取条件是以水为提取溶剂，提取时间 90 min，提取温度 80℃，在此条件下多酚的提取率为 2.8‰（兰玉倩和谭美，2014）。

4）玛咖挥发油类

挥发油是存在于植物中的一类具有芳香气味、可随水蒸气蒸馏出来而又与水不相溶的挥发性油状成分的总称。玛咖中的挥发油主要是内部发生一系列分解反应后产生的。Tellez（2002）等用戊烷连续回流法提取玛咖中的挥发油类成分，并用 GC-MS 进行挥发油成分鉴定。这是首次对玛咖挥发油成分分析，此次分析发现了三种主要成分：acetonitrile 苯乙腈（85.9%），benzaldehyde 苯甲醛（3.1%），3-methoxy-phenyl acetonitrile 3-甲氧基-苯乙腈（2.1%）。

金文闻等（2009）采用水蒸气蒸馏和气质联用技术研究了新疆玛咖的挥发油成分，鉴定了新疆玛咖挥发油成分 32 种，其中异硫氰酸苄酯、苯乙腈为其主要成分。与 Tellez（2002）等的结果相比，秘鲁玛咖更容易得到苯乙腈类挥发油，新疆玛咖的挥发油以异硫氰酸苄酯为主。玛咖挥发性物质是由芥子油苷物质在芥子酶等因素作用下分解产生的，而这种分解过程非常复杂，受到芥子酶活性、加热温度、pH、金属离子浓度等多种因素影响，芥子油苷分解方向和产物也就随着外部环境的变化而变化。

孟倩倩（2013）在对云南丽江栽培玛咖的挥发性成分分析时采用三种提取方法后用 GC-MS 技术进行分析鉴定，总共鉴定出 90 个挥发性成分。石油醚溶浸部分挥发性成分的主成分为 t-丁基苄醚（26.00%）、*N*-苄基-乙酰胺（23.47%）和苯二甲酸己辛酯（23.49%）；水蒸气蒸馏的油相部分挥发性主成分为 2-甲基苯乙腈（81.80%）；水蒸气蒸馏水相乙醚萃取部分的挥发性主要成分为苯腈（56.29%）、甲氧基乙醛（10.35%）。

由上我们可以看出，使用不同的提取介质得到的主要挥发油成分有显著差别。苯腈类成分，不论是苯腈还是苯乙腈类成分均有一定的毒性，因此在开发利用玛咖时应通过调整外部提取环境，引导芥子油苷分解方向，尽可能地向着产生异硫氰酸苄酯的方向进行，最大限度地发挥异硫氰酸苄酯在抗肿瘤等方面的作用。

5）其他成分

除以上几种成分以外，被报道的玛咖成分还包括单宁、儿茶酚和尿嘧啶核苷等。

14.2.4 功效研究

玛咖丰富的营养成分和独特的次生代谢产物使得玛咖具有神奇的功效，目前对玛咖功效的研究主要集中在抗疲劳、抗氧化、提高生育能力、改善性功能、调节内分泌、增强免疫力、抗肿瘤、提高记忆力等方面。

1）抗疲劳

目前在评价保健食品的抗疲劳作用时，运动耐力实验与生化指标检测相结合是动物实验中评价疲劳较常用的指标（保健食品检验与评价技术规范）。张静等（2013）的动物实验表明，玛咖粉能显著延长小鼠力竭游泳时间，表明玛咖粉可明显提高小鼠的运动耐力；玛咖粉还能提高运动后小鼠的肝糖原和肌糖原含量，为机体在运动中提供较好的能量储备，从而起到一定的抗疲劳作用；还可以通过多种作用降低运动后的自由基浓度，减轻自由基的损伤程度，从而减缓疲劳的发生。从玛咖的营养成分角度看，玛咖含有三种支链氨基酸——缬氨酸、亮氨酸和异亮氨酸，含量比较高，占总氨基酸的 20.14%，它们具有抗中枢神经疲劳的作用，而且具有抗疲劳作用等重要生理作用的牛磺酸也存在。

2）抗氧化

玛咖含有的多糖等成分使得玛咖具有抗氧化作用。实验证明（张永忠等，2005），玛咖中的玛咖多糖体外具有一定的清除超氧阴离子自由基的作用，效果不显著，而对羟自由基具有显著的抑制作用，在体外可显著抑制 CCl_4 引起的肝脏脂质过氧化反应的发生，减少过氧化丙二醛（MDA）产生，作用与维生素 C 相似。玛咖多糖体外显著的抗氧化保健作用为进一步阐明玛咖的食用和药用价值提供了实验依据。同时，蒲跃武和王金全（2009）的实验证明，玛咖多糖的抗氧化作用较弱，玛咖多糖浓度大约是维生素 C 浓度的 10 倍以上才能达到维生素 C 相同的抗氧化效果。

Sandoval 等（2002）通过评价玛咖对自由基的清除和对细胞的保护证明了玛咖确实具有抗氧化作用，但是对玛咖具有抗氧化作用的机理并没有清除的阐述。

3）提高生育力，改善性功能

我们知道的关于玛咖神奇的传说就主要是它提高生育能力的作用。相传 18 世纪，西班牙人占领南美洲之后在长达 50 年的时间中，没有一个西班牙人在安第斯山区出生，而印加人却没有这个问题。正当西班牙人准备放弃这块新征服的土地时，一名印加人心悦诚服地献上了玛咖，西班牙人先把玛咖喂给马吃，马吃了之后奇迹般地繁殖出南美洲最优良的赛马，接着牛羊猪犬也一样繁衍不绝。最后西班牙人也大胆一试，没想到结果出奇的好，此后“新秘鲁人”在秘鲁定居，玛咖成为餐桌上的常见食物。

玛咖增强生育能力的作用以动物为材料得到证明的较多。Cicero 等（2002）研究发现直接口服玛咖粉就能改善雄性大白鼠的性行为，并且后续试验证明无论在短期或长期喂养中，均能增强雄性大鼠的性行为，并增加大鼠精子的数量（余龙江等，2003）。采用玛咖油脂提取物进行了增强雄性小白鼠的性功能的实验研究。余龙江研究了改善玛咖改善性功能的有效活性部位，结果表明，玛咖根粉末的水提物、石油醚提取物、乙醇提取物均能有效地使雄性小鼠的交尾潜伏期明显缩短（$P<0.05$），交尾次数显著增加（$P<0.05$），其中以石油醚提取物的效果尤为显著。此外，玛咖能够显著提高猪、鱼等的产仔数。

张永忠等（2008）还对玛咖激素样活性进行了研究，结果表明，玛咖提取物能够显著增加去势小鼠器官精囊腺和前列腺重量，但与正常对照比较，还是很轻，血清睾丸酮水平也相当低，再次说明玛咖提取物具有较弱的雄激素样作用，而且这种作用可能不是通过提高血清睾丸酮水平来实现的。有研究指出，在口服玛咖后，雄性小鼠睾酮水平升高，雌性小鼠孕酮含量也升高，有细胞实验表明玛咖具有雌激素样作用。

对 8 名男性自行车手分别给予玛咖和安慰剂处理 14 天，进行随机交叉实验，通过调查问卷的形式，让受试对象对自身的性欲进行评价，分析实验结果表明，玛咖可以显著增强受试对象的性欲。但是该实验对象较少，且受试对象回答问题的真实性没有办法得到证实，因此玛咖提高性欲、提高生育能力的功能还需要进一步证明。

4）调节内分泌功能

妇女在围绝经期和绝经期因卵巢功能衰退至消失会出现一系列内分泌失调和植物神经紊乱的症状，称为更年期综合征。玛咖用于妇女更年期的失眠焦虑效果甚佳。一系列的实验都在探索玛咖调节人体内分泌的机理。张永忠等（2008）用玛咖醇提取物对去卵巢大鼠进行内分泌激素和血脂的检测试验，结果表明玛咖醇提物对去卵巢大鼠内分泌失调具有一定的改善作用，并对血清胆固醇水平具有一定的降低作用。此外还提出玛咖可能并不直接补充降低了的雌激素，而是可能作用于下丘脑、垂体或更高中枢，直接或间接调节垂体促性腺机能，改善更年期的内分泌状况。

5）增强免疫力

机体的免疫系统是由非特异性免疫、体液免疫和细胞免疫共同构成的防御系统。有文献报道，玛咖醇提物显著提高 PHA 诱导的淋巴细胞转化，促进血清溶血素生成，并增加抗体生成细胞的产生，而对单核巨噬细胞的吞噬功能无显著影响。因此，玛咖醇提取物可提高正常小鼠细胞的体液免疫功能，增强机体抵抗力（张永忠等，2007）。此外，金文闻等（2007）还研究了玛咖和西洋参皂苷合用产生提高免疫力的作用，报道称玛咖和西洋参皂苷合用能够能增强小鼠的免疫功能，且效果优于单一玛咖组和单一皂苷组。其作用机制可能是，一方面，通过西洋参总皂苷增强机体免疫；另一方面，通过补充玛咖根干粉中含有的丰富营养素，如氨基酸、锌、牛磺酸等，两者协同作用获得显著促进机体免疫力的功效。

6）抗肿瘤作用

玛咖传统上常用于癌症的治疗。玛咖中含有的苄基芥子油苷和苄基异硫氰酸是玛咖中对动物模型的化学致癌具抑制作用的成分，苄基异硫氰酸被证实为抗有丝分裂剂。已有文献报道芥子油苷和异硫氰酸苄酯等含硫有机化合物对胃癌、肺癌等有一定的作用。已有一些报道称玛咖中含有的不饱和脂肪酸也有一定的抗肿瘤活性（Hecht et al.，2000 ；Xu and Thornalley，2000）。另外，芥子油苷的分解产物异硫氰酸酯类化合物被应用在前列腺癌和皮肤癌的治疗中（姜锡洲，2006）。

7）其他功效

除上述玛咖功效以外，还有研究表明，玛咖具有抗病毒的作用。Mendoza 等（2014）的最新实验以被流感病毒 A 和流感病毒 B 侵染了的 Madin-Darby 犬的肾脏细胞为实验材料，以玛咖的甲醇提取物为处理，通过测定 Madin-Darby 犬的肾脏细胞的生存能力和毒性、病毒载量等指标，证明玛咖不仅具有抗流感病毒 A 的作用，还具有抗流感病毒 B 的作用，这将会为抗病毒新药物的寻找和研发工作提供新线索。

玛咖在修复记忆损伤方面也有不错的效果。Rubio 等（2007）用莨菪碱对小鼠造成记忆损伤，然后分别用黑玛咖水提物（0.50g/kg 和 2.00 g/kg）和黑玛卡醇提物（0.25 g/kg 和 1.00 g/kg）处理小鼠 35 天，采用莫里斯水上迷宫法和降压避免法对小鼠的学习能力及记忆力进行检测。结果表明，所有玛咖提取物均可以有效改善由莨菪碱造成的记忆损伤。

14.2.5 调查内容和思路

玛咖生物资源价值评估涉及玛咖的引种、栽培、加工、生产、研发、销售、消费等一系列环节，因此我们调查了玛咖产地云南省（昆明、丽江、迪庆），以及玛咖集散地昆明螺蛳湾药材市场、成都荷花池专业药材市场、安徽亳州药材市场、河北安国药材市场，调查到的科研单位有云南省农科院高山经济植物研究所、云南省农科院药用植物研究所，采访了多家玛咖企业，如云南丽江格林恒信生物种植有限公司、丽江百岁坊生物科技开发有限公司、丽江龙健生物科技有限公司等，还对云南省丽江市生物资源开发创新办公室、迪庆藏族自治州农牧局等进行了访问。

本调查拟重点解决的问题有以下几个方面：①搞清楚玛咖产业发展过程、发展现状和以后规划，揭示玛咖产业各环节的作用、关系和利益分配情况；②分析玛咖价格变化趋势，分析玛咖价格的合理性；③提出药材道地产区和集散地形成机理；④玛咖以后的定位分析。

本调查主要分为以下几个步骤：①系统地阅读国内外有关玛咖的文献，发现玛咖发展中存在的问题；②设计调查路线和调查方法并为开展调查做准备；③实地调查；④资料和数据的分析整理；⑤撰写调查报告。

14.2.6 玛咖在我国的分布、生长环境

14.2.6.1 玛咖在我国的分布

我国玛咖主要分布于云南省，四川、西藏、新疆、贵州都在小规模的试种，部分省份已试种成功，例如，四川省甘孜藏族自治州的稻城县、乡城县和阿坝藏族羌族自治州的小金县已经在小面积种植。云南省的玛咖主要分布在滇西北和滇东北，滇西北主要是丽江市和迪庆藏族自治州，滇东北主要是曲靖市会泽县、昭通市昭阳区西北部的大山包乡。在所有的种植地区中，丽江市种植历史最长，种植面积最大（图 14-11）。

14.2.6.2 玛咖的生长环境

玛咖最适合在低纬度高海拔冷凉地区种植，原产于秘鲁安第斯山中段，平均海拔约 4300m，是亚马孙河发源地，气温变化较大，年降水量 200～1000mm。玛咖适宜在无肥

图 14-11 丽江玛咖生物科技有限公司有机种植基地（左，9800 亩有机认证）和昭通市昭阳区气象农业开发有限责任公司（右，600 亩有机认证）

料、缺氧、昼夜温差大和长期冰封的独特环境下生长。云南省属青藏高原南延部分，地形以元江谷地和云岭山脉南段宽谷为界，分为东、西两部，东部为滇东、滇中高原，地形小波状起伏，平均海拔 2000m 左右；西部为横断山脉纵谷区，西北部海拔一般在 3000～4000m，西南部海拔一般在 1500～2200m。西南部到了边境地区，地势渐趋和缓，这里河谷开阔，一般海拔在 800～1000m，个别地区下降至 500m 以下，形成云南的主要热带、亚热带地区。所以玛咖在云南的分布主要集中在滇东、滇中和滇西北高原（图 14-12）。

图 14-12 披着厚厚冻霜的玛咖

14.2.6.3 产业链的现状及存在的问题

产业链构造图是玛咖种植、加工和销售的关系图（图 14-13）。

如图 14-12 所示，玛咖产业的上游是种植过程。种植主要分 4 种情况：①农户分散种植，农户自家购买种子种苗，自家栽培管理，收货后自行出售；②合作社种植，该种植方式是先成立合作社，在合作社的带领下有规划、有目的的种植；③种植公司种植，该公司租用农户土地或承包部分土地用来专门种植玛咖；④产业公司种植，该公司的种植环节与上述种植公司相似，但是产业公司是集玛咖的种植、初加工、深加工、销售于一体的，该公司种植的玛咖主要是供本公司的使用。

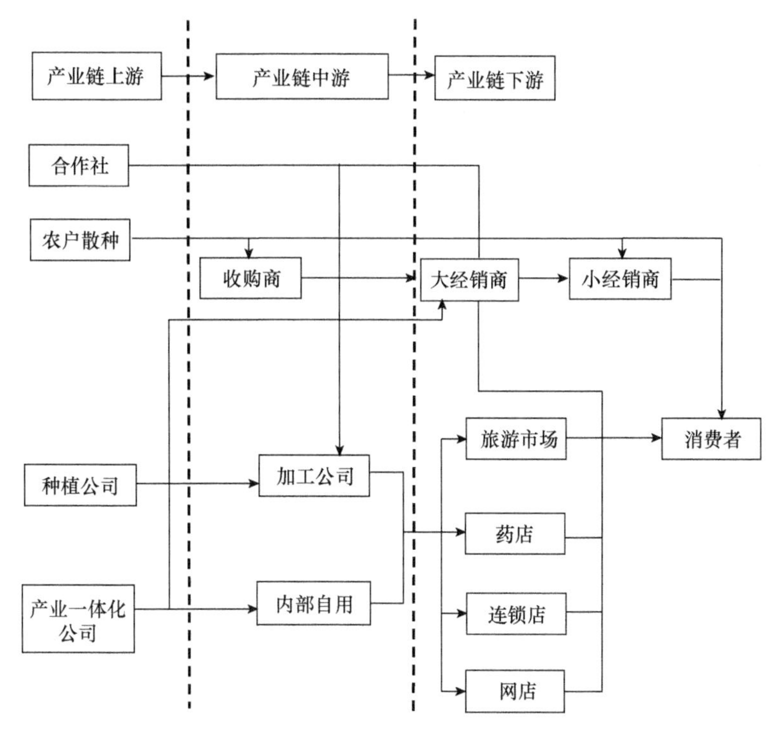

图 14-13 玛咖产业链构造图

玛咖产业的中游是玛咖的中转和生产阶段，该阶段主要发生在中间商和厂商这部分。中间商主要是收购农户种植的玛咖，将收集到的玛咖转手，赚取中间的差价。厂商分加工公司和产业一体化公司，加工公司的玛咖可能来自上游的三种支流：①合作社可能与加工公司签订合同，将预约的玛咖按照定价卖给加工公司；②加工公司可能直接到农户之间去收购，但由于需要挨家挨户询问、商议价格，费时费事，成本较大，这种途径不经常出现；③加工公司与种植公司之间签订协议，购买种植公司的玛咖，种植公司由于是规模化种植，统一管理，玛咖质量有保证；对于产业一体化公司来说，公司有自己的种植基地，原料的主要来源是本公司的基地，公司从源头上把关，更能保证本公司的产品质量，但要求公司实力足够大，否则运转困难。

产业链的下游主要是玛咖产品的销售环节，该环节可以分为两大类。第一类与其他中药材一块出售，主要集中在药材集散地，以卖玛咖干果和干片为主，主要指图 14-12 中的大经销商和小经销商，大经销商主要是指各地较大规模药材集散地的经销商，小经销商是指经营规模较小的药贩。大经销商的玛咖主要是从合作社、农户、中间商和种植基地获得，小经销商的玛咖从大经销商手中购买或从农户手中收购，大经销商的玛咖可以直接卖给消费者，也可以通过小经销商转手卖给消费者。

第二类是各大旅游市场、药店、连锁店和网店，这些场所的原料主要来自加工公司或者产业一体化公司，并且同时卖初加工产品和深加工产品，旅游市场主要指云南省，每年云南省旅游的流动人口约 3000 万，旅游市场的消费潜力很大，在旅游市场上，各类玛咖产品都在卖；连锁店主要是各大玛咖企业在做，每个企业在销售环节上都相当重视，采用加盟或招商的形式构建本公司在全国范围内的销售网络，连锁店的玛咖不论是干果还是干片都是经过包装的，玛咖精片、玛咖酒是他们的主营产品；在药店，商家把玛咖当做农副产品在卖；网店销售是新兴的一种销售途径，各家公司在发展实体店的同时也注重发展网上的势力，比如格林恒信公司专门成立一个分公司为电子商务公司，主要负责网络上公司产品的销售工作。

14.2.6.4 产业链的运行状况分析

玛咖在云南省已经有12年的栽培历史了，对于较大的种植公司来说，栽培技术已经成熟。每年的4～5月育苗，一般是4月10日左右开始，育苗时间大概是35～70d，6月15日至7月15日移栽，移栽一般选择在雨后，可以根据天气情况适当延长育苗时间，7～9月玛咖主要长地上部分，地下不会膨大，在这期间对玛咖的管理十分重要，需要中耕除草3～4次，追施农家肥，10月以后天气变冷，营养物质开始往地下部转移，根茎开始膨大，一直持续到11月，12月和1月是收获的季节，收获后自然晾干需要一个多月的时间。现在玛咖还是一年一季，我们采访的云南省玉龙县可巴生农村合作社杨杰武先生带我们参观了他正在培育的玛咖种苗，杨先生准备现在育苗，9月移栽，让玛咖过冬，他认为过冬后可能会更有利于玛咖的生长，但过冬是否真的会利于玛咖生长，还要等到明年杨先生的冬玛咖收获了比较之后才能有定论。

在玛咖没有引种之前，农民主要种植土豆和青稞，海拔在2800m以下的还能种些玉米和烤烟。土豆每年每亩可以产2000斤，每斤按照0.5元计算的话，每亩的收益是1000元，而去年土豆的收购价是0.25元。青稞主要是自产自销，出售的一般很少。农民的主要收入来源就是农产品的收入和外出打工的收入。在这样的低收入情况下，玛咖的引入确实能给农民带来不错的经济效益。我们分析如下。

农民种植玛咖可以分为三种情况，第一种情况是农民散种，农民需要从公司或者农科所等育苗单位购买种苗，每亩购买种苗的成本在1000元左右，部分农户为了提高玛咖的产量会购买农药和化肥，农民掌握的栽培技术不同，最终收获的玛咖产量也会不同，一般情况下，每亩可以收获200～300kg，农户的玛咖一般会卖给中间商或者小的加工公司，收购价在20元左右，每亩的收入就在3000～5000元。

第二种情况是农户参加合作社或者与公司签订订单，由合作社或者公司免费提供种苗，协商好收购价格和收购量，种植公司或者合作社免费提供技术指导，农户最终按照规定的量和质量上交收获的玛咖，公司按照协商的价格给农民结算。但是公司或者合作社定的价格一般都会低于中间商或者加工公司给的价格，一般在15元左右，因为签订协议以后农民不用承担收获玛咖时价格下跌的风险，也不用自己去找销路，只要不发生大的自然灾害就可以稳赚3000～4500元。当收获时玛咖价格上涨，中间的利润也只能让公司获得。

最后一种情况是农户将土地租给公司或者合作社，然后给公司或者合作社打工，亦可外出打工，每年每亩地的租金在600～800元，打工每天的工资是80～100元，这样的话即使只租5亩地，只计算每年的土地租金也有3000～4000元的收入。

玛咖给农民带来的可观收益是农民从不认识玛咖到自觉的种植玛咖的内在驱动力，高海拔地区的农民相当贫苦，恶劣的环境、信息的不灵和交通的不便使得他们的致富路变得异常艰难，所以高山地区家庭的首要问题就是自家的经济收入问题。当一种农作物能为家庭提供不错的效益，又不会对自己有什么损害时，农民当然会种植。

农民不会将所有的土地全部用来种植玛咖。高原地区的农民是半耕半牧的，他们牧羊养猪都需要饲料，而饲料不是像我国东部地区一样买来的，是从地里长出来的。青稞是高原农民很喜欢的植物，青稞是农民的主食，农民的生活也离不开青稞酿的酒和青稞饲料，青稞虽然经济价格低，但是实用性强，附加值高。所以如果农民没有加入合作社，没有与种植公司签订协议，只是自家零散的种植一些，这种情况下的种植面积是很小的。

此外，不是所有高原地区的农民都是收入很低的，比如我们在调查四川省甘孜州乡城县时发现，对于当地卫生局大力推广的玛咖，农民很不屑，调查后我们才明白，原来当地盛产松茸和虫草，每年 7 月左右，几乎全村的农民都会到山上挖虫草，我们调查时是 8 月，这正是采松茸的时节，采松茸时几乎都是全家总动员，留在家里的都是老人，所以到达乡城县热打乡时几乎看不见当地的农民。虫草和松茸价格很高，每千克干松茸片大概是 800 元，是当地人的主要经济来源。玛咖与虫草和松茸相比，价格低，费人力，管理繁琐，7 月和 8 月需要中耕除草，正好与挖虫草和采松茸相冲突，因此，农民种植玛咖的积极性并不高，即使种植了玛咖也会采用覆地膜的方法，减少杂草的生长，减少除草这一环节。

据调查，2012 年丽江市共发放玛咖育苗盘 200 906 盘，实现玛咖种植面积 16 742 亩（其中古城区 6006 亩，玉龙县 9182 亩，永胜县 1333 亩，宁蒗县 221 亩），比 2011 年增加了 11 592 亩。2013 年丽江市共种植玛咖 37 800 亩（其中古城区 6067 亩，玉龙县 21 450 亩，永胜县 6183 亩，宁蒗县 4100 亩），同比增长 126%；完成收购玛咖鲜果 9467t，同比增长 125%。2014 年丽江市玛咖种植面积达到 70 086 亩，涉及全市 44 个乡镇 100 个村委会，基本覆盖了全市海拔 2800m 以上的适种山区，比 2013 年的 37 800 亩增长 85.4%；玛咖鲜果产量达 21 000t，比 2013 年增加 11 500t。

据调查，2013 年，迪庆藏族自治州的种植面积是 21 600 亩，实现玛咖鲜品总产量 2100 多吨，实现产值 5000 多万元。2014 年迪庆藏族自治州的玛咖种植面积也近 2 万亩。2011 年和 2012 年的数据没有得到，但是我们从迪庆藏族自治州农牧局下发的《关于稳步推进玛咖产业发展的意见》中了解到，迪庆藏族自治州有关玛咖种植的发展目标是到 2015 年迪庆藏族自治州玛咖种植面积达到 2 万亩以上，年产玛咖鲜品 4000t，实现农业产值 6000 万元以上，到 2020 年玛咖种植面积发展到 5 万亩，年产玛咖鲜品 1 万 t，实现农业产值 1.5 亿元以上。

从 2011 年开始零星有公司到昭通市大山包进行玛咖种植。2012 年有三家公司开始在昭阳区大山包及巧家药山镇海拔 2800～3200m 海拔区域大量引种种植。在 2012 年较大面积试种成功的基础上，2013 年在昭通市境内玛咖种植发展面积达 5200 亩左右，主要集中在昭阳区大山包、巧家药山高海拔地区进行规模化种植。据不完全统计，到 2014 年全市玛咖种植面积达 2 万亩以上。面积较大区域主要集中在大山包 1 万亩、鲁甸县新街 1500 亩、龙树 2000 亩；永善县茂林 3000 亩、马楠 2000 亩；巧家县（药山、马树、老店等）3000 亩。

根据曲靖市人民政府网站上公布的数据，2014 年，会泽县玛咖种植面积达 8 万亩，预计亩产量可实现 350kg，总产可达 2.8 万 t。

因此，丽江市、会泽县、迪庆藏族自治州和昭通市四个地区的玛咖种植面积约为 19 万亩。此外，云南省昆明市禄劝县等地的种植也颇具规模，但是相对上述四个地区来说面积较小，此次调查没有涉及，后续工作会对该地区进行补充调查。

除云南省外，我们还对四川省进行了实地考察。我们了解到，四川省玛咖种植主要集中在凉山彝族自治州、阿坝藏族羌族自治州和甘孜藏族自治州等西部高海拔地区。2013年，四川中合同创玛咖投资有限公司在甘孜州的稻城县桑堆乡进行玛咖试种，并获得成功。2014年，四川中合同创玛咖投资有限公司在甘孜州稻城县成立稻城同创玛咖生物科技有限公司，采用“公司+基地+农户”的产业化发展模式，通过流转土地1179亩建立玛咖标准化种植基地。稻城县的另外一个乡也有农民在种植，不过只有2亩左右。甘孜州的理塘县、道孚县、乡城县都有试种，试种大部分是从去年或者今年开始，其中乡城县的热打乡在乡城县卫生局的扶持下，去年就开始试种，已经试种成功，今年种植面积稍有扩大，大约有40亩。此外，乡城县的沙贡乡、燃乌乡今年有少量试种。

由于看到了玛咖的经济潜力，全国各地的政府、商家纷纷推动玛咖的种植，但是最终还是云南省丽江市的玛咖最受欢迎、最为道地。原因如下：第一，适合玛咖生长的环境具有区域性，云南省丽江市海拔高、土质好，非常适合玛咖生长，在全国范围内，能同时满足玛咖气候和土壤要求的只有西部部分省份的部分地区；第二，农耕文化是玛咖引种成功的关键，玛咖对栽培技术要求很高，从育苗移栽到中耕除草施肥都需要精心打理，云南精耕细作的传统正好迎合了玛咖对栽培技术的要求。而新疆和西藏等地主要以游牧为主在栽培这方面稍有欠缺，对玛咖的管理存在不合理的现象（图14-14，图14-15）。

图14-14　玛咖育苗（上）、除草（中）和采收（下）

图14-15　土豆（路的左侧）和玛咖（路的右侧）

14.2.7 玛咖的经济价值和社会价值

14.2.7.1 玛咖对当地经济的支撑

2012 年 3 月 5 日，云南省人民政府在丽江市召开玛咖产业发展座谈会，会议提出：由于玛咖特殊的生长环境、独特的保健功效，以及市场大、投资小、见效快、收益高的产业特点，要加大对玛咖产业发展的科技研发力度和政策扶持力度，把玛咖作为一个特色产业来培育，是顺应消费市场潮流、满足人们健康需求的重要选择，是贯彻落实省第九次党代会精神和省政府关于大力发展高原特色生态农业和实施高原扶贫开发攻坚的重要部署，是调整优化产业结构的重要举措，对促进高寒冷凉地区农民增收和地方经济发展具有重大意义。

丽江市自 2002 年引进玛咖种植，至 2012 年全市玛咖平均亩产值为 2439.6 元，扣除投入成本 700 元，种植玛咖每亩纯收入为 1739.6 元，增加农户收入 2912.4 万元，玛咖生产总产值达 4084.4 万元，加工产值 6.7 亿元，直接带动山区群众增加收入 4000 万元。据统计，2012 年，云南全省玛咖种植面积达 2.5 万亩，鲜果产量约 2000t，加工销售收入 40 亿元，玛咖成为云南特色生物产业中的后起之秀。

2013 年丽江市总产值 14.5 亿元（其中农业产值 2 亿元，工业产值 12.5 亿元），同比增长 101.4%；发放收购资金 2.0827 亿元，同比增加 1.2 亿元，直接带动全市 36 个高寒山区乡（镇）约 17 900 户，72 000 人增收 2.0827 亿元，人均增收 2893 元。

2014 年全市玛咖种植涉及全市 44 个乡镇 100 个村委会，基本覆盖了全市海拔 2800m 以上的适种山区，实现农业产值 5.5 亿，比 2013 年增加 3.5 亿元；综合产值达 40 亿，比 2013 年增长 175.8%。直接带动全市高寒山区约 3.3 万户 13 万人实现增收 3.15 亿元。

按照产业规划，2020 年，云南省玛咖种植面积将发展到 20 万亩，干品年产量达 2 万余吨，农业产值超过 25 亿元，预计加工销售收入 500 亿元。玛咖百亿产值的愿景，让云南特色生物产业再添新丁。

14.2.7.2 玛咖的营养和食用价值

1994 年，外国科学家首次系统地得出了玛咖干根中的化学组成成分：蛋白质含量为 10%以上，碳水化合物 59%，纤维 85%，内含丰富的锌、钙、铁、钛、铷、钾、钠、铜、锰、镁、锶、磷、碘等矿物质，并含有维生素 C、B_1、B_2、B_6、A、E、B_{12}、B_5，脂肪含量不高但其中多为不饱和脂肪酸，亚油酸和亚麻酸的含量达 53%以上，天然活性成分包括生物碱、芥子油苷及其分解产物异硫氰酸苄酯、甾醇、多酚类物质等。

1999 年，美国科学家发现了玛咖中含有两类新的植物活性成分——玛咖酰胺和玛咖烯，并确定这两种物质对平衡人体荷尔蒙分泌有显著作用，所以玛咖又被称为天然荷尔蒙发动机。

玛咖烯是一种不饱和脂肪酸，玛咖酰胺是玛咖烯的氨基化合物，这两种物质被推测是玛咖增强性功能的主要活性物质，对提升人的性能力具有极好的功效，虽然不是立竿见影，但却是持久的。

玛咖富含高单位营养素，对人体有滋补强身的功用，食用过的人会有体力充沛、精神旺盛、不易疲劳的感觉；适宜中老年人食补。

玛咖能促进人体新陈代谢、抵抗压力，有效改善因压力造成的忧虑症及神经衰弱等，从而提高睡眠质量；适宜城市白领等处于亚健康人调理养生。

玛咖能调节人体内分泌，消除更年期障碍、减缓衰老，对平衡人体荷尔蒙分泌有显著作用；适宜女士防治更年期综合征。玛咖能增进人体大脑活力、提高工作效率。而且，体外肝毒性实验表明，食用玛咖无毒副作用。

14.2.7.3 玛咖的生态价值

高海拔冷凉山区气候恶劣，能在这种环境下生长的植物只有青稞、土豆和油菜等，玛咖的种植能够在一定程度上缓解高海拔冷凉山区粮食及蔬菜品种单一、数量不足的矛盾。

（杨 光）

参考文献

艾中，程爱芳，孟际勇，等. 2012. 国产玛咖芥子油苷的组分分析和含量测定. 食品科技, 04: 182-186.

敖姝芳，盛惟. 2002. 野生锁阳栽培锁阳对老化相关指标作用的比较. 中国民族民间医药杂志, (5): 299-300.

柴田浩树. 1989. 汉方补剂的成分研究(1)-关于锁阳的成分. 国外医学-中医中药分册, 11(6): 36.

陈贵林，波多野力. 2007. 锁阳多酚类化合物的化学结构研究. 新疆大学学报(自然科学版), 24(增刊): 7.

陈天仁. 2003. 锁阳保健饮料生产工艺. 食品科技, (1): 65-70.

陈叶，高海宁，高宏，等. 2013. 甘肃河西走廊道地药材锁阳的分布和利用. 中兽医医药杂志, (1): 77-79.

陈永华，宁加朝. 2012. 永胜县玛咖产业发展的思考. 现代农村技, 24: 73.

丁晓丽，楚刚辉，任俊坤. 2011. 帕米尔玛咖中微量元素及重金属含量分析. 微量元素与健康研究, (5): 26-27.

丁晓丽，赵丽凤，买买提•吐尔逊，等. 2014. 帕米尔高原玛咖中绿原酸及其他营养成分分析. 山东大学学报(理学版), (5): 16-19.

杜广香，浦跃武. 2011. 超声波提取玛咖生物碱的工艺研究. 广东农业科学, (3): 74-76.

段欢，高齐，雷晗，等. 2014. 生物碱应用的研究进展. 饮料工业, (2): 46-49.

丰先红，李健，唐明先，等. 2014. 玛卡引种试验研究. 现代农业科技, (2): 100-101.

冯颖，何钊，徐珑峰，等. 2009. 云南栽培玛咖的营养成分分析与评价. 林业科学研究, (5): 696-700.

符波，乔晶，堵年生. 1997. 中药锁阳的微量元素与氨基酸分析. 新疆医科大学学报, (2): 60-61.

高大方，张泽生. 2012. 不同生态型云南引种玛咖的多糖含量及多糖纯化工艺研究. 安徽农业科学, 36: 17756-17757.

高乃群，曹玉华，陶冠军. 2010. 锁阳原花青素的 HPLC-MS 分析. 现代化工, 30(10): 90-93.

国家药典委员会. 2010. 中华人民共和国药典 2010 年版第一部. 北京:中国医药科技出版社.

胡天祥. 2011. 南美高原植物玛咖的研究进展. 中医临床研究, (19): 116-117.

姜锡洲. 异硫氰酸酯类化合物在前列腺疾病及皮肤癌中的应用 CN: 200610126892. 3, 2006-9-11.

金文闻，王晴芳，李硕，等. 2009. 新疆产玛咖的挥发油成分研究. 食品科学, 12: 241-245.

金文闻，张永忠，敖明章，等. 2007. 玛咖和西洋参皂苷合用对小鼠免疫功能的影响. 中国新药杂志, 01: 45-48.

兰玉倩，谭美. 2014. 丽江玛咖总多酚提取工艺的研究. 食品工程, (1): 21-23.

雷冰坚，马健雄. 2014. 钩藤生物碱类化学成分研究进展. 华西医学, (3): 592-594.

李丽华，张涛. 2010. 锁阳水提液对衰老模型小鼠肝线粒体能量代谢的影响. 中国老年学杂志, 30(12): 1713-1714.

李茂言，何利城，延自强. 1991. 锁阳水提物对小鼠糖皮质激素的影响. 甘肃中医学院学报, 8(1): 50-50.

李萌，张根衍，潘桂湘. 2014. 乌头类生物碱稳定性研究. 辽宁中医药大学学报, (1): 52-55.

李圣各，苏钰清，马冬珂，等. 2014. 唐松草属植物中生物碱类化学成分和药理作用的研究进展. 现代药物与临床, (3): 312-321.

李薇. 2003. 河西走廊的道地药材——锁阳. 甘肃中医, 17(3): 28-29.

丽江格林恒信生物种植有限公司科学种植玛咖优化高寒山区的产业结构. 2009. 云南科技管理, (1): 50.

吕英英，高丰，俞腾飞，等. 2000. 锁阳多糖的含量测定. 中国民族医药杂志, 6(增刊): 63.

罗堵子，张弘，郑华，等. 2011. 超声波微波协同提取玛咖总生物碱. 食品工业科技, (12): 354-358.
马超美，贾世山，孙韬，等. 1993. 锁阳中三萜及甾体成分的研究. 药学学报, 28(2): 152.
马超美，中村宪夫，服部征雄，等. 2002. 锁阳的抗艾滋病毒蛋白酶活性成分(2)-齐墩果酸丙二酸半酯的分离和鉴定. 中国药学杂志, 37(5): 336.
孟倩倩，曾晓鹰，杨叶坤，等. 2013. 云南丽江栽培玛咖的挥发性成分分析. 精细化工, (4): 442-446.
孟倩倩. 2013. 香椿、云南小粒咖啡和玛咖的化学成分及生物活性研究. 合肥工业大学硕士学位论文.
聂东升，戚飞，李颂，等. 2013. 玛咖对性功能影响及相关健康功效研究进展. 中国性科学, (9): 10~12, 25.
浦跃武，王金全. 2009. 玛咖多糖的抗氧化性研究. 安徽农业科学, (28): 3803-3805.
齐艳华，苏格尔. 2000. 锁阳的研究进展. 中草药, 31(2): 146.
邱桐，延自强，李萍，等. 1994. 盐锁阳与锁阳对小鼠睾丸、附睾和包皮腺组织学的比较研究. 中药药理与临床, 10(5): 22-25.
曲淑慧，吴红平，胡时先. 1991. 中药锁阳化学成分初探. 新疆医学院学报, 14(3): 207.
单云，孙晓东，杜萍，等. 2011. 丽江产玛卡根茎裂解-气相色谱-质谱分析. 食品科学, 24: 244-247.
盛惟，徐东升. 2000a. 天然锁阳与栽培锁阳抗衰老作用的比较. 中国民族医药杂志, 6(4): 39-40.
盛惟，周红城，白伟. 2000b. 天然锁阳栽培锁阳中多糖的含量测定. 中国民族医药杂志, 6(增刊): 62.
石刚刚，屠国瑞，王金华，等. 1989. 锁阳对小鼠免疫机能及大鼠血浆睾酮水平的影响. 中国医药学报, 4(3): 27-28.
石闻华. 2009. 高速逆流色谱法分离药用植物锁阳中多酚类化合物. 内蒙古大学硕士学位论文.
宋倍源，蒲玉华. 2013. 新疆塔什库尔干县帕米尔高原玛咖栽培技术. 新疆畜牧业, (12): 52-54.
苏格尔，刘基焕. 1994. 锁阳(*Cynomorium songaricum* Rupr.)不同生育期营养成分的动态研究. 内蒙古大学学报(自然科学版), 25(2): 197-204.
孙晓东，唐辉，杜萍，等. 2013. 丽江玛咖的营养成分分析及多糖体外的抗氧化作用. 光谱实验室, (5): 2365-2371.
陶晶，徐文豪. 1999. 锁阳茎的化学成分及其药理活性研究. 中国中药杂志, 24(5): 292-294.
王进，罗光宏，陈叶，等. 2011. 锁阳寄主植物的一个国内新记录——多裂骆驼蓬. 中国中药杂志, 36(23): 3244-3246.
王丽卫，赵兵，杨勇武. 2013. 玛咖的研发及产业化. 高科技与产业化, (7): 62-67.
王晓梅，张倩，热娜•卡斯木，等. 2011. 锁阳全草化学成分的研究. 中草药, 42(3): 458-460.
卫生部. 2011. 高学敏. 2000. 中药学. 北京：人民卫生出版社.
卫生部. 2011. 关于批准玛咖粉作为新资源食品的公告.中国食品卫生杂志, (4): 288.
武德全，董玉玺. 塔什库尔干玛卡试种成功. 喀什日报(汉), 2009-11-05001.
肖培根，刘勇，肖伟. 2001. 玛卡-全球瞩目的保健食品. 国外医药-植物药册, 16(6): 236-237.
谢荣芳，瞿熙. 2008. 玛卡引种及栽培技术. 云南农业科技, (4): 42-43.
熊亚. 2007. 青海锁阳自然资源及应用前景. 安徽农业科学, 35(10): 3024-3026, 3055.
徐秀芝，张承忠，李冲. 1996. 锁阳化学成分的研究. 中国中药杂志, 2(11): 676.
徐忠志. 2013. 丽江玛咖标准化种植存在的问题及对策. 致富天地, (12): 11.
延自强. 1994. 对锁阳小鼠与氢可小鼠模拟肾阳虚病理模型的评价. 北京实验动物科学与管理, 11(3): 53-56.
杨洪军，黄璐琦. 2011. 中药饮片用量标准研究. 福州：福建科学技术出版社.
杨洋，陈永菊. 2014. 禄劝县玛卡引种试验示范. 农业开发与装备, (5): 66-67.
余金龙，金文闻. 2003. 国际良种一药食两用植物 MACA. 武汉：华中科技大学出版社.
余龙江，金文闻，李为，等. 2003. 南美植物玛咖的研究进展. 中草药, (2): 105-107.
余龙江，金文闻，吴元喜，等. 2002. 玛咖的植物学及其药理作用研究概况. 天然产物研究与开发, 14(5): 71-74.
余龙江，金文闻. 2004. 玛咖(*Lepidium meyenii*)干粉的营养成分及抗疲劳作用研究. 食品科学, 25(1): 164-166.
余龙江，梅松，金文闻，等. 2003. 玛咖提取物对雄性小鼠性活力的影响. 中国新药杂志, 12: 1014-1015.
俞腾飞，田向东，朱惠珍. 1994. 锁阳三种总成分耐缺氧及对血小板聚集功能的影响. 中国中药杂志, 19(4): 244-246.
袁毅君，赵国珍，郭红英. 2001. 锁阳的抗疲劳抗缺氧效应及血红蛋白含量的影响. 天水师范学院学报, 21(2): 49.
张百舜，鲁学书，张润珍，等. 1990. 锁阳通便有效组分的研究. 中药材, 13(10): 36-36.
张百舜，张润珍，鲁学书. 1991. 锁阳鞣质类型分析及含量测定. 中药材, 14(9): 36.
张百舜. 锁阳对肠功能的影响. 1989. 西北药学杂志, 4(1): 6.
张丙云，周青钰. 2002. 锁阳的研究现状及开发. 酿酒, 29(4): 72-73.
张静，李慧，周雯，等. 2013. 玛咖粉对小鼠的抗疲劳作用及其机制研究. 卫生研究, (6): 1046-1049.
张倩，热娜•卡斯木，王晓梅，等. 2007. 锁阳花序中黄酮类化学成分的研究. 新疆医科大学学报, 30(5): 466-468.
张思巨，王怡薇，刘丽，等. 2007. 锁阳化学成分研究. 中国药学杂志, 42(13): 975-977.
张思巨，张淑云，扈继萍. 2001. 锁阳多糖的研究. 中国中药杂志, 20(6): 243.
张思巨，张淑运. 1990. 常用中药锁阳的挥发性成分研究. 中国中药杂志, 15(2): 39.

张永忠, 程华. 2008. 玛咖提取物的激素样活性实验研究. 时珍国医国药, (8): 1874-1875.
张永忠, 余龙江, 敖明章. 2008. 玛咖醇提取物对去卵巢大鼠内分泌激素及血脂水平的影响. 中国新药杂志, (24): 2112-2114, 2121.
张永忠, 余龙江, 金文闻, 等. 2005. 玛咖多糖抗氧化保健作用研究. 食品科技, (8): 97-99.
张永忠, 余龙江, 万军梅, 等. 2007. 玛咖醇提物对正常小鼠免疫功能的影响. 天然产物研究与开发, (2): 274-276.
章明, 薛德钧. 1995. 肉苁蓉和锁阳糖类成分含量测定. 江西中医学院学报, 7(1): 24.
赵小红, 施大文. 1994. 壮阳中药锁阳的微量元素分析. 中药材, 17(11): 32-32.
赵永青, 汤晓琴. 2001. 锁阳对耐力训练大鼠小脑 Purkinje 氏细胞线粒体超微结构的影响. 中国运动医学杂志, 20(4): 373-374.
中国科学院中国植物志编辑委员会. 2000. 中国植物志(第 53 卷). 北京: 科学出版社: 152-154.
中华人民共和国卫生部. 2003. 保健食品检验与评价技术规范. 北京: 中华人民共和国卫生部: 87-93.
Chacón G. 1990. La maca (*Lepidium peruvianum* Chacón sp. nov.)y su habitat. Revista Peruana de Biologia, 3: 171-272.
Cicero A F G, Piacente S, Plaza A, et al. 2002. Hexanic Maca extract improve's rat sexual performance more effectively than methanolic and Chlovoformic Maca extracts. Andrologia, 34(3): 177-179.
Cui B, Zheng B L, He K, et al. 2003. Imidazole alkaloids from Lepidium meyenii. J NatProd, 66(8): 1101-1103.
Dini A, Migliuolo G, RastrelliL, et al. 1994 Chemical composition of Lepidium megenii. Food Chemistry, 49: 347-349.
Dini I, Tenore G C, Dini A. 2002. Glucosinolates from maca (*Lepidium meyenii*). Biochemical Systematics and Ecology, 30: 1087-1090.
Feret B. 2005 . Dapoxetine: a novel, fast-acting serotonin reuptake inhibitor. Formulary, 40 (7): 227 - 230.
Garró V. 1996. Investigación Química y Biológica de Lepidium meyenii Walp. (Maca). Universidad Nacional Mayor de San Marcos. Lima, Perú.
Gasco M, Villegas L, Yucra S, et al. 2007. Dose-response effect of Red Maca (*Lepidium meyenii*)on benign prostatichy perplasia induced by testosterone enanthate. Phytomedicine, 14(7-8): 460-464.
Gonzales G F, Gasco M, Malheiros-Pereira A, et al. 2008. Antagonistic effect of Lepidium meyenii (red maca)on prostatic hyperplasia in adult mice. Andrologia, 40(3): 179-185.
Gonzales G F, Gonzales C. 2009. Gonzales-Castaneda C, *Lepidium meyenii*(Maca): a plant from the highlands of Peru—from tradition to science. Forsch Komplementmed, 16(6): 373-380.
Halkier B A, Gershenzon J. 2006. Biology and bioch mistry of glucosinolates. Annual Review of Plant Biology, 57 (1): 303-333.
Hecht S S, Kenney P M J, Wang M, et al. 2000. Effects of phenethyl isothiocyanate and benzyl isothiocyanate, individually and incombination, on lung tumorigenesis induce din A/Jmiceby benzo[a]pyreneand4-(methy lnitrosamino)-1-(3-pyridyl)-1-butanone. Cancer Lett, 150(1): 49-56.
Lee K J, Dabrowski K, Rinchard J. 2004. Supplementation of maca (*Lepidium meyenii*)tuber meal in diets improves growth rate and survival of rainbow trout Oncorhynchus mykiss (Walbaum)alevins and juveniles. Aquaculture Research, 35(3): 215-223.
Ma C M, Nakamura N, Miyashiro H, at al. 1999. Inhibitory effects of constituents from Cynomorium songuricum and related triterpene derivatives on HIV-1 protease. Chcm Pharm Bull, 47(2): 141-145.
Mendoza J D V, Pumarola T, Gonzales L A, et al. 2014. Antiviral activity of maca (*Lepidium meyenii*)against human influenza virus. Asian Pac J Trop Med, 7S1: S415-20.
Muhammad I, Zhao J P, Dunbar D C, et al. 2002. Constituents of Lepidium meyenii'maca'. Phytochemistry, 59(1): 105-110.
National Research Council. 1989. Lost Crops of the Incas: Little Known Plants of the Andes with Promise for World wide Cultivation. Washington DC: National Academy Press.
Piacente S, Carbone V, Plaza A, et al. 2002. Investigation of the tuber constituents of maca (*Lepidium meyenii* Walp.). J Agric Food Chem, 50(20): 5621-5625.
Reichelt M, Brown P D, Schneider B, et al. 2002. Benzoicacid glucosinol ateesters and other gluc osinolates from *Arabidopsis thaliana*. Phytochemistry, 59 (6): 663-671.
Rubio J, Dang H, Gong M, et al. 2007. Aqueous and hydroalcoholic extracts of Black Maca (*Lepidium meyenii*)improve scopolamine -induced memory impairment in mice. Food Chem Toxicol, 45(10): 1882-1890.
Saito H, Nishiyama N, Fujimori H, et al. 1983. Effects of drugs on sex and learning behaviors and tyrosine hydroxylase activities of adrenal gland and hypothalamic region in chronic stressed mice. Stress: The Role of Catecholamines and Other Neurotransmitters, Gordon and Breach, New York: 467-480.
Sandoval M, Okuhama N N, Angeles F M, et al. 2002. Antioxidant activity of the cruciferous vegetable Maca (*Lepidium meyenii*). Food Chemistry, 79(2): 207-213.
Stone M, Ibarra A, Roller M, et al. A pilot investigation into the effect of maca supplementation on physical activity and sexual desire in sportsmen. 2009. Journal of Ethnopharmacology, 126: 574–576.
Tellez M R khan IA, Kobaisy M, et al. 2002. Composition of the essential oil of *Lepidium meyenii*(Walp.)61(2): 149-155.

Uchiyama F, Jikyo T, Takeda R, et al. 2014. *Lepidium meyenii*(Maca)enhances the serum levels of luteinising hormone in female rats. Journal of Ethnopharmacology, 151: 897–902.

Wade K L, Garrard I J, Fahey J W. 2007. Improved hydrophilic interaction chromatography method for the identification and quantification of glucosinolates. Journal of Chromatography, 1154: 469-472.

Wang Y L, Wang Y C, Brian M N, et al. 2007. Maca: An Andean crop with multi-pharmacological functions. Food Research International, 40(7): 783-792.

Xu K, Thornalley P J. 2000. Studies on the mechanism of the inhibition of human leukaemia cell growth by dietary isothiocyanates andtheir cysteinead ducts in vitro. Biochem Pharmacol, 60(2): 221-223.

Zheng B L, He K, Kim CH, et al. 2000. Effect of alipidic extract from *Lepidium meyenii*on sexual behavior in mice and rats. Urology, 55: 598-602.

15 海水养殖的环境经济成本效益分析：以象山港为例

15.1 网箱养殖的成本收益核算

15.1.1 象山港网箱养殖概述

目前，全球范围内海洋捕捞产量急剧下降，海产品需求的增长在更大程度上依靠迅速发展的海水养殖业，网箱养殖业在其中占据了主要地位（徐永健和钱鲁闽，2004）。中国的海水网箱养殖始于20世纪80年代初。

网箱养殖是一种高投入、高产出、高风险、高效益的生产方式，很适合大水面的集约化操作，所以目前国内外网箱养殖的发展比较迅速。随着养殖规模的扩大和养殖强度的增加，未食的残饵和养殖体的排泄物等对养殖水体以及周围水环境的影响已经越来越突出，如渔场老化、鱼病增加、养殖水体富营养化等使得养殖不能继续。

网箱养殖是一种精养或半精养的养殖模式，其养殖活动不仅改变了养殖水体原来的生态结构，而且不断积累的有机污染物以及残留的药物还会影响整个水体，导致水质降低、水环境恶化，最终影响水产养殖的自身发展。

象山港现有的海水养殖有池塘养殖、工厂化养殖、网箱养殖、筏式养殖和滩涂养殖等形式，主要养殖种类为鱼类、虾类、蟹类。

海水养鱼常用的网箱类型有浮动式网箱、固定式网箱和沉下式网箱三种；从外形上又可分为方形、圆形和多角形；从组合形式上可分为单个网箱和组合式网箱。

15.1.1.1 浮动式网箱

这种网箱是将网衣挂在浮架上，借助浮架的浮力使网箱浮于水的上层，网箱随潮水的涨落而浮动，保证养鱼水体不变。这种网箱移动较为方便，其形状多为方形，也有圆形的。

目前我国海水养鱼用网箱主要是浮动式，其基本结构都是由浮架、箱形（网衣）、沉子等组成。

1）浮架

浮架由框架和浮子两部分构成。

内湾型的网箱多采用东南亚平面木结构组合式。这种网箱常常6个、9个或12个组合在一起，每个网箱为3m×3m、4m×4m、5m×5m的框架。框架以8cm厚、25cm宽的木板连接，接合处以铁板和大镙丝钉固定。框架的外边，每个网箱加2个50cm×90cm的圆柱形泡沫塑料浮子（浮力大于150kg），网箱内边每边（长3m）加1个浮子。架上缘高出水面 20cm 左右。近海型的网箱由于海区比内湾风浪大，框架结构采用三角台型钢结构。框架每边为 3 根平行的、内径为 0.03m 或 0.038m 镀锌管构成，其横截面为三角形，四个边相连，使整体为正方形。边长（内边）为 4m、5m、6m 不等。4m×4m 的框架每边均匀放置 2 个前述 150kg 浮力的浮子。

2）箱体

箱体亦即网衣，其材料有尼龙、聚乙烯或金属（铁、锌等合金）等，国内多采用聚乙烯网线（14 股左右）编结。其水平缩结系数要求为 0.707，以保证网具在水中张开，可用手工单死结编结，也可以从网厂购进。

网衣的形状随框架而异，大小应与框架相一致。网高随低潮时水深而异，一般网高为 3～5m。网衣网目应根据养殖对象的大小而定，尽量节省材料并达到网箱水体最高交换率为原则，最好以破一目而不能逃鱼为度。

网衣的设置有单层和双层两种，一般采用单层者居多，水流畅通，操作方便，但不安全。双层网一般是里面一层网目小些，外面一层网目大些，以利水流畅通。

网衣挂在框架上，一般要高出水面 40～50cm，必要时可在网箱顶面加一盖网，以防逃鱼和敌害侵袭。盖网多用合成纤维细网线编制而成，有的也用塑料遮光，以减弱阳光的直射，降低藻类附生程度，增加摄食和安全感。

网衣用网片装配而成，有的用 6 块网片缝合而成，其中上面的一块网片网目大些。也有的采用一长网片折绕成网墙，再加缝隙网底和盖网。网箱四周和上下周边都要用一定粗度的网筋加固。上周边的大小与框架匹配并用聚乙烯绳固定在框架内框的钢管上，最后将底框装在网箱底部。

3）沉子

网衣的底部四周要绑上铅质、石头或砂袋沉子，以防止网箱变形。海水鱼网箱的沉子，一般是在网衣的底面四周，装上一个比上部框架每边小 5cm 的底框。底框可由 0.025～0.03m 镀锌管焊接而成，也可以在底框的四角各缚几块砖头或石块，以调节重力。

15.1.1.2　固定式网箱

适用于潮差较小的海湾。网箱固定于插在浅海海底的水泥桩之上，所以不随潮水涨落而沉浮，但箱内水的体积却随水位的涨落而变动。网箱的形状不会因受海流的影响而变形。

15.1.1.3　沉下式网箱

整个网箱沉入海水中，在上部留有投饵网口。网箱位于水层中间，网箱内的水体体积不变，在风浪袭击时不易受损，可用于暖水性鱼类越冬或冷水性鱼类渡夏。

象山港潮差较大，网箱多采用 3×3 的浮动方形组合式网箱。2012 年象山港网箱养殖总面积为 13 358 亩，主要养殖种类是鲈鱼、美国红鱼、鲷鱼、大黄鱼、河豚鱼。产量合计为 21+8751+117=8889t，产值为 756+15 503+748=17 007 万元（表 15-1 和表 15-2）。

表 15-1　2012 年象山港海水网箱养殖统计

鱼类（河鲀）			鱼类（鲈鱼、美国红鱼、鲷鱼、大黄鱼）			其他		
面积/亩	产量/t	产值/万元	面积/亩	产量/t	产值/万元	面积/亩	产量/t	产值/万元
110	21	756	12 908	8751	15 503	340	117	748

表 15-2　2012 年象山港周边海水养殖（网箱养殖）统计

海区	汇水区	行政区	鱼类（河鲀）			鱼类（鲈鱼、美国红鱼、鲷鱼、大黄鱼）			其他		
			面积/亩	产量/t	产值/万元	面积/亩	产量/t	产值/万元	面积/亩	产量/t	产值/万元
I	1	春晓镇	—	—	—	180	76	228	—	—	—
	2	瞻歧镇	—	—	—	—	—	—	—	—	—
	3	咸祥镇	—	—	—	—	—	—	—	—	—
	4	塘溪镇、横溪镇东南部7个村	—	—	—	—	—	—	—	—	—
	19	贤庠镇、黄避岔乡北部3个村	—	—	—	648	230	837	—	—	—
	20	涂茨镇北部 11 个村	—	—	—	—	—	—	—	—	—
	I 汇总		0	0	0	828	306	1065	0	0	0
II	5	松岙镇	—	—	—	100	13	160	—	—	—
	18	黄避岔乡中部 7 个村	—	—	—	2918	1034	3770	—	—	—
	II 汇总		0	0	0	3018	1047	3930	0	0	0
III	16	墙头镇、西周镇蚶岙村	—	—	—	2711	4862	2508	—	—	—
	17	大徐镇大部分（除 3 个村外）、黄避岙乡南部 6 个村	—	—	—	1234	437	1593	—	—	—
	III汇总		0	0	0	3945	5299	4102	0	0	0
IV	6	裘村镇	—	—	—	1520	420	1200	—	—	—
	15	西周镇大部分（除蚶岙村外）	—	—	—	289	50	207	—	—	—
	IV汇总		0	0	0	1809	470	1407	0	0	0
V	7	莼湖镇东部 3 个村	—	—	—	218	84	257	29	11	23
	21	强蛟镇胜龙村	31	6	212	191	139	403	—	—	—
	V 汇总		31	6	212	410	223	660	29	11	23
VI	8	莼湖镇中部（除东部 3 个村和西部 17 个村外）	—	—	—	1267	486	1490	170	66	133
	9	西店镇，莼湖镇西部 17 个村	—	—	—	1142	566	1818	62	24	49
	10	深圳镇大部分（除西部 3 个村外），梅林街道大部分（除东南部 7 个村外）	—	—	—	—	—	—	—	—	—
	11	桥头胡街道北部 2 个村，强蛟镇加爵科村	7	1	48	44	32	92	7	1	48
	VI汇总		7	1	48	2453	1084	3400	239	92	230
VII	12	强蛟镇（除 2 个村外）	72	14	495	445	323	940	72	14	495
	13	桃源街道大部分（除瓦窑头村外）、梅林街道东南部 7 个村、桥头胡街道大部分（除北部 2 个村外）	—	—	—	—	—	—	—	—	—
	14	大佳何镇	—	—	—	—	—	—	—	—	—
	VII汇总		72	14	495	445	323	940	72	14	495
		总计	110	21	756	12908	8751	15503	340	117	748

注：资料来源于象山港周边各县市区海洋与渔业局提供的统计数据，其中象山县为 2013 年数据；北仑春晓镇为 2011 年统计数据；宁海、奉化、鄞州均为 2012 年统计数据；“—”表示无相关统计资料。由于黄避岙乡、莼湖镇、强蛟镇、桥头胡街道分别跨两个或三个汇水区，因此根据实际养殖情况将其在各汇水区内分配。

15.1.2 网箱养殖成本核算

15.1.2.1 成本项目确认

网箱养殖成本是指养殖期间为生产一定数量水产品而消耗的各种物质投入和活劳动的综合。根据《宁波市不同用海类型不同等别海域使用金征收标准》，象山港内的网箱养殖用海海域使用金征收标准为每年 0.113 万元/hm^2。因此，参考廖红梅等（2012）等在福建宁德的研究，根据本报告研究内容并结合《全国农产品成本收益资料汇编》中的成本核算方法，我们将象山港内开放式用海的网箱养殖成本分为用海成本、物质成本和人工成本三类。其中，用海成本为根据实际养殖面积折算的海域使用金年缴纳量，物质成本包括固定成本、饵料成本、鱼苗成本以及当期各项其他费用，人工成本包括家庭劳动用工成本和雇工成本两部分。

15.1.2.2 成本要素的确认与计量

1）用海成本

2012 年象山港网箱养殖总用海面积 13 358 亩，折合海域使用金每年应缴纳 13 358 亩 ÷15 亩/hm^2×0.113 万元/hm^2=100.630267≈100 万元。平摊至每千克的用海成本为 100 万元/8889t≈0.11 元/kg。

2）物质成本

（1）固定成本：包括养殖用网箱、管理房、运输船等固定资产及其他各种渔需物资，根据资产原始造价及养殖户提供的实际使用年限计提折旧。

（2）饵料成本：指直接用于大黄鱼、鲈鱼、美国红鱼等成鱼养殖的冰鲜小杂鱼饲料和人工配合饲料，根据饲料适时价格及全年饲料用量计量。

（3）鱼苗成本：指外购的或自家培育的直接用于大黄鱼、鲈鱼、美国红鱼等成鱼养殖的鱼苗、鱼种，根据投放量及实际购买价格或当期市场价格核算。

（4）当期各项其他费用：指大黄鱼、鲈鱼、美国红鱼等成鱼养殖生产经营期间发生的维修费、渔药费、电费及柴油费等，根据核算周期内实际发生额计量。

3）人工成本

（1）家庭劳动用工成本：指养殖户及其家庭成员在大黄鱼、鲈鱼、美国红鱼等养殖生产过程中耗费的劳动按一定方法和标准折算的成本，用家庭劳动人数及雇佣劳动全年薪资的乘积计量核算。

（2）雇工成本：指因雇佣他人（如临时工、合同工等）劳动而实际支付的所有费用，包括雇佣人员的工资、食宿费、奖金、福利费及工资性津贴等。

成本计算公式

$$总成本 = 用海成本 + 物质成本 + 人工成本$$

其中：

$$用海成本 = 网箱养殖用海面积 \times 单位面积年缴纳海域使用金量$$

$$物质成本 = 固定成本 + 饵料成本 + 鱼苗成本 + 当期各项其他费用$$

$$人工成本 = 家庭劳动用工成本 + 雇工成本;$$

单位成鱼养殖成本 = 总成本 / 成鱼产量

15.1.2.3 养殖成本

浙、闽两地均属亚热带海洋气候，海洋物种习性相近，海水温度也较接近，具有一定自然相似性；同时，浙、闽两地沿海经济均比较发达，人工成本、企业成本亦比较相近。故本报告对于大黄鱼的养殖成本参考廖红梅（廖红梅等，2012）在福建宁德的研究成果，大黄鱼网箱养殖的不同规模成本从 15.16 元/kg 到 21.74 元/kg 不等，平均成本为 19.1 元/kg。加上象山港内的用海成本 0.11 元/kg，则象山港内的大黄鱼网箱养殖成本为 15.27 元/kg 到 21.85 元/kg 不等，平均成本为 19.21 元/kg。

15.1.3 网箱养殖收益核算

15.1.3.1 水产品收入

在市场经济条件下，养殖企业和个体养殖户生产经营的主要目标之一在于追求利润最大化。收入是利润的来源，因此，取得收入是养殖主体日常经营活动最主要的目标之一。对水产养殖企业而言，收入主要指在销售水产品、提供劳务和让渡资产使用权等日常活动中所形成的经济利益的总流入；对单一的养殖户来说，收入指的是其出售养殖水产品所获得的销售收入，通常情况下可用产值来表示。

15.1.3.2 水产品养殖收益

水产品养殖收益可以通过净利润和现金收益两种来表示。净利润是指养殖主体出售其养殖水产品所获得的销售收入扣除养殖生产期间投入的资本、劳动力和海域使用金等投入要素总成本之后的余额，是衡量养殖经济效益的重要指标。对水产养殖企业而言，计算净利润时还需减去企业所得税。因此，净利润的计算公式为

净利润=水产品销售额–养殖总成本（适用于非企业养殖主题）

净利润=水产品销售额–养殖总成本–所得税（适用于养殖企业，且根据海水养殖减半征收所得税的优惠政策，应纳所得税税率为 12.5%），根据大黄鱼成鱼养殖的成本构成，水产品销售额=水产品单价×产量

养殖总成本=用海成本 + 物质成本+人工成本，

因此，水产品养殖经济效益的好坏取决于水产品养殖成本、生产价格以及养殖水产品产量三者之间的量化关系。

参考廖红梅等（2012）对宁德的大黄鱼研究结果，扣除象山港内的养殖用海成本，则大黄鱼成鱼单位产品收益为 3.12～5.17 元/kg，平均为 4.89 元/kg。

为方便统计，将象山港内所有养殖鱼类按大黄鱼进行统计，如以大黄鱼养殖的平均收益计，象山港 2012 年网箱养殖的经济收益为 2773 万元（3.12×8889×1000=27 733 680 元≈2773 万元）至 4596 万元（5.17×8889×1000=45 956 130 元≈4596 万元）。按平均水平计算，2012 年当年象山港网箱养殖经济收益为 4347 万元（4.89×8889×1000=43 467 210 元≈ 4347 万元）。

如以大黄鱼的平均养殖成本计，象山港 2012 年网箱养殖总产量为 8889t，如按照养殖平均成本为 19.21 元/kg 计，则 19.21 元/kg × 8889t×1000kg/t=170 757 690 元≈17 076 万元，已经低于当年的总产值 17 007 万元。按照养殖成本最低值 15.16 元/kg 计，则 15.61 元/kg × 8889t × 1000 kg/t=138 757 290≈13 876 万元，当年养殖经济收益为 17 007–13 876= 3131 万元。

由于对象山港内的网箱养殖难以做到细致的单箱统计水平，本书中扣除实际生产中不可能出现的结果，将几种不同口径的计算结果进行汇总，取平均值 3712 万元作为 2012 年象山港网箱养殖的经济收益（表 15-3）。

表 15-3　2012 年象山港网箱养殖收益水平统计表

	单位效益	2012 年产量/t	经济收益/万元
单位产品最低收益	3.12 元/kg	8889	2773
单位产品最高收益	5.17 元/kg	8889	4596
单位产品平均收益	4.89 元/kg	8889	4347
当年实际产值－养殖成本最低计算值	15.27 元/kg	8889	3131
平均			3712

15.2　网箱养殖的生态环境影响

网箱养殖作为人类生产活动，其占用了一定生态空间，是将物质（饵料）和能量聚集的一种行为。本节将从生物多样性和生态系统服务的角度分析网箱养殖活动对于生态环境的影响。

15.2.1　生物多样性

15.2.1.1　网箱区与对照区底栖生物的生物量、栖息密度、多样性

作为海洋生态系统的重要组成部分，大型底栖动物通过参与碳、氮、硫等元素的生物地球化学循环，共同维系着海洋生态系统的结构和功能。它们通过自身的活动与周围环境以及污染物质之间进行相互作用，因此对环境污染具有较好的指示作用。象山港作为典型的半封闭海湾，其水交换能力较弱，港顶处 90%水交换周期约为 80 天左右，因此污染物的稀释扩散能力弱，海水养殖产生的污染物质长期滞留湾内，对海域生态环境的影响尤为显著。本书引用廖一波等（2011）、顾晓英等（2010）、高爱根等（2003；2005）的研究成果评估象山港网箱养殖对底栖生物生态的影响。

1）材料与方法

（1）研究航次和站位布设：于 2009 年 2 月对象山港顶部的海带养殖区（LC）、牡蛎养殖区（OC）和鱼类网箱养殖区（FC）的大型底栖动物进行了定量采样，见图 15-1。调查站位布设分别为养殖区中心站、养殖区边缘站，以及分别距离养殖区边缘 50 m、100 m 和 1000 m 共 5 个站位。海带、牡蛎和网箱养殖区中心点的经纬度分别为：121°34′27″E，29°29′45″N；121°29′44″E，29°29′58″N；121°32′3″，29°30′35″。

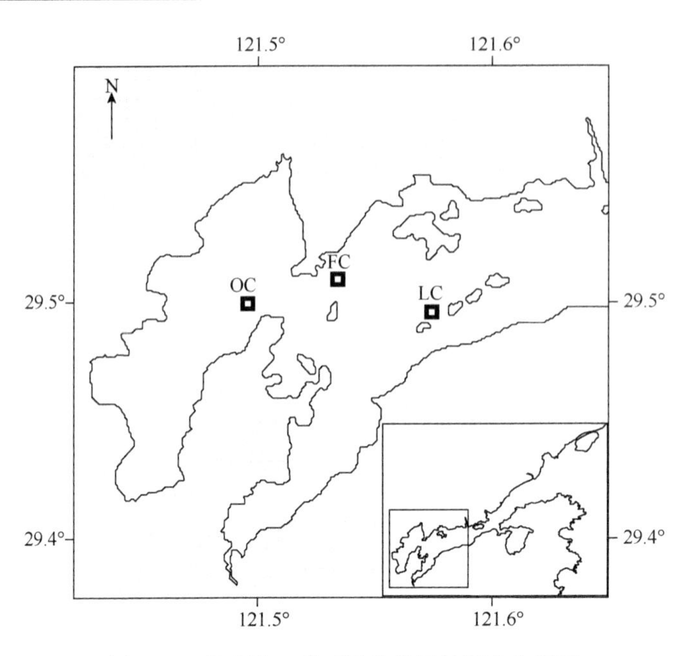

图 15-1　象山港三种不同养殖区的调查位置图

（2）样品采集、处理与分析：使用 Van Veen 0.1 m^{2}采泥器取样，样品用 0.5 mm 孔径的网筛筛洗，用 5%的福尔马林固定，每站平行取样 4 次。在实验室里进行分类鉴定、个体计数及称重（湿重）等工作。样品的采集、处理、保存、计数和称量等均按照《海洋调查规范》（GB/T 12763.9—2007）操作。

（3）环境因子：环境因子有底层海水的温度、盐度和溶解氧，表层沉积物的硫化物、总有机碳、总氮和总磷。海水的温度和盐度利用 YSI 30 型仪器测定，溶解氧利用碘量法测定；沉积物的硫化物、总有机碳、总氮和总磷分别利用离子选择电极法、热导法、凯氏滴定法和分光光度法测定。各环境因子的变化情况见表 15-4。不同养殖区的底质类型存在差异，牡蛎养殖区为碎贝壳含量较高的贝壳砂类型，而海带养殖区和鱼排区均为粉砂质黏土类型底质。

表 15-4　不同养殖区环境因子的理化性状（平均值±标准差）

环境因子	范围					
	海带养殖区	N	牡蛎养殖区	N	网箱养殖区	N
温度/℃	10.6±0.1	5	11.5±0.1	5	10.8±0.2	5
盐度	24.1±0.2	5	24.2±0.2	5	24.6±0.3	5
溶解氧（DO）/（mg/L）	9.06±0.03	5	9.27±0.13	5	9.10±0.03	5
硫化物/（μg/kg）	12.94±18.45	5	19.38±27.20	5	519.62±611.52	5
总有机碳（TOC）/%	0.85±0.10	5	0.99±0.16	5	1.00±0.09	5
总氮/%	0.117±0.009	5	0.113±0.016	5	0.118±0.018	5
总磷/%	0.056±0.003	5	0.050±0.006	5	0.077±0.034	5

（4）数据处理与分析

物种优势度指数（Y）：$Y = P_i \times f_i$

式中，P_i 为养殖区种 i 的个体数占总个体数的比例；f_i 为种 i 在养殖区内各站位出现的频率，当 $Y>0.02$ 时，该种为优势种。

采用典范对应分析（canonical correspondence analysis，CCA）对象山港不同养殖区大型底栖动物群落与环境因子的关系进行分析，该分析在 Canoco for Windows 4.53 中完成，利用 Monte Carlo 检验 CCA 排序的所有轴的显著性。采用丰度/生物量比较曲线（ABC 曲线）来分析象山港不同养殖区大型底栖动物群落受污染或其他因素的扰动状况。利用 STATISTICA 6.0 统计软件包分析所有数据。数据在作参数统计分析前，分别进行正态性（Kolmogorov-Smirnov test）和方差同质性（Bartlett test）检验。利用养殖区和调查站位为因子的双因子方差分析、Tukey 多重比较等分析处理相应的数据，描述性统计值用平均值±标准差表示，显著性水平设置为 $\alpha=0.05$。

2）结果

（1）种类组成：调查共发现大型底栖动物 73 种，隶属 8 门 12 纲 53 科，以环节动物和软体动物为主，两类合计达 42 种，占总种类数的 57.5%。

（2）优势种：不同养殖区大型底栖动物的优势种见表 15-5。海带养殖区优势种有 5 种，分别为薄云母蛤、日本大螯蜚、薄片镜蛤、小刀蛏和毛蚶；牡蛎养殖区有 4 种，分别为薄云母蛤、滑指矶沙蚕、日本强鳞虫和日本倍棘蛇尾；网箱养殖区有 9 种，分别为洼颚倍棘蛇尾、丽核螺、纵肋织纹螺、智利巢沙蚕、棘刺锚参、日本倍棘蛇尾、岩虫、日本强鳞虫和毛蚶。

表 15-5　网箱养殖区与其他对照生境的大型底栖动物优势种

类型	中文名	拉丁名	优势度指数（Y）
网箱养殖区	洼颚倍棘蛇尾	*Amphioplus depressus*	0.202
	丽核螺	*Mitrella bella*	0.137
	纵肋织纹螺	*Nassarius variciferus*	0.116
	智利巢沙蚕	*Diopatra chilienis*	0.061
	棘刺锚参	*Protankyra bidentata*	0.047
	日本倍棘蛇尾	*Amphioplus japonica*	0.031
	岩虫	*Marphysa sanguinea*	0.024
	日本强鳞虫	*Sthenolepis japonica*	0.022
	毛蚶	*Scapharca subcrenata*	0.022
海带养殖区	薄云母蛤	*Yoldia similis*	0.085
	日本大螯蜚	*Grandidierella japonica*	0.035
	薄片镜蛤	*Dosinia laminata*	0.034
	小刀蛏	*Cultellus attenuatus*	0.027
	毛蚶	*Scapharca subcrenata*	0.024
牡蛎养殖区	薄云母蛤	*Yoldia similis*	0.094
	滑指矶沙蚕	*Eunice indica*	0.051
	日本强鳞虫	*Sthenolepis japonica*	0.034
	日本倍棘蛇尾	*Amphioplus japonicus*	0.021

（3）栖息密度：不同养殖区各站位大型底栖动物栖息密度见图 15-2。海带、牡蛎和网箱养殖区大型底栖动物平均栖息密度分别为（132±71）个/m^2、（94±91）个/m^2 和（210±132）个/m^2。栖息密度不同养殖区间差异显著（$F_{2,53}$=5.91，P＜0.01），不同调查站位间亦存在差异显著（$F_{4,53}$=3.37，P＜0.05）。Tukey 多重比较结果显示，海带养殖区分别与牡蛎和网箱养殖区间无显著差异（P=0.509；P=0.071），牡蛎和鱼类网箱养殖区间存在显著差异（P＜0.01）。

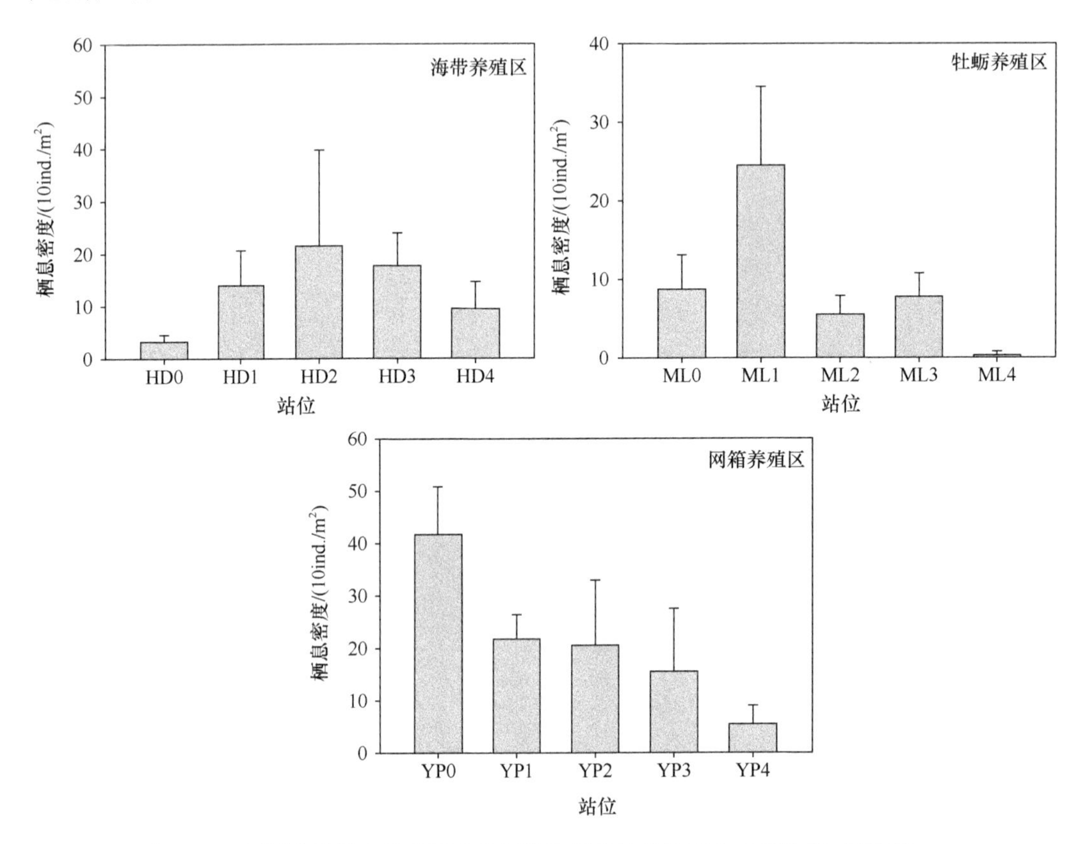

图 15-2　不同养殖区大型底栖动物栖息密度的站位间变化（平均值±标准差）

（4）生物量：不同养殖区各站位大型底栖动物生物量见图 15-3。海带、牡蛎和网箱养殖区大型底栖动物平均生物量分别为（26.51±11.06）g/m^2、53.03±61.94 g/m^2 和 108.80±73.56 g/m^2。生物量不同养殖区间差异显著（$F_{2,53}$=8.61，P＜0.01），不同调查站位间亦存在差异显著（$F_{4,53}$=3.68，P=0.010）。Tukey 多重比较结果显示，海带养殖区和牡蛎养殖区间无显著差异（P=0.396），海带养殖区和牡蛎养殖区分别与网箱养殖区间显著差异（P＜0.001；P＜0.05）。

（5）大型底栖动物 ABC 曲线：不同养殖区大型底栖动物群落 ABC 曲线见图 15-4。结果显示，网箱养殖区大型底栖动物群落的 ABC 曲线出现明显的翻转和交叉，表明该养殖区大型底栖动物群落处于扰动状态中，反映出该区域的生态环境受到明显的扰动，而海带和牡蛎养殖区大型底栖动物群落的 ABC 曲线则表明这两类处于未扰动状态中。

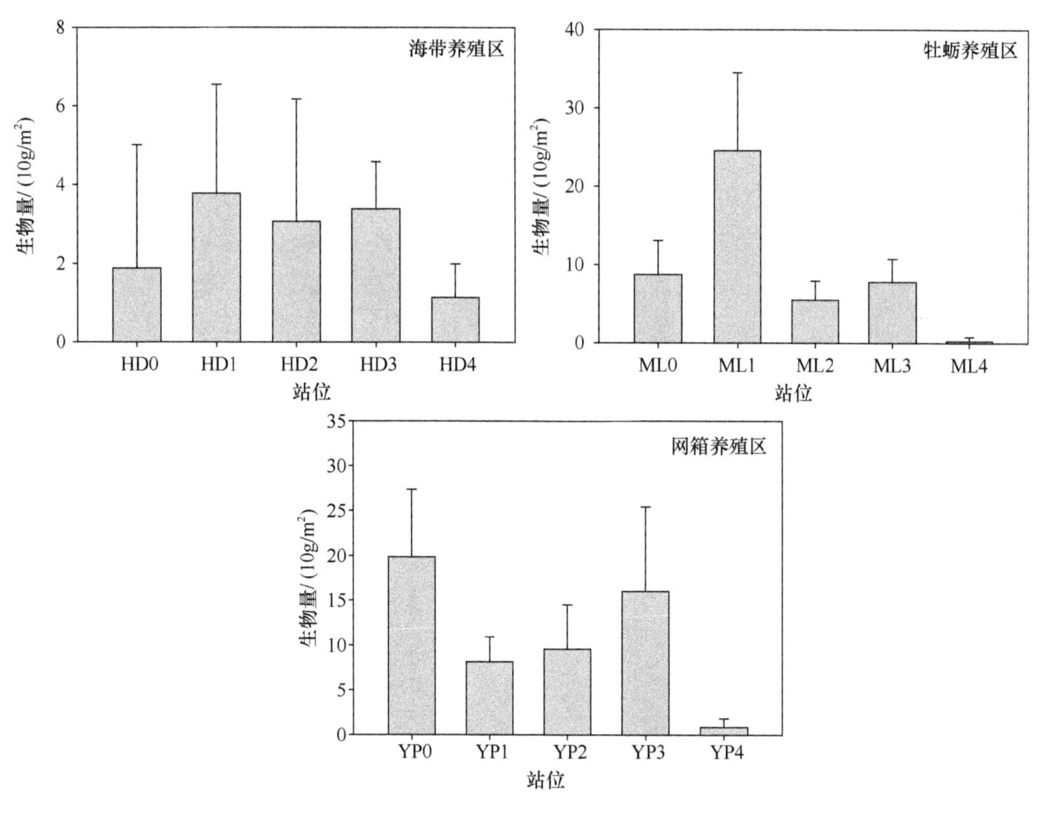

图 15-3　不同养殖区大型底栖动物生物量的站位间变化（平均值±标准差）

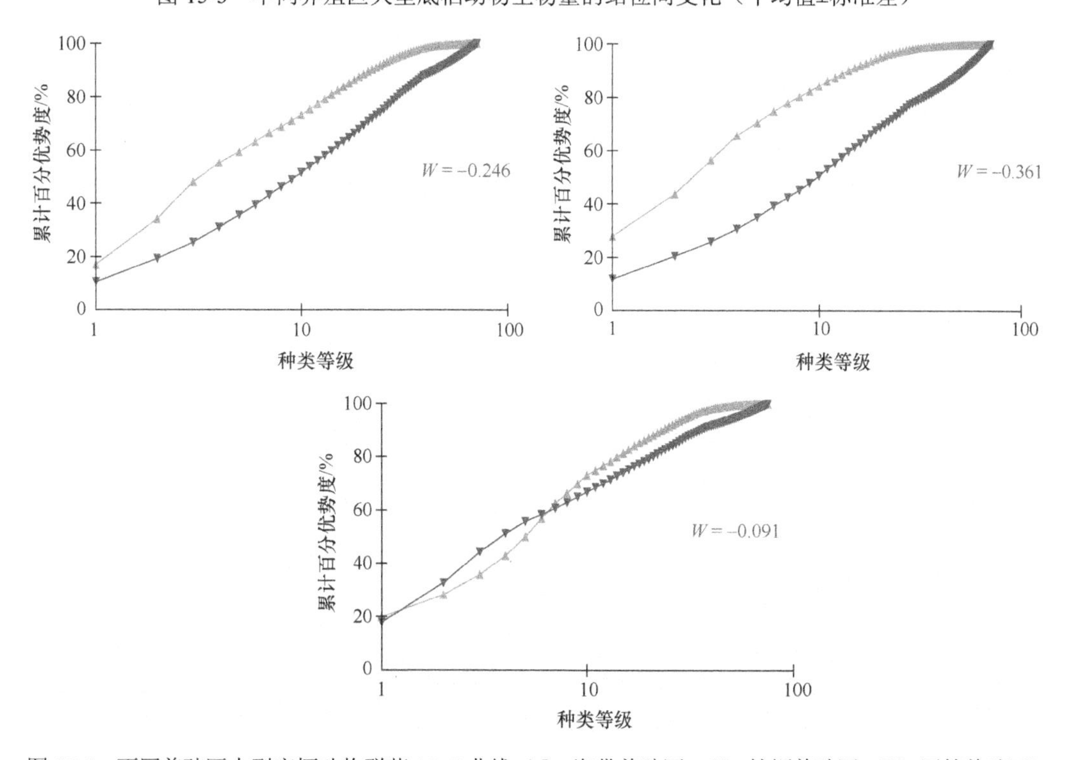

图 15-4　不同养殖区大型底栖动物群落 ABC 曲线（Ⅰ. 海带养殖区；Ⅱ. 牡蛎养殖区；Ⅲ. 网箱养殖区）

（6）大型底栖动物与环境因子的关系：大型底栖动物群落主要类群与环境因子的CCA分析结果如图15-5所示。Monte Carlo显著性检验结果表明CCA的所有排序轴均呈显著性差异（$P<0.05$），大型底栖动物群落主要类群与第1轴呈较强正相关的环境因子为盐度（r=0.36），呈较强负相关的为总氮（r=–0.44）；与第2轴呈较强正相关的环境因子为温度（r=0.47），呈较强负相关的为总磷（r=–0.51）。排序轴前2轴的特征值分别为0.211和0.042，第1、2排序轴的物种和环境因子相关系数分别为0.912和0.778，排序轴（1～2）可解释物种-环境关系的91.6%，说明用环境变量可以很好地解释群落主要类群的变化情况（表15-6）。

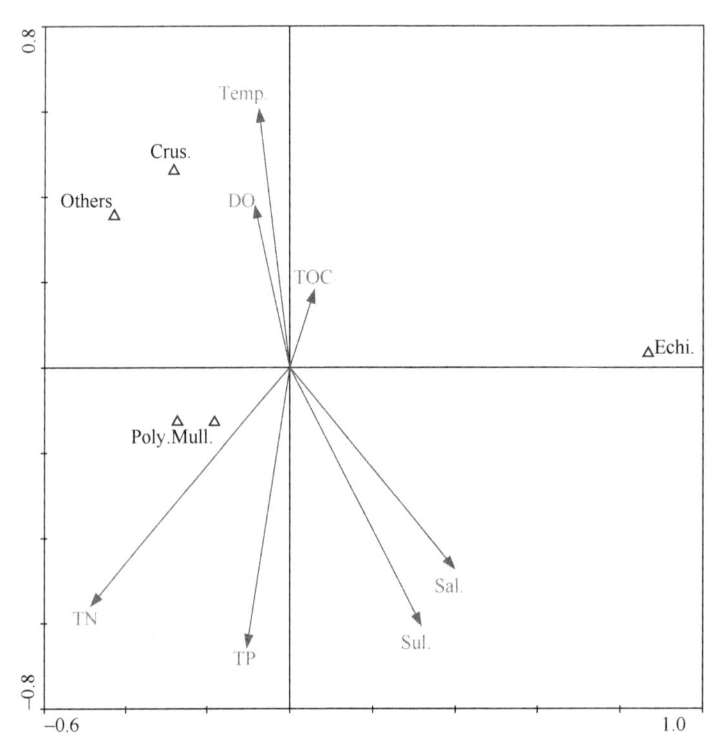

图15-5　大型底栖动物群落主要类群与环境因子的CCA排序图

Poly.，多毛类；Mull.，软体动物；Crus.，甲壳动物；Echin.，棘皮动物；Others，其他动物

表15-6　排序轴特征值、种类与环境因子排序轴的相关系数

排序轴	轴1	轴2	总惯量
特征值	0.211	0.042	0.413
种类与环境因子相关系数	0.912	0.778	
排序轴对物种-环境关系的贡献率	76.4	91.6	

3）讨论

20世纪80年代象山港大型底栖生物年平均生物量和栖息密度分别为9.32 g/m^{2}和91.5个/m^2，其中，冬季数量最低，平均生物量和栖息密度分别为2.24 g/m^{2}和32个/m^2，与本次研究结果相比，象山港海域大型底栖动物数量发生了较大的改变。本调查研究中发现大型底栖动物生物量和栖息密度在不同养殖区间存在显著性差异，平均生物量为网

箱养殖区＞牡蛎养殖区＞海带养殖区；平均栖息密度为网箱养殖区＞海带养殖区＞牡蛎养殖区，大型底栖动物在不同养殖区间的数量分布规律与高爱根等报道的基本一致，鱼类网箱养殖和牡蛎养殖过程中产生的有机质为大型底栖生物生长提供了来源。另外，高爱根等（2003；2005）调查鱼类网箱养殖中心区时未发现大型底栖生物，而本次调查研究发现鱼类网箱养殖区中心点的大型底栖动物栖息密度和生物量均显著高于其他站位，形成这种差异的原因可能是由于受经济形势的影响，近年来该调查海域鱼类养殖网箱的数量逐渐减少以及鱼类养殖密度逐渐降低。另外，本次调查时间为 2 月份，这段时间一般情况不对养殖鱼类进行人工投喂，因此底质环境受扰动程度得到缓解，但该区域有机质含量仍然较高，促进了具有较强耐污能力的种类大量繁殖（Karakassis et al.，1999；Rosenberg et al.，2002），这与本书中不同养殖区大型底栖动物优势种的比较结果相符合。从种群的繁殖策略上来说，环境受到扰动使得海域中寿命长、具有高竞争力的 *k*-对策种的优势地位逐渐丧失，而被寿命短、适应能力宽、具有高繁殖能力的 *r*-对策种所取代，以适应越来越不稳定的自然环境。

大型底栖动物群落 ABC 曲线结果表明，不同类型的养殖活动对象山港大型底栖动物群落的影响不同。鱼类网箱养殖区大型底栖动物群落处于扰动状态中，反映出该区域的生态环境受到明显的扰动，而海带和牡蛎养殖区处于未扰动状态中。主要由于鱼类养殖过程中，约 13%～23%的 N、30%～70%的有机碳和 55%左右的 P 以残饵或鱼类排泄物等形式沉降到底质环境中，对底质环境造成严重污染（Weston，1990；Hall et al.，1990）。杨俊毅等对乐清湾大型底栖生物群落的研究结果也证实了这一规律。

对大型底栖动物群落主要类群和环境因子进行了 CCA 分析，排序轴对物种-环境关系的贡献率结果表明，用环境变量可以较好地解释大型底栖动物群落主要类群和优势种的变化情况。其中，影响大型底栖动物群落主要类群的环境因子有盐度、氧化还原电位、总氮和总磷等。Nanami 等（2005）研究认为中值粒径和盐度是显著影响大型底栖生物种类分布的主要环境因子。Lamptey 和 Armah（2008）发现在凯塔泻湖盐度、pH、沉积物中黏土的百分比含量以及浊度是影响大型底栖动物的主要环境因子。Glockzin 和 Zettler（2008）研究波罗的海波美拉尼亚湾大型底栖动物群落时发现，物种分布具有较强的水深梯度，并且与沉积物中的总有机碳和中值粒径等显著相关。

网箱养鱼区周边底栖生物种类明显多于对照区，对同一种生物而言，网箱养鱼区个体明显大于对照区，且种群优势较明显（高爱根等，2005）；数量分布也显示，网箱养鱼区周边站位平均生物量和栖息密度分别高出对照区的 815 倍和 214 倍，主要为应 *r*-策略的棘皮动物（高爱根等，2005）。网箱养殖区的底栖生物能为养殖生物清除大量底层垃圾，故底栖生物的分布特征可直接反映出养殖区的底质环境状况，由于底栖生物生长需一个相对稳定的底质环境范围，超过其范围底栖生物将无法生存（高爱根等，2003）。网箱养殖区域残余饵料作为营养物质，大量输入可为底栖生物生长提供良好的食物源，适度影响下有利于底栖生物生长，但当底质环境超出一定范围时，仅出现单一的、耐污能力较强的织纹螺；多年养殖的网箱，由于残饵和粪便大量堆积，象山港内年累积速率约为 25cm，污泥厚度在 1 m 以上，沉积物呈黑色无氧稀泥并散发出浓烈异味，远超出底栖生物生存能力（宁修仁和胡锡钢，2002），导致大型底栖生物种类在网箱底部消失（高爱根等，2005）。这也正是象山港内近年来消减网箱数量、实施网箱轮养的生态修复对策的主要原因。顾晓英等（2010）对象山港底栖生物多样性的研究结论也认为，象山港沿岸围塘养殖面积不断扩大和海水养殖业的迅猛发展，使大型底栖动物的栖息地范围变小，种类数量日益减少，机会种增加，生物多样性指数降低。

15.2.1.2　网箱区与对照区浮游植物的丰度、多样性

本书引用了课题组2009～2010年对象山港不同生境的研究结果，说明网箱养殖对浮游植物的影响程度——牡蛎区生境与海带养殖区生境浮游植物的生态情况均优于网箱养殖区（Jiang et al.，2012）。

1）材料与方法

（1）研究区域和采样站位：课题组于春冬之交（2009年2月）、冬季（2010年1月）和春季（2010年4月）对象山港牡蛎（OP）、海带（LC）和鱼排（FC）养殖区进行了调查（图15-6），其中牡蛎养殖区站位设置为养殖区正中、边上、距边100 m和距边1000 m（作为对照点）4个站位。

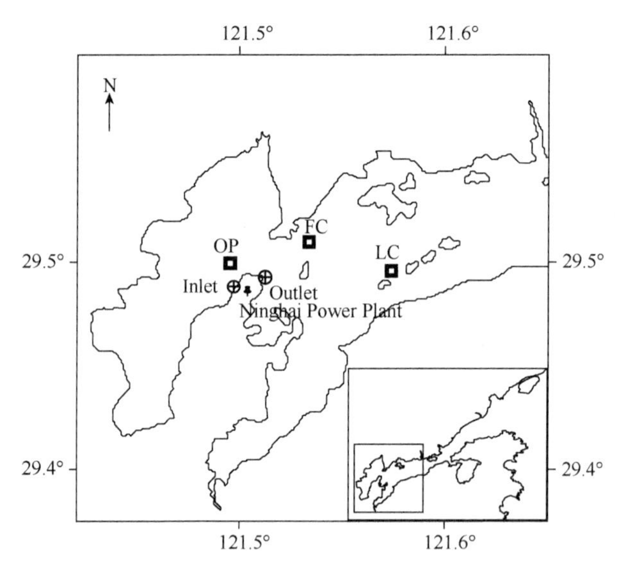

图15-6　采样站位

OP，牡蛎区；LC，海带区；FC，网箱区

（2）样品采集及分析：用有机玻璃采水器采集表、底层水样400～500 ml，每个站采3个表层水样，2%甲醛固定。样品经浓缩后用Leica2500显微镜观察、鉴定和计数。所有操作均按《海洋调查规范》进行。同时采集表、底层水样，测定其温度、盐度、pH、溶解氧（DO）、溶解无机氮（DIN）（NO_3^-+NO_2^-+NH_4^+）、活性磷酸盐（PO_4^{3}-P）、硅酸盐（SiO_3-Si）和悬浮物浓度，并记录水深和透明度。

（3）数据处理：用PRIMER5.0版软件计算浮游植物群落的Shannon-Weiner多样性指数（H'）和Pilou均匀度指数（J）。优势度（Y）计算公式为$Y = n_i \cdot f_i/N$，式中，N为样品中的总个体数；n_i为样品中第i种的个体数；f_i为该种浮游植物在样品中的出现概率。若某物种的$Y \geq 0.01$，则认定为优势种。用SPSS13.0软件，在对变量进行正态检验（K-S检验）和方差齐次性检验（Levene检验）后，再对浮游植物群落参数

（细胞密度、H'、J 和种类数等）和理化因子（水深、透明度、温度、盐度、营养盐浓度、悬浮物浓度 DO 和 pH 等 11 项）进行单因子方差分析（one-way ANNOVA）。如不满足上述要求，可对变量进行 log 转换。如在进行数据转换后仍不满足，可对变量进行非参数检验（K-W 检验）。K-W 检验如发现各组间呈显著差异，可利用 SPSS 软件自编程序进行多重比较 Nemenyi 秩和检验。用 PRIMER5.0 版软件对物种（出现频率＞10%）的细胞密度进行 log（x+1）转换后，建立 Bray-Curtis 相似性聚类分析，并采用非度量多维尺度分分析（non-metric multidimensional scaling，NMDS）分析浮游植物群落的空间分布，不同区域间浮游植物群落比较采用单因素相似性分析（analysis of similarity，ANOSIM）。

2）结果

（1）环境因子：三类养殖区较高的 DIN（0.424～0.796 mg/L）、PO_4-P（0.047～0.083 mg/L）、SiO_3-Si（0.555～1.462 mg/L）和 N/P（13.1～30.9）表明了象山港的高度富营养化，并受一定程度的 P 限制（表 15-7）。各季节不同类型养殖区环境因子（如盐度、DO、pH、SiO_3-Si、PO_4-P、DIN 和 N/P）存在显著差异。

（2）丰度和 chl a：各季节海带区浮游植物丰度显著低于牡蛎区，但显著高于鱼排区（表 15-7）。各季节养殖类型均极显著（P＜0.001）影响浮游植物的丰度，站位和水层对冬、春季浮游植物也有显著（P＜0.05）影响（表 15-8）。除鱼排区外，其余养殖区站位间浮游植物丰度均存在显著差异。图 15-8 表明，各季节牡蛎区内（OP0 和 OP1）浮游植物丰度均显著高于区外（OP3），chl a 表现与其类似（图 15-7）；冬、春季 LC0 站表、底层浮游植物细胞数量显著高于 LC3，但冬春之交反之；冬季鱼排区内（FC0 和 FC1）浮游植物丰度显著低于区外（FC3），但其余季节站位间无显著差异。

（3）种类数（S）：养殖类型和站位均显著（P＜0.05）影响浮游植物的种类数（表 15-9），各季节牡蛎区和海带区的浮游植物种类数均显著高于鱼排区。图 15-9 表明，牡蛎区和海带区区内种类数均显著高于区外，但鱼排区区内、外无显著差异。

（4）优势种：表 15-10 表明各季节不同养殖区浮游植物优势种存在明显差异：冬春之交中肋骨条藻（*Skeletonema costatum*）（0.540）是牡蛎区的绝对优势种，其次为柔弱根管藻（*Rhizosolenia delicatula*）（0.128）；中肋骨条藻（0.165）和海链藻 sp.1（0.146）为海带区的优势种；微小原甲藻（*Prorocentrum minimum*）（0.340）为鱼排区的绝对优势种，弱根管藻（0.158）和海链藻 sp.1（0.135）次之。图 15-10 和图 15-11 分别表明牡蛎区和海带区不同站位和水层的浮游植物优势种（或优势度）存在一定差异，但鱼排区站位和水层间优势种（或优势度）的差异不大（图 15-12）。

3）讨论

多维尺度和聚类分析均表明，浮游植物群落可根据不同养殖类型划分为不同的组别（图 15-13 和图 15-14）。相似性分析（ANOSIM）结果表明不同养殖区浮游植物群落存在显著差异，且区外和区内的群落组成也不尽相同（表 15-10）。

相较于网箱养殖，牡蛎和海带养殖有效地降低了海区的富营养化水平，并增加了浮游植物的种类数和多样性。此外，牡蛎养殖还极大地降低了浮游植物的丰度。根据水质、浮游植物参数和生境修复作用，海带和牡蛎养殖显著优于网箱养殖。

表 15-7　不同养殖类型环境因子和浮游植物参数的比较

参数	冬春之交			冬季			春季		
	牡蛎区	海带区	鱼排区	牡蛎区	海带区	鱼排区	牡蛎区	海带区	鱼排区
Depth/m	12.3 ± 2.2^{a}	9.3 ± 3.6^{a}	14.0 ± 2.9^{a}	12.5 ± 2.6^{a}	6.5 ± 2.2^{b}	15.0 ± 1.7^{a}	11.7 ± 4.2^{a}	6.8 ± 1.4^{a}	11.3 ± 1.9^{a}
Tran/m	0.5 ± 0.0^{a}	0.5 ± 0.1^{a}	0.4 ± 0.1^{a}	1.2 ± 0.3^{a}	0.5 ± 0.1^{a}	0.3 ± 0.1^{b}	1.8 ± 0.4^{a}	2.3 ± 0.2^{a}	2.1 ± 0.1^{a}
Temp/℃	11.5 ± 0.1^{a}	10.6 ± 0.1^{c}	10.9 ± 0.2^{b}	9.9 ± 0.3^{a}	10.5 ± 0.2^{a}	10.4 ± 1.0^{a}	15.2 ± 1.1^{a}	15.6 ± 0.3^{a}	14.9 ± 0.4^{a}
Salinity	24.1 ± 0.2^{a}	24.1 ± 0.2^{a}	24.6 ± 0.3^{b}	22.0 ± 0.1^{a}	22.1 ± 0.1^{a}	21.6 ± 0.4^{b}	19.9 ± 0.4^{b}	19.3 ± 0.1^{a}	20.2 ± 0.4^{b}
DO/（mg/L）	9.24 ± 0.11^{a}	9.10 ± 0.07^{b}	9.10 ± 0.02^{b}	10.38 ± 0.25^{a}	10.33 ± 0.34^{a}	10.11 ± 0.08^{b}	8.86 ± 0.08^{a}	9.37 ± 0.09^{b}	8.99 ± 0.16^{a}
pH	8.14 ± 0.03^{a}	8.11 ± 0.01^{b}	8.14 ± 0.01^{a}	8.28 ± 0.03^{a}	8.31 ± 0.01^{a}	8.19 ± 0.02^{b}	8.02 ± 0.01^{a}	8.07 ± 0.01^{c}	8.04 ± 0.02^{b}
SS/（mg/L）	46 ± 11^{a}	54 ± 27^{a}	50 ± 16^{a}	30.3 ± 5.3^{a}	41.0 ± 8.7^{a}	64.8 ± 11.1^{b}	8.6 ± 2.2^{a}	10.2 ± 1.8^{a}	9 ± 3.1^{a}
SiO_3-Si/（m/L）	0.727 ± 0.057^{a}	0.841 ± 0.023^{b}	0.825 ± 0.043^{b}	0.555 ± 0.024^{a}	0.616 ± 0.044^{a}	0.849 ± 0.057^{b}	1.381 ± 0.125^{ab}	1.462 ± 0.051^{a}	1.291 ± 0.045^{b}
PO_4-P/（m/L）	0.050 ± 0.004^{a}	0.047 ± 0.004^{a}	0.047 ± 0.003^{a}	0.057 ± 0.001^{a}	0.056 ± 0.001^{a}	0.052 ± 0.002^{b}	0.083 ± 0.014^{a}	0.080 ± 0.003^{a}	0.073 ± 0.014^{a}
NH_3-N	0.036 ± 0.007^{a}	0.043 ± 0.010^{a}	0.036 ± 0.005^{a}	0.027 ± 0.001^{b}	0.030 ± 0.003^{b}	0.022 ± 0.004^{a}	0.037 ± 0.012^{b}	0.017 ± 0.003^{a}	0.031 ± 0.010^{b}
DIN/（mg/L）	0.570 ± 0.032^{a}	0.620 ± 0.047^{b}	0.641 ± 0.025^{b}	0.635 ± 0.032^{a}	0.678 ± 0.054^{a}	0.723 ± 0.060^{b}	0.491 ± 0.066^{a}	0.691 ± 0.295^{b}	0.424 ± 0.021^{a}
N/P	25.3 ± 2.5^{a}	29.7 ± 3.7^{b}	30.4 ± 2.6^{b}	24.7 ± 1.7^{a}	27.0 ± 1.9^{a}	30.9 ± 2.6^{b}	13.2 ± 1.2^{a}	19.4 ± 8.6^{a}	13.1 ± 1.6^{a}
TOC/（mg/L）	3.82 ± 2.13^{a}	3.43 ± 1.42^{a}	4.11 ± 2.40^{a}	1.85 ± 0.21^{a}	2.01 ± 0.46^{a}	2.66 ± 1.26^{a}	2.07 ± 0.35^{a}	2.51 ± 0.67^{a}	1.85 ± 0.13^{a}
Chl a/（μg/L）	6.94 ± 1.27^{a}	2.62 ± 0.65^{b}	2.71 ± 0.75^{b}	11.79 ± 2.21^{a}	10.21 ± 1.02^{a}	4.46 ± 0.78^{b}	1.74 ± 0.21^{a}	4.31 ± 0.65^{b}	1.88 ± 0.24^{a}
Abundance（$\times 10^4$ cells/L）	81.60 ± 27.93^{a}	9.06 ± 6.61^{b}	2.30 ± 0.43^{c}	3.72 ± 0.93^{a}	2.24 ± 0.50^{b}	0.89 ± 0.32^{c}	2.31 ± 0.44^{a}	1.72 ± 0.49^{b}	1.53 ± 0.19^{c}
S	35.8 ± 4.4^{b}	64.9 ± 14.7^{a}	22.5 ± 3.6^{c}	27.9 ± 3.3^{a}	27.6 ± 7.5^{a}	22.2 ± 3.7^{b}	22.0 ± 3.4^{ab}	23.2 ± 10.5^{a}	18.1 ± 2.9^{c}

注：Tra，透明度；Temp，温度；SS，悬浮物。

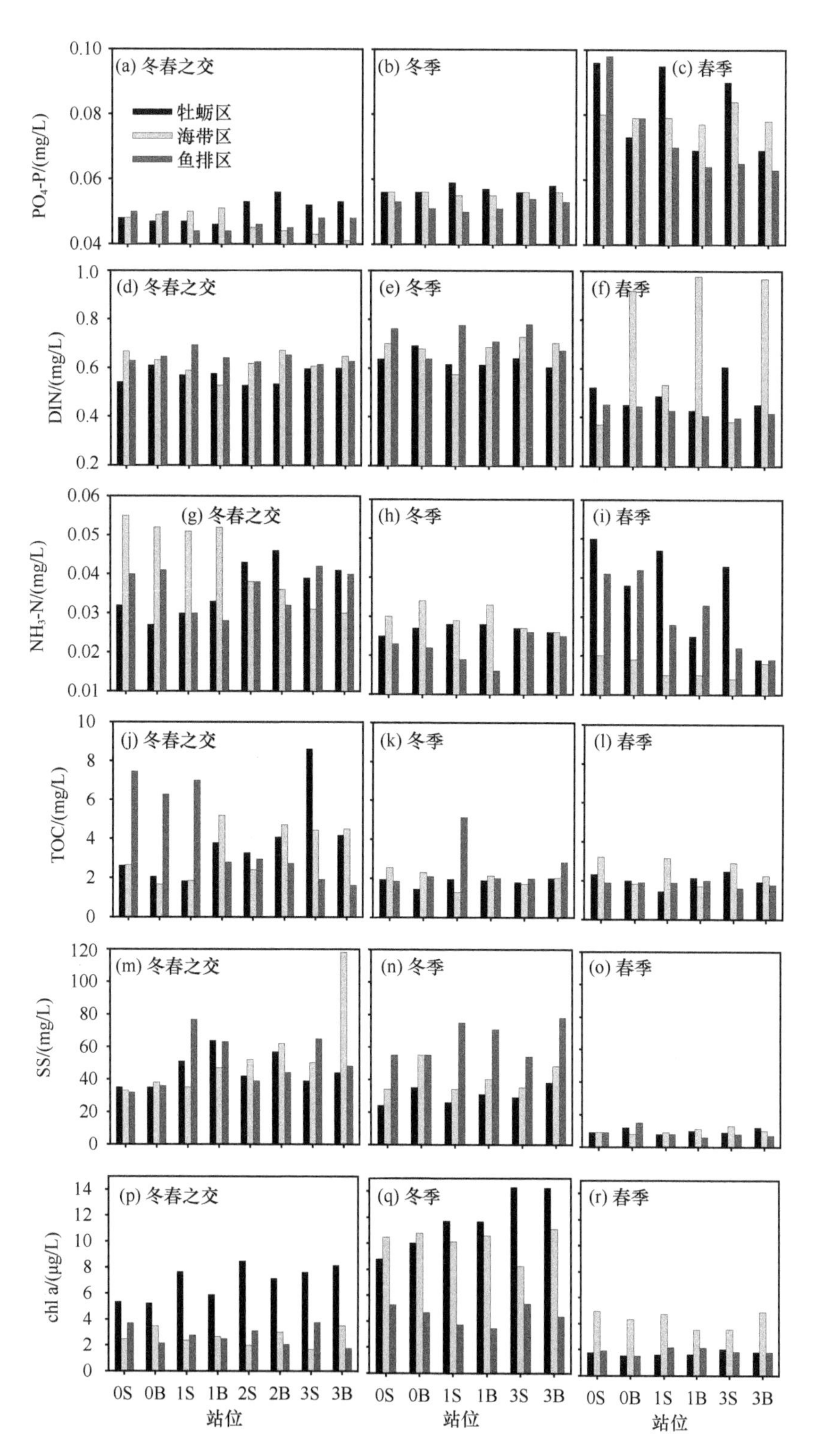

图 15-7　不同站位的主要环境参数和 chl a 浓度

S，表层；B，底层

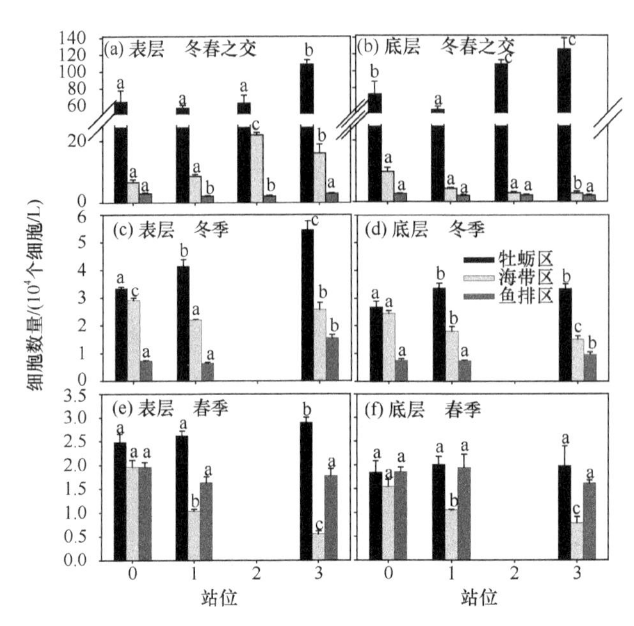

图 15-8　不同养殖区浮游植物丰度的分布

表 15-8　养殖区浮游植物丰度与种类数的三因素方差分析和 Kruskal-Wallis（H）检验

季节	养殖类型	站位	水层
冬春之交	$H_{(2,\ 72)} = 59.6^{***}$	$H_{(3,\ 72)} = 1.4^{NS}$	$H_{(1,\ 72)} = 1.1^{NS}$
	$F_{(2,\ 65)} = 169.5^{***}$	$F_{(3,\ 65)} = 3.0^{*}$	$F_{(1,\ 65)} = 11.5^{**}$
冬季	$F_{(2,\ 48)} = 135.3^{***}$	$F_{(2,\ 48)} = 3.9^{*}$	$F_{(1,\ 48)} = 22.3^{***}$
	$F_{(2,\ 48)} = 7.7^{***}$	$F_{(2,\ 48)} = 3.9^{*}$	$F_{(1,\ 48)} = 1.0^{NS}$
春季	$F_{(2,\ 48)} = 43.9^{***}$	$F_{(2,\ 48)} = 6.2^{**}$	$F_{(1,\ 48)} = 8.7^{**}$
	$F_{(2,\ 48)} = 4.9^{*}$	$F_{(2,\ 48)} = 16.1^{***}$	$F_{(1,\ 48)} = 3.1^{NS}$

NS 不显著，* $P<0.05$，** $P<0.01$，*** $P<0.001$

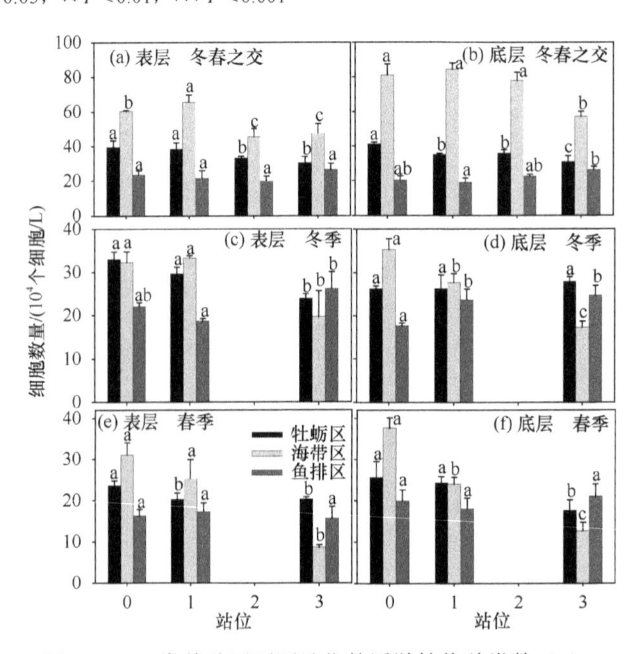

图 15-9　三类养殖区不同站位的浮游植物种类数（S）

表 15-9 不同养殖区优势种的优势度（≥ 0.02）

种类	冬春之交			冬季			春季		
	牡蛎区	海带区	鱼排区	牡蛎区	海带区	鱼排区	牡蛎区	海带区	鱼排区
Chaetoceros abnormis	0.043	0.045	—	—	—	—	—	—	0.044
Coscinodiscus curvatulus	—	—	0.033	—	—	0.058	—	—	—
Coscinodiscus jonesianus	—	—	—	0.043	0.085	0.185	0.037	0.278	0.083
Cyclotella sp.	0.069	0.094	—	—	—	—	—	—	—
Ditylum brightwelli	0.025	0.072	—	0.092	0.063	0.060	—	—	—
Melosira sp.	—	—	—	—	—	—	0.214	—	0.168
Navicula corymbosa	—	0.034	0.026	0.037	0.021	0.026	—	0.024	—
Nitzschia hungarica	—	—	0.024	—	0.026	—	—	—	—
Nitzschia subtilis	—	—	—	—	—	0.027	—	—	—
Paralia sulcata	—	0.025	0.027	—	0.045	—	—	—	—
Pleurosigma aestuarii	—	—	—	—	0.023	0.056	—	—	—
Rhizosolenia delicatula	0.128	0.075	0.158	—	—	—	—	—	—
Skeletonema costatum	0.540	0.165	—	0.070	0.082	—	0.057	—	0.048
Thalassiosira sp.	0.049	0.146	0.135	0.302	0.322	0.133	0.432	0.191	0.373
Thalassiosira pacifica	—	—	0.035	0.024	—	—	0.042	0.078	0.047
Prorocentrum minimum	0.037	0.090	0.340	0.208	0.182	0.111	—	0.031	0.022
Prorocentrum sigmoides	—	—	—	—	—	—	0.029	0.106	0.054
Protoperidinium spp.	—	—	—	—	—	0.031	—	—	—

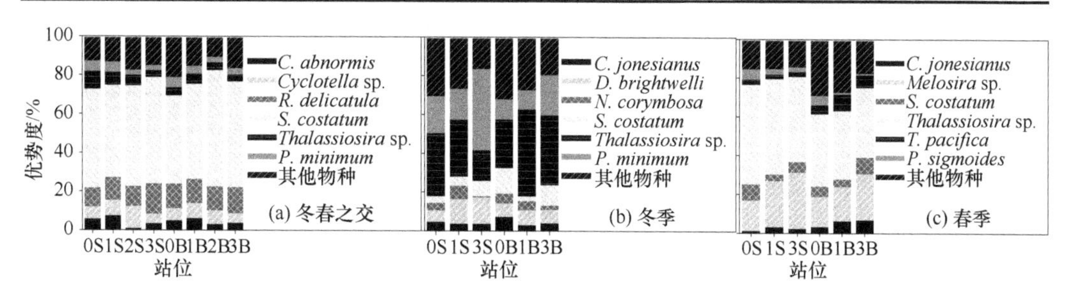

图 15-10 牡蛎区不同站位优势种

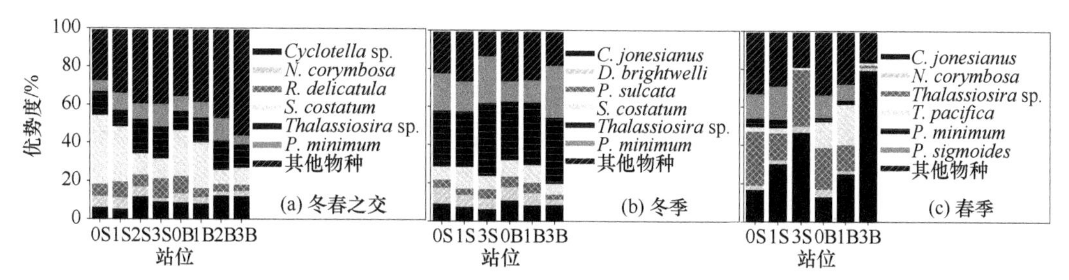

图 15-11 海带区不同站位优势种

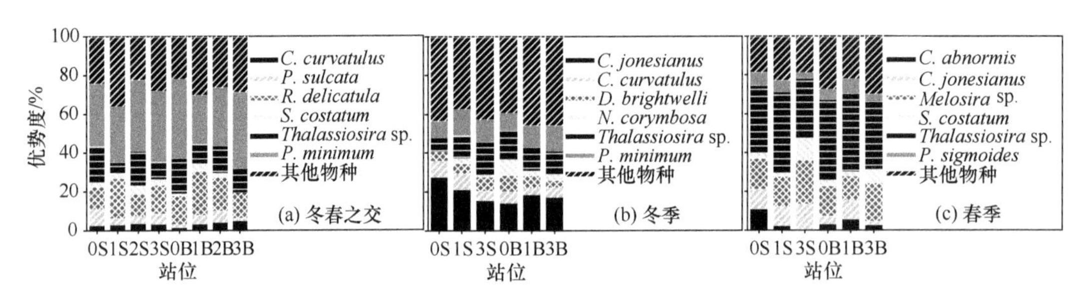

图 15-12　鱼排区不同站位优势种

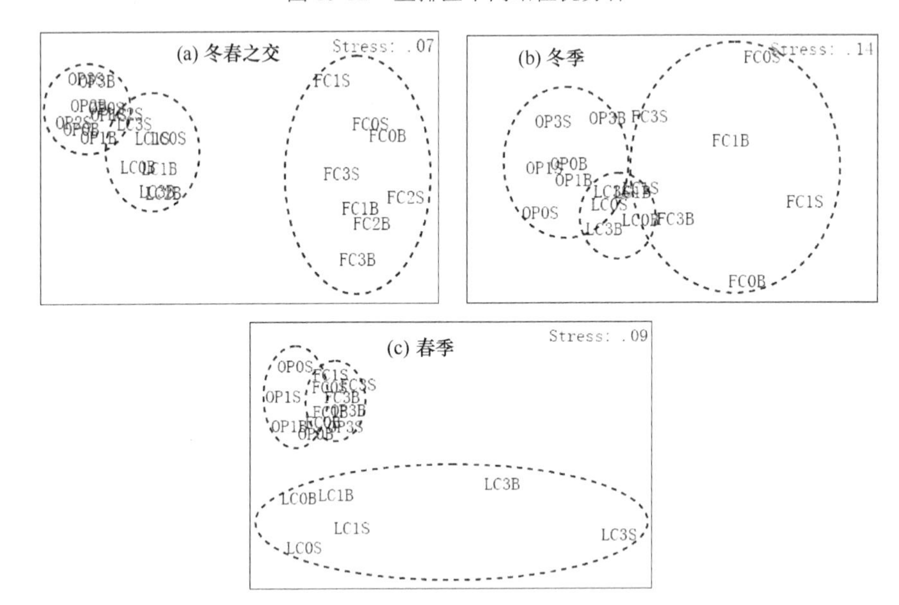

图 15-13　多维尺度分析（NMDS）结果

表 15-10　三类养殖区浮游植物群落组成的单因素相似性分析

季节	冬春之交		冬季		春季	
	R	p	R	p	R	p
Oyster vs. Kelp	0.87	0.001	0.70	0.002	0.55	0.002
Oyster vs. Fish	1.00	0.001	0.64	0.002	0.20	0.41
Kelp vs. Fish	0.99	0.001	0.42	0.002	0.55	0.002

15.2.1.3　网箱区与对照区水体及沉积物细菌群落组成与多样性

细菌等微生物是海洋生态系统中的重要组成部分，它们既是各种有机物质的分解者和转化者，又是物质和能量的储存者。Caron 等（2000）认为，近岸水体浮游动物仅摄取初级生产量的 20%左右，其余约 40%分别被浮游和底栖异养细菌消耗。Turley 等调查发现，底栖异养细菌以高丰度、快生长代谢速度消费了深海底栖环境中 13%～30%生物可利用有机质。同时，细菌等微生物又是极易受到环境影响的生物类群，尤其是对人类活动的干扰非常敏感，能对水体和沉积物生态机制变化和环境胁迫作出反应。随着海洋细菌在海洋生态系统中的地位和作用显著增强，已成为海洋环境与生态学研究中不可缺少的重要内容，也是正确评价海洋生态系统结构与功能的重要组成部分。

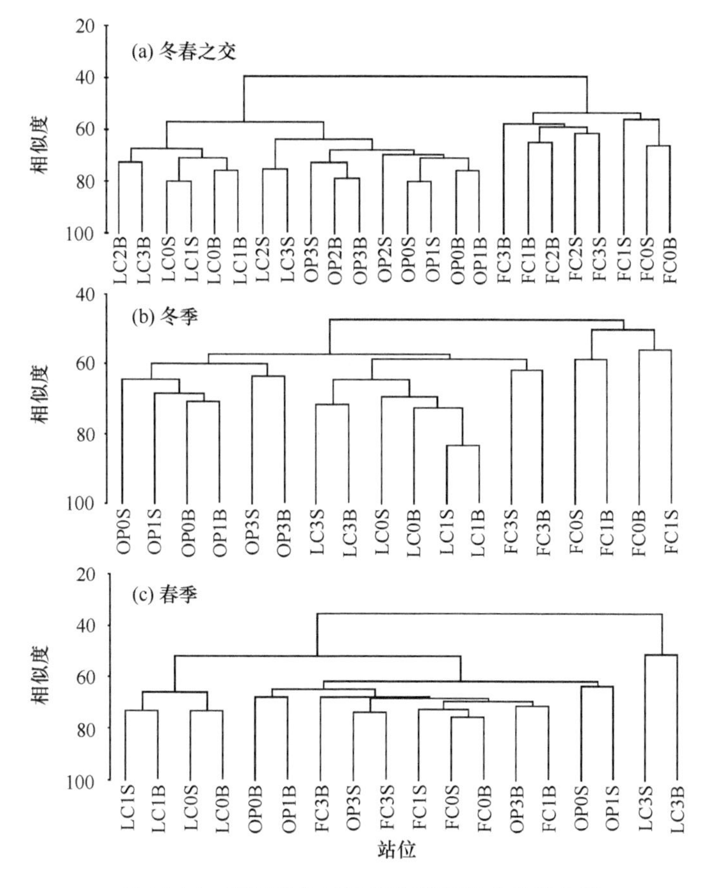

图 15-14　不同站位浮游植物群落组成聚类分析

象山港是浙江省最重要的水产养殖基地之一。近年来，养殖海水鱼取得了可观的经济效益，人们发展网箱养殖积极性高涨。然而由于网箱养殖数量和密度大增，又缺乏相对科学的管理，造成养殖区生态系统结构与功能逐渐恶化，给养殖生产和生态环境造成了严重影响。本书引用刘晶晶等（2010）、裘琼芬等（2013）在象山港内的研究结果来阐述网箱养殖对细菌微生物多样性的影响。

1）材料与方法

（1）采样时间和站位：象山港地处浙江中部，是一个稳定性比较好的狭长型半封闭海湾。现场采样时间于 2006 年 1 月和 10 月。采样点 Cage 位于象山港网箱养殖区内，对照点 $Control_1$、$Control_2$ 和 $Control_3$ 分别位于网箱外（距网箱约 150 m）、近湾顶（距网箱约 1 km）和近湾口（距网箱约 4 km）。采样站位布设如图 15-15 所示。

（2）采样和分析方法：表层水样采用事先灭菌的无菌采水瓶采集并封装，同时采用单管重力型柱状采泥器（事先清洗后，再用高压灭菌蒸馏水冲洗 3～4 次）采集上覆水和沉积物样品。按照无菌操作要求将上覆水收集至无菌采水瓶中。使用无菌压舌板刮取柱状沉积物 0～1cm、10～11cm、20～21cm 层的样品，采集至无菌容器中。样品封装并作好标记，装入冷藏箱，2h 内运回实验室进行检测分析。根据检测分析需要，将水体、沉

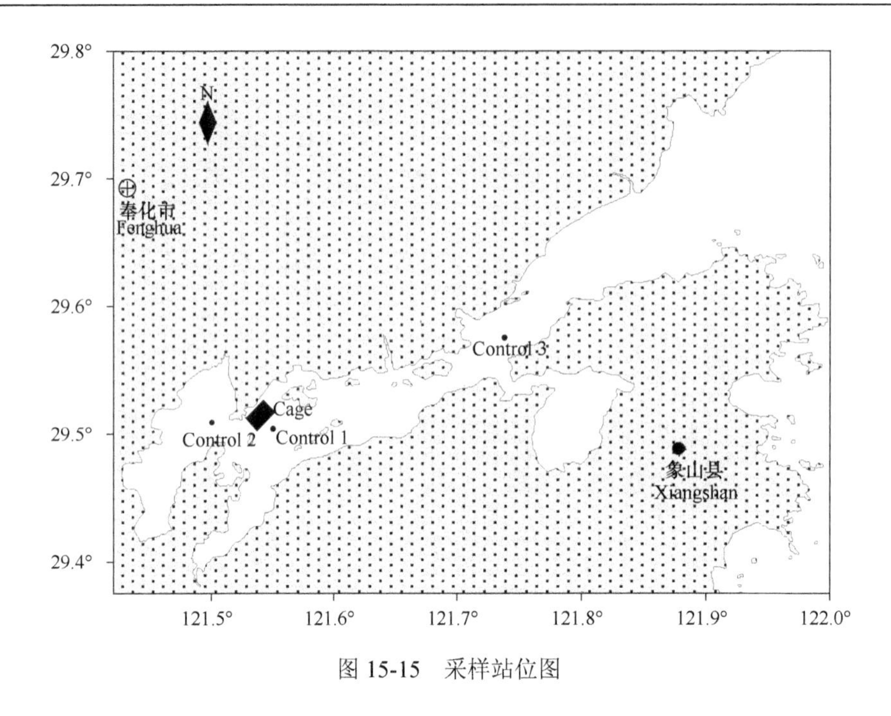

图 15-15　采样站位图

积物样品按 10 倍稀释法制成 10^{-1}、10^{-2}、10^{-3}、10^{-4} 稀释样，每个样品接种 4～6 个平板。异养细菌、弧菌计数采用平板计数法。采用的培养基分别为：①异养细菌，ZoBell 2216E 固体培养基；②弧菌，TCBS 培养基（由杭州微生物试剂厂提供）。细菌培养 48h、96h 后选取菌落数在 30～300CFU 的 ZoBell 海水 2216E 平板，在平板上随机挑取菌落，每个平板分离 20～30 株细菌。分离的菌株纯化 2～3 次，将获得的纯培养接种于斜面，15%甘油（事先灭菌）封口，4℃保存。所有菌株按美国 Oliver 海洋细菌鉴定系统及《常见细菌系统鉴定手册》提供的图式鉴定至属。水体及沉积物理化因子的测定方法均参照《海洋监测规范》中相应的规定执行。

（3）数据处理：多样性指数（H'）是根据 Shannon-Weiner 指数公式计算，即 $H' = -\sum P_i \times \ln Pi$，其中，$P_i$ 为第 i 属细菌在群落中的相对丰度；采用 Pielou 的计算公式计算各群落的均匀度指数，即 $E=H'/\ln S$，其中，S 为群落中所含有的细菌属数。多样性指数可以反映每个采样区细菌群落的多样性程度。用 Statistic 对理化因子和细菌数据进行站位、季节和采样层次的多因素方差分析（factorial ANOVA），显著水平设置为 0.05。利用 PRIMER 5 中的 Bray-Curtis 相似性聚类对细菌群落结构进行分析。

2）结果

（1）水体细菌数量分布：水体细菌数量分布调查结果如图 15-16 所示。1 月和 10 月网箱养殖区 Cage 站位异养细菌和弧菌数量分别在 1.0×10^6～7.2×10^7 CFU/L 之间（平均值 $2.7\times10^7\pm2.8\times10^4$ CFU/L）和 1.6×10^5～1.3×10^6 CFU/L 之间（平均值 $5.0\times10^5\pm3.9\times10^2$ CFU/L）。与我国其他海域调查资料相比，本海域网箱养殖区异养细菌数量高于浙江海岛、长江口及黄海（表 15-11）。调查站位间细菌数量差异显著，异养细菌和弧菌均呈现网箱养殖区＞网箱外侧对照区＞近湾顶对照区＞近湾口对照区的分布特点。细菌数量季节差异显著，呈 10 月＞1 月的特征（$P<0.01$）。

表 15-11 不同海区水体异养细菌数量比较

海区	细菌数量/（CFU/L）	文献
调查海域网箱养殖区	$1.0\times10^{6}\sim7.2\times10^{7}$	
舟山海域网箱养殖区	$1.51\times10^{6}\sim1.56\times10^{7}$	薛超波等，2005
浙江海岛沿岸水域	$2.0\times10^{4}\sim8.4\times10^{6}$	史君贤等，1996
长江口邻近海域	$1.1\times10^{3}\sim1.5\times10^{5}$	史君贤等，1984
黄海海域	$3.2\times10^{4}\sim4.1\times10^{5}$	王文兴等，1983

（2）沉积物细菌数量分布：Cage 站位异养细菌数量在 $5.9\times10^{2}\sim6.1\times10^{5}$ CFU/g 之间（平均值 $9.6\times10^{4}\pm2.0\times10^{5}$ CFU/g）。异养细菌数量分布表现为网箱养殖区＞网箱外侧对照区＞近湾顶对照区＞近湾口对照区，且呈现 10 月＞1 月、表层＞深层的特点，其中 Cage 和 $Control_1$ 异养细菌数量垂直变化梯度较大，20cm 层菌量低于 $Control_2$ 和 $Control_3$ 同深度泥层菌量。Cage 站位弧菌数量分布在 $80\sim7.4\times10^{4}$ CFU/g 之间（平均值 $1.6\times10^{4}\pm2.5\times10^{4}$ CFU/g）。各站位弧菌数量差异显著，Cage 最高、$Control_1$ 和 $Control_2$ 其次，$Control_3$ 最低，弧菌的季节分布特征与异养细菌类似，垂直分布也呈表层高于深层的特点，其中 Cage 站位 20cm 泥样仍能检测到 10^{2} 左右的菌量，高于其他对照点（图 15-17）。

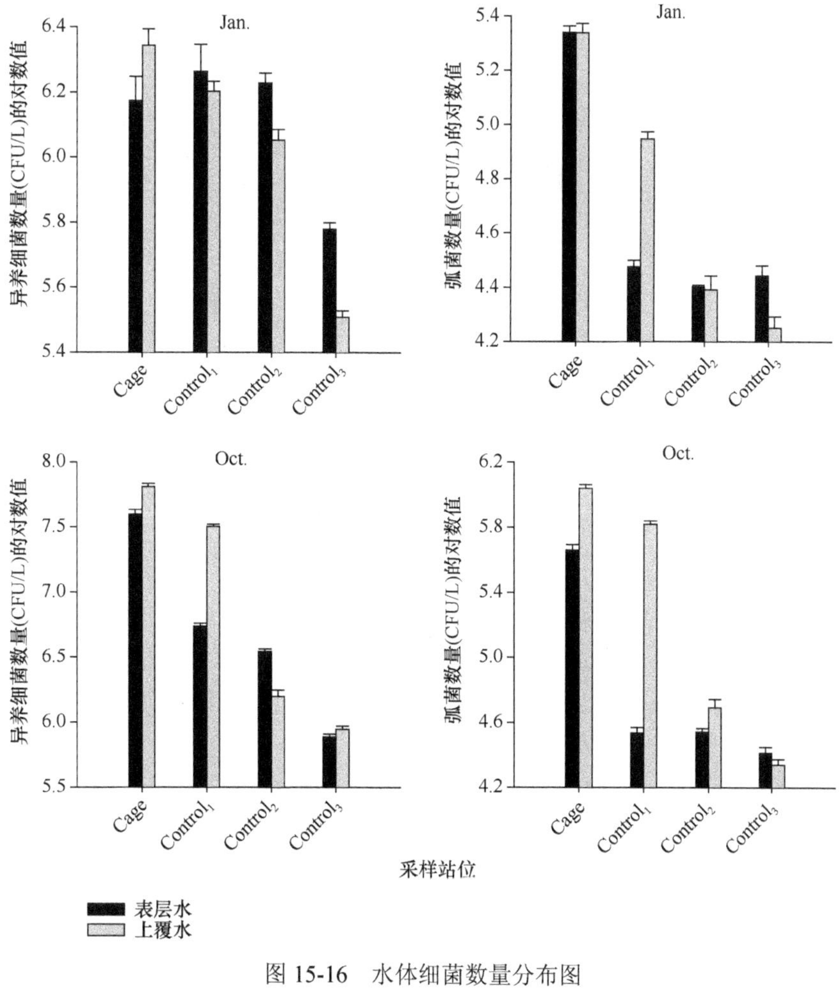

Jan.
异养细菌数量(CFU/L)的对数值
6.4 6.2 6.0 5.8 5.6 5.4
Cage Control1 Control2 Control3

Jan.
弧菌数量(CFU/L)的对数值
5.4 5.2 5.0 4.8 4.6 4.4 4.2
Cage Control1 Control2 Control3

Oct.
异养细菌数量(CFU/L)的对数值
8.0 7.5 7.0 6.5 6.0 5.5
Cage Control1 Control2 Control3

Oct.
弧菌数量(CFU/L)的对数值
6.2 5.8 5.4 5.0 4.6 4.2
Cage Control1 Control2 Control3

采样站位

表层水
上覆水

图 15-16 水体细菌数量分布图

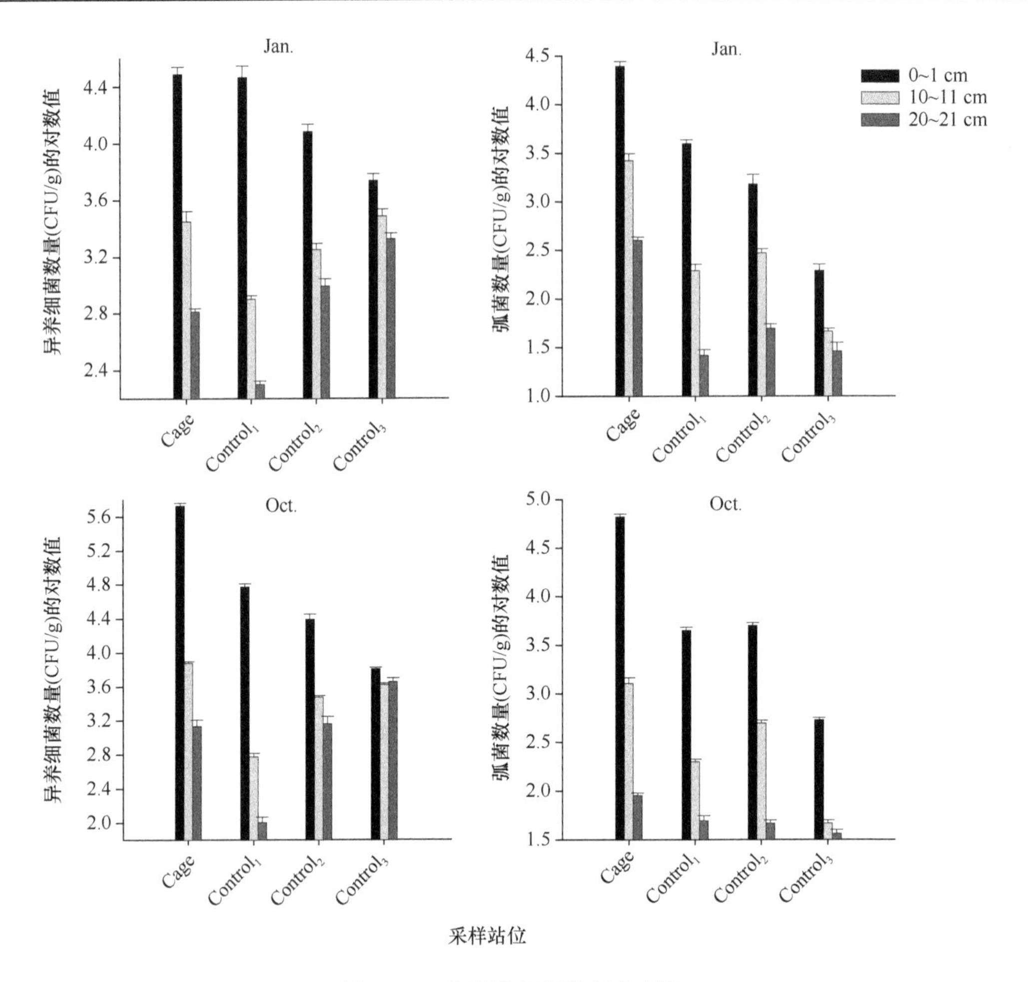

图 15-17　沉积物细菌数量分布图

（3）水体异养细菌群落结构：海水中革兰氏阴性菌大量出现（所占比例为 84%～93%），革兰氏阳性菌比例相对较低。网箱养殖区分离细菌 89 株，归属于 12 个属，其中不动杆菌属（*Acinetobacter*）、假单胞菌属（*Pseudomonas*）、弧菌属（*Vibrio*）等为优势菌属。网箱外侧对照点分离细菌 80 株，归属于 11 个属，其中不动杆菌属（*Acinetobacter*）、假单胞菌属（*Pseudomonas*）、弧菌属（*Vibrio*）等为优势菌属。近湾顶对照点分离细菌 64 株，归属于 11 个属，其中不动杆菌属（*Acinetobacter*）等为优势菌属。近湾口对照点分离细菌 81 株，归属于 10 个属，其中莫拉菌属（*Moraxella*）、不动杆菌属（*Acinetobacter*）、假单胞菌属（*Pseudomonas*）等为优势菌属。从计算结果看，网箱养殖区多样性指数最低，具体结果见表 15-12。

（4）沉积物异养细菌群落结构：网箱养殖区分离细菌 136 株，归属于 11 个属，其中假单胞菌属（*Pseudomonas*）、弧菌属（*Vibrio*）、芽孢杆菌属（*Bacillus*）、不动杆菌属（*Acinetobacter*）等为优势菌属。网箱外侧对照点分离细菌 110 株，归属于 11 个属，芽孢杆菌属（*Bacillus*）、棒状杆菌属（*Corynebacterium*）、假单胞菌属（*Pseudomonas*）、不动

表 15-12 采样点水体细菌菌群（1 月和 10 月）

类群	采样点							
	Cage		Control 1		Control 2		Control 3	
	1 月 Jan.	10 月 Oct.	1 月 Jan.	10 月 Oct.	1 月 Jan.	10 月 Oct.	1 月 Jan.	10 月 Oct.
革兰氏阳性菌 G^+								
芽孢杆菌属 *Bacillus*	2	3	4	3	3	4	3	4
棒状杆菌属 *Coryneforms*	1	0	1	1	1	1	0	1
葡萄球菌属 *Staphylococcus*	0	1	0	0	0	0	0	0
梭状芽孢杆菌属 *Clostridium*	0	1	0	1	0	0	0	0
革兰氏阴性菌 G^-								
假单胞菌属 *Pseudomonas*	10	9	7	9	4	4	7	7
弧菌属 *Vibrio*	5	14	5	7	5	6	3	4
黄杆菌属 *Flavobacterium*	2	0	1	2	2	2	1	0
不动杆菌属 *Acinetobacter*	13	11	13	12	10	10	8	9
肠道杆菌科 Enterobacteriaceae 部分属	1	1	1	2	1	2	2	2
产碱杆菌属 *Alacligenes*	1	0	1	0	1	0	1	2
气单胞菌属 *Aeromonas*	2	4	1	2	0	1	4	5
莫拉菌属 *Moraxella*	5	3	4	3	3	3	9	9
发光杆菌属 *Photobacterium*	0	0	0	0	1	0	0	0
总计	42	47	38	42	31	33	38	43
H'	1.91	1.82	1.89	1.97	1.99	1.95	1.96	2.01
E	0.83	0.83	0.82	0.86	0.87	0.89	0.89	0.91

杆菌属（*Acinetobacter*）、弧菌属（*Vibrio*）等为优势菌属。近湾顶对照点分离细菌 109 株，归属于 16 个属，芽孢杆菌属（*Bacillus*）、棒状杆菌属（*Corynebacterium*）、假单胞菌属（*Pseudomonas*）、不动杆菌属（*Acinetobacter*）等为优势菌属。近湾口对照点站分离细菌 95 株，归属于 18 个属，其中芽孢杆菌属（*Bacillus*）、棒状杆菌属（*Corynebacterium*）等为优势菌属。异养细菌菌属组成及多样性见表 15-13，网箱养殖区细菌多样性最低。养殖活动对沉积物细菌群落可能造成一定影响。

（5）细菌群落结构的聚类分析：聚类分析结果表明网箱区细菌群落多样性低，且存在区域性差异。水体 1 月网箱区 Cage 和对照点 $Control_1$ 群落结构的相似性高，$Control_3$ 自成一类（图 15-18）；10 月对照点 $Control_1$ 和 $Control_2$ 为一类，网箱区 Cage 自成一类。沉积物细菌群落结构的聚类结果如图 15-19，网箱区 Cage 和对照点 $Control_1$ 为一类，与 $Control_3$ 相似性较低，说明养殖活动可能影响至养殖区附近的沉积物细菌群落，而远离养殖区的站位受养殖活动干扰小，其细菌群落结构与养殖区之间的相似性低。

3）讨论

网箱区及其邻近海域异养细菌调查结果与我国其他海域调查资料相比呈较高值。调查海域异养细菌水平分布差异显著，最高值出现在网箱区 Cage 站位。三个对照点中，$Control_2$ 位于与外界水体交换能力最差和受人类活动影响较大的近湾顶，但其细菌数量低

表 15-13　采样点沉积物细菌菌群（1 月和 10 月）

类群	采样点							
	Cage		$Control_1$		$Control_2$		$Control_3$	
	1 月 Jan.	10 月 Oct.	1 月 Jan.	10 月 Oct.	1 月 Jan.	10 月 Oct.	1 月 Jan.	10 月 Oct.
革兰氏阳性菌 G^+								
芽孢杆菌属 *Bacillus*	16	17	15	16	16	15	13	12
棒状杆菌属 *Coryneforms*	1	1	8	9	7	8	12	11
小球菌属 *Microccus*	0	2	0	1	2	2	0	3
葡萄球菌属 *Staphylococcus*	0	0	0	0	0	0	0	1
乳杆菌属 *Lactobacillus*	1	0	1	0	2	0	4	3
链球菌属 *Streptococcus*	0	0	0	0	1	1	2	0
梭状芽孢杆菌属 *Clostridium*	4	6	0	1	1	0	0	1
盐水球菌属 *Salinococcus*	0	0	0	0	0	0	1	1
革兰氏阴性菌 G^-								
假单胞菌属 *Pseudomonas*	18	15	11	10	8	6	4	5
弧菌属 *Vibrio*	13	18	6	9	2	2	3	4
黄单胞菌属 *Xanthornonas*	0	0	0	0	0	1	1	0
黄杆菌属 *Flavobacterium*	3	5	1	3	4	4	3	0
不动杆菌属 *Acinetobacter*	9	6	9	8	9	8	1	2
肠道杆菌科 Enterobacteriaceae 的部分属	0	1	0	1	0	1	1	1
屈挠杆菌属 *Flexibacter*	0	0	0	0	2	3	0	1
产碱杆菌属 *Alacligenes*	0	0	0	0	0	2	2	0
气单胞菌属 *Aeromonas*	0	0	1	0	1	0	0	2
莫拉菌属 *Moraxella*	0	0	0	0	0	0	1	0
发光杆菌属 *Photobacterium*	0	0	0	0	1	0	0	0
总计	65	71	52	58	56	53	48	47
H'	1.74	1.84	1.76	1.87	2.14	2.12	2.13	2.17
E	0.83	0.84	0.84	0.85	0.83	0.86	0.83	0.84

于 $Control_1$，这与 $Control_1$ 距离网箱养殖区最近受网箱养殖活动影响有关，$Control_3$ 是距离养殖区最远受到人类活动影响较小的站位，其细菌数量最低是易于理解的。与调查历史资料相比，网箱区 Cage 和网箱外对照点 $Control_1$ 的异养细菌数量与薛超波等对舟山养殖网箱内外水体细菌调查结果相近，高于浙江海岛、长江口海域及黄海水体，对照点 $Control_3$ 异养细菌数量与浙江海岛调查结果相近。沉积物细菌数量分布特征与水体相似，最高值也出现在网箱区 Cage 站位。可见，网箱养殖与非养殖海域细菌数量存在差异性，La Rosa 等（2001）等研究表明养殖网箱底部异养细菌数量是对照点的 3 倍之多，Chelossi 等（2003）也得出相似的结论。造成异养细菌水平分布差异的重要原因与网箱养殖密不可分，养殖鱼类残体、代谢产物以及饵料等外源物质的输入造成养殖区及附近海域营养物质富集，刺激了细菌的繁殖。

调查海域细菌数量的季节变化模式、与水温变化呈显著正相关关系均说明了水温对

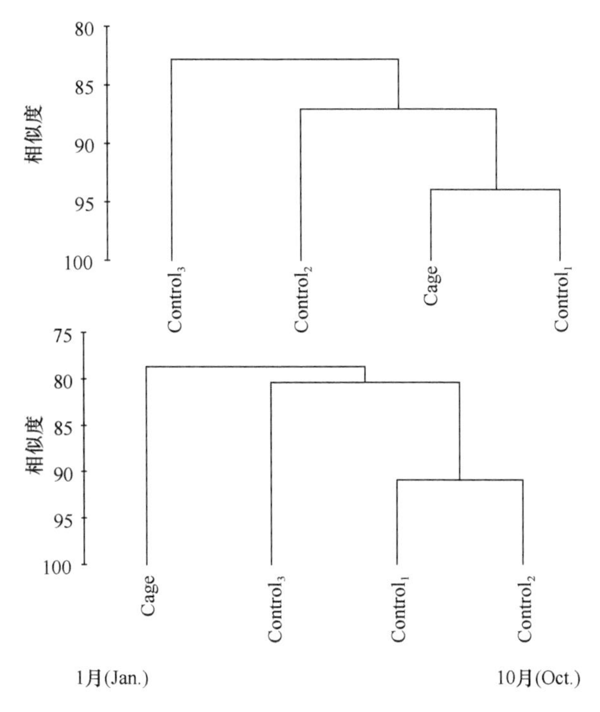

图 15-18　各区站位水体中异养细菌群落相似性的聚类分析图

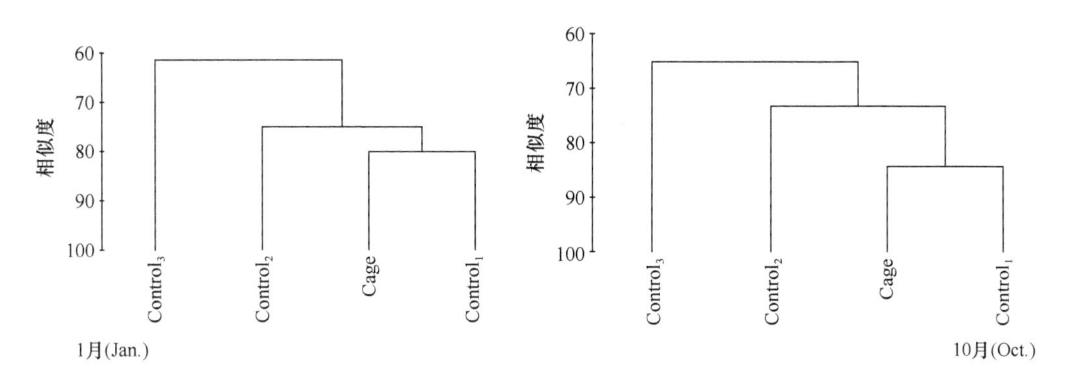

图 15-19　各区站位沉积物中异养细菌群落相似性的聚类分析图

细菌季节变化的重要调节作用。但两次调查期间内，水温与细菌分布均无明显相关性，说明在较小时间尺度上水温并不是影响调查海域细菌水平分布的主要原因。

网箱养殖活动造成水体营养盐含量和细菌生物量的增高，并且影响范围可通过水体交换和输送作用扩展至网箱区外侧邻近海域。本次调查结果显示，异养细菌、弧菌数量分布与营养盐，特别是磷酸盐的分布显著相关。在网箱养殖中，饲料及粪便是 N、P 等营养物质的主要来源，高密度的鱼类养殖常造成环境中 N、P 浓度的净增加，从而促进水体中细菌大量增长。因此，在高温养殖旺季，水温升高与营养物质增多的重叠效应导致环境中细菌数量增多，养殖生物极易得病，这就是在养殖高峰季节最易发生水产病害的主要原因。

网箱养殖导致网箱区及邻近海域沉积物有机质含量及细菌生物量的提高。网箱区有机质含量分别比对照点 $Control_1$、$Control_2$ 和 $Control_3$ 高 18.2%、36.2%和 50.1%，异养细菌数量分别是三个对照点的 6 倍、12 倍和 20 倍左右；垂直分布上，各采样点底泥细菌数量最高值均出现在有机质含量丰富的表层。各站位异养细菌实测值分别与之相对应的有机质含量实测值进行回归分析，结果表明两者之间存在显著正相关关系。原因可能与有机质输入提供丰富的碳源、刺激细菌生长有关。Vezzulli 等（2002）研究证明海底细菌总数和有机质浓度密切相关，Albertelli 等（1999）也报道了细菌数量与有机质含量变化呈正相关关系。另外，沉积物有机质的富集可能导致底质逐渐向缺氧环境转变，并对底质的生态群落产生长期影响。调查发现网箱养殖区氧化还原电位显著低于对照点，并随深度增加迅速降低，Wu 等研究也显示网箱底部沉积物耗氧率比对照区要高 2～5 倍。Song 等（2008）等研究报道沉积物氧化还原状态可以影响细菌分布，微生物在氧化层的数量和多样性高于缺氧层，且分布更均匀。本次调查发现沉积物氧化还原电位与细菌数量的相关关系虽然不显著，但存在一定程度的负相关。McLatchey 和 Reddy（1998）研究表明氧化还原条件影响有机质的分解状况和微生物的代谢活动。长期高密度的养殖，导致网箱区底质逐渐向缺氧环境转变，不利于非厌氧菌生存。在还原环境中，有机质分解不彻底，产生有机酸、H_2S 和 CH_4 等有害物质，会给养殖健康带来不利影响。因此底质有机质浓度升高、耗氧量增加的问题是养殖生产中必须考虑的问题。

有机质富集会刺激弧菌大量繁殖。弧菌是海洋中最常见的细菌类群之一，环境中多达 44 种碳源可被弧菌生长繁殖所利用，且大多弧菌具有很强的适应性和抗逆性，一旦养殖环境受到有机质污染，弧菌就能利用这些有机质进行快速增殖。调查站位弧菌检出率均为 100%，其中网箱养殖区弧菌数量维持在一个较高的水平，并且位于沉积物 10cm 的泥层样品仍可检测到 10^2 量级的菌量。调查结果显示，弧菌数量与有机质含量呈显著正相关关系，说明有机质是弧菌数量分布的重要影响因素。La Rosa 等（2001）等研究表明弧菌数量分布与有机质含量密切相关，有机质的汇集会刺激弧菌等条件致病菌的繁殖。由于弧菌中的一些种类是水产养殖生物的条件致病菌，弧菌大量增殖是引发养殖生物患病、死亡的重要原因。因此，在有机质含量丰富的网箱养殖区，需要定期监测弧菌等条件致病菌的生态分布，预防水产病害的发生。

网箱养殖活动对网箱区及周边海域细菌群落结构产生影响。网箱养殖区细菌群落多样性低于对照点，某些特定的细菌类群富集，其中假单胞菌属、弧菌属等常与全球各地的养殖场鱼类疾病相关。原因可能与养殖区细菌群落长期受到高营养盐、高有机质等外界条件的选择作用有关。对水体研究表明，在极度贫营养条件下，水体中微生物种类相对较少，随营养水平的逐渐升高、微生物由于营养物质等生存条件的改变，多样性会增加。但是当水体受到污染程度越高，微生物多样性则会越低。对沉积物的调查也发现细菌群落结构对环境变化尤其是可利用营养物质的变化很敏感，大量有机质可导致沉积物细菌群落结构的长久性改变。养殖环境中的微生物群落特征是预防鱼类疾病、维护水环境质量的重要指标。趋于简单化的微生物群落生态系统是不稳定的，也增加了养殖生物患病的可能性。因此在网箱养殖自身污染治理过程中，合理安排养殖密度和养殖周期、减少高浓度污染物的排放和长期积累、重建合理的微生物群落结构，对健康养殖和环境保护意义重大。

15.2.2 生态系统功能与服务

本节内容参考《海洋生态资本评估技术导则》（GB28058/T—2011），结合调研情况进行分析。

15.2.2.1　网箱区供给功能

1）食品生产

根据《象山港陆域污染空间分布及总量控制机制研究研究报告》（宁波大学，2014 年 5 月 11 日），象山港 2012 年网箱养殖生产的鱼类物质量为 8889t，价值为 17 007 万元。

以 2012 年网箱养殖渔业物质量来估算人口承载力。海渔资源对人口的承载力体现为两个方面：一是海渔资源的营养素直接可供给人口的能力，估计这方面能力的路径一个是对海渔资源进行直接营养转换进行分析，另一个是通过转换粮食量再进一步分析；二是海渔资源对整个食物满足市场需求的供给系统的贡献程度。本书参照《中国新东部海洋渔业资源人口承载力研究》（蔡莉，2012）

2007 年全国人均动物性蛋白质消费占总蛋白质的 21.18%，其中水产品蛋白质占动物性蛋白 19.78%。蔡莉在研究中国新东部海洋渔业资源人口承载力时，假定动物性蛋白质提升到 30%～35%、水产品蛋白质提高到占动物蛋白质 25%～35%时产生的结论，根据小康生活营养均衡建议标准。2010 年、2015 年、2020 年人均水产品蛋白质需求量分别为 2.11 kg、2.80 kg、3.80 kg，按照 2007 年发展水平，新东部渔业资源可承载人口为 71 498.27 万人，2015 年为 63 016.09 万人，2020 年为 55 318.11 万人。象山港海域网箱养殖的鱼类蛋白按照蔡莉对与中国新东部研究中的 2015 年数据进行类比，2020 年的网箱养殖渔业产量可承载人口为 17.25 万人（表 15-14）。

表 15-14　象山港网箱养殖渔业产量的人口承载力

年份	海水养殖/万 t	合计/万 t	蛋白质含量/万 t	可食用蛋白质净量/万 t	年人均水产品蛋白质需求量/kg	承载人口/万人	数据来源
2010	1 550.170	2 775.738	603.445	150.861	2.11	71 498.27	蔡莉，2012
2015	2 050.282	3 246.459	705.780	176.445	2.8	63 016.09	蔡莉，2012
2020	2 700.196	3 867.688	840.835	210.209	3.8	55 318.11	蔡莉，2012
2012	0.8889	0.8889	0.193	0.0483	2.8	17.25	本书

2）氧气生产

（1）物质量评估

氧气生产的物质量应采用海洋植物通过光合作用过程生产氧气的数量进行评估，包括两个部分，分别是浮游植物初级生产提供的氧气和大型藻类初级生产提供的氧气。

氧气生产的物质量计算公式见式（15-1）：

$$Q_{O_2} = Q'_{O_2} \times S \times 365 \times 10^{-3} + Q''_{O_2} \tag{15-1}$$

式中，Q_{O_2} 为氧气生产的物质量，单位为 t/a；

Q'_{O_2} 为单位时间单位面积水域浮游植物产生的氧气量，单位为 mg/（$m^2 \cdot d$）；

S 为评估海域的水域面积，单位为 km^2；

Q''_{O_2} 为大型藻类产生的氧气量，单位为 t/a；

浮游植物初级生产提供氧气的计算公式见式（15-2）：

$$Q'_{O_2} = 2.67 \times Q_{pp} \tag{15-2}$$

式中，Q_{pp} 为浮游植物的初级生产力，单位为 mg/（m^2·d）。

参考宁修仁和胡锡钢（2002），象山港网箱养殖区的初级生产力四季平均为（21.9+146.6+69.7+366）/4=151.05 mg/（m^2·d）。

象山港网箱养殖区面积为 13 358 亩，网箱区仅网衣附着少量大型海藻外，与网箱区内浮游植物生产的氧气量相比，此部分大型海藻氧气生产量可以忽略，故象山港网箱养殖区水体浮游植物氧气产生量为：

$Q_{O_2} = Q'_{O_2} \times S \times 365 \times 10^{-3} + Q''_{O_2}$ =105.05×13 358×667/1 000 000×365×0.001=341.459422 t/a

（2）价值量评估

氧气生产的价值量采用替代成本法进行评估。计算公式见式（15-3）

$$V_{O_2} = Q_{O_2} \times P_{O_2} \times 10^{-4} \tag{15-3}$$

式中，V_{O_2} 为氧气生产价值，单位为万元/a；

Q_{O_2} 为氧气生产的物质量，单位为 t/a；

P_{O_2} 为人工生产氧气的单位成本，单位为元/t。

根据制氧站提供的数据，氧气价格为 0.84 元/（N·m^3）（包含电费、备件费、工资、但不含设备折旧费）。人工氧气单位成本 P_{O_2} =0.84 元/（N·m^3）×700N·m^3/t=588 元/t

则氧气生产价值 $V_{O_2} = Q_{O_2} \times P_{O_2} \times 10^{-4}$ =341.45×588×0.0001=20.077 万元/a

15.2.2.2 网箱区调节功能

1）气候调节

气候调节的物质量等于评价海域的水域面积乘以单位面积水域吸收二氧化碳的量。我国东海每年吸收二氧化碳的量是 2.50 t/km^2，2012 年象山港总计有养殖网箱面积 13 358 亩。

则网箱养殖区年吸收二氧化碳量为

13 358×667/1 000 000×2.50t/km^2=22.274465≈22.27t/a。

根据北京环境交易所的交易记录，2008 年碳排放指标的平均交易价格约为 10 欧元/t（合 106.2 元/t）。因此，象山港网箱养殖固定二氧化碳的价值为：22.27t×106.2 元/t=2365.074 元=0.2365 万元。

此部分为收益。

2）废弃物处理（碳、氮、磷通量）

根据文献（徐永健和钱鲁闽，2004），每生产 1 t 鱼水环境中的碳增量为 878～952kg，溶解态氮增量为 40 kg，P 负荷则增加 19.6～22.4 kg。

象山港海水网箱 2012 年生产鱼总量为 8889t，则按不乐观情况估计，当年该养殖活动向环境中排放碳增量为 8889×952=8 462 328kg=8462.3t，氮增量为 8889×40=355 560kg=355.6t，磷增量为 8889×22.4=199 113.6 kg=199.11t。

根据浙江省重点港湾环境容量研究成果，象山港如果以二类海水水质标准作为目标，则氮、磷均没有环境容量，本养殖活动新增氮磷应采用成本替代法进行消耗成本评估。

浙江省生化法处理氨氮污水、磷酸盐污水的成本一般为 5～10 元/kg。则象山港网箱养殖新增氮、磷污水处理成本为 27.736 万～55.471 万元。以高值计入成本。

15.2.2.3 网箱区文化功能

1）休闲娱乐（休闲渔业、渔家乐等）

根据实地调研，象山港内只有少数网箱养殖户利用网箱区域开办了海鲜排档、渔家乐等餐饮服务，年收入在 10 万～50 万不等。全港计为 500 万元，本部分为收益。

2）科研价值

科研服务采用科研成本法评估。科研服务的物质量采用公开发表的以象山港网箱养殖海域为调查研究区域或实验场所的海洋类科技论文数量进行评估。英文文章通过 scholar.google.com 检索，2012 年发表与象山港网箱相关英文研究论文 1 篇；中文文章通过中国知网检索，2012 年发表期刊研究论文 3 篇，硕士学位论文 2 篇。总计科技论文 6 篇，分别如下：

Zhi-Bing Jiang，Quan-Zhen Chen，Jiang-Ning Zeng，Yi-Bo Liao，Lu Shou，Jingjing Liu. 2012. Phytoplankton community distribution in relation to environmental parameters in three aquaculture systems in a Chinese subtropical eutrophic bay. Marine Ecology Progress Series，446：73-89.

刘晶晶，杜萍，曾江宁，陈全震，江志兵，寿鹿，廖一波. 2012. 象山港紫菜区和网箱区沉积物异养细菌的生态分布. 水产学报，36（10）：1585-1591.

韩芳，霍元子，杜霞，朱莹，柴召阳，韩渭，张建恒，何培民. 2012. 象山港网箱养殖对水域环境的影响. 上海海洋大学学报，21（5）：825-831.

苗亮，李明云，蒋进，丁文超，陈炯，史雨红. 2012. 象山港养殖大黄鱼寄生新贝尼登虫成虫形态学和 28S rDNA，ITS1 分子鉴定. 海洋学报（中文版），34（2）：122-128.

韩芳. 象山港网箱养殖富营养化状况及鱼藻生态修复模式研究. 上海海洋大学硕士学位论文，2012.指导教师：何培民.

董丽. 象山港海域典型生态系统调查与评价. 上海海洋大学硕士学位论文，2012. 指导教师：何培民.

科研服务的价值量应采用直接成本法进行评估。计算公式见式（15-4）：

$$V_{SR}=Q_{SR}\times PR \tag{15-4}$$

式中，V_{SR} 为科研服务的价值量，单位为万元/a；

Q_{SR} 为科研服务的物质量，单位为篇/a；

PR 为每篇海洋类科技论文的科研经费投入，单位为万元/篇。

根据国家海洋局发布的《2005 年海洋科技年报》数据计算，每篇海洋类科技论文的平均科研经费投入 35.76 万元，则象山港网箱养殖产生的科研价值为 35.76×6=214.56 万元。此部分为收益。

15.2.2.4 网箱区支持功能

网箱养殖的主要支持功能体现在其物种多样性的维持价值。从网箱区浮游植物、底栖生物和微生物的变化可看出，网箱养殖对物种多样性有一定抑制作用。象山港已经建立马鲛鱼水产种质资源保护区，而网箱又挤占了马鲛鱼的部分活动空间。象山港内马鲛鱼捕获量40t～320t，取中值180t。市场价格随季节波动比较大，80～400元/kg，取中值240元/kg。采用替代成本法计算，以马鲛鱼产量与单价的乘积作为象山港物种多样性维持的需要成本，为180t×240元/kg=4320万元。网箱面积13 358亩折算后为8.9km^2，占象山港水域总面积563km^{2}的1.58%，以此比例计算网箱养殖造成的物种多样性维持应付成本，得4320×1.58%=68.26万元。此值为成本。

15.3 网箱养殖内部化生态环境成本之后的经济核算

根据上述分析结果，本报告将象山港网箱养殖达生态环境影响货币化并纳入项目的成本收益核算中，再次计算项目收支。

象山港网箱内化生态环境成本后的收支=网箱养殖收益（3712）+氧气生产（20.077）+气候调节（0.2365）–废弃物处置成本（55.471）+休闲娱乐收益（500）+科研价值（214.56）–物种多样性维持成本（68.26）=4323.14万元。

根据象山港网箱养殖成本的乐观估计，2012年象山港网箱养殖经济核算为正收益，达4323.14万元。

（曾江宁，刘晶晶）

参考文献

安传光，赵云龙，林凌，等. 2008. 崇明岛潮间带夏季大型底栖动物多样性. 生态学报, 28(2): 577- 586.

蔡莉. 2012. 中国新东部海洋渔业资源人口承载力研究. 北京：中国社会科学出版社.

董礼先，苏纪兰. 1999. 象山港水交换数值研究Ⅰ. 对流-扩散型的水交换模式. 海洋与湖沼, 30(4): 410-415.

董礼先，苏纪兰. 1999. 象山港水交换数值研究Ⅱ. 模型应用和水交换研究. 海洋与湖沼, 30(5): 465-470.

东秀珠，蔡妙英. 2001. 常见细菌系统鉴定手册. 北京：科学出版社.

高爱根，陈全震，胡锡钢，等. 2005. 象山港网箱养鱼区大型底栖生物生态特征.海洋学报, 27(4): 108-113.

高爱根，杨俊毅，陈全震，等. 2003. 象山港养殖区与非养殖区大型底栖生物生态比较研究. 水产学报, 27(1): 25-31.

顾晓英，陶磊，施慧雄，等. 2010. 象山港大型底栖动物生物多样性现状. 应用生态学报, 21(6): 1551-1557.

国家技术监督局. 海洋调查规范，海洋生物调查. 2007.中华人民共和国国家标准 GB/T 12763.9—2007. 北京：中国标准出版社.

韩洁，张志南，于子山. 2004. 渤海中、南部大型底栖动物的群落结构. 生态学报, 24(3): 531 -537.

廖红梅，高超，韩承义，等. 2012. 宁德市大黄鱼成鱼养殖成本收益分析.上海海洋大学学报, 21(1): 139-144.

廖一波，寿鹿，曾江宁，等. 2011. 象山港不同养殖类型海域大型底栖动物群落比较研究. 生态学报, 31(3): 0646-0653.

刘晶晶，曾江宁，陈全震，等. 2010. 象山港网箱养殖区水体和沉积物的细菌生态分布. 生态学报, 30(2): 0377-0388.

刘录三，孟伟，田自强，等. 2008. 长江口及毗邻海域大型底栖动物的空间分布与历史演变. 生态学报, 28(7): 3027-3034.

马继波，董巧香，黄长江. 2007. 粤东大规模海水增养殖区柘林湾浮游细菌的时空分布.生态学报, 27(2): 477-485.

刘子琳，蔡昱明，宁修仁. 1998. 象山港中、西部秋季浮游植物粒径分级、叶绿素 a 和初级生产力.东海海洋, 16(3): 18-24.

宁修仁，胡锡钢. 2002. 象山港养殖生态和网箱养鱼的养殖容量研究与评价. 北京：海洋出版社.

裘琼芬，张德民，叶仙森，等. 2013. 象山港网箱养殖对近海沉积物细菌群落的影响.生态学报, 33(2): 0483-0491.

史君贤，陈忠元，胡锡钢. 1996. 浙江省海岛沿岸水域微生物生态分布. 东海海洋, 14(2): 35-43.

史君贤，郑国兴，陈忠元，等. 1984. 长江口区海水及沉积物中异养细菌生态分布.海洋通报, 3(6): 56-63.

寿鹿，曾江宁，廖一波，等. 2009. 瓯江口海域大型底栖动物分布及其与环境的关系. 应用生态学报, 20(8): 1958-1964.

王文兴，周宗澄. 1983. 黄、渤海海域石油降解细菌的生态分布.海洋环境科学, 4: 11-17.

严小军. 2014. 象山港陆域污染空间分布及总量控制机制研究. 研究报告. 宁波大学.
徐永健, 钱鲁闽. 2004. 海水网箱养殖对环境的影响. 应用生态学报, 15(3): 532-536.
薛超波, 王建跃, 王世意, 等. 2005. 大黄鱼养殖网箱内外细菌的数量分布及区系组成.中国微生态学杂志, 17(5): 336-338.
杨俊毅, 高爱根, 宁修仁, 等. 2007. 乐清湾大型底栖生物群落特征及其对水产养殖的响应. 生态学报, 27(1): 34-41.
赵阳国, 任南琪, 王爱杰, 等. 2007. 有机污染物对水体真细菌群落结构的影响.微生物学报, 47(2): 313-318.
中国海湾志编纂委员会. 1992. 中国海湾志(第五分册). 北京: 海洋出版社.
中华人民共和国国家质量监督检验检疫总局. 2008. 海洋监测规范.北京: 中国标准出版社.
Albertelli G, Covazzi A, Danovaro R, et al. 1999. Differential responses of bacteria, meiofauna and macrofauna in a shelf area(Ligurian Sea, NW Mediterranean): role of food availability. Journal of Sea Research, 42: 11-26.
Bohmer J, Zenker A, Ackermann B, et al. 2001. Macrozoobenthos communities and biocoenotic assessment of ecological status in relation to degree of human impact in small streams in southwest Germany. Journal of Aquatic Ecosystem Stress and Recovery, 8: 407-419.
Bohmer J, Zenker A, Ackermann B, et al. 2001. Macrozoobenthos communities and biocoenotic assessment of ecological status in relation to degree of human impact in small streams in southwest Germany. Journal of Aquatic Ecosystem Stress and Recovery, 8: 407-419.
BELAN T A. 2003. Benthos abundance pattern and species composition in conditions of pollution in Amursky Bay(the Peter the Great Bay, the Sea of Japan). Marine Pollution Bulletin, 46: 1111-1119.
Caron D A, Lim E L, Sanders R W, et al. 2000. Responses of bacterioplankton and phytoplankton to organic carbon and inorganic nutrient additions in contrasting oceanic ecosystems. Aquatic Microbial Ecology, 22(2): 175-184.
Chelossi E, Vezzulli L, Milano A, et al. 2003. Antibiotic resistance of benthic bacteria in fish-farm and control sediments of the Western Mediterranean. Aquaculture, 219: 83-97.
Danovaro R, Pusceddu A, Covassi A, et al. 1999. Community experiment using benthic chambers: microbial and meiofaunal community structure in highly organic enriched sediments. Chemistry and Ecology, 16: 7-30.
Gao S, Xie Q C, Feng Y J. 1990. Fine-grained sediment transport and sorting by tidal exchange in Xiangshan Bay, Zhejiang, China. Estuarine, Coastal and Shelf Science, 31(4): 397-409.
Glockzin M, Zetler M L. 2008. Spatial macrozoobenthic distribution patterns in relation to major environmental factors- A case study from the Pomeranian Bay(southern Baltic Sea). Journal of Sea Research, 59(3): 144-161.
Hall P O, Anderson L G, Holby O, et al. 1990. Chemical fluxes and mass balances in a marine fish cage farm I. Carbon. Marine Ecology Progress Series, 61: 61-73.
Holby O, Hall P O. 1991. Chemical fluxes and mass balances in a marine fish cage farm. II. Phosphorus. Marine Ecology Progress Series, 70: 263-272.
Hjelm M, Riaza A, Formoso F, et al. 2004. Seasonal incidence of autochthonous antagonistic *Roseobacter* spp. and *Vibrionaceae* strains in a Turbot Larva (*Scophthalmus maximus*) rearing system. Applied and Environmental Microbiology, 70(12): 7288-7294.
Holmer M, Kristensen E. 1992. Impact of Marine Fish Cage Farming on Metabolism and Sulfate Reduction of Underlying Sediments. Marine Ecology Progress Series, 80: 191-201.
Jiang Z B, Chen Q Z, Zeng J N, et al. 2012. Phytoplankton community distribution in relation to environmental parameters in three aquaculture systems in a Chinese subtropical eutrophic bay. Marine Ecology Progress Series, 446: 73-89.
Nanami A, Saito H, Akita T, et al. 2005. Spatial distribution and assemblage structure of macrobenthic invertebrates in a brackish lake in relation to environmental variables. Estuarine, Coastal and Shelf Science, 63: 167-176.
Karakassis I, Tsapakis M, Hatziyanni E, et al. 2000. Impact of cage farming of fish on the seabed in three Mediterranean coastal areas. ICES Journal of Marine Science, 57(5): 1462-1471.
Karakassis I, Tsapakis M, Smith C J, et al. 2002. Fish farming impacts in the Mediterranean studied through sediment profiling imagery. Marine Ecology Progress Series, 227: 125-133.
Karakassis I, Hatziyanni E, Tsapakis M, et al. 1999. Benthic recovery following cessation of fish farming: a series of successes and catastrophes. Marine Ecology Progress Series, 184: 205-218.
La Rosa T, Mirto S, Mazzola A, et al. 2001. Differential responses of benthic microbes and meiofauna to fish-farm disturbance in coastal sediments. Environmental Pollution, 112(3): 427-434.
La Rosa T, Mirto S, Marino A, et al. 2001. Heterotrophic bacteria community and pollution indicators of mussel-farm impact in the Gulf of Gaeta (Tyrrhenian Sea). Marine Environment Research, 52(4): 301-321.
Lampte Y E, Armah A K. 2008. Factors affecting macrobenthic fauna in a tropical hypersaline coastal lagoon in Ghana, West Africa. Estuaries and Coasts, 31(5): 1006-1019.
Mclatchey G P, Reddy K R. 1998. Regulation of organic matter decomposition and nutrient release in a wetland soil. Journal of Environmental Quality, 27: 1268-1274.
Papageorgiou N, Sigala K, Karakassis I. 2009. Changes of macrofaunal functional composition at sedimentary habitats in the vicinity of fish farms. Estuarine, Coastal and Shelf Science, 83(4): 561-568.
Qiu Q F, Zhang D M, Ye X S, et al. 2013. The bacterial community of coastal sediments influenced by cage culture in

Xiangshan Bay, Zhejiang, China. Acta Ecologica Sinica, 33(2): 0483-0491.
Rosenberg R, Agrenius S, Hellman B, et al. 2002. Recovery of marine benthic habitats and fauna in a Swedish fjord following improved oxygen conditions. Marine Ecology Progress Series, 234: 43-53.
Song Y, Deng S P, Acosta-Martinez V, et al. 2008. Characterization of redox-related soil microbial communities along a river floodplain continuum by fatty acid methyl ester (FAME) and 16S rRNA genes.Applied Soil Ecology, (4): 499-509.
Tomassetti P, Persia E, Mercatali I, et al. 2009. Effects of mariculture on macrobenthic assemblages in a western mediterranean site. Marine Pollution Bulletin, 58(4): 533-541.
Turley C M. 2000. Bacteria in the cold deep-sea benthic boundary layer and sediment-water interface of the NE-Atlantic. Microbiology Ecology, 33: 89-99.
Vezzulli L, Chelossi E, Riccardi G, et al. 2002. Bacterial community structure and activity in fish farm sediments of the Ligurian sea (Western Mediterranean). Aquaculture International, 10(2): 123-141.
Weston D P. 1990. Quantitative examination of macrobenthic community changes along an organic enrichment gradient. Marine Ecology Progress Series, 61: 233-244.
Wu R S. 1995. The environmental impact of marine fish culture: towards a sustainable fature. Marine Pollution Bulletin, 31: 159-166.

16　遗传资源的经济价值：面向决策者

16.1　生物多样性的重要性和丧失态势

16.1.1　生物多样性对社会经济发展的重要性

生物多样性是人类赖以生存的条件，是经济社会可持续发展的物质基础，是生态安全和粮食安全的保障，也是文学艺术创造和科学技术发明的重要源泉。生物多样性具有多方面的价值和功能。生物遗传资源是生物多样性的重要组分，对国民经济和社会发展具有至关重要的作用。第一产业的农、林、牧、渔各业直接以生物多样性资源作为经营的主要对象，它为人们提供了必要的生活物质。第二产业的许多行业也直接以生物多样性资源及其产品为原料，特别是制药业，世界上 50%以上的药物成分来源于天然动植物中。生物多样性还是现代生物技术发展的必要条件，是世界各国普遍重视的战略资源，为经济社会可持续发展提供了重要保障。

中国是世界上生物多样性最为丰富的 12 个国家之一，也是北半球生物多样性最丰富的国家。生物多样性对建设生态文明和美丽中国具有重要的意义。党的十八大提出大力推进生态文明建设，这是关系人民福祉、关乎民族未来的长远大计。生物多样性保护是生态文明建设的重要内容。生物多样性具有涵养水源、保持水土、净化空气、防风固沙、维护生态平衡、减缓气候变化、抵御自然灾害和娱乐休闲等多方面的生态服务。生物多样性所构成的丰富多彩的自然景观，为人们认识自然、感悟自然、愉悦身心和发展生态旅游提供了基本条件，是美丽中国重要组成部分。推进生态文明建设，必须树立尊重自然、顺应自然、保护自然的理念，坚持保护优先、自然恢复为主的方针，切实加强生物多样性保护（专栏 16-1）。

专栏 16-1　生物多样性是提供生态系统服务的重要来源

生物多样性支撑着全人类所依赖的所有尺度上的生态系统服务。据估计，2000 年中国森林生态系统在产品提供、固碳释氧、涵养水源、土壤保持、净化环境、养分循环、休闲旅游、维持生物多样性等方面的服务价值约为 1.4 万亿元/a，相当于 2000 年中国国内生产总值的 14.2%（赵同谦等，2004）。草原是地球的碳库，中国草原生态系统总的碳储量约为 440.9 亿 t 碳。草原是天然蓄水库和能量库，黄河水量的 80%、长江水量的 30%、东北河流的 50%以上的水量直接来源于草原地区。中国草原生态系统的总价值达到 12 403 亿元人民币（相当于 1497.9 亿美元）（谢高地等，2001），约合每公顷草地 3100 元，远超过其生产所直接创造的价值。

据测算，在第一、二、三次产业中，江苏省所有生物物种资源相关行业的总产值为 10 526.7 亿元/a，增加值为 2548.2 亿元/a，占 GDP 的 16.4%，物种资源产生的各种价值共计为 540.3 亿元/a（丁晖和徐海根，2010）。昆虫授粉对中国水果和蔬菜生产发挥了十分巨大的作用，2008 年昆虫授粉对中国水果和蔬菜产生的经济价值为 521.7 亿美元，占 44 种水果和蔬菜总产值的 25.5%（安建东和陈文锋，2011）。

16.1.2　我国的遗传资源及其丧失的态势

中国有高等植物 3 万余种，居世界第三位，仅次于巴西和哥伦比亚；有脊椎动物 6000 余种，占世界总种数的 13.7%。中国海域物种多样性丰富，已记录到海洋生物 28 000 多种，其中原核生物界 9 门 574 种、原生生物界 15 门 4894 种、真菌界 5 门 371 种、植物界 6 门 1496 种、动物界 24 门 21 398 种，约占全球海洋物种数的 11%。中国生物遗传资源丰富，是水稻、大豆等重要农作物的起源地，也是野生和栽培果树的主要起源中心。据不完全统计，中国有栽培作物 1339 种，其野生近缘种达 1930 个，果树种类居世界第一。中国是世界上家养动物品种最丰富的国家之一，有家养动物品种 576 个（环境保护部，2011）。

中国无脊椎动物受威胁（极危、濒危和易危）的比例为 34.7%，脊椎动物受威胁的比例为 35.9%（解焱和汪松，2004）。中国受威胁植物有 3767 种，约占评估高等植物总数的 10.9%；需要重点关注和保护的高等植物达 10 102 种，占评估高等植物总数的 29.3%（环境保护部和中国科学院，2013）。中国遗传资源丧失的问题突出。根据第二次全国畜禽遗传资源调查的结果，全国有 15 个地方畜禽品种资源未发现，超过一半以上的地方品种的群体数量呈下降趋势（专栏 16-2）。

专栏 16-2　我国遗传资源的丧失态势

红色名录指数（red list index，RLI）是评估物种濒危状况变化趋势的最有效指标，已经被列为联合国千年发展目标的指标之一。1996～2008 年，兽类的 RLI 下降；1998～2004 年，淡水鱼类的 RLI 下降；1988～2012 年，根据 Equal-steps 方法计算的鸟类 RLI 略有下降，但根据 Extinction-risk 方法计算的 RLI 先略有上升又呈下降趋势，总体呈下降趋势（崔鹏等，2014；图 16-1）。

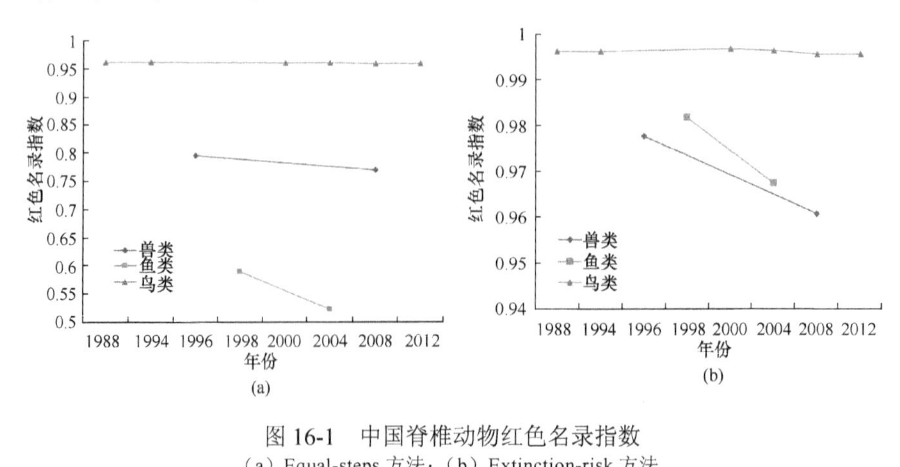

图 16-1　中国脊椎动物红色名录指数

（a）Equal-steps 方法；（b）Extinction-risk 方法

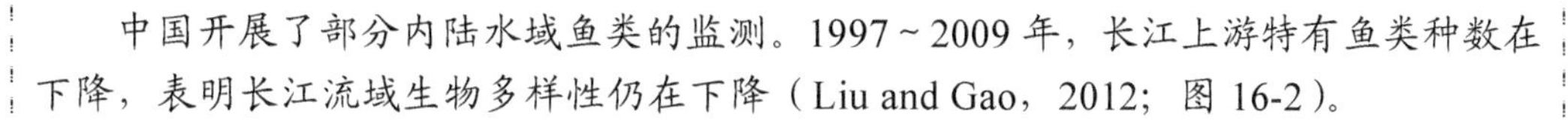
中国开展了部分内陆水域鱼类的监测。1997～2009年，长江上游特有鱼类种数在下降，表明长江流域生物多样性仍在下降（Liu and Gao，2012；图16-2）。

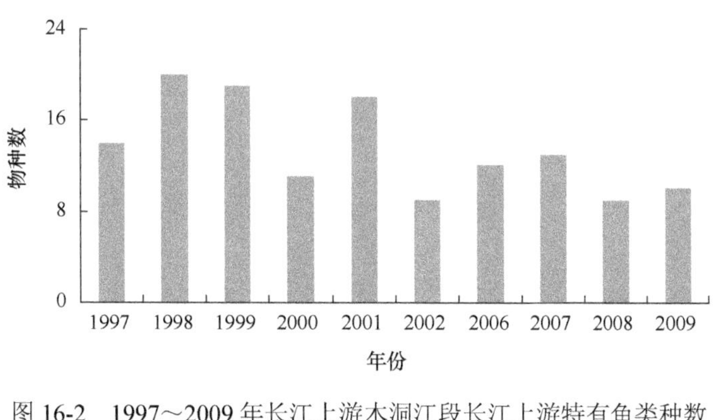

图16-2 1997～2009年长江上游木洞江段长江上游特有鱼类种数

16.1.3 遗传资源的价值日渐明朗

遗传资源是人类社会赖以生存和发展的物质基础和战略资源。人类的发展与遗传资源的利用是息息相关的。人类文明史的持续，在很大程度上取决于把生物作为一种再生资源的合理开发和有效的保护（吴征镒和彭华，1996）。专家预测，继狩猎经济、农业经济、工业经济和网络经济之后，大约在2020年，人类的将进入第五个经济形态——“生物经济”（仇方迎和丁学国，2005）。地球上大约有10 000～80 000种可食用的植物，而人类在各个时期至少利用了3000种可食用的植物。狩猎采集经济时代度过了数十万年；在近万年农业经济时代中，人类已完成了1200种植物的栽培、30～50种动物的驯化和数百种微生物的利用；遗传资源为许多工业生产（造纸、人造板工业、生物制药、酿酒）提供了原料。2020年，生物经济将开始全面起飞，现代生物技术产品渗透到人类生活的各个方面，生物科技将成为下个经济形态的领头人，而这一切都是建立在遗传资源这个物质基础之上的。

遗传资源的拥有量是衡量一个国家经济和社会发展能力的重要指标之一。许多实例表明，一个物种、一个品种乃至一个基因都可能成为繁荣国家经济的源泉。20世纪70年代，我国利用雄性败育的野生稻育成了杂交水稻，对我国乃至全世界粮食产量的提高作出了重大贡献。目前，杂交水稻在中国的种植面积占水稻种植总面积的50%，产量占稻谷总产量的57%。全国每年因此增产的粮食超过200亿kg，相当于一个中等省全年的粮食总产。从推广种植杂交水稻以来，已累计增产稻谷3500亿kg，产生了巨大的经济和社会效益。20世纪60年代，墨西哥利用矮秆基因育成高产、抗病、适应性强的矮秆小麦，掀起一场小麦生产革命。矮化高产小麦在被推广到拉丁美洲、中东、亚洲国家后，创造了小麦产量大幅提高的奇迹，开创了谷物生产的“绿色革命”。如今，矮化高产小麦种植面积已超过6500万hm^2，使世界上数以千万的民众免于饥饿。

目前，遗传资源受到越来越严重的威胁，大量遗传资源濒危甚至灭绝，对可持续发展战略形成了巨大的挑战。我国濒危或接近濒危的高等植物达4000～5000种，占高等植物总数的 15%～20%。联合国《濒危野生动植物种国际贸易公约》列出的 740 种世界性濒危物种中，我国占 189 种，为总数的 1/4。

任何一个物种或基因一旦消亡，都不能被重新创造出来的。物种的消亡和产生，本来是正常的新陈代谢，但是由于人类的过度干预，物种绝灭的速率已经大大超出正常的范围。如此造成的后果不得不令我们产生如履薄冰的危机感，我们有理由担心：下一个灭绝的物种会是人类自己吗？

16.2　生物多样性价主流化的障碍

16.2.1　生物多样性的价值没有纳入经济社会发展体系

根据联合国《千年生态系统评估计划》（Millennium Ecosystem Assessment）提出的概念框架（赵士洞和张永民，2006），生态系统服务功能是指人类从生态系统中获得的效益，包括生态系统对人类可以产生直接影响的供给功能、调节功能和文化功能，以及对维持生态系统的其他功能具有重要作用的支持功能。生态系统服务功能的变化通过影响人类的安全、维持高质量生活的基本物质需求、健康，以及社会文化关系等而对人类福利产生深远的影响。同时，人类福利的以上组成要素又与人类的自由权和选择权相互影响。一般认为，生态系统提供人类生活所必需的物质产品，如为人类提供食物、纤维、药品等可以商品化和物质化的功能，表现为直接价值；而生态系统保证人类生活质量所提供的服务，如气候调节、水源涵养、水土保持、净化水源、土壤肥力的更新与维持、营养物质的循环、固碳释氧、旱涝灾害的缓解等难以商品化、市场化的功能，它们支撑并维持着人类赖以生存的环境，表现为间接价值。对于直接价值，已经有了相对比较成熟的核算体系和方法，但对于表现为间接使用价值的森林生态系统服务，还没有一个获得普遍认可的分类方式。

专栏 16-3　我国将重启绿色 GDP 研究——“绿色 GDP2.0 核算体系”

绿色 GDP 最早由联合国统计署倡导的综合环境经济核算体系提出。推行绿色 GDP 核算，就是把经济活动过程中的资源环境因素反映在国民经济核算体系中，将资源耗减成本、环境退化成本、生态破坏成本及污染治理成本从 GDP 总值中予以扣除。其目的是弥补传统 GDP 核算未能衡量自然资源消耗和生态环境破坏的缺陷。2015 年初，环境保护部表示，已经启动绿色 GDP 的研究，这是时隔 11 年中国重启这一研究，被绿色 GDP2.0。和绿色 GDP1.0 相比，绿色 GDP2.0 将寻求创新：在内容上，增加以环境容量核算为基础的环境承载能力研究，圈定资源消耗高强度区、环境污染和生态破坏重灾区，摸清“环境家底”；在技术上，克服前期数据薄弱问题，夯实核算的数据和技术基础，充分利用卫星遥感、污染源普查等多来源数据，构建支撑绿色 GDP 核算的大数据平台。绿色 GDP2.0 将核算生态系统生产总值，如草地生态系统、森林生态系统每年提供的生态服务产品，将计算出这些产品的物理量和价值（人民网，2015；新华网，2015）。

16.2.2 生态系统和生物多样性的外部经济效益

萨缪尔森认为，外部性指的是企业或个人向市场之外的其他人强加的成本或效益，也称为溢出效应，它是非效率的一种类型。通俗地说，它是指社会成员（包括组织和个人）从事经济活动时，其成本与后果不完全由该行为人承担，也即行为举动与行为后果的不一致性，或者是一个人或一群人的行动和决策对另一个人或一群人强加了成本或赋予利益的情况。外部性分为外部经济性（正外部性）和外部不经济性（负外部性），外部经济性指经济主体的活动使他人或社会受益，而受益者又无须付相应代价；外部不经济性是指经济主体的活动使他人或社会受损，而造成损失的人并不需要为此承担相应成本。由于人类的活动会对环境产生很大的外部效应，对于环境而言，其外部性问题是相当严重的。森林生态系统可以为社会提供多种服务，如涵养水源、固土保肥、固定 CO_2、释放 O_2、森林游憩、维持生物多样性等，从森林生态系统提供的服务内容来看，属于典型的外部经济效益。目前国内外的理论和实践表明，森林生态系统服务的价值主要表现在其作为生命支持系统的外部价值上，而不是表现在作为生产的内部经济价值上。森林生态系统外部经济价值能够影响市场对资源的合理分配（胡长清等，2013）。

稻作农业除粮食生产功能外，还具有生态功能和社会功能，但其生态功能和社会功能往往因具有非竞争性和非排他性，不能在市场进行交易而未被赋予适当的市场价值，被社会公众所忽视。稻作生态系统的多功能性具有联合生产的特征，与稻田面积和生产强度紧密相关。近些年来，中国稻田面积逐渐减少，农用化学品使用强度不断加大，对稻作农业可持续经营产生了威胁。稻作生态系统服务功能的定性评价结果为：经济功能＞生态功能＞社会功能，粮食生产＞秸秆资源＞调节气温＞粮食安全＞蓄水防洪＞就业保障＞涵养水源＞净化空气＞休闲娱乐，水土保持、消纳废弃物和保护生物多样性与蓄水防洪功能的重要性无差异，科研教育文化与就业保障的重要性无差异。水资源消耗和农用化学品污染造成的负面影响分别大于温室气体排放带来的影响。2010 年中国稻作生态系统多功能性价值约为 8478.43 亿元，其中正面功能价值约为 8979.77 亿元，负面功能成本约为–501.34 亿元，正面功能价值是负面功能价值的 17 倍之多，稻作生态系统多功能性价值效益显著（陈浩，2013）。

在产权不明晰时，个人使用公共资源付出的成本就会小于社会为其付出的总成本，从而导致资源的过度利用。草原牧区草原承包经营责任制的实现以及牧区围栏的设立对于解决草原的过度利用问题起到了很好的作用，但是在围栏设立后却使草原牧区的生态系统受到严重影响，牧区管理由“公地悲剧”转变为一种“围栏效应”，主要表现在以下几个方面。一是围栏较高且数量众多，对牧区野生动物活动造成严重影响；二是影响物种的自然选择与繁殖，不利于生物多样性保护；三是草原食物链被破坏，不利于草原生态系统的稳定，破坏草原生态平衡。其原因是忽视了生态外部性问题，对于生态系统内部平衡的扰动以及破碎化等一系列负的外部性完全交由自然承担（曾贤刚等，2014）。

16.2.3 需要通过公共政策将生态系统服务价格整合到市场价格信号中

许多生态系统都是“公共物品”，公共政策在确保生态系统服务的价值得到认可和在决策时纳入考虑中有重要的作用。相对于可以通过市场进行交易的具有排他性和竞争性的私人物品，遗传资源提供的许多服务属于公共物品，即无法通过市场机制进行调节的、不具有消费的竞争性和排他性的商品。公共物品有两个显著的特性：非排他性和非竞争性。公共物品消费的非排他性是指一旦某特定的物品被提供出来，便不太可能排除任何人对它的消费，或者说很难将不付费的人排除在外。公共物品消费的非排他性包括几个方面：在操作上或者技术上不能独占消费；或者技术上可行，但排他成本过高；任何人无法拒绝对该物品的消费，带有强制性；任何人都可以在相同数量上或相同程度上消费该物品，即消费难以分割。

农业生物技术资源是在特定区域为特定农业生产者和消费者提供经济利益和生态景观福利的自然物种资源。虽然社区有权享受自然生态环境景观，研发者有权从事研究开发，生产者有权获得生产利益，消费者有权要求温饱、健康和长寿，但严格的地域范围和特定的相邻生物（包括人）构成的不可分割的整体，将农业生物技术资源的权利限定在一个对所有个体都具有正外部性的宏观层次，农业生物技术资源不属于这一整体中的单个个体，任何个体都无权将其私有化。农业生物技术资源这些经济特性集中反映了在特定时间和空间范围内具有明显的正外部性：它是面对特定资源循环体提供的、具有共同消费的特点（邓家琼，2008）。

林业生物灾害是诸多自然灾害中发生种类多、频率高、分布地域广、危害损失大的灾种。如果有人对一大片受害森林的病虫害进行了防治，保护了森林的正常效能，其他人没有花钱也同样享用森林带来的好处。从效率的角度看，公益林有害生物的防治成效是免费的，但消费者没有付出，那又如何来支付防治的费用。在这种情况下，政府和其他类似的决策机制将取代市场决策，成为提供公共物品的工具，政府的干预对有害生物防治是必要的。在防治效益大于成本的情况下尚如此，如果防治效益小于防治成本，就更不可能单纯靠市场机制配置防治资源（闫峻和刘俊昌，2005）。

生态系统服务大多属于公共物品，或者具有很强的公共物品性质，而公共物品的特性导致了生态系统服务的市场失灵。遗传资源不仅具有市场价值，也在许多方面为公众提供了至关重要的生命支持系统服务，如涵养水源、保护土壤、提供游憩、防风固沙、净化大气和保护野生生物等。因此，物种资源提供的生态服务是一种重要的公共商品，具有非排它性和非竞争性。只要物种资源提供生态服务，任何个人或群体就不可能从物种资源提供的服务消费中排除出去，且一个人对物种资源所提供服务的消费不能排斥他人对同一物种资源生态服务的消费。正是由于没有人能够或应该被排除，消费者也就无法为消费物种资源生态服务而付费。

16.2.4　市场失灵的后果

公共物品和外部性都是导致市场失灵的原因，市场失灵导致了生态系统服务的需求曲线是虚假的。首先，消费者不知道自身对于公共物品的真实的需求价格；其次，为了获得更大的“免费搭便车”利益，很多消费者不愿意表达自身的真实偏好以及对于该公共物品的真实支付意愿，进而就导致了其真实价值难以通过消费者的直接市场行为来反映。

生物医药产业共性技术是指生物医药界的有关研发成果，能够在生物医药产业领域中实现共享、由生物医药企业普遍使用、对整个生物医药产业产生广泛影响的一类技术。产业共性技术的研发具备开放性特征，从而可以给研发者以外的企业带来无需付费的收益，这就是产业共性技术的外部性。大型生物制药企业的共性技术研发费用占销售收入的 20%有余，纯粹的生物技术研发企业的研发投入比重更高。共性技术研发的高成本投入使许多企业在技术开发过程中实行“技术内敛”，采取内部化策略防治技术外溢，一定程度上抑制了技术创新。生物医药产业技术当中，以核酸核酶、小分子药物、生物试剂、基因重组、蛋白质工程、现代中药为代表的产业共性技术，均具有共享性、非排他性和非竞争性的特征，它们既非经济学意义上的纯公共物品，也不具备商业上的独占性，其共性技术开发处于政府和企业关注的中间地带，民间资本进入市场提供技术供给的积极性不高，政府也不愿一手包办，很容易出现供给失灵现象（贺正楚等，2014）。

海洋渔业资源的多种属性导致市场机制不适用海洋渔业资源管理。海域及其资源是属于国家所有，它不像土地或内陆水面，所有制关系比较容易划分，有明显的行政界限。虽然海域范围广、规模大，纵跨多个气候带，但在整体上却是统一的，与陆地相比较交互性更强，生态结构和层次更为复杂。海水的流动是全方位、大范围的，与内陆湖泊、水库相对静止的水体不同，与河流的单向流动性也不同。海域的自然属性决定了其资源的复合性和共存性，生物资源、旅游资源、港口资源、矿产能源资源等都交织重叠在一起，分布界线不很清楚，而且鱼类资源的不断流动更加复杂化了市场机制在海洋渔业资源管理中的体现（贺国文和张相国，2005）。

16.3 遗传资源保护的途径——经济学的视角

16.3.1 用价格界定珍稀濒危遗传资源的重要性

动植物遗传资源基准价格是指具有实际或潜在价值的含有遗传信息物质（材料）及其多级载体的动植物个体、群体及其特殊生境的不同保护等级动植物的基本标准价格。其在动植物遗传资源尤其是珍稀濒危动植物资源的保护管理和遗传资源资产评估中具有重要作用。①显示作用。显示不同动植物资源的濒危程度、稀有程度、特有性、受关注程度、开发利用程度等特征，同时也显示不同动植物遗传资源的实际或潜在价值的大小。②指导作用。为动植物遗传资源交易提供指导价格，促进动植物遗传资源的合理开发与利用。③便于其他动植物遗传资源价格形式的价格水平的确定。反映的实际或潜在价值，按照一定方法折算出来的价格，是其他动植物遗传资源价格形式水平的基础。④为动植物遗传资源有偿使用和处罚税费等提供了客观依据。动植物遗传资源有偿使用费和非法偷猎盗猎等处罚金等，只能以在一定时间内相对固定和统一的基准价格为基本依据。

从物种的受保护程度、驯养或栽培可实现程度以及应用推广情况等方面，将典型动植物遗传资源分成 4 种类型，即完全保护且没有市场交易的物种、有保护也有市场交易的物种、驯养和栽培应用不多的地方特有物种、广泛开发应用并取得明显经济效益的动植物遗传资源（表 16-1）。

表 16-1 典型珍稀濒危动植物遗传资源分类

类群		物种
完全保护且没有市场的物种	植物	发菜、野生大豆、普通野生稻、宝华玉兰
	动物	东北虎、藏羚羊、朱鹮、野牦牛、大熊猫、丹顶鹤、麋鹿
有保护且有市场交易的物种	植物	银杏、红豆杉、珙桐、鹅掌楸、浙江楠
	动物	扬子鳄、文昌鱼、猕猴、大壁虎、穿山甲
驯养和栽培应用不多的地方特有物种		太湖猪（二花脸猪）、莱芜猪
开发应用广泛并取得经济效益的物种		香禾糯、胭脂稻、杜仲、人参、铁皮石斛、冬虫夏草、甘草

典型珍稀濒危保护野生动物的基准总价格为 94.89×10^{10}～360.09×10^{10} 元/种群(表 16-2)。

表 16-2 野生动物基准价格及范围 （单位：10^{10} 元/种群）

物种名称	基准价	基准价范围
东北虎	239.60	180.14～360.09
藏羚羊	160.68	120.80～241.48
朱鹮	181.33	136.32～272.51
野牦牛	128.48	96.59～193.08
大熊猫	208.96	157.10～314.04
丹顶鹤	193.58	145.53～290.92
麋鹿	126.22	94.89～189.69

典型珍稀濒危保护野生植物的基准价格为 25.21×10^{10}～168.44×10^{10} 元/种群（表 16-3）。

表 16-3 野生植物基准价格及范围 （单位：10^{10} 元/种群）

物种	基准价	基准价范围
发菜	105.54	79.35～158.62
野大豆	33.54	25.21～50.40
普通野生稻	57.50	43.23～86.42
宝华玉兰	112.08	84.26～168.44
冬虫夏草	78.23	58.81～117.56

16.3.2 保护遗传资源的成本和效益

“成本效益分析”（CBA）是一种政策分析工具。通过成本效益分析，可以计算不同保护政策下遗传资源保护所创造的社会净福利的变化，据此寻求有利于社会福利水平改进的保护措施，或确定最优的保护水平（包括保护区的面积和保护的强度），为我国未来在保护区开展野生动植物遗传资源保护措施的识别提供重要的政策建议和分析框架。由于许多情况下保护效益（价值）的货币化存在很大的困难，“成本有效性”（CEA）分析往往是更常采用的方法框架，该方法特别适用于针对特定保护目标进行保护措施的优化选择：基于特定的保护目标，识别和筛选多个可替代的保护措施，分析不同保护措施所对应的成本和保护效果的相应变化程度，研究不同保护措施及成本变化对于保护目标实现的有效性，最终筛选出以最小成本实现保护目标的政策方案。

福建武夷山自然保护区是我国大型森林自然保护区的典型代表。建立保护区使得武夷山地区的生物多样性和独特生态环境得到了整体保护，定量分析和定性观察都发现武夷山的生态环境质量得到恢复，物种丰富度有改善，为进一步的精确保护提供了基础。建区以来的保护资金投入水平平均已经达到发达国家的投入水平，补偿成本占全部机会成本的比例仍然较低。尽管如此，保护并没有达到完美状态。核心生境破碎化因生物走廊带项目资金无以为继而中止。区内居民发展生计的冲动被划定在红线范围以内，但人工经营导致经营区内的毛竹纯林化现象，常绿阔叶林和针阔混交林是武夷山地区典型生境，其中的乔木物种数量下降不得不引起关注（表 16-4）。

表 16-4 保护方案的成本有效性评价

保护方案	持续时间	保护成本	有效性评价
1. 建立自然保护区	1979 年至今	保护资金投入近 3.1 亿元； 34 年的年均保护成本为 905 万元，单位面积年均保护成本达到 16 000 元/km^2	建区使得物种丰富度增加了 5.94%； 建区保护的物种数量达 603 种
2. 建设生物走廊带	1997～2002 年	828.69 万元	增加 3878hm^2 走廊带内 20%的植物生物多样性
3. 引导毛竹生计	1986～1996 年	–8460.3 万元，即带来 8460.3 万元的净收益	3618hm^2 林地面积上，乔木层高等植物物种数量明显减少；720hm^2 林地面积上，乔木层物种数量略有增加

16.3.3 遗传资源与区域社会经济发展

遗传资源作为生物遗传多样性的重要载体，也是生物多样性和生态系统多样性的重要基础。它不仅保障了人类衣、食、住及药物的原料需要，还为人类的生存和实现包括人类福祉（健康、生计等）在内的社会和经济可持续发展提供了良好的生态环境。当今社会的各类高科技行业依然离不开遗传资源的支撑，在全球制药、现代农业、食品保健、环保、再生能源、生物智能及轻化工等重要领域对遗传资源的需求与日俱增。区域经济社会的发展与遗传资源的利用息息相关，遗传资源的丰富程度已然成为了衡量一个国家或地区经济社会发展能力的重要指标之一。为此，遗传资源的经济社会价值越来越受到世人的关注，遗传资源已然成为了国际社会占领生物经济制高点争夺的焦点，被世界各国及相关国际组织公认为重要的战略资源和国家主权的组成部分。

从经济发展、社会发展和可持续发展评价遗传资源对经济社会发展贡献（表 16-5）。

遗传资源产业对泰州市带来的经济效益，首先从遗传资源产业生产总值来看，遗传资源产业生产总值从 2008 年的 281.60 亿元增长到 2012 年的 576.05 亿元，5 年内遗传资源产业经济总量翻了一番；从遗传资源产业生产总值增长率来看，遗传资源产业生产总值年增长率达到了 19.59%，而泰州市 GDP 增长速度为 17.98%，足见遗传资源产业的发展推动了地区经济的增长。遗传资源对区域经济效益的贡献另一个重要体现就是比较劳动生产率，遗传资源产业全员劳动生产率 2008～2012 年从 3.89 万元/人增长到了 8.39 万元/人，遗传资源产业生产能力大幅提升。从近 5 年看，遗传资源产业劳动生产率增长速度为 21.22%，泰州市社会劳动生产率从 4.96 万元/人提升到 9.50 万元/人，提升速度为 17.64%，说明遗传资源产业生产力发展速度快于泰州市全社会生产力发展速度。但是遗传资源产业劳动生产率水平比全社会劳动生产率水平低，还需要有很大的提升空间（表 16-6）。

表 16-5 城市区域尺度遗传资源对经济社会发展贡献指标体系

贡献类型	一级指标	二级指标	指标类型
经济发展贡献	经济价值总量	遗传资源产业 GDP	价值型
		直接产品经济价值	价值型
		遗传资源产业利用乘数效应	价值型
	经济结构指标	遗传资源三次产业结构	效益型
		农业内部结构	效益型
		遗传资源工业内部结构	效益型
	经济效益指标	遗传资源产业 GDP 增长率	效益型
		遗传资源产业利税	效益型
		遗传资源产业比较劳动生产率	效益型
社会发展贡献	社会价值总量	提供就业机会	价值型
		景观游憩价值	价值型
		科研文化价值	价值型
	社会进步指标	技术进步贡献	价值型
	社会福利指标	平均工资增长率	效益型
		人均 GDP	效益型
		健康水平	效益型
		文化水平	效益型
	社会生态指标	遗传资源产业污染物排放	实物量
		遗传资源产业能耗	实物量
		遗传资源产业水耗	实物量
		遗传资源产业绿色贡献系数	效益型
可持续发展贡献	经济潜力指标	潜在经济价值	价值型
	社会潜力指标	潜在社会价值	价值型
	遗传资源开发利用潜力指标	遗传资源丰度	实物量
		遗传资源结构	效益型
		人均遗传资源拥有量	效益型

表 16-6 2008～2012 年泰州市遗传资源产业增加值构成

年份	遗传资源产业生产总值	遗传资源第一产业		遗传资源第二产业		遗传资源第三产业	
		增加值/亿元	比例/%	增加值/亿元	比例/%	增加值/亿元	比例/%
2008	281.60	105.10	37.32	114.93	40.81	61.57	21.86
2009	339.62	128.85	37.94	135.74	39.97	75.03	22.09
2010	423.26	146.03	34.50	179.98	42.52	97.25	22.98
2011	491.72	68.91	34.35	202.83	41.25	119.98	24.40
2012	576.05	84.79	32.08	253.32	43.98	137.94	23.95

16.4 政 策 指 引

党的十八大报告把生态文明建设纳入中国特色社会主义事业五位一体的总布局，指出要把资源消耗、环境损害、生态效益纳入经济社会发展评价体系，建立体现生态文明要求的目标体系、考核办法和奖惩机制。党的十八届三中全会进一步提出用制度保护生态环境，健全自然资源资产产权制度和用途管制制度，实行资源有偿使用制度和生态补偿制度（李俊生，2015）。党的十八届四中全会进一步提出，用严格的法律制度保护生态环境，加快建立有效约束开发行为和促进绿色发展、循环发展、低碳发展的生态文明法律制度，强化生产者环境保护的法律责任，大幅度提高违法成本；建立健全自然资源产权法律制度，完善国土空间开发保护方面的法律制度，制定完善生态补偿和土壤、水、大气污染防治及海洋生态环境保护等法律法规，促进生态文明建设。这些行动纲领提高了遗传资源价值评估在经济发展与环境保护决策中的地位。

（1）将环境、生态指标纳入政绩考核。随着环境问题日益突出，许多地方政府主动将生态指标纳入政绩考核体系。党的十八大报告鲜明提出，要把资源消耗、环境损害、生态效益纳入经济社会发展评价体系，建立体现生态文明要求的目标体系、考核办法、奖惩机制，使绿色GDP指标成为党政领导干部政绩考核的重要依据。

（2）将生态系统和生物多样性价值整合进政策评估。完善和创新生物多样性经济价值评价方法和生物多样性丧失的成本分析方法，在不同尺度开展生物多样性经济价值和损失成本的评估，阐述生物多样性的价值及其对社会经济发展的重要作用，分析生物多样性丧失所产生的成本及保护生物多样性所带来的经济效益；面向不同利益群体提供有针对性的评估成果，更好地激发各利益主体的兴趣和参与，为制定生物多样性保护政策奠定科学基础。

（3）改革成本效益分配，建立和完善生态补偿制度。建立和完善生态补偿制度，是生态文明制度建设的核心内容。强化社会经济主体的环境产权意识，把生态资源视为生态资源资产，逐步将其产权界定和资产管理纳入法制化轨道。推动地区间建立横向生态补偿制度，协调环境保护中各相关区域之间的经济利益关系。探索建立建设项目环境影响生物多样性补偿制度。开展价值评估，将对自然生态系统服务价值造成的损失计入补偿成本。对具有重要生态服务价值的区域，通过转移支付给予生态补偿，以减轻对生态系统的压力。

（4）创新生物多样性保护投融资机制。引入市场机制，发挥市场的调节作用，通过市场机制以资产证券化融资、资本市场融资、发行生态补偿彩票的方式融资，建立健全政府调控、市场主导、各方参与的生物多样性保护投融资机制，推动生物多样性保护与可持续利用。

（丁　晖，刘　立，徐　辉）

参考文献

安建东，陈文锋. 2011. 中国水果和蔬菜昆虫授粉的经济价值评估. 昆虫学报, 54(4): 443-450.

陈浩. 2013. 中国稻作生态系统多功能价值评估. 湖南农业大学硕士学位论文.

胡长清，邹冬生，宋敏. 2013. 湖南省生态公益村补偿现状及其机制探讨. 农业现代化研究. 34(2): 202-205.

崔鹏，徐海根，吴军，等. 2014. 中国脊椎动物红色名录指数评估. 生物多样性, 22(05): 589-595.

邓家琼. 2008. 自主研发视角下的中国农业生物技术资源保护模式. 经济问题探索, (9): 13-17.

丁晖，徐海根. 2010. 生物物种资源的保护和利用价值评估——以江苏省为例. 生态与农村环境学报, 26(5): 454-460.

贺国文, 张相国. 2005. 我国海洋渔业资源领域中的市场失灵分析. 生态经济, (3): 63-64.
贺正楚, 张蜜, 吴艳. 2014. 我国生物医药产业共性技术供给研究. 中国科技论坛, (2): 40-45.
环境保护部, 中国科学院. 2013. 中国生物多样性红色名录——高等植物卷 http://www.zhb.gov.cn/gkml/hbb/bgg/201309/t20130912_260061.htm [2015-6-9].
环境保护部. 2011. 中国生物多样性保护战略与行动计划. 北京: 中国环境科学出版社.
李俊生. 2015. 生物多样性与生态系统服务价值. 光明日报, 2015-5-15.
仇方迎, 丁学国. 2005. 生物经济时代: 中国的机遇和挑战. 2005-9-15. (第 7 版).
人民网. 2015. 环保部重启绿色 GDP 研究 将建立绿色 GDP2.0 核算体系. http://env.people.com.cn/n/2015/0330/c1010-26772910.html [2015-6-15].
吴征镒, 彭华. 1996. 生物资源的合理开发利用和生物多样性的有效保护. 世界科技研究与发展, 18(1): 24-30.
谢高地, 张钇锂, 鲁春霞, 等. 2001. 中国自然草地生态系统服务价值. 自然资源学报, 16(1): 47-53.
解焱, 汪松. 2004. 中国物种红色名录 第 1 卷. 北京: 高等教育出版社.
新华网. 2015. 绿色 GDP2.0 核算: 全面反映经济活动的环境代价. http://news.xinhuanet.com/talking/2015-04/14/c_1114945779.htm [2015-6-17].
闫峻, 刘俊昌. 2005. 论林业有害生物防治的外部经济效应. 中国森林病虫, 24(6): 12-14.
曾贤刚, 唐宽昊, 卢熠蕾. 2014. “围栏效应”: 产权分割与草原生态系统的完整性. 中国人口.资源与环境, (2): 88-93.
赵士洞, 张永民. 2006. 生态系统与人类福祉——千年生态系统评估的成就、贡献和展望. 地球科学进展, 21(9): 895-902.
赵同谦, 欧阳志云, 郑华, 等. 2004. 中国森林生态系统服务功能及其价值评价. 自然资源学报, 19(4): 480-491.
Liu H, Gao X. 2012. Monitoring Fish Biodiversity in the Yangtze River, China. The Biodiversity Observation Network in the Asia-Pacific Region: Ecological Research Monographs, Nakano S, Yahara T, Nakashizuka T, Springer Japan, 165-174.

17　遗传资源的经济价值：面向企业管理者

17.1　生物遗传资源丧失和流失日益严重

17.1.1　我国生物遗传资源的现状

中国是世界上生物多样性最丰富的国家之一，遗传资源极为丰富，是北半球的生物基因库，拥有高等植物 3 万多种，居世界第三位；脊椎动物 6000 多种，占世界总种数的 13.7%；已记录的海洋生物物种达 28 000 多种，约占全球海洋物种数的 11%；是水稻、大豆等重要农作物起源地，家养动物品种丰富，果树种类世界第一（环境保护部，2014）。

中国也是生物多样性受到严重威胁的国家之一，遗传资源丧失的问题十分突出。无脊椎动物受威胁（极危、濒危和易危）的比例为 34.7%，脊椎动物受威胁的比例为 35.9%；受威胁植物有 3767 种，约占评估高等植物总数的 10.9%；需要重点关注和保护的高等植物达 10 102 种。一些重要农作物野生近缘种的生存环境遭受破坏，一些地方传统和稀有的畜禽品种资源正逐渐消失。根据第二次全国畜禽遗传资源调查的结果，全国有 15 个地方畜禽品种资源未发现，超过一半以上的地方品种的群体数量呈下降趋势（环境保护部，2014）。

生境丧失、过度利用、环境污染等原因直接造成生物多样性下降，遗传资源丧失。自然生境退化和丧失严重，湿地和草地开垦，自然海岸线被不断开发，物种栖息和繁殖场所遭到严重破坏；野生生物资源过度利用、过度放牧、过度捕捞、非法贸易，造成生物种群数量急剧下降。环境污染物能产生多种毒性，水体污染直接威胁水生生物的生存，海洋环境污染引起赤潮等多种海洋生态灾害。单一品种的大规模种植，使许多传统品种遭到淘汰，甚至消失。外来入侵物种的大面积生长和蔓延也对生物多样性造成严重危害，我国目前外来入侵物种有 500 余种。气候变化改变物种分布，加剧部分物种的生存威胁（环境保护部，2014）。

大量生物遗传资源通过非官方途径流失国外。我国非官方途径流失的生物遗传资源远远大于正常渠道引出的，主要途径包括国外来人考察收集、索取、偷拿、走私和掠夺，私自携带出境用于合作研究等。例如，美国公布，至 2002 年 6 月 30 日，从中国引进植物资源 932 个种 20 140 份，包括野生大豆 168 份；但中国官方记载同意提供的仅 2177 份，野生大豆并不在其中（薛达元，2004）。这些资源在国外的利用程度和效益总体上尚不清楚，也并未进行惠益分享。

17.1.2　遗传资源的经济价值日渐明朗

生物遗传资源的价值并非资源的自然属性，而是与受益者密切相关，人类便是其中之一。众多学者、机构和组织做出了不懈努力，对生物遗传资源的经济价值进行评估，使社会没意识到或严重低估的资源价值得以逐步呈现。

生物遗传资源的价值很大程度上源于其提供的功能和服务。生物遗传资源可提供粮食、药材、木材、燃料等物品，污染物降解、授粉、观赏、营养循环等生态功能服务，还可为抗病、抗旱、高产等优质新品种选育提供遗传材料，为新药物与疫苗的开发提供基因资源，为认识和研究生物物种提供最基本的原始材料。

生物遗传资源的价值依赖于人类对其的感知。有些生物遗传资源的功能要在科学技术进一步发展之后或者经历重大事件时才能体现出来，但功能暂不为人所知的遗传资源并非不具有价值。生物遗传资源的非使用价值难以准确衡量，主要基于人类的判断，受当代人的认知和主观评价的影响（图 17-1）。

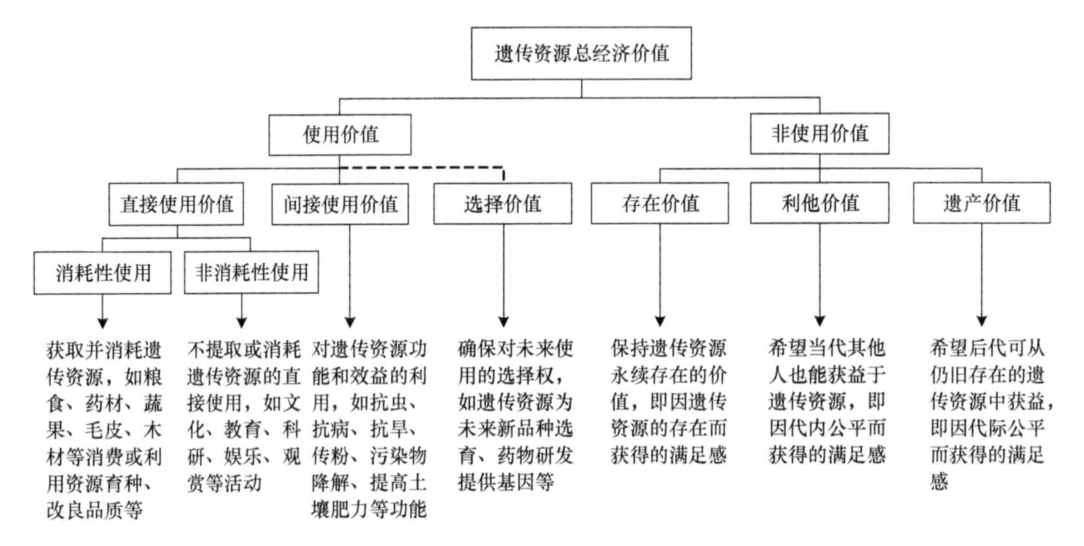

图 17-1　生物遗传资源的价值

生物遗传资源的经济价值评估虽然有其局限性，但仍具有非常重要的意义。经济价值并不足以完全衡量资源对人类生存的重要性。尽管价值评估已举得很大进展，但未市场化的产品和服务的价值目前仍只能估算。即便是没有涵盖所有产品和服务的不完整估值，也能为私人和公共决策提供有用的信息，使相关群体在决策过程中能保持谨慎。

17.1.3　保护遗传资源的意义

生物遗传资源受损会产生直接的社会经济后果。由于科技的日益进步和研究的逐渐深入，生物遗传资源的功能不断被发现并得以利用，相关产业得到发展和壮大。产业对生物遗传资源的依赖度越高，资源受损带来的影响越大。同时，资源提供的生态服务，如授粉、碳储存、涵养水源、消浪固岸、污染物降解等，一旦严重受损，也极可能导致经济损失。

生物遗传资源的永久丧失不可逆。物种的灭绝不仅意味着一个物种的消失，更重要的是，这些物种所携带的遗传资源也随之消失，这是不可逆的、无法挽回的。生物遗传资源的急剧减少甚至灭绝，对我国长远发展带来的负面影响不可估量（专栏 17-1）。

专栏 17-1 中医药行业危机

传统中医药中很多药材珍贵且稀少，在资源压力日益增大的现状下，中医药行业面临困境，一些中医药甚至只能成为历史。

肉苁蓉是我国传统的名贵中药材，素有“沙漠人参”的美誉，具有补肾阳、益精血、润肠通便等功效（屠鹏飞等，2011）。因肉苁蓉研究的不断深入和新药理作用的不断发现，肉苁蓉产业得到快速发展，每年用量超过300t（中国林学会，2004）。由于大量采挖，野生肉苁蓉数量急剧减少，已被列为国家二级保护植物，管理措施也显著增强。虽然内蒙古、新疆、宁夏等地建立了大量栽培基地，但大面积高产、稳产尚未实现（屠鹏飞等，2011）。目前许多药厂只能停止或限量生产，药品也多有掺假，有关部门对市场上含肉苁蓉的中成药进行监测，大部分未检出肉苁蓉（中国林学会，2004）。

生物遗传资源是实现可持续发展的重要战略资源（专栏 17-2，专栏 17-3）。《生物多样性公约》承认了国家对生物遗传资源的主权，并将遗传资源的获取和公平、公正地分享惠益作为其三大目标之一。保护生物遗传资源，不仅可保留濒临灭绝的物种，保留对人类和自然具有重要作用甚至是未知作用的基因，有助于人类克服生态和其他危机，而且还可以作为其他学科的研究和科技创新提供基础。国际社会已将对遗传资源的占有情况和对其研究的深度看成是国家国力的象征（中国林学会，2004）。

专栏 17-2 国际社会对生物遗传资源的争夺

生物遗传资源作为国家重要的战略资源，不仅在商业上具有重大的潜在价值，在解决粮食、能源、环境等问题时也发挥着越来越重要的作用，已经成为各国抢滩的目标。

发达国家除了清查本国生物遗传资源外，还派人深入资源丰富的国家收集各种生物遗传资源。早在 20 世纪初，俄罗斯和美国就先后派出专业队伍进行了 200 多次全球遗传资源考察收集。俄罗斯现保存的植物资源来自 130 多个国家，美国保存的资源 80%以上来自其他国家，日本保存的 3000 多份野生稻资源全部来自中国和东南亚国家（中国林学会，2004）。荷兰瓦赫宁根种子中心保存有约近 3 万余份蔬菜、谷类作物遗传材料，大部分是从世界各地收集的农家品种和具有重要经济价值的野生种。

专栏 17-3 巴西花生为美国带来巨额收益

Beetle 是美国加利福尼亚州的一位植物学家，1952 年旅行时途径巴西的南大河州，采集了一些花生样本。回到美国后，将样本存放在了美国农业部。

1987 年，番茄斑枯萎病毒（TSWV）首次在美国的花生中被发现。该病毒蔓延导致了大面积的病虫害，美国研究人员开始在种质库中寻找抗病毒的样品，发现一种花生能够抵抗 TSWV 病毒。这种花生便是 Beetle 在巴西采到的样本之一，已成为美国培育 TSWV 病毒花生品种的种质来源。

新品种花生的培育将众多花生农从破产边缘解救出来。面对严重的 TSWV 病毒危害，保守估计，美国因这种花生含有的抵抗能力所获得的经济收益为每年 2 亿美元。那时《生物多样性公约》尚未生效，也没有遗传资源获取和惠益分享制度。尽管这种花生为美国带来巨大收益，巴西作为原产地却一无所获。

生物遗传资源的价值可能要通过几十年或遇到重大事件才能体现出来。当初的收集者也许完全预料不到采集物的价值，但却可能给后代带来巨大的收益。

资料来源：Edmonds，2007

17.2 企业与生物遗传资源

大多数企业都直接或间接受益于生物遗传资源，且受益于生物遗传资源的行业比我们意识到的多得多。表 17-1 中列举了三大产业中一些直接或间接受益于生物遗传资源的行业。例如，农、林、牧、渔四大行业对生物遗传资源的依赖性不言而喻，优良品种的选育本质上就是对遗传资源的再加工，缺少遗传资源，育种也就成了无米之炊；个人护理行业对天然成分的需求日益旺盛，许多护肤品都含有从动植物中萃取的精华，化工类产品逐步被生物类产品取代将是大势所趋。随着现代生物技术的不断发展，这些行业对生物遗传资源的依赖程度也将越来越高。

表 17-1 生物遗传资源的产业分类

类别	描述	具体行业
第一产业	以生物遗传资源为劳动对象，生产生物遗传资源初级产品的行业	农业、林业、牧业、渔业
第二产业	以生物遗传资源为原料，通过加工等手段使其增值，成为新产品的行业	包括：①轻工业，如农副食品加工业、纺织、木材加工、造纸、生物医药制造、个人护理保健品制造等；②重工业，如有机肥料及微生物肥料制造、生物农药制造、涂料、油墨、颜料及类似产品制造、生物或生化合成等
第三产业	以生物遗传资源为生产资料的服务行业，不包括第一产业中的农林牧渔服务业	包括餐饮业、农副产品批发零售业、谷物等农产品仓储业、公园和景区管理、野生动植保护及以遗传资源为研究对象的科学研究和技术服务业，如生态监测、农业科学研究、农业技术推广、生物技术推广等

资料来源：丁晖等，2010；戴小清等，2014。

生物遗传资源创造的经济价值不容小视（专栏 17-4）。表 17-2 列举了部分依赖于遗传资源的市场规模。本书评估了 2011 年泰州市三大产业中生物遗传资源的经济价值，结果分别为 141.39 亿元、56.06 亿元、29.43 亿元，总和为 226.88 亿元，相当于泰州市地区生产总值的 9.35%，其中，直接经济利用价值、研究与开发价值、资源保护价值和带来的社会效益价值分别为 143.50 亿元、14.26 亿元、60.13 亿元、8.99 亿元（戴小清等，2014）。

表 17-2 依赖遗传资源的市场规模

部分行业	市场规模（2006）	备注
制药	约 6400 亿美元	25%～50%来自遗传资源
生物科技	约 700 亿美元	许多产品来自遗传资源
农业种子	约 300 亿美元	全部来自遗传资源
个人护理	草药类营养品：约 220 亿美元 个人护理产品：约 120 亿美元 食品：约 310 亿美元	某些产品来自遗传资源

资料来源：TEEB，2009。

专栏 17-4 植物成分为药业带来商机

植物马蹄金具有消炎的功效，常被用来治疗肝炎、胆囊炎、肾炎水肿等症。某研究所人员以传统用药知识为线索，从马蹄金中分离出苯丙氨酸二肽类化合物——马蹄金素，发现其具有较强的抗乙肝病毒活性且无明显细胞毒性，并设计了多种化学合成途径，于 2003 年获得专利授权。贵州百灵向研究所支付 3000 万元，约定项目专利、新药证书和生产批件归企业所有。2011 年 12 月，药物研发获国家“十二五”重大新药创制专项立项。2012 年 11 月完成临床前研究工作并将药物更名为“替芬泰”，当日贵州百灵股价涨停。2013 年 12 月，国家食品药品监督管理局下发通知同意进行 1 期临床试验，当日股价再次上扬。

我国是个乙肝大国，保守预计乙肝用药市场超过 3000 亿元，每年新增市场规模约 100 亿元，乙肝治疗药物市场前景十分广阔。

来源：赵富伟等，2014

17.2.1 部分企业的高额利润是因为未将环境成本内部化

现有市场中的价格信号最多只能反映生物遗传资源总价值中与供给型服务（如粮食、水果、木材、药材、动物毛皮等物品的供应）相关的部分，也就是生物遗传资源的消耗性使用价值。经过市场交易的生物遗传资源及其产品的价格，通常是唯一反映在收益账目中的资源价值类型。由于市场不完善，它们的价格可能被扭曲，不能完全体现其价值。

除了少数例外情况（如旅游、房地产），生物遗传资源提供的其他类型的服务价值通常没有反应在市场中。这些服务大都是“公共物品”，可以供社会成员共同享用（专栏 17-5）。

专栏 17-5 红树林改造项目

将红树林改造成商业养虾场，看似对开发者有很高的经济回报，但扣除政府补助和开发 5 年后对废弃池塘的修复成本之后，养虾场的项目收益变为负值。

红树林能提供木材、药材等物品，以及碳固定、污染物降解、促进渔业生产、消浪护岸、促淤保滩、生物多样性支持等一系列服务。由于大多数服务的价值并未反映在市场价格中，红树林的商业利润并不高。但是，哪怕仅考虑其促进渔业生产和护岸减灾两项功能，红树林的经济回报便显著高于养虾场的商业利润。

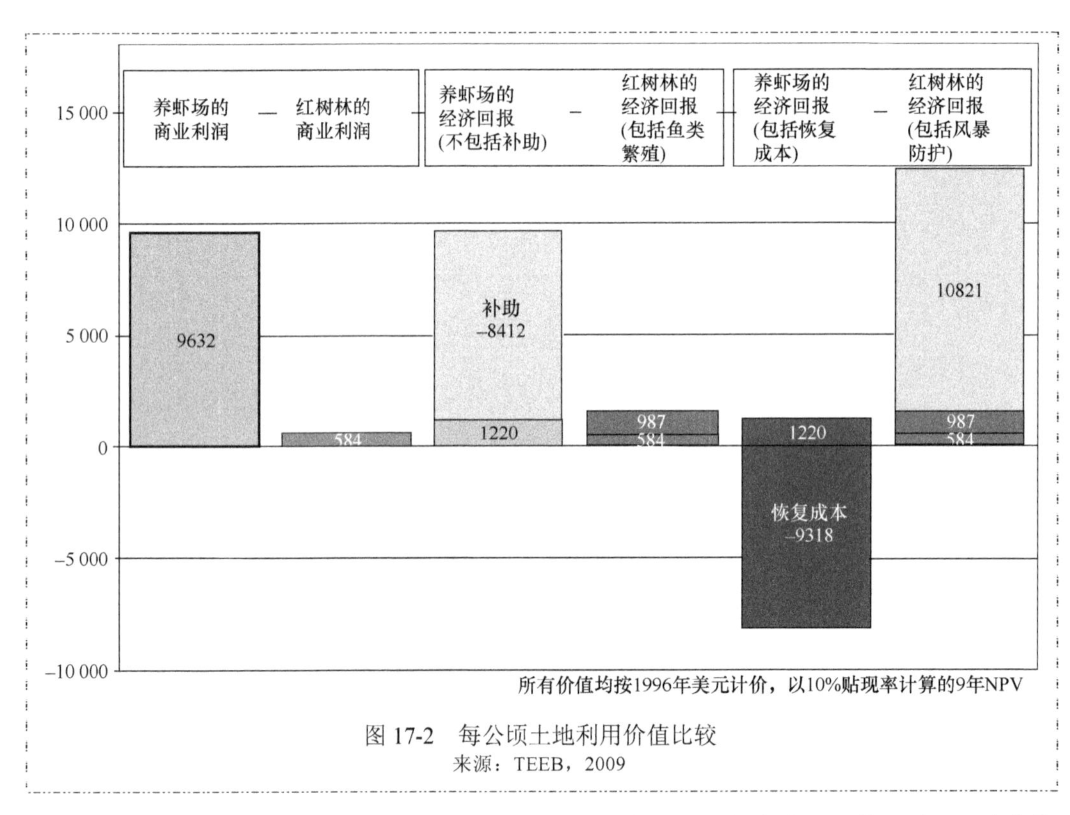

图 17-2　每公顷土地利用价值比较

来源：TEEB，2009

对生物遗传资源的开发和利用会对不同地方的人在不同时间产生不同的影响。影响生物遗传资源的私人和公共决策通常只考虑当地的福祉，很少顾及其他地方的利益，经常因为私人利益而忽略公共利益，因为短期利益而忽略长期利益。造成这个现象的一个十分重要的原因就是，没有被市场捕获的价值部分并未纳入财务收益账目中，私人和公共决策虽然对所有的利益相关方造成了影响，但并没有将全部成本纳入决策过程中（专栏 17-6）。

专栏 17-6　公地悲剧

有一块公共草地，牧民可以自由放牧，于是每个牧民都会尽可能地增加牲畜以获得更高的收益。当畜群达到草原的承载限度时，按照常规思维方式仍会继续增加牲畜，因为自己可得到牲畜变卖后的全部收益，而过度放牧的代价却由所有牧民承担。由于没有权力阻止其他牧民放牧，哪怕牧民深知草原已过度利用但却无能为力，甚至抱着“及时捞一把”的心态加剧了事态恶化。最终，“公地悲剧”上演，草地因竞争性地过度利用而持续退化直至无法放牧。

渔业资源的严重衰退是“公地悲剧”的一个典型案例。渔业资源因其流动行、共享性和开放性而具有典型的公共资源属性，渔业捕捞的负外部性造成私人成本与社会成本的不一致，加上长期以来的产权虚置和监管不善，开发程度远超社会最优水平（陈新军和周应祺，2001）。

海洋所面临的问题清单中，过度捕捞是最为严峻的一个。渔业资源的过度开发已使渔业成为面临崩溃、表现极差的自然资产（TEEB，2009），约 30%的鱼群被界定为过度捕捞（生物多样性公约秘书处，2014），每年的收益比本应实现的收益少500亿美元（TEEB，2009）。由于渔业部门长期纵容过度捕捞，1992年，加拿大纽芬兰岛的渔民在整个捕鱼季没有抓到一条鳕鱼，导致4万人失业，整个地区经济衰落（廉颖婷，2014）。我国四大渔场严重衰退、名不副实，四大鱼种数量已经急剧减少，重要原因之一也是因为过度捕捞（廉颖婷，2014）。2012年，对1793个从未评估过的渔场的研究结果显示，64%的生物量水平低于实现“最大可持续捕获量”所需的水平（生物多样性公约秘书处，2014）。

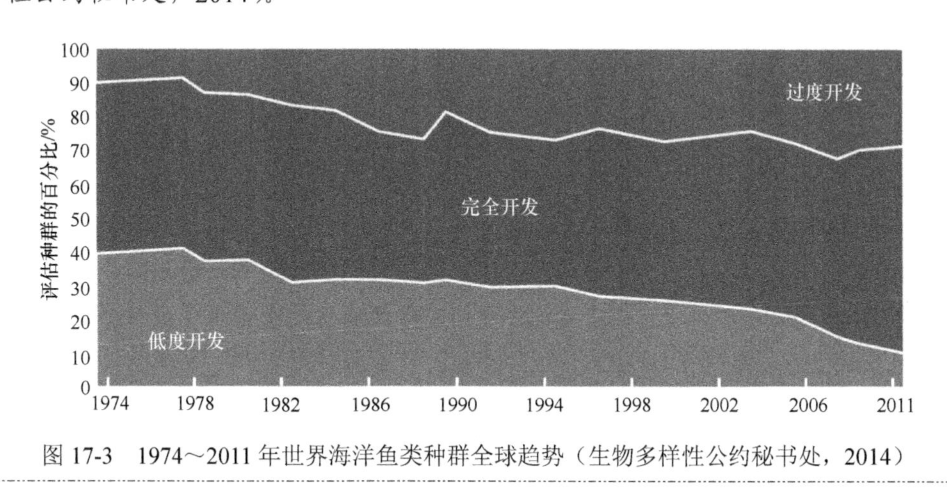

图17-3 1974～2011年世界海洋鱼类种群全球趋势（生物多样性公约秘书处，2014）

17.2.2 企业行为影响生物遗传资源

大部分行业也对生物遗传资源产生影响，不论是正面还是负面的影响。有些行业直接对生物遗传资源造成影响，有些通过影响环境而间接作用于生物遗传资源。由于损害资源的外部性，社会承担了企业生产和经营活动时所引发的部分成本，而这部分成本尚未引起部分企业的充分重视。随着环境政策和手段的升级，不论正的还是负的外部性都将逐步得到矫正。下面列举了部分行业对生物遗传资源的一些影响（表17-3）。

表17-3 部分行业对生物遗传资源的影响

行业	可能产生的影响
农业	开垦和围垦使得生境退化、破碎化甚至丧失 农药的长期、单一使用导致非靶标生物受害 过分依赖少数几个品种加剧野生种和地方种等遗传资源的丧失
交通	修建铁路道路占用土地，导致生境斑块化，阻碍动物自由迁徙 轮船漏油对海洋生物以及海鸟等周边生物形成灾难 船舶压载水是外来海洋生物传播的重要载体
能源	水利水电工程对水生动物和植物生境的永久性破坏 风机导致鸟类受伤甚至死亡，影响鸟类迁徙、繁殖、觅食和筑巢
制造业	对野生动植物的需求导致盗猎、滥采滥挖 废水、废渣等违规排放造成土壤、水体等污染，破坏动植物生境
采矿业	破坏地表植被，地表植被覆盖率大幅度减少 探矿、采矿的扰动对动植物和微生物群落造成危害 尾矿、矿渣、废气和废水的违规处理或者事故性排放造成环境污染
金融业	对高污染、高耗能、资源密集型企业和项目的贷款、投资和保险

专栏 17-7　原油泄漏导致生态灾难

2010 年 4 月 20 日，英国石油公司的外海钻油平台故障并爆炸，导致墨西哥湾外海油污外漏。根据美国“地球之友”2010 年 7 月 16 日公布的调查数据，在墨西哥湾地区，共发现 1387 只海鸟、444 只海龟和 53 只哺乳动物直接死于这场污染（李珊珊，2010）。受墨西哥湾漏油事件影响，美国 25 日宣布将当地禁渔区域扩大 2 万 km^2，共约 14 万 km^2 区域禁止捕鱼（中国新闻网，2010）。在美国重压之下，英国石油公司同意设立 200 亿美元的“托管基金”，以便应对漏油事件受害者的索赔请求。《自然》杂志援引生态经济学家的话，“墨西哥漏油事件给生态环境带来的损失要远远大于上述保证金，它至少在 340 亿 ~ 6700 亿美元”（刘伯宁，2010）。

在“墨西哥湾漏油”事件发生前，1989 年“埃克森·瓦尔迪兹号”油轮在美国阿拉斯加湾的漏油曾被称为“美国历史上最为严重的环境污染”。该事件中漏油总量为 4200 万 L，只相当于墨西哥事件 4 天泄漏量，却造成了 2100km 海岸线遭受污染，25 万只海鸟、近 4000 只海獭、300 只斑海豹、250 只白头海雕以及 22 只虎鲸死亡。由于大马哈鱼和鲱鱼产卵区遭受原油污染，直接导致此前一度繁荣的鲱鱼产业濒临破产，阿拉斯加地区捕捞业损失近 200 亿美元（刘伯宁，2010）。

17.3　企业面临的挑战和机遇

17.3.1　生物遗传资源的丧失和退化

17.3.1.1　挑战

生物遗传资源及其服务在许多行业的发展中扮演着至关重要的角色。随着现代生物技术的不断进步，这些行业对生物遗传资源的依赖程度也将越来越高。然而，生物遗传资源及其服务在不断地退化和丧失，这种趋势因环境污染、气候变化、外来物种入侵、消费增加等因素而加剧。资源的压力日益增大将会导致资源使用限制增加、获得难度加大、供应量减少、相关花费提升等一系列后果。例如，欧洲化妆品协会 2008 年的报告就已经指出，应对自然资源的稀缺，降低对生物多样性的损害以及提高资源利用效率为本行业面对的主要挑战（TEEB，2012）。

许多相关机构和组织着力推动生物遗传资源的价值评估并将其价值融入社会理念，避免因忽略和严重低估保护及持续利用的价值而做出决策。政府也在努力将生物遗传资源及其服务的价值整合到市场价格信号中，将企业行为的外部性内部化。如果这得以实现，利用生物遗传资源的费用将比现在有所提升。

17.3.1.2　机遇

对于依赖生物遗传资源的企业而言，能确保所需要的生物遗传资源长期、稳定、低价的获取对企业生产和运营而言至关重要，而提高资源的使用效率也能大大缓解原材料供应风险，进而有效地提高企业市场竞争力。现实压力为企业提出要求的同时也带来了一些商机，如资源高效利用技术和设备的研发、替代品的研发、野生动植物繁育和养殖等。在生物遗传资源供应持续下降的压力下，企业越早行动，竞争优势越大（专栏 17-8）。

专栏 17-8　灵芝人工培植

欧莱雅研发人员发现从灵芝孢子粉中提取的灵芝孢子粉多糖能够激发皮肤细胞新陈代谢并且加强皮肤内聚力，可以达到非同寻常的皮肤抗衰老效果，相比传统的灵芝萃取物更加有效。2010 年期，灵芝孢子粉多糖作为天然产物活性成分添加于欧莱雅旗下羽西品牌的生机系列产品中（上海有机所科研处，2012）。

为了提高原料使用效率，欧莱雅建立了研发中心，与科研机构合作，开发了新的萃取工艺，相比传统萃取工艺，既能缩短萃取时间，并使用更少的原材料及溶剂，成功实现灵芝活性成分保留率达到 80%以上（上海有机所科研处，2012）。

因野生灵芝稀少且价格高昂，欧莱雅（中国）并不使用野生灵芝，而选择在黄山地区进行灵芝人工培植，并对周边农民进行培训，产品最后由公司收购。通过人工种植灵芝，在实现原材料的低价、可持续供应的同时，保护了生物多样性，也增加了农民收入。

17.3.2　环境监管日益严格

17.3.2.1　挑战

随着生态环境问题的突出和环保意识的提升，生态环境问题越来越受到重视。管理要求、监管手段和执法力度不断升级以有效控制并减少企业对生态环境的负面影响将是大势所趋。政策的改变和升级将直接导致企业前期准备、建设、生产、运营等各个环节成本的增加，即企业合规成本的增加。例如，融资门槛和要求的提升、环境影响评价要求的提升、各类许可证获得难度的加大、资源和环境税的出台或改革、遗传资源的获取和惠益分享制度的实行、污染物治理设备投入的增加、排污收费和清洁生产制度的升级、安全和风险管理要求的提升等（专栏 17-9，专栏 17-10）。

专栏 17-9　环保部为保护江豚叫停耗资 5 亿元航道整治工程

江豚在长江中生存了 2500 万年，是目前长江里仅存的淡水哺乳动物，数量已不足千头，被国际自然保护联盟（IUCN）濒危物种名录列为“极度濒危”物种。2014 年 10 月，农业部发文将长江江豚保护等级由国家二级重点保护野生动物升至一级。

对江豚的栖息环境、饵料鱼资源产生严重破坏力的主要凶手为大型涉水工程。因为国家和地方建设项目的需要，水生生物往往会为工程让路。仅在长江新螺段的一个国家级保护区里，自 2006 年以来，就有大约 20～30 个涉水工程相继审批通过上马动工。

2014 年 11 月 27 日，环保部官方网站发布通知，由于“工程所处生态环境十分敏感，工程建设将直接占用江豚等水生生物重要生境”，以及“报告书针对江豚提出的保护措施有效性尚不确定”，环保部未予批准安庆河段航道整治二期工程环评报告书，一项耗资近5亿的工程被叫停。

来源：中国青年报，2014

专栏17-10 绿色信贷在中国

2007年，国家环保总局、中国人民银行、中国银监会三部门联合出台《关于落实环境保护政策法规防范信贷风险的意见》，旨在限制对“两高一剩”（高污染、高能耗、产能过剩行业）企业和项目的信贷投放，把企业履行环保政策法规作为信贷准入条件之一。这标志着我国绿色信贷政策的正式出台。

中国工商银行建立了信贷的“环保一票否决制”，对不符合环保要求的企业和项目不发放贷款，对列入“区域限批”、“流域限批”地区的企业和项目在解限前暂停一切形式的信贷支持等要求，启用了绿色信贷项目标识，建立了绿色信贷动态跟踪监测机制，加大了信贷“绿色产品”的供给（王飞，2009）。

汇丰中国制定了一系列涵盖环境敏感行业的可持续发展信贷政策，从环境和社会出发，列明了不准备提供贷款支持的行业和领域。这些政策是根据包括“赤道原则”在内的一系列国际标准制定的。汇丰中国信贷风险管理部具体负责实施可持续发展信贷政策。信贷经理使用环境监测一览表来全面评估贷款提案中的环境风险，特别是那些被政府界定为“双高”（高耗能和高污染）的行业（汇丰中国，2015）。

17.3.2.2 机遇

环境监管的逐步严格要求企业跟踪管理动态，不断审视、调整和升级自身的生产经营活动，在关键时候预判政策走向，提前做好应对。如果企业做到从严要求甚至超前要求，为政策改变留出一定空间，在面临重大改变时便能缩减反应时间，在竞争市场中抢占先机、把握主动。

环境管理理念和手段的升级也带动了部分产业的发展，如环境影响评价、污染物消减、土壤修复、废弃物综合利用等。近年来，决策者对基于市场手段的环境政策的信赖逐步提升，如产权改革、污染收费等，也引发了诸如排污权交易、碳交易、环境资产融资等新兴市场。为了促进生态环境保护行业的发展，政府出台的一些鼓励政策也提供了盈利良机。企业若能对政策变化保持敏感、洞察商机，同样能在困境中创造机遇。

17.3.3 公众意识和行为发生改变

17.3.3.1 挑战

社会公众对生态环境方面的关注和参与在逐步增强，参与手段较以前更为直接，影响力也不断加大。更多公众选择通过现实和网络的主张及抗议来影响甚至改变决策行为。在这种情况下，企业行为将对企业声誉产生显著影响，也会面临更大的来自周边社区、公众、非政府组织、媒体和股东的风险及压力（专栏 17-11）。

专栏 17-11　野生动物保护中的公众行为

公众关注和参与野生动物保护的意识逐步增加，影响力也不断加强。越来越多的公众试图通过自身参与来影响甚至改变政府和企业的决策行为。

2006 年，国家林业局拟举办国际狩猎野生动物额度拍卖会的消息经媒体报道后立即引起社会强烈反响和激烈辩论。质疑和责难的声音此起彼伏，狩猎活动的开展被视为人类对野生动物的暴行。尽管林业局和一些专业人士对合法狩猎的意义进行了解释，但愈演愈烈的公众反对使得拍卖会推迟并最终取消。

2011 年，福建归真堂药业（国内规模最大的熊胆系列产品研发生产企业之一）上市计划刚公布便引发了网络热议，并逐渐演变为社会各界关于中药产业发展与野生动物保护的激烈争论（如凤凰网财经、搜狐 IT）。尽管国家林业局公开表示只要企业合法就可以上市，但民众对“活熊取胆”模式的强烈反对，加上媒体传播和动物保护组织介入，使得归真堂上市阻力重重。2013 年 6 月，归真堂宣告终止 IPO 审查。

消费者是社会公众的另一重身份。随着生活水平的提升、消费能力的提高，消费者的消费心理逐步发生了变化，这种改变在城市更加显著。消费者开始更多地考量健康和环境问题，这一改变从对野味和动物皮毛制品的拒绝，对违规食品添加剂和农药残留的抵触，对绿色和有机食品的推崇，对低碳生活、绿色出行的提倡，对原生态景区的偏爱等社会现象中都可以明显感知到。消费者消费偏好和购买决策的改变将对企业产生直接影响（专栏 17-12）。

专栏 17-12　消费者偏好的改变

最新一项针对 13000 名消费者的调查表明，拉丁美洲受访者中有 82%比几年前更关心环境，亚洲 56%、美国 49%、欧洲 48%。

2010 年对欧洲和美国消费者的一项调查表明，消费者的消费偏好和购买行为在发生变化。81%的受访者表示他们会拒绝购买违背道德采购准则的公司的商品，82%的消费者对拥有采购独立认证的企业更加信赖。

2010 年对英国的消费者调查中，近一半受访者表示他们愿意对购买额在 100 英镑以下的商品额外支付 10%～25%以作为对生物多样性和生态系统影响的补偿。

来源：TEEB，2012

17.3.3.2　机遇

公众意识和行为在改变，投资者、客户和消费者的偏好和决策也在改变。要适应市场需求，扩大发展空间，企业需要从日渐改变的公众偏好中发现甚至创造商机。而实行环境友好的生产经营模式，有助于提升负责任的企业形象，从同类竞争者中脱颖而出，获得投资者、客户和消费者的青睐（专栏 17-13，专栏 17-14，表 17-4）。

专栏 17-13 莱芜猪的兴起

现在，人们的消费观念已由吃瘦肉过渡到吃优质的瘦肉，猪肉消费正在向安全、优质、营养等方向发展。

莱芜猪是山东境内最具有代表性的华北猪种，被农业部列为国家畜禽遗传资源保护品种。莱芜猪肌纤维细腻，肌肉脂肪含量高达 11.6%，烹饪后口感细嫩香顺，有别于普通猪肉的寡淡无味、粗老干涩，为国内外猪种所罕见，更适宜进行高档猪肉的开发（魏述东，2014）。

通过 30 多年来的保种选育工作，莱芜猪这一优良种质资源得以完整保存，遗传性能更加稳定，已成为全国各地生产与育种的首选种质材料，是生产优质特色品牌猪肉最优良的种质资源（魏述东，2014）。

目前，莱芜猪在省内外已经形成了良好的品牌效应，每千克猪肉达到 120 元，是普通肉猪的 6 倍，产品销往四川、河南、江苏、上海及山东省内各地，供不应求。该市以莱芜猪为原料，开发冷鲜肉、烤肉、香肠三大系列 20 多个品种的肉制品，很受消费者青睐，发展前景广阔。

专栏 17-14 改变蕴含商机

2007 年，全球有机食品和饮料销售额达 460 亿美元，比 1999 年增加 3 倍。

从 2005 年到 2007 年，经认证的可持续森林产品的销售额增长了 4 倍。

从 2008 年 4 月到 2009 年 3 月，生态标示鱼类产品的全球市场增长超过了 50%，获得 15 亿美元的零售价值。

2007 年，全球天然有机化妆品的销售额已达 70 亿美元，比 2006 年增长了 10 亿美元。

2004 年，生态旅游的增长速度比旅游业整体增长速度高 3 倍，世界旅游组织预计，全球的生态旅游花费每年将增加 20%，约为全行业增长率 6 倍。

2006 年美国与野生动植物有关的娱乐活动（如打猎、垂钓和野生动植物观赏）中的花费为 1220 亿美元，接近 GDP 的 1%。

来源：TEEB，2012

表 17-4 企业面临的风险和机遇

趋势	风险	机遇
遗传资源的丧失和退化	稀缺性的持续增加意味着资源使用限制增加、获得难度加大、供应量减少、相关花费提升	提高资源的利用效率和确保资源的长期、稳定、低价获取能有效提升企业市场竞争力，且越早行动优势越大
环境监管日益严格	管理要求、监管手段和执行力度不断升级将会导致企业的合规成本提升	预判政策走向，提前做好应对。从严要求甚至超前要求，为政策改变预留空间，抢占先机 管理升级带动部分产业的发展，对市场手段的看中以及鼓励政策的实施将引发一些新兴市场
公众意识和行为发生变化	社会公众的关注和参与在逐步增强，参与手段更为直接，影响力不断加大 消费者更多地考量环境和健康问题，消费偏好和购买决策发生改变	从公众（包括投资者、客户和消费者）偏好中发现甚至创造机遇 实行环境友好的生产经营模式，提升负责任的企业形象，从同类竞争者中脱颖而出

17.4 企业行动

设法减轻对资源和环境带来的不利影响、对生物资源和生态环境进行保护会增加甚至显著增加企业的运营成本，从这部分省下来的钱，可能会使企业在一段时间内获得可观利润并占据市场。但是，随着资源和环境压力的提升、监管手段的严格、公众认知提高和消费升级，守法、甚至以更高要求进行生物资源和生态环境保护的企业的竞争优势必会大大加强，落后产能将逐渐被市场淘汰。在如今的形势下，企业的生存出路只能是积极面对、尽早行动、抢占先机。

企业执行的第一步，是识别其产品和服务对生物遗传资源的影响和依赖。缺乏这方面的评估作为基础，企业通常无法识别相关风险，并可能错过盈利良机。

依赖生物遗传资源的企业需评估和监控其依赖的生物遗传资源资源储量，并在长期发展规划中考虑潜在的资源稀缺问题，寻求降低生物遗传资源供应风险的方法。最好在设法确保资源能长期、稳定、低价获取的同时提高使用效率以减少输入成本（专栏 17-15）。

专栏 17-15　旅游资源的可持续管理

坦桑尼亚的琼碧岛珊瑚公园有限公司（Chumbe Island Coral Park，Ltd）是一个生态旅游公司，设立的初衷是对人迹罕至的琼碧岛进行保护和可持续管理。基于珊瑚礁日益脆弱的困境，该公司对风险与机遇进行了识别，并投资了超过 120 万美金建立海洋公园来对珊瑚礁进行保护。目前每年收入 50 万美元，并因为环境和可持续发展的工作屡获殊荣，包括联合国环境规划署全球 500 强。联合国秘书长在相关致辞中多次引用该公司案例。

来源：TEEB，2012

对生物遗传资源影响大于依赖的企业，应充分重视企业生产和经营活动所引发的社会成本，提升企业的社会责任意识，积极采取行动，避免、降低或减轻对生物遗传资源的负面影响（专栏 17-16，专栏 17-17）。

专栏 17-16　减少对生物遗传资源的负面影响

中石油天然气公司在西气东输管道建设项目中，按原设计线路，管道要穿越阿尔金山野骆驼自然保护区缓冲区约 100km。为了保护动物，尽最大努力降低对保护区的干扰，公司实行管道建设让步于环境敏感区的原则，将 200km 管道向北平移，绕开该保护区的缓冲区，由此增加管道长度 15km（中国石油，2015）。

中国铁建在青藏铁路设计时预设了 33 处野生动物迁徙通道，窄的几百米，宽的十几千米，最大限度地减少对环境的扰动。每年藏羚羊迁徙产仔和产后回迁时，公司要求沿线施工单位停工让路，对动物通道施工现场进行全面清理，对施工车辆实行管制，禁止鸣笛，主动与当地保护站取得联系，引导藏羚羊通过动物通道迁徙（高俊，2013）。

华能澜沧江水电有限公司在糯扎渡电站建立珍稀植物园和珍稀动物拯救站，景洪电站建成珍稀植物移栽区；配合地方政府在小湾电站库区涉及的永平金光寺自然保护区设置野生动物避难所，建立巍山绿孔雀保护点和猕猴保护区；在功果桥、金沙江龙开口电站等建设人工鱼类增殖站；在苗尾电站库区支流基独江联合地方政府建立水产种质资源保护区，建立鱼类栖息保护地（中国质量新闻网，2013）。

专栏 17-17　企业制定纸张采购新标准

纸张是富士施乐业务运营的重要材料。随着近年全球森林资源的不断减少，富士施乐要求以更加负责任的方式选择纸张供应商。2012 年，富士施乐株式会社为集团的所有纸张制定了新的采购标准，促进保护生物多样性并以负责任的方式采购纸张，并成立了“纸张采购委员会”，定期审查和确认纸张供应商是否遵循该交易标准。规定包括：采购的纸张必须源自采取可持续管理方法管理的森林；供应商用作原料的废纸和再利用纸浆必须阐明供应地；必须保证所用化学品的安全性；必须采用无氯造纸工艺；造纸厂必须具备环境管理体系（商道纵横，2012）。

公众偏好在发生改变，参与意识和影响力也在逐步增强，这给企业带来了挑战的同时也蕴含着机遇。企业不但可从投资者、客户和消费者日渐环保的偏好中发现商机，还可以通过传递良好的社会和舆论影响来提升企业口碑，塑造负责任的企业形象（专栏 17-18，专栏 17-19）。

专栏 17-18　好项目带来新业务

中国路桥表示，工程设计和施工中常会涉及生物多样性。因项目多在国外，一个项目做得好时便会带来许多新的业务。集团在设计和施工时注重资源节约、环境友好，这能有助于赢得当地政府、公众和雇员的认可及支持，不仅使工程进行更为顺利，日后在项目竞争时也能处于有利地位。

中国路桥承建了肯尼亚的蒙内铁路。铁路要穿越肯尼亚最大的野生动物保护区——察沃国家公园，2 万多平方千米的国家公园内栖息着非洲几乎所有野生动物物种。为了保护动物正常迁徙，蒙内铁路设计了多种动物通道，架设的桥梁高达 7m，确保能让长颈鹿安全通过。规定沿线取土和施工必须在白天，以防惊扰动物夜间休息；取土不能挖坑太深，以防动物溺毙；沿线封闭的护栏电量不能对动物造成伤害；沿线取土和破坏的植被要按时回填和复原（人民日报，2015）。

专栏 17-19　服装公司旧衣回收

2013 年，瑞典 H&M 时装公司率先发起全球性旧衣物回收倡议，接受任何类型、任何品牌和任何成色的衣物，呼吁人们不要把时尚白白浪费，让旧衣物重获新生。在中国，捐出旧衣物后，顾客即可获得 8.5 折折扣券。

H&M 表示，每年被人们丢弃的纺织品达数千吨，其中有 95%都可重新碾磨或回收利用。H&M 希望今后能形成时装生产的闭环循环，将资源浪费最小化。H&M 与拥有目前世界上最先进的纺织品循环处理工厂和示范性工艺控制体系的 I：Collect 公司合作对回收衣物进行再加工处理；同时，联手开云集团和英国新创公司 Worn Again，旨在研发纺织纤维再生技术（H&M，2005）。

2013 年，H&M 全球共回收 3047t 衣服，2014 年次数字增长为 7684t（H&M，2005）。业内人士一致认为，这样一次声势浩大的环保行动，不仅调动了消费者的积极性，还极大地提高了品牌形象。

企业行为不仅是对消费者偏好的应对，同时也是影响和教育消费者的重要驱动因素。在某种程度上，政府也扮演着消费者的角色。企业可通过以企业可持续报告、媒体广告、官方网站等方式披露其产品可持续性、如何以负责任的方式生产和经营的信息，与非政府组织和社会团体进行合作来发起相关倡议或者举办大型活动，扩大企业影响力，进而影响消费者的选择和行为（专栏 17-20）。

专栏 17-20　企业影响和参与政策制定

在短短 30 多年间，全世界鱼翅贸易总量从不到 4000t 激增至近 1.4 万 t。其中，中国（包括港台地区）鱼翅消费占据着全球鱼翅贸易和消费的 95%以上。据统计，全球每年约有 7000 万～1 亿条鲨鱼被捕杀（腾讯绿色，2012）。香格里拉、半岛、J.W. 万豪、雅高、喜达屋等集团纷纷表示旗下酒店、餐厅及宴会场所全面停售鱼翅菜式，推出环保海鲜替代菜品。

2012 年“两会”召开之际，德龙钢铁有限公司和雅昌集团的董事长递交了《关于“制定禁止公务和官方宴请消费鱼翅规定”的提案》（腾讯绿色，2012）。国务院机关事务管理局正式发函，表示在 3 年内发文规定公务接待不得食用鱼翅，以保护鲨鱼物种和海洋生态平衡。2013 年 12 月，中共中央办公厅、国务院办公厅印发的《党政机关国内公务接待管理规定》中明确提出工作餐“不得提供鱼翅、燕窝等高档菜肴和用野生保护动物制作的菜肴”（新华社，2013）。

（刘　立，丁　晖，乐志芳，徐海根）

参考文献

陈新军，周应祺. 2001. 论渔业资源的可持续利用. 资源科学, 23(2): 70-74.

戴小清，濮励杰，朱明，等. 2014. 遗传资源对区域经济社会发展的贡献研究—以泰州市为例.长江流域资源与环境, 23(9): 1185-1193.

丁晖，徐海根．2010. 生物物种资源的保护和利用价值评估—以江苏省为例. 生态与农村环境学报, 26(5): 454-460.

凤凰网财经.(不详).归真堂 IPO：活熊取胆遭质疑. http://finance.ifeng.com/stock/special/fjgzt/[2015-4-8].

高俊.2013. 中国铁建人向大自然进军的杰出成就青藏铁路折桂“全球百年工程”. http://www.crcc.cn/g282/s962/t38436.aspx [2015-4-10].

环境保护部. 2014. 中国履行《生物多样性公约》第五次国家报告. 北京：中国环境科学出版社: 12-16.

汇丰中国. 2015. 道德银行. http://www.hsbc.com.cn/1/2/hsbc-china-cn/hsbc-china/community/ethicalbanking [2015-4-13].

李珊珊. 2010. 墨西哥湾的生态噩梦. http://www.infzm.com/content/48120 [2015-4-3].

廉颖婷. 2014. 公众海洋资源意识培养刻不容缓. http://www.legaldaily.com.cn/index_article/content/2014-06/19/content_5605579.htm?node=5955[2015-4-1].

刘伯宁.2010. 墨西哥湾漏油事件: 没有吸取教训的悲剧. http://www.infzm.com/content/46970[2015-4-03].

人民日报. 2015. 百年铁路梦中肯情谊深. http://news.xinhuanet.com/world/2015-03/23/c_127608598.htm[2015-4-10].

商道纵横. 2012. 富士施乐为保护生物多样性提高纸张供应标准. http://csr.stcn.com/content/2012-08/06/content_6500176.htm[2015-4-7].

上海有机所科研处. 2012. 上海有机所就微波灵芝孢子粉专利技术与法国欧莱雅公司开展合作. http://www.sioc.ac.cn/ydhz/hzxm/201203/t20120320_3512682.html[2015-4-10].

生物多样性公约秘书处. 2014.《全球生物多样性展望》第四版——对执行《2011-2020 年生物多样性战略计划》所取得进展的中期评估.

搜狐 IT. 争议我国首次拍卖野生动物狩猎权—猎杀野生动物以"保护"之名? http://it.sohu.com/s2006/shouliequanpaibai/[2015-4-8].

腾讯绿色. 2012. 关于"制定禁止公务消费鱼翅规定"的提案简介. http://news.qq.com/a/20120305/002001.htm [2015-04-08].

屠鹏飞, 姜勇, 郭玉海, 等. 2011. 肉苁蓉研究及其产业发展.中国药学杂志, 46(12): 882-887.

王飞. 2009. 中国商业银行了绿色信贷研究.北京工业大学[2015-4-3].

魏述东. 2014. 从莱芜猪的保种、利用与开发谈我国地方猪种资源发展.中国猪业, (7): 52-57.

新华社. 2013. 中办国办印发《党政机关国内公务接待管理规定》. http://www.gov.cn/jrzg/2013-12/08/content_2544591.htm[2015-4-8].

薛达元. 2004. 中国生物遗传资源现状与保护. 北京: 中国环境科学出版社: 6-8.

赵富伟, 武建勇, 王爱华, 等. 2014. 民族地区遗传资源及相关传统知识获取与惠宜分享典型案例研究. 贵州社会科学, 298(10): 79-83.

中国林学会. 2004. 中国种质资源的危机与抢救. http://www.forestry.gov.cn/portal/lxh/s/1405/content-128740.html [2015-3-11].

中国青年报. 2014. 环保部为保护江豚叫停耗资 5 亿元航道整治工程. http://news.sina.com.cn/c/2014-12-31/060531346869.shtml [2015-4-3].

中国石油. 2015. 环境友好企业和工程. http://www.cnpc.com.cn/csr/yhqyhgy/column_common.shtml[2015-4-13].

中国新闻网. 2010. 美国宣布将墨西哥湾禁渔区域扩大 2 万平方公里. http://news.sina.com.cn/w/2010-05-26/163217567425s.shtml [2015-4-3].

中国质量新闻网. 2013. 华能澜沧江水电有限公司绿色发展之路. http://www.cqn.com.cn/news/zggmsb/diqi/379714.html[2015-4-10].

Edmonds. 2007. 出自巴西: 小小花生为美国带来巨额利润. http://twnchinese.net/?p=1202[2015-3-3].

H&M. 2015. Reduce, reuse, recycle -our conscious actions. http://sustainability.hm.com/en/sustainability/commitments/reduce-reuse-recycle/about.html[2015-4-13].

TEEB. 2009. 针对国家和国际决策者的生态系统与生物多样性经济学——摘要: 回应大自然的价值.

TEEB. 2012. The Economics of Ecosystems and Biodiversity in Business and Enterprise. Edited by Joshua Bishop. Earthscan, London and New York.

18 遗传资源的经济价值：面向消费者

世界上每个人生存都必须依赖于大自然中的空气、水和食物，而这些都来源于生物多样性和生态系统提供的服务，所以我们人人都是遗传资源的消费者。随着科学技术的发展，消费者对遗传资源的认识和利用范围更加广泛与深入。

18.1 遗传资源的现状和面临的威胁

18.1.1 遗传资源的现状

中国是世界上生物多样性最丰富的12个国家之一。中国有野生高等植物3万多种，名列巴西和哥伦比亚之后，居世界第三。中国珍贵植物众多，仅中国特有植物就超过一半，还包括许多经历了中新世气候变化以及更新世的冰川活动而幸存下来的“活化石”植物。中国有脊椎动物有6000多种，占世界总种数的13.7%。中国已记录到海洋生物28 000多种，约占全球海洋物种数的11%（环境保护部，2014）。

中国遗传资源丰富，是世界栽培植物的四大起源中心之一，是许多重要农作物和果树资源的原产地，如水稻、大豆、山药、苹果、梨、柿子、猕猴桃等。据不完全统计，中国有栽培作物1339种，其野生近缘种达1930个，果树种类居世界第一。中国也是世界上园林花卉植物资源最丰富的国家，种类超过7500种，具有温带几乎全部的木本属，因此又被称为“世界园林之母”（环境保护部和中国科学院，2013）。中国人工林面积居世界第一，已有210个树种列入主要造林树种。中国有常用中药材800～1200种，其中200～250种被大面积栽培。另外，中国还是世界上家养动物品种最丰富的国家之一，已有家养动物36个物种，包括品种、类群650余个。中国的水生生物资源十分丰富，包括海区和内陆水域的鱼、虾、蟹、贝及两栖类4000余种，是中国渔业生产的重要基础，其中水产品养殖占水产品总量的64%以上，成为世界水产养殖大国（方嘉禾，2010）。

但是，中国也是生物多样性受威胁最严重的国家之一。资源过度利用、栖息地破坏、外来物种入侵、环境污染、气候变化等因素，使生物多样性丧失的程度不断加剧。在“濒危野生动植物种国际贸易公约”列出的640个世界性濒危物种中，中国就占156种，约为其总数的1/4（马克平等，1995）。1998年出版的《中国生物多样性国情研究报告》，估计中国物种的受威胁程度哺乳类23.06%、鸟类14.63%、爬行类4.52%、两栖类2.46%、鱼类2.41%、裸子植物28%、被子植物13%左右。据2004年发布的《中国物种红色名录》估计，中国野生动植物濒危状况远比过去的估计高，其中无脊椎动物受威胁的比例为34.7%，脊椎动物受威胁的比例为35.9%，高等植物受威胁的比例为10.9%，需要重点关注和保护的高等植物占评估高等植物总数的29.3%。中国遗传资源丧失十分严重。根据第二次全国畜禽遗传资源调查的结果，全国有15个地方畜禽品种未发现，超过一半以上的地方品种的群体数量呈下降趋势（环境保护部，2014；张秋蕾，2010）。农作物野生近缘种的分布范围也不断缩小，中国野生稻原有分布点中的60%～70%现已消失或大面积萎缩。部分珍贵和特有的农作物、林木、花卉、畜、禽、鱼等种质资源流失严重。一些地方传统和稀有品种资源丧失。近20～30年来，中国海洋底层和近层鱼类资源衰落，产量下降，渔获物组成低龄化、小型化和低值化（张秋蕾，2010）。

18.1.2　遗传资源面临的丧失与流失问题

第一，遗传资源野生生境遭到破坏，生存受到威胁。生境丧失或破碎化、外来种入侵、环境污染、人口爆炸、过度利用等因素，使遗传资源丧失的程度不断加剧（张维平，1999；陈光磊，2005）。

栖息地的丧失和破碎化，是生物濒危和灭绝的主要原因。随着城市化的扩大，工农业的迅速发展，森林乱砍滥伐，围湖造田，盲目开荒，草原过度放牧，水利工程建设等，使生物栖息地不断减少，损害了生物维持生存和重要生态过程的能力。三峡大坝的修建，改变了长江流域的水文条件，使上游的很多珍稀鱼类失去了赖以生存的环境，加速了这些珍稀鱼类的灭绝，如白鳍豚正在从我们的视野中淡出。山东胜利油田的石油开采，分布区内万亩野生大豆生境几乎完全丧失。

掠夺式的过度采伐和猎取，使一些具有重要经济价值的药用植物和动物日趋濒危，甚至灭绝。例如，由于虎皮和虎骨具有很高的利用价值，东北虎和华南虎已经濒临灭绝；犀牛因为角可以入药而遭到大量捕猎；大象因为象牙可作为工艺品而处于濒危状态；植物资源过度采挖更是不胜枚举，目前新疆海拔3500m以下的雪莲已被采完，人参、天麻、黄耆、日本薯蓣、红豆杉、石槲、兜兰、沙棘、肉苁蓉、雀梅藤、甘草等植物资源分布面积缩小，种群下降，个体减少。

环境污染导致遗传多样性的丧失，甚至物种大规模绝灭。人类各种生产活动造成大气、水域和土壤污染，尤其是氮和磷等养分在环境中的积聚、与大气中温室气体积聚有关的气候变化和海洋酸化。著名的云南滇池，过去山清水秀，湖泊里很多特有物种，如海菜花，现在已经不复存在了，就是因为滇池里有大量的污染物，使水的富氧化程度变得很高，从而杀死了海菜花。苏州河里的鱼虾，因为水体里接纳了大量的污染物，导致了苏州河里除了微生物，几乎没有生命物质。

外来物种侵占本地物种的生存空间，导致入侵地局部野生、原始种群消失的同时，也伴随着遗传材料减少从而导致遗传多样性的丧失。外来物种入侵会造成农林产品、产值和品质下降，使个体适应性和生活力下降，造成遗传漂变和近亲交配，本地种与外来种杂交还易造成遗传污染。外来物种有时还对人畜健康造成影响。例如，臭名昭著的外来入侵种紫茎泽兰，对环境的适应性极强，现已在西南地区广泛分布，抢占当地植物资源，威胁到当地农作物的生长，紫茎泽兰植株内含有芳香及辛辣化学物质和一些尚不清楚的有毒物质，常造成牲畜误食而中毒死亡，其花粉能引起人类过敏性疾病。大米草入侵福建等地沿海滩涂，导致红树林湿地生态系统遭到破坏，红树林消失，滩涂鱼虾贝类以及其他生物也不能生存，原有的200多种生物减少到20多种。北疆额尔齐斯河的河鲈引入南疆的博斯腾湖，从而导致原分布于该湖新疆大头鱼的灭绝。在关岛，外来入侵物种棕色树蛇引起了关岛本地 10 种森林鸟类、6 种蜥蜴和 2 种蝙蝠的灭绝。水葫芦原产南美洲，现广泛分布于华北、华东、华中和华南的大部分省市河流、湖泊和水塘中，往往形成单一的优势群落，特别在滇池疯长成灾，使水面与空气隔绝，造成水中各种生物窒息而死亡，使湖泊生态系统崩溃（李明阳和徐海根，2005；陈元胜，2007）。

第二，品种单一化造成大量地方传统优良品种的丧失。

由于追求优质、高产的粮食作物、畜牧业品种，绝大多数具有某些优良性状的动、植物当地品种遭到淘汰，甚至永远消失，形成品种单一化，遗传多样性急剧贫乏。特别是在 20 世纪 60 年代，品种改良技术显著提高，引进国外品种增多，几种主要作物，如水稻、小麦、玉米、棉花、大豆、油菜等作物的品种更新加快。20 世纪 50 年代，中国各地农民种植水稻地方品种达 46 000 多个，至 2006 年，全国种植水稻品种仅 1000 多个，且基本为育成品种和杂交稻品种；50 年代中国种植的玉米地方品种达 10 000 多个，到目前生产上已基本不用地方品种了。第二次全国畜禽遗传资源调查的结果已证实，随着畜牧业大量引种、杂交改良和集约化程度的提高，加速了许多地方遗传资源数量的下降，传统品种遭到遗弃，大量珍贵的遗传资源也随之损失（薛达元，2004）。

第三，遗传资源管理不善，导致大量资源流失。

我国遗传资源流失量较大，很大程度上是由于公众缺乏遗传资源保护意识（专栏 18-1）。遗传资源作为一类自然资源，多年来，一直被认为是可以自由获取的，未能赋予它真正价值，在国民经济核算体系中也未能体现。我国遗传资源流失途径有以下几种方式：一是外国生物学家到中国做科学研究，采集标本并将实物运回本国；二是外国人有目的地到我国收集资源；三是在与国外进行合作研究中，我方意识不强，致使很多资源被带走；四是在国家间交换时并不知道资源潜在的重大经济价值。此外，作为访问礼品赠送、非官方贸易、走私、出入境携带等渠道也导致了部分遗传资源的流失（陈妍，2012）。

专栏 18-1　我国遗传资源的流失

猕猴桃原产中国，果实又小又酸，而 1903 年流失到新西兰后，当地人不断地对它进行驯化和品种改良，加上土壤和气候条件的适宜，新西兰人培育出了大果品种，还取了个好听的名字——“奇异果”。1980 年，新西兰栽培猕猴桃 12 300hm^2，年产量达 2 万 t，独占世界市场，而且还源源不断地销售到中国。为了抢占市场，中国在过去的几年中片面追求产量，致使人工栽培的高产猕猴桃品种已经逐渐取代了原有的植物品种。

我国虽然畜禽品种资源丰富，但由于缺乏保护观念，许多品种资源都被外国人拿去做遗传材料，“混血”改良后再重新用来抢占中国市场。一个突出的例子是“北京鸭”，虽然“北京烤鸭”早已名扬海外，但如今真正的“北京鸭”却已几乎绝迹，英国品种“樱桃谷”取而代之成为烤鸭原料。实际上该品种是英国利用北京鸭杂交后繁育出的新良种，后又重新被引进到国内。

我国的大量农作物遗传资源长期被西方国家疯狂地攫取，而且最近 10 年我国引出的遗传资源不仅在数量上远远高于前 20 年的总和，而且大都是优良基因，许多的遗传资源的流失，我们至今也不知道。比如大豆，原产于我国，世界上 90%以上的野生大豆资源分布在我国。早在 1898 年，美国就曾派人到我国调查和采集野生大豆品种资源，用来培育优质高产品种。美国曾公布，至 2002 年 6 月 30 日从中国引进植物资源 932 种 20 140 份，其中大豆 4452 份，包括野生大豆 168 份。但中国官方记载同意提供的仅为 2177 份，并且野生大豆并没有被列入对外提供的品种资源目录。现在美国作物基因库中保存的大豆资源成为仅次于中国的大豆资源大国之一，很多原产我国的大豆资源成了美国的专利产品，使其成为世界上最大的大豆生产和出口国（柯榜凯，2007；顾列铭，2008；牛洁颖，2009）。

18.2　消费者对遗传资源的依赖

遗传资源是关系到国计民生的基础性资源。消费者对遗传资源的依赖主要表现在以下几个方面。

第一，遗传资源影响消费者的温饱问题。消费者依赖于遗传资源提供食物。作为人类基本食物的农作物、鱼、家禽和家畜等均源自生物。据统计，人类已经约有 8 万种植物可以食用，而人类历史上仅利用了 7000 种植物，有 150 种粮食植物被人类广泛种植与利用，其中 82 种作物提供了人类 90%的食物（欧阳志云和王如松，2000）。那些尚未为人类驯化的物种，既是人类潜在食物的来源，也是农作物品种改良与新的抗逆品种的基因来源。遗传资源为高产、抗病、节水、环保等优质新品种选育提供生物多样性丰富的遗传材料。当传统粮食品种遭受无法防治的病虫害威胁时，相应的野生物种可能提供抵抗该病虫害的遗传物质，通过杂交培育新的品种，以保证人类食物安全。例如，1970 年美国玉米作物患叶菌病使庄稼枯萎，造成巨大损失。墨西哥中南部山林中一个最原始玉米种为防治该病提供了抗菌遗传物。野生稻也是保证粮食安全重要的遗传资源。栽培稻与普通野生稻相比，丢失了约 1/3 的等位基因和一半的基因型，丢失的基因中有抗病、虫、杂草及抗逆、高效营养和高产优质的基因。袁隆平就是用雄蕊败育的野生稻和普通栽培稻杂交，培育出了高产优质杂交稻。

第二，遗传资源与消费者的健康息息相关。首先，遗传资源为消费者提供药物资源，世界上 50%以上的药物成分来源于天然动植物。最新研究表明，在美国用途最广泛的 150 种医药中，118 种来源于自然，其中 74%源于植物，18%来源于真菌，5%来源于细菌，3%来源于脊椎动物。在全球，约有 80%的人口依赖于传统医药，而传统医药的 85%是与野生动物有关的（欧阳志云和王如松，2000）。我国的中草药、藏药、蒙药和其他民族都有用野生动植物作为药物的知识和传统。其次，遗传资源还为疾病防治前沿研究、新药物与疫苗开发提供丰富的基因资源，为认识和研究生物物种提供最基本的原始材料。许多疾病的防治与药物的研制，都要依赖于生物多样性。例如，艾滋病是近百十年来才遇到的新疾病，很多抗艾滋病的药物都是从植物和动物物种中来筛选出来的。现有 50 余种重要的抗癌药有 1/4 都是从动、植物和微生物中提取出的。最后，遗传资源还能提供医学研究资源。野生动物的解剖、生理和生物化学的研究，能够为开发人类新药物服务。例如，研究熊可以为治疗人类骨质疏松症、心血管疾病、肾脏疾病和糖尿病提供帮助，研究鲨鱼可以探讨脊椎动物的渗透调节和免疫学，研究鲸目动物可以探讨呼吸系统病症和多种减压病的治疗（曾宗永，2011）。

第三，遗传资源影响消费者的就业问题。遗传资源为人类提供木材、纤维、橡胶、造纸原料、淀粉、油、树脂、染料等各种工业生产原材料。涉及遗传资源的产业（表 18-1）为消费者提供就业岗位（戴小清等，2014）。

表 18-1 遗传资源的产业分类

类别	描述	具体行业
遗传资源第一产业	以遗传资源为劳动对象，生产遗传资源初级产品的行业	农业、林业、牧业、渔业
遗传资源第二产业	以遗传资源为原料，通过加工等手段使其增值，成为新产品的行业	轻工业，如农副食品加工业、纺织、木材加工、造纸、生物医药制造、个人护理保健品制造等；重工业，如有机肥料及微生物肥料制造、生物农药制造、涂料、油墨、颜料及类似产品制造、生物或生化合成等
遗传资源第三产业	以遗传资源为生产资料的服务行业，不包括第一产业中的农林牧渔服务业	包括餐饮业、农副产品批发零售业、谷物等农产品仓储业、公园和景区管理、野生动植保护及以遗传资源为研究对象的科学研究和技术服务业，如生态监测、农业科学研究、农业技术推广、生物技术推广等

第四，遗传资源对消费者的生存环境和人身财产安全有直接影响。生物多样性和生态系统服务给予人类更为重要的福祉是净化空气、保证水质、调节气候、水土保持、防风固沙、减轻自然灾害、改良土壤、害虫控制等功能，遗传资源是生物多样性的核心部分，发挥了关键作用。红树林和珊瑚礁能很好地抵御洪水和暴风雨的自然缓冲物，保障沿海地区居民的海产养殖和居所。湿地既是天然的污染过滤装置，也可以在暴雨时储水，防止水灾发生，既为野生动物提供栖息地，又为人类提供休闲场所（环境保护部，2014）。

18.3 消费者对遗传资源的利用

1）食药利用

自从出现人类以来，遗传资源就成为人类生活、生存的基本源泉。人类文明的早期，原始人主要是采集野生植物及种子 、捕捉动物来满足生活的基本需要。这类食用生物资源，主要有淀粉糖料、蛋白质、油脂等各类。这种直接利用在目前的人类生活中仍然存在，而且在人烟稀少、深山、少数民族地区以及经济不发达地区，是人们生活的重要来源。随着文明的发展，人们在长期与自然打交道的过程中，偶尔发现了一些动植物具有治疗某些疾病的作用，开始有意识的深入研究，进入了药用生物资源阶段，所以可以说食药同源。《黄帝内经》、《神农本草经》、《本草纲目》、《海药本草》等古代医学文献中记载了大量动物、植物和海洋生物的药用价值。这类开发利用目前仍旧是人类对生物资源需求和重点研究的一个主要方面（吴征镒和彭华，1996）。

2）农业利用

原始农业出现以后，人类对生物资源的利用由直接获取，逐渐变为种植者和养殖者，引种、驯化、选种、育种成为利用生物资源的重要手段。据考证，绵羊的驯化已有 11 000 年的历史，狗早在旧石器的晚期就已被驯养。距今 7000 年前中国就有了原始稻作。大麦、小麦也都是古老作物之一。中国在 4700 多年前，已经开始在户外养蚕。中国夏商时代，马、牛、羊、鸡、犬、猪等家畜的饲养业就已发展起来。在长期的实践过程中，人类逐步掌握了生物生长发育的基本规律，摸索出植物栽培、动物养殖的一整套技术，培育出大量优于野生生物性状的农作物及家禽、家畜（方嘉禾，2010）。

3）工业利用

近代工业革命之后，开始大规模集约化利用生物资源，对各种生物资源的需求也随之加剧。例如，为了满足对木材、造纸原料的需求，热带雨林急剧萎缩，不仅使区域气候诸要素发生显著的变化，也使全球生态系统发生不可逆转的不利变化。目前，利用集约化生物工程求得最大限度的商业利润已成为工业利用生物资源的一个崭新领域，也是解决人类迫在眉睫的资源危机的新世纪曙光。

4）保护、美化和改造环境利用

人类在文明的成长过程中，审美意识逐渐增强，逐步懂得利用生物资源美化环境。历史悠久的名贵花木、艳丽贝壳的室内装饰就是很好的例证。在长期的生产实践中逐步摸索出利用植物改造环境。例如，利用优良豆科根瘤菌菌种，解决人工草场缺氮问题，使大面积退化草地得到改良。近代开始有意识地合理利用生物进行环境监测和抗污染等。

5）生物技术利用

人类进入了生物技术时代，在自然界原有的生物的基础之上，通过遗传工程技术，能够改良原有的动、植物和微生物品种，同时，能发现新的种质资源。20 世纪 50 年代，中国由于发现和利用了广东省的矮脚南特和广西壮族自治区矮仔占等水稻矮源，从而育成了‘广场矮’、‘珍珠矮’等一批高产、抗倒的矮秆水稻良种。产于海南省的果蔬两用植物“木瓜”，10 年前仅是房前屋后零星种植，作水果或蔬菜食用，近年来通过人工培育，已发展为大面积种植，为人们提供了一种新的食品（葛建镕，2009）。遗传资源是生物技术发明赖以存在和发展的基础，没有遗传资源，生物技术就如“巧妇难为无米之炊”，没有用武之地。近代生物技术突飞猛进，有效利用遗传资源，为解决 21 世纪人类粮食、健康和环境等重大问题提供了无限可能（表 18-2）。

表 18-2　生物技术对遗传资源的利用

生物技术应用领域	描述	举例
生物医药	生物疫苗及诊断试剂、创新药物、现代中药、生物医学材料、生物人工器官、临床诊断治疗设备等	1956 年中国首次合成牛胰岛素结晶；1977 年美国科学家把人脑激素基因移入大肠杆菌中，产生具有功能的生长素释放抑制素（方嘉禾，2010）
生物农业	农作物新品种培育、生物农药、生物饲料、生物肥料等	将抗虫基因植入棉体，获得抗虫效果显著的新品种（方嘉禾，2010）。冷冻胚胎移植技术用于牛、黄牛、绵羊、山羊和家兔等，并开始实现产业化（沈光涛等，2006）
生物能源	制油、沼气、生物制氢等	用木薯、甜高粱等淀粉和糖料以及废弃油脂作为原料生产生物能源
生物制造	化工、造纸、纺织、食品、发酵等传统工业领域的生产工艺与手段发生根本改变，减少污染物排放，降低生产成本，加速传统产业升级	生物塑料、生物催化剂、工业酶制剂、生物印染、生物漂白等
生物环保	利用生物技术进行环境修复、分子环境监测、生物防治等	生物芯片、生物传感器应用于环境监测，利用微生物自身的生命活动解除污水的毒害作用从而使污水得以净化（吴志强，2015）

18.4 消费者参与遗传资源保护

遗传资源是人类赖以生存和社会经济可持续发展的物质基础。遗传资源保护存在于社会活动、特别是经济活动的各个层面和环节，因此从遗传资源保护的主体来看，所有参与社会活动的消费者都应成为遗传资源保护的主体。遗传资源保护具有广泛的社会性，需要社会的广泛参与。遗传资源保护是一种社会共同利益的要求，保障人类社会的可持续发展，有助于社会公众的共同福利，所以广大消费者理应参与。

18.4.1 消费者的遗传资源保护行为

随着人类环境意识的觉醒和生态环境质量的不断恶化，公众参与遗传资源保护的意识和能力正在逐步提高。农民在植物遗传资源保护中做出了世代的努力（专栏 18-2）。农民是植物遗传资源的保护者、储藏者。农民根据传统知识经验、生活习惯，在自己种植的土地上长期栽培、驯化、育种、选种，培育了大量的农作物品种。他们保存了大量的高产、优质、抗病虫、耐旱、耐寒等优异基因资源，丰富了植物遗传资源的种类和数量，为基因库采集种质资源、育种家开发利用植物遗传资源提供了便利条件（专栏 18-3；王安宁和王富有，2012）。公众参与保护野生动物的行为更广泛。一是公众直接保护动物栖息地，改善野生动物的生存条件。二是公众直接保护动物，如鄱阳湖周边都昌县李春如坚持义务救助 4000 多只鸟，新建县黄先银与湖区非法捕鸟活动进行近十年斗争。三是公众捐赠资助野生动物保护工作，如包括北京动物园在内的多数动物园都有数量不等、种类不一的野生动物被个人或单位出资认养，缓解动物园作为异地保护单位的工作压力。除了直接投入人力、物力、财力参与遗传资源保护，当前多数公众试图通过现实的和网络的集会抗议、攻击、主张等活动参与影响政府、营利组织、非盈利组织等相关方，改变决策行为和变更选择，从而达到他们所追求的保护目的（梦梦和谢屹，2013）。

专栏 18-2 农民权的落实

农民在植物遗传资源的形成和诞生的过程中起着毋庸置疑的作用，农民权使农民在遗传资源利用者取得专利后能平等地参与到利益分享中去，从植物遗传资源提供国的角度看，可以保证农民在现代农业经济的发展过程中获益，保护本国农业植物遗传资源，对最终保证整个国家农业健康稳定发展具有重大意义。从对全世界生物多样性保护的角度看，保护农民权是控制遗传资源被任意开发的一种手段，给予农民回报的动力也是确保遗传资源多样性的一种途径，有助于环境保护、农业可持续发展和食物安全等有益于全社会的价值目标的实现。从农户的角度考虑，如果缺乏相应的惠益分享机制，随着市场化的发展，农户将停止扮演植物遗传资源保护者的角色。一些生活在市场较完善和商业种子系统发达地区的农户，随着农业现代化的发展和收入增加，将逐渐放弃保护和传承植物遗传资源。而另一些地区农民承担保护责任而过着传统的生活、远离现代文明。参与主体对遗传资源价值的认识不够、缺乏动力去共同促进植物遗传资源的可持续利用。只有当本地居民在保护中获得利益时，保护的目标才能较好地达到（彭颖，2007）。

专栏 18-3　消费者对猪肉口感的改变影响地方莱芜猪的资源保护

20 世纪 60 至 70 年代，物质匮乏，肥肉更受人们的欢迎；进入 20 世纪 80 至 90 年代，随着人们物质生活水平的提高，猪肉的消费观念由吃肥肉逐渐过渡到吃瘦肉；进入 21 世纪，随着人们生活水平的不断提过，消费者对目前纯瘦肉的寡淡无味，粗老干涩抱怨有加，市场开始呼唤优质猪肉，吃风味醇厚的猪肉成为新风尚，人们的消费观念已由吃瘦肉过渡到吃优质的瘦肉，绿色无公害优质猪肉应运而生，猪肉消费正在向高档、优质、安全、卫生、营养、保健等方向发展。为满足人们对猪肉的需求，建国后‘苏白猪’、‘巴克夏’等脂用型猪大量引入；20 世纪 70 至 80 年代国内脂肪型猪如‘内江猪’、‘荣昌猪’等大量推广；20 世纪 80 至 90 年代‘杜洛克’、‘长白’、‘大白’等国外瘦肉型猪风靡全国，成为我国改良本地猪、发展规模养猪的主要品种。由于地方猪种在瘦肉率、瘦肉产量、料重比、日增重等经济性状上的劣势，地方猪被土二元、土三元进而洋三元逐步取代，纯种地方猪日趋减少，个别品种濒临灭绝。地方猪及其杂种的饲养量急剧下降，市场上的猪肉品质下降，地方猪难以在市场经济中找到合理的价位和销路；加之保种经费有限，收支难以平衡，中国地方猪种面临山穷水尽的严峻形势。2000 年以来，随着引进猪种出现越来越多的问题（适应性差、抗病力低、繁殖力低、营养需求高）以及对地方猪种优良种质特性的认知和人们对优质品牌猪肉的追求，莱芜猪作为我国优良的地方猪种，猪肉质好，肌内脂肪含量丰富，是其他任何外国猪种无法比拟的，地方莱芜猪种的保护利用工作开始得到社会的认知，地方莱芜猪种也开始受到保护（魏述东，2014）。

18.4.2　消费者影响政府行为

《中国生物多样性保护战略与行动计划》（2011—2030 年）特别提出“建立生物多样性保护公众参与机制与伙伴关系”，要求“研究建立社会各方参与的生物多样性保护联盟，增强非政府组织和公众的参与能力，组织开展生物多样性保护活动”。现行的生物多样性保护管理政策主要是遵循“统一协调，分散管理”和“广交伙伴、共同管理，利益公平分享”的策略。根据这一策略，遗传资源保护需要以政府为主导，在权威性的主管部门的统一协调下，充分调动其他部分的积极性参与保护工作。政府、企业和消费者需要通过共同的努力，发挥各自在环境实践中的作用，在遗传资源保护过程中共同承担所需负责的义务和工作。

1）政府应尽早采取行动以保护遗传资源

《生物多样性公约》第 15 条和《粮食和农业植物遗传资源国际条约》第 10 条都确认了国家的遗传资源主权。遗传资源是国家的重要战略资源，是国家的基础性资源。受中国传统文化的影响，一直以来我国消费者的环境权利意识和法律意识都比较单薄，具有很强的“依赖政府”的意识，认为环境问题属于国家机关的管辖范围，与己无关。政府在消费者所处的社会和文化背景中需要起到应有的作用，政府政策是向消费者传达有关制度目标的重要工具或信号。消费者的消费行为与政府的控制和调节应当是体现反馈效应的关系。政府需要采取必要的经济手段、行政手段、法律手段，坚决遏制和扭转资源破坏、生态恶化的不良趋势，加强遗传资源保护的宣传，提高消费者遗传资源保护意识，以保证社会经济可持续发展的实现。为控制污染和改善环境，政府机构向那些自发的和非强迫的污染行为提供金钱刺激手段，比如“谁污染，谁付费”、“谁利用，谁补偿”，推行生态补偿制度，设置激励措施。

政府须将经济发展、资源消耗、环境损害、生态效益指标纳入政绩考核体系。政府需要平衡生态保护与经济发展，将保护看成是发展的重要组成部分，将经济手段引入保护事业，核算出生态环境的经济价值，通过生态补偿来推动生物多样性的保护。不考虑保护的需求，盲目追求GDP固然不可取，但片面强调保护也不利于发展，比如保护区内外任何野生生物都不准利用，以至野猪、野兔、野鸭、猕猴等生物的种群无限扩展，成为威胁周边社区生产和生活的因素；人工林不准许抚育采伐，不仅导致资源浪费，对保护本身也不利。只有当本地消费者在保护中获得利益时，保护的目标才能较好地达到。将生物多样性的价值纳入经济发展，是改善人类生计、减少贫困、提高环境质量、保证人类安全的有效途径。例如，内蒙古鄂托克前旗上海庙镇一个现代化煤矿，通过绿化将煤矿建设成为可供观光游览的公园，并建立了一个旅游公司，发掘生态旅游资源，以期将上海庙镇建成独特的展示荒漠草原和草原化荒漠的生态旅游区。这一实例说明，经济发展与生态保护并不相悖（王献溥和刘韶杰，2011）。

2）政府决策需要公众参与

政府决策中吸纳公众参与，不仅能让公众充分表达自己的环境诉求，而且自身也听到了公众的意见，能够综合权衡各个方面的利益，制定出符合民意的、更加科学合理的环境政策。公众参与政府行为增加了政府环境决策和管理的公开性和透明度，使公众能够认同有关行政机关所做出的环境决策，减少公众与政府之间的冲突，有利于科学民主的环境决策得以有效执行。政府在遗传资源保护中主要起引导作用，而当地百姓才是真正的参与者、实施者和受益者（专栏18-4）。

专栏18-4 公众参与草原生态治理政策的实施

20世界90年代以来，由于草原生态退化带来了严重的生态问题，各级政府开始关注草原问题。近些年，我国通过草原保护工程建设，以及禁牧、休牧制度的逐步落实，部分地区草原生态状况已经有所改善，但是草原生态恶化的局面并没有得到有效遏制。虽然国家和地方政府为了治理草原生态制定了很多政策，投入了大量的人力物力，然而这些政策的制定大多是以政府为主导，农牧民的参与没有得到充分体现，因此制定出来的政策忽视了农牧民的意愿，没有考虑到农牧民的切身利益，以致政策和项目常常得不到地方群众的认同，使农牧民产生抵触情绪，不利于草原生态治理政策的有效执行（郭建德，2010）。

3）消费者影响政府决策

随着社会经济的普遍发展和公众素质的逐步提高，公众愈发关心自己生存的环境，并以各种形式参与到环保实践当中。消费者对遗传资源价值的理解、认识和重视，有助于遗传资源保护意愿的改变。公众认知也会加强政府行动的政治意愿。随着现在科学技术的进步，特别是通讯技术、信息技术、互联网技术的迅速发展，使政府行为更加公开，提高了公众参与的效率。公众的参与不仅可能影响遗传资源保护工作的开展，甚至可能产生决定性的作用（专栏 18-5，专栏 18-6）。

专栏 18-5　公众参与狩猎权

国家林业局拟举办“2006 年秋季国际狩猎野生动物额度试点拍卖会”，拍卖我国 5 个省（自治区）个别野生动物中的“老弱病残”者，其中不乏国家一、二级保护动物。1985 年哈尔滨就建立了国际狩猎场，但这次拍卖会是按照 2003 年我国颁布的《行政许可法》，对国家限制资源的利用，必须采取招标和拍卖的形式。这是我国首次对狩猎额度进行公开的拍卖。我国现行的《野生动物保护法》第五条规定：“中华人民共和国公民有保护野生动物资源的义务，对侵占或破坏野生动物资源的行为有权检举和控告。”第十六条规定：“禁止猎捕、杀害国家重点保护野生动物，因科学研究、驯养繁殖、展览或者其他特殊情况，需要捕捉、捕捞国家一级野生动物的，必须向国务院野生动物行政主管部门申请特许捕猎证。”这项活动引发各种网络媒体对狩猎的声讨，立刻引起社会各界强烈反响，将狩猎活动的开展视为人类对自然、野生动物的又一次“暴行”。尽管管理部门对开展狩猎的意义进行了解释，但愈演愈烈的公众反对使得额度拍卖会推迟并进而取消。野生动物狩猎的管理还不健全，监督体制还没建立，狩猎权终将被搁置（搜狐 IT，2015）。

专栏 18-6　转基因食品安全的评价和管理

随着世界上转基因作物的大规模和商业化生产，由转基因作物加工而成的转基因食品在我国占有大量的市场。转基因食品具有营养价值高、口感质量好、生产成本低、抵抗病虫害、延长保质期等优点。然而，人们对食用转基因食品后是否存在一定风险存有许多疑惑和看法。转基因食品潜在的安全隐患成为争议的话题，道德伦理、基因武器、种族灭绝的阴谋论层出不穷，这些观念也阻碍厂家生产和消费者购买转基因食品。一些国际知名企业如雀巢、麦当劳等因担心失去消费者而纷纷在舆论和消费市场的压力下相继宣布其加工原料选择方面坚决拒绝转基因食品。2002 年 3 月，我国开始实施强制性的转基因食品标签政策。可见，消费者对转基因食品的态度影响着农产品生产者、食品加工企业、政府的决策选择。许多国家在转基因产品的田间试验、环境释放和商业化生产的批准等方面都制定了严格的程序。到目前为止，各国政府部门、学术界和社会群体对其转基因食品的评价和管理理念依然没有取得共识，有关这些问题的理论、观念、技术等方面的研究和争论还将继续下去（仇焕广等，2007）。

18.4.3　消费者影响企业行为

18.4.3.1　部分企业的高额利润是因为未将环境成本内部化

遗传资源具有极大的使用价值，但一直以来都缺乏对生物资源经济价值的核算，造成对生物资源的严重破坏。现有市场中的价格信号最多只能放映遗传资源总价值中供给型服务（如粮食、水果、木材、药材、动物皮毛等物品的供应）有关的部分，也就是遗传资源的消耗性使用价值。除了少数例外情况（如旅游），遗传资源提供的其他类型的服务价值通常没有反映在市场中。由于市场不完善，它们的价格可能被扭曲，不能完全体现其价值。遗传资源提供的产品和生态系统服务功能支撑着人类的生存和经济发展，并且给商业和社会带来直接及间接的利益。一方面对遗传资源的商业开发能产生巨大的经济价值，但另一方面这种开发利用是以遗传资源的迅速消耗为代价的。在巨大经济利益的驱使下，人类无度的开发行为只会造成遗传资源以前所未有的速度消失。保护遗传资源就是为了避免其因“丛林法则”而陷入“公共财产的悲剧”。将生态系统服务和生物多样性的价值通过环境成本内部化的方式和货币的形式体现出来，可以有效地控制企业毫无顾忌地使用遗传资源，虚增利润，并使环境保护成为内在的动力，确实改变环境现状。

18.4.3.2　企业与遗传资源保护

企业在生产经营活动中，追求经济利益、实现利润最大化的同时，必须兼顾到各利益相关者的利益，承担相应的社会责任，从各个方面增进真个社会的整体利益。要想更好地实现企业的发展，必须将企业战略和企业社会责任相结合。将遗传资源的保护与企业的经营战略有机结合起来，这不仅会节约大量成本，还会产生巨大收益，同时能够减少企业对环境的负面影响，会提高企业形象，一举多得。遗传资源保护对企业受益、市场形象及其未来发展模式都有十分重要的影响，与企业发展之间存在着密不可分的联系（专栏 18-7）。

专栏 18-7　香格里拉度假酒店集团推行“可持续海产品计划”

为满足食客对鱼翅、燕窝、发菜的奢侈需求，海洋中的鲸鱼、岩洞里的雨燕、荒漠上的发菜都遭到了灭顶之灾。许多地方将国家一、二级保护动物如中华鲟、娃娃鱼、穿山甲也用来供应餐馆，尽管有些是圈养的，而有些就是非法盗猎的。

香格里拉度假酒店集团 2009 年启动香格里拉关爱自然项目，推行了保护生物多样性和动植物栖息地的行动。该项目主要包括珊瑚和海洋生物保护及可持续发展等。2010 年 12 月，香格里拉集团在所有餐厅的菜单上取消鱼翅菜肴，2012 年全面停售蓝鳍金枪和智利海鲈这两种极端濒危物种，推行“可持续海产品计划”，着力开发美味营养的海产品菜肴替代品，进一步兑现对公众和环境的承诺。此外，香格里拉集团还开展了关爱珊瑚项目、关爱海龟项目、关爱红猩猩项目、关爱大熊猫项目。香格里拉酒店集团注重企业社会责任，认识到资源保护、生物多样性和污染防治是环境可持续发展的关键，并将把这些理念有效融入其业务决策过程中（香格里拉酒店集团，2015）。

遗传资源问题背后孕育着巨大商机和市场。2010 年 TEEB 报告显示，到 2020 年，认证农产品（如有机产品等）市场价值将会由 2008 年的 400 亿美元上升到 2100 亿美元；认证林木产品（如经 FSC、PEFC 认证）市场价值将由 2008 年的 50 亿美元上升到 150 亿美元。

18.4.3.3 消费偏好及消费行为影响企业行为

“没有买卖，就没有杀戮”，企业资源掠夺式、恶意的环境破坏式的飞速增长，和我们每个消费者的有意或无意的推动都有着密切的关系。活跃的市场经济使得消费者在采购时有多种品牌可供选择，不必一定要购买污染企业的产品。我们每个消费者用对自我和社会负责的方式进行有选择性地消费，选购尽责企业的产品和服务、抵制无良企业的扩张与发展，“用脚投票”，这样才能杜绝“劣币驱逐良币”，做到不“助纣为虐”。消费者选择性消费，给无良企业更多的压力，同时也是给有良知的企业更大的动力。“让有良心的企业赚到钱，让黑心的企业饿死”，这样才能稳步推动整个供应链的商业生态环境向着健康有序的方向发展。TEEB 报告指出，超过 80%的受访消费者表示，他们会停止购买那些无视生态发展企业的产品。越来越多的消费者倾向选择环保产品和服务。2007 年全球有机食品和饮料的销售额达到 460 亿美元，比 1999 年增加了 3 倍；从 2005 年到 2007 年，仅认证的“可持续”森林产品的销售额增长了 4 倍；从 2008 年 4 月到 2009 年 3 月，生态标示鱼类产品的全球市场增长超过了 50%，获得 15 亿美元的零食价值（TEEB，2010）。

消费者考虑生产企业的环境表现，用自己的购买权利做出绿色选择，将为遗传资源保护提供巨大的正向拉动力量。消费者的选择，会给企业发出一个正向的市场信号，促使企业考虑其超标违规行为给品牌和市场份额带来的影响，最终将市场压力转换成企业整改的动力。当消费行为发出扭曲的市场信号，企业在就会在环境标准上“向下竞争”（专栏 18-8）。

专栏 18-8 消费者反对“活熊取胆”，致使福建“归真堂”上市计划告停

福建归真堂药业股份有限公司是国内规模最大的熊胆系列产品研发生产企业之一。2011 年，该企业希望借助证券市场扩大融资渠道和发展规模，用于年产 4000kg 熊胆粉、年存栏黑熊 1200 头等两个项目。当这家企业关于熊胆粉制造过程的事情发布到网络媒体后，引发了网络热议，并逐渐演变为社会各界关于中药产业发展与野生动物保护的激烈争论。民众对“活熊取胆”模式的强烈反对，加上媒体传播和动物保护组织介入，使得归真堂上市阻力重重。2013 年 6 月，该企业宣告终止 IPO 审查，上市行为告停（凤凰网财经，2015）。

18.5 民众行为与倡导

传统的消费观只重视消费者的物质需要和精神需要，往往忽略消费对环境和生态系统的影响，并未意识到消费环境的恶化将反过来阻碍人类消费需求的满足及消费能力的提高。由于环境危机日趋严重，被污染的产品泛滥，促进了绿色消费、生态消费浪潮的兴起。倡导消费者树立绿色的消费观念、理性的消费行为、合理的消费结构和消费模式，有利于遗传资源的可持续利用。消费者对遗传资源的价值和重要性的充分认知，有助于消费者做出行为改变。

面对遗传资源受约束、地球承载力有限的现状，消费者能做些什么？

1）减少使用一次性生活用品，减轻森林压力

随着经济的高速发展，人们的生活节奏开始加快，一次性用品已融入了人们的日常生活，保鲜膜、纸巾、一次性纸杯、一次性筷子等已经成为很多人的生活必备品。一次性用品满足人们方便快捷的同时，也造成了巨大的资源浪费和触目惊心的环境污染。中国每年生产的一次性筷子数量高达570亿副左右，相当于砍伐380万棵树。生产1t纸巾需砍伐17棵十年大树。全国人均生活用纸量2.6kg，一年消耗的生活纸制品为440万t，要砍伐7400多万棵，而中国森林覆盖率还不到17%。减少使用一次性筷子、纸巾，能够减轻森林压力。由于很少有生产厂家回收一次性用品，再利用的难度非常大，一次性用品被随意丢弃，对环境造成极大污染。“绿色和平”组织指出，一次性筷子除了不利于环境外，一些小工厂在加工时使用工业用硫磺、石蜡、过氧化氢、杀虫剂以及其他一些有害化学制品，对消费者的健康构成潜在威胁。纸巾生产过程中除废水排放成为重要的水污染源外，还会产生荧光增白剂和氯等有害化合物，对生态环境和人类的健康无疑是有百害而无一利（纽约时报，2011；人民网天津视窗，2008）[①]。

2）提倡低碳生活，绿色消费，避免或减少对环境的破坏

科学用车，以绿色低碳的出行方式支持节能减排。购买节能的电器，使用自然采光和清洁能源。地球一小时（Earth Hour）是世界自然基金会（WWF）应对全球气候变化所提出的一项倡议，希望个人、社区、企业和政府在每月3月最后一个星期六20:30～21:30熄灯一小时，来表明他们对气候变化行动的支持。过量二氧化碳排放导致的气候变化目前已经极大地威胁到地球上人类的生存。公众只有通过改变全球民众对于二氧化碳排放的态度，才能减轻这一威胁对世界造成的影响。2015年地球一小时聚集于能源议题，致力于推动可再生能源的主流化应用。生物质能的利用有利于减少碳排放，从而缓解全球变暖趋势。

绿色消费，消费者购物产品或消耗资源时，应注意“是否需要”以及产品是否符合低污染、可回收、省资源的原则；减少物品不必要的包装；节约使用纸墨等办公耗材，提倡双面用纸，精简纸质办公，尽可能实行无纸化办公；减少使用装修用材；按需取食，不浪费粮食。

消费者考虑购买可再使用的产品，尽可能的重复使用，不要任意的抛弃；选择属于再生材料制成的产品，作废时可以将资源回收再利用；消费者在使用或丢弃物品时，应注意健康与环保问题，并确实做到再利用或资源回收。

3）减少使用杀虫剂、除草剂，选择绿色、生态、有机食品

抵触违规食品添加剂及农药残留。过量的农药残留在作物中，且化学农药很难分解，

①一次性筷子毁森林，引自《品牌与标准化》（2011）。

食用会危害健康。农用化学品中，部分杀虫剂、除草剂、动植物生长调节剂具有环境雌激素效应，它们通过食物链对动物和人类产生危害。例如，瘦肉精、毒豆芽、染色馒头、毒奶粉、毒西瓜等食品安全问题，严重影响了人们的正常生活和身体健康。

4）选择消费，关注企业的社会责任感

拒绝购买污染企业生产的产品，选择那些致力于污染防治、对自然环境伤害最少、不会伤害野生动物和植物的企业及产品。

5）不从境外随意带入外来物种，不随意放生鱼、鸟、龟鳖等宠物

我国已成为遭受外来物种危害严重的国家之一。据农业部的初步统计，目前我国有400 多种外来入侵物种。外来入侵物种危及本地物种生存，破坏生态系统，每年造成直接经济损失高达 1200 亿元。消费者要加强生态保护意识，了解外来物种，增强对外来物种危害性的认识，减少有害外来物种入境量，减少盲目放生、贩卖、引进外来有害生物的行为（专栏 18-9）。

专栏 18-9　一起入境乌龟邮包引起对外来物种入侵的思考

2011 年 3 月 31 日和 4 月 1 日，广州出入境检验检疫局查获 9 箱活巴西龟。这些活乌龟都是从日本爱知县由同一寄件人寄给广州两个不同的收件人。巴西龟是世界公认的生态杀手，已经被世界环境保护组织列为 100 多个最具破坏性的物种，多个国家已将其列为危险性外来入侵物种，我国也已将其列入外来入侵物种。巴西龟具有食性广、适应性强、生长繁殖快、产量高，抗病害能力强，经济效益高的特点，引进后在我国各地均有养殖，而且其价格适宜，一些为避邪积德而放生的民众认为买来放生最为划算，基本上都可看到满塘皆是“巴西龟”的震撼景象。由于巴西龟整体繁殖力高，存活率高，觅食、抢夺食物能力强于任何我国本土龟种，若将其大量引进或放生后，因基本没有天敌且数量众多大肆侵蚀生态资源，占据属于我国本土龟种的野外生存空间，严重威胁我国本土野生龟与类似物种的生存（曹志玲，2012）。

6）爱护珍稀濒危动植物，保护动植物

拒绝鱼翅、象牙及珍稀动物皮毛制品。皮草对人只是一件可有可无的奢侈品，对动物却意味着生命。加拿大每年大量捕杀海豹，为的是海豹们美丽的皮毛可以被用来制作价格高昂的皮草服饰。由于民间误传穿山甲营养物质高，招致不断捕杀。“没有买卖就没有伤害”，拒绝炫耀式的畸形消费和猎奇心理。

7）不随意带出遗传资源

由于缺乏保护观念，中国遭受生物剽窃的案例不胜枚举。云南的猕猴桃，到了新西兰变成奇异果，出口量占国际市场 70%的份额，而原产地中国却分文未获；北京的小黑豆，到美国被重新培育出新品种，不仅解决了毁灭性的线虫病，还垄断了国际市场，而中国每年反倒要从美国进口 2000 多万吨大豆；中国研究出来的‘苏麦 3 号’，解决了美国小麦因赤霉病每年损失 20 亿美元的问题，但中国却未从中得到任何回报。美国专家Narda Zein 和中国专家李建生以“共同开发在美国市场推广”为名进行合作，李建生 20余年的科研成果抗癌新药“金龙胶囊”中药活性成分被窃取，卖给瑞士医药巨擘诺华公

司，给中国带来20亿人民币的损失（冯薇和银路，2008）。出境旅客及公众，特别是科研人员和涉外人员要增强保护与持续利用生物物种资源的自觉性，不随意带出遗传资源。

（乐志芳，丁 晖，刘 立）

参考文献

曹志玲. 2012. 一起入境乌龟邮包引起对外来物种入侵的思考. 中国动物检疫, 29(11): 11-12.
陈光磊. 2005. 反思物种灭绝与生物多样性. 郑州航空工业管理学院学报(社会科学版), 24(2): 113-125.
陈妍. 2012. 保护我国遗传资源迫在眉睫. 国际商报. 2012-1-18.
陈元胜. 2007. 外来物种入侵对生物多样性的影响及对策. 安徽农业科学, 35(5): 1445-1446.
戴小清, 濮励杰, 朱明, 等. 2014. 遗传资源对区域经济社会发展的贡献研究—以泰州市为例.长江流域资源与环境, 23(9): 1185-1193.
方嘉禾. 2010. 世界生物资源概况. 植物遗传资源学报, 11(2): 121-126.
冯薇, 银路. 2008. 生物剽窃与我国的应对措施研究. 研究与发展管理, 20(6): 112-116.
凤凰网财经. 归真堂IPO: 活熊取胆遭质疑. http://finance.ifeng.com/stock/special/fjgzt/ [2015-4-8].
葛建镕. 2009. 分子标记技术在东北地区玉米种质资源鉴定、评价与保护中的应用. 长春理工大学硕士学位论文: 1-74.
顾列铭. 2008. 中国物种资源: 正在消失的宝库. 观察与思考, (7): 46-47.
郭建德. 2010. 我国草原生态治理政策制定中的公民参与研究. 内蒙古大学硕士学位论文: 1-58.
环境保护部, 中国科学院. 2013.《中国生物多样性红色名录-高等植物卷》评估报告. 5-6.
环境保护部. 2014. 中国履行《生物多样性公约》第五次国家报告. 北京: 中国环境科学出版社: 11-17.
环境保护部. 2011.中国生物多样性保护战略与行动计划(2011–2030). 北京: 中国环境科学出版社: i.
柯榜凯. 2007. 谁来看管我们的遗传资源. 中国社会导刊, 17: 52-54.
李明阳, 徐海根. 2005. 生物入侵对物种及遗传资源影响的经济评估. 南京林业大学学报(自然科学版), 29(2): 98-102.
马克平, 钱迎倩, 王晨. 1995. 生物多样性研究的现状与发展趋势. 科技导报, (1): 27-30.
梦梦, 谢屹. 2013. 浅析野生动物保护中的公众参与. 野生动物, 34(4): 249-252.
牛洁颖. 2009. 遗传资源你了解多少. 中国发明与专利, (11): 56-57.
欧阳志云, 王如松. 2000. 生态系统服务功能-生态价值与可持续发展. 世界科技研究与发展, 22(5): 45-50.
彭颖. 2007. 论农民权及其实现. 中国政法大学硕士学位论文: 1-38.
仇焕广, 黄季焜, 杨军. 2007. 关于消费者对转基因技术和食品态度研究的讨论. 中国科技论坛, (3): 51, 105-108.
人民网天津视窗. 2008. 呼唤手绢回归: 生活用纸一年耗掉7400多万棵大树. http://www.022net.com/2008/4-15/445475252594909.html [2015-4-28].
沈光涛, 常灏, 黄耀江. 2006. 我国的生物产业状况与前景. 生物学通报, 41(10): 15-17.
搜狐IT. 2006. 争议我国首次拍卖野生动物狩猎权—猎杀野生动物以"保护"之名？http://it.sohu.com/s2006/shouliequanpaibai/ [2015-4-8].
王安宁, 王富有. 2012. 农民、基因库与育种家关系研究. 中国种业, (4): 4-7.
王献溥, 刘韶杰. 2011. "中国生物多样性保护战略与行动计划(2011-2030)"的实施途径. 绿叶, (9): 32-36.
魏述东. 2014. 从莱芜猪的保种、利用与开发谈我国地方猪种资源发展. 中国猪业, (7): 52-57.
吴征镒, 彭华. 1996. 生物资源的合理开发利用和生物多样性的有效保护-兼论云南生物资源的综合开发与利用. 世界科技研究与发展, 2(1): 24-30.
吴志强. 2015. 生物技术在环境保护中的应用. 广州化工, 43(6): 142-144.
香格里拉酒店集团. 企业社会责任. http://www.shangri-la.com/cn/corporate/about-us/corporate-social-responsibility/sustainability/ [2015-4-30].
薛达元. 2004. 中国遗传资源现状与保护. 北京: 中国环境科学出版社: 1-21.
曾宗永. 2011. 生物多样性-人类健康与疾病. 绿叶, (9): 95-100.
张秋蕾. 2010. 中国生物多样性, 你了解多少？(一). 中国环境报, 2010-6-8.
张维平. 1999. 生物多样性面临的威胁及其原因. 环境科学进展, 7(5): 123-131.
TEEB. 2010. 生态系统与生物多样性经济学企业报告. 执行摘要, 1-14.